J. C. POGGENDORFF

BIOGRAPHISCH-LITERARISCHES HANDWÖRTERBUCH DER EXAKTEN NATURWISSENSCHAFTEN

Herausgegeben von der

Sächsischen Akademie der Wissenschaften zu Leipzig

Band VII b • Teil 7

3. Lieferung

Leitung der Redaktion

DR. LEBRECHT WEICHSEL

AKADEMIE-VERLAG · BERLIN
1983

Redaktionsschluß: 31. 10. 80
Erschienen im Akademie-Verlag, DDR-1086 Berlin, Leipziger Straße 3–4

Lizenznummer: 202 · 100/415/83
Gesamtherstellung: VEB Druckerei „Thomas Müntzer", 5820 Bad Langensalza
Bestellnummer: 762 946 3 (3050/VII/3) · LSV 1007
Printed in GDR
DDR 24,– M

engl. Zusammenfassg.]. — Eine neue Methode der Holzimprägnierung [3]): 421–25 [~]. — Die Imprägnierung von Grubenhölzern: **23** ('33) 260–63 [finn.].

Mit: [1]) A. Arho; [2]) I. Jaatinen; [3]) O. Kuula; [4]) O. Kyllijoki; [5]) K. Linkola; [6]) J. O. Murto; [7]) A. Parpola; [8]) A. Pohjola; [9]) O. Pölkkynen; [10]) E. Pullinen; [11]) J. E. Salomaa; [12]) J. Sevon; [13]) H. Sihtola; [14]) T. Vauhkonen; [15]) V. Virtala; [16]) O. Yli-Jama.

VI **ROWE,** Charles Henry. Math. — Until 1914 Stud., Univ. College, Cork; '17 D.Ph., '20–43 Fellow, '21–26 Donegal Lecturer → acting Prof., '26–43 Erasmus Smith Prof., '42–43 Junior Dean, Trinity College, Univ. of Dublin.

*1893, Cork, Irland;
†1943, Dez. 3, Dublin (Freitod).

Nekr. *J. G. Semple, J. London math. Soc. **19** ('44) 241–44 (m. Schr.verz.).

Zur Biogr. *K. C. Bailey, A history of Trinity College, Dublin, 1892–1945 (Dublin '47) 207–.

S. Verhandlungen des Internationalen Mathematiker-Kongresses, Zürich 1932, **2** (Zürich–Leipzig '33) 177: The sub-spaces associated with certain systems of paths in a Riemannian space.

Annales sci. Ecole norm. sup. Tétraèdres inscrits dans une quadrique Q et circonscrits à une autre quadrique Q_1 [1]): (3) **51** ('34) 153–98. — Lieu des points dont les rapports des distances à trois droites fixes restent constants: biquadratiques, cubiques gauches et dégénérescences [1]): **53** ('36) 329–86. — Couples de tétraèdres de Möbius inscrits dans une quadrique (ou une biquadrique) et circonscrits à une autre quadrique (ou une développable de classe quatre): **58** ('41) 261–83.

Bull. amer. math. Soc. On natural families of curves: **39** ('33) 793–801.

J. Math. pures et appl. On certain systems of curves in Riemannian space: (9) **12** ('33) 283–308.

Proc. roy. irish Acad. A characteristic property of systems of paths: **40** ('31/32) Sect. A, 99–106. — Characteristic properties of certain systems of paths in a Riemannian space: **41** ('32/34) 102–10.

Mit: [1]) B. Gambier.

VI **ROWE,** Frederick Maurice. Farbstoffchem. — 1926–46 Prof., Univ. of Leeds; '29– Vice-Pres., Soc. of Dyers and Colourists. — '24/25, '26/27, '30/31, '35/36, '37/38 Gold Research Medal (Workshipful Company of Dyers); '34 Gold Medal (Soc. of Dyers and Colourists). (⊠)

*1891, Febr. 11, Stroud, Gloucestershire;
†1946, Dez. 8, Leeds.

Nekr. *E. J. Cross, Chemistry and Industry **1947**, 46f. — *E. J. Cross, *J. B. Speakman, Nature [London] **159** ('47) 53. — *H. H. Hodgson, J. Soc. Dyers and Colourists **63** ('47) 351–53. — *E. H. Rodd, J. chem. Soc., London, **1948**, 2323–30 (m. Schr.verz.); Obituary Notices Fellows roy. Soc. London **6** ('48/49) 231–50 (m. Bildn., Faks., Schr.-verz.).

HZ. J. Soc. Dyers and Colourists 1942–1946.

MHZ. J. Soc. Dyers and Colourists 1933–1942.

W. Two lectures on the development of the chemistry of commercial synthetic dyes (1856–1938) (London '38) 106 S.

Chemistry and Industry A. G. Perkin† [11]): **15** ('37) 744f.

J. chem. Soc., London A (new) reaction of certain diazosulphonates derived from β-naphthol-1-sulphonic acid, 8: Preparation of phthalazine, phthalazone, and phthalimidine derivatives from 2-chloro-4-nitroaniline [15]): **1932**, 11–19; ~ 9: Preparation of phthalazine, phthalazone, and phthalimidine derivatives from 5-nitro-o-toluidine [39]): 473–83; ~ 10: Preparation of phthalazine derivatives from 4-aminoazobenzene and 4′-nitro-4-aminoazobenzene [44]): 1118–25; ~ 11: Constitution of the phthalazine derivatives [35]): **1933**, 1067–70; ~ 12: Preparation of phthalazine, phthalazone, and phthalimidine derivatives from 2-bromo-4-nitroaniline [27])[32]): **1935**, 1134–37; ~ 13: Fission of the naphthalene nucleus and subsequent closure in two directions [14])[18])[29])[33])[35]): 1796–808; ~ 14: Preparation of 1,4-diketo-3-(nitroaryl)tetrahydrophthalazines or 4-keto-1-hydroxy-3-(nitroaryl)-3,4-dihydrophthalazines and related compounds [22])[35]): 1808–15; ~ 15: Derivatives of 2′-nitro-4′-methylbenzene-2-naphthol-1-diazosulphonate and synthesis of 2-(2′-nitro-4′-methylphenylamino)isoindolinone-3-acetic acid [23])[35]): **1936**, 1098–108; ~ 16: The constitution and reactions of 1-methoxy-3-(4′- and 3′-nitroaryl)-4-methylene-3,4-dihydrophthalazines [45]): 1704–13; ~ 17: Conversion of nitro-3-aryl- and nitro-3-aryl-4-methyl-phthalaz-1-ones into the corresponding phthalaz-4-ones by migration of the nitroaryl group, and related reactions [1])[35])[21]): **1937**, 90–109; ~ 18: 1.4-Diketo-3-(aminoaryl)tetrahydrophthalazines and related compounds [28])[35]): **1938**, 1079–83; ~ 19: Derivatives of 4′-nitro-2′-methoxybenzene-2-naphthol-1-diazosulphonate [11]): **1947**, 461–68; ~ 20: The stabilities of acrylic acid derivatives from sodium 1-arylazo-β-naphthoquinone-1-sulphonate and its derivatives, and an investigation of derived isoindolinones [30])[35]): 468–73; ~ 21: Derivatives of 2′,4′-dinitrobenzene-2-naphthol-1-diazosulphonate [31]): 829–37; ~ 22: Derivatives of 2′-chloro-5′-nitrobenzene-2-naphthol-1-diazosulphonate [35])[38]): **1948**, 206–09; ~ 23: Phthalazine derivatives from 4′-nitro-2′,5′-dimethoxybenzene-2-naphthol-1-diazosulphonate[13])[35]): 281–84; ~ 24: Phthalazine reaction with bases not containing a nitro-group; derivatives of halogenobenzene-2-naphthol-1-diazosulphonates [35)][36)]: 597–601; ~ 25: Phthalazine reaction with bases not containing a nitro-group; derivatives of o-chlorobenzene-2-naphthol-1-diazosulphonate [5)][35)]: 1026–29; ~ 26: Phthalazine and isoindolinone compounds derived from aniline [35)][5)]: 1249–51. — Tautomerism in the phthalazine series: The N- and O-derivatives of 1-methylphthalaz-4-one and phthalaz-1,4-dione [35)]: **1933**, 1331–35. — Nitro- and amino-3-arylphthalaz-4-ones, and corresponding 1-methyl compounds [25)][34)]: **1936**, 311–15. — Arthur George Perkin, 1861–1938: **1938**, 1738–42. — The bromination of 1,5-dihydroxy- and 1,5-diacetoxynaphthalene, 5-methoxy-1-naphthol and 1,5-dimethoxynaphthalene [8)][37)]: **1942**, 236–39. — Butylnaphthalenes and their derivatives, 1: β-tert-Butylnaphthalene [6)][35)]: **1943**, 144–46; ~ 2: Derivatives of 2-tert-butylnaphthalene and the orientation of two di-tert-butylnaphthalenes [10)][35)]: **1949**, 1993–96. — The derivatives of 1,2,4,5-tetrachlorobenzene, 1: Nitro- and amino-compounds [35)][41)]: **1943**, 233–35; ~ 2: N-Nitroamino-compounds [35)][41)]: 372f.; ~ 3: The amination of 2,3,5,6-tetrachloronitrobenzene and 4-nitroaniline [35)][41)]: 576f. — Polyhalogeno-o-anisidines and their derivatives [24)][35)]: 235–37. — Anthraquinone series, 1: 2-Alkylanthraquinones [35)]: **1945**, 181f. — The nitration of 1,5-dihydroxy- and 1,5-diacetoxynaphthalene, 1-acetoxy-5-methoxynaphthalene, 5-methoxy-1-naphthol, and 1,5-dimethoxynaphthalene [43)][37)]: **1947**, 350–55. — The Skraup reaction with meta substituted anilines [4)][16)]: 437–45. — Halogenation of m-5- and m-2-xylenols. Preparation and structure of polyhalogeno-m-5- and -m-2-xylenols [17)][35)]: **1948**, 367–70.

J. Oil and Colour Chemists' Assoc. Colour, constitution, properties and identification of insoluble azo colouring matters: **21** ('38) 189–204, 216.

J. Physiology Azo-dyes as anti-coagulants [26)]: **78** ('33) 25Pf. — The relationship of azo dyes to the coagulation of blood [26)]: **80** ('33) 82–95. — The effect of salts on the anti-coagulant action of azo dyes in vivo [26)]: **82** ('34) 24Pf.

J. Soc. Dyers and Colourists Action of boiling caustic soda (kier boiling) on insoluble azo colours on the fiber, 3: Colouring matters derived from arylamides of β-hydroxynaphthoic acid and containing a nitro group or groups; hydrolysis of members of the Naphthol AS series with sulphuric acid [20)]: **51** ('35) 278–83. — Hydrolysis of members of the Naphthol AS series with sulphuric acid [20)]: 287. — Preparation and properties of m- and p-aminoazo derivatives of β-naphthol and of β-hydroxynaphthoic arylamides [2)]: 314–18. — Decomposition of azo compounds by mineral acids [12)]: **52** ('36) 48–57. — Reduction and dispersion of azoic dyes, etc., in presence of Lissolamine-A (I.C.I.): 205–08. — The "fading" of dyeings on cellulose acetate rayon – the action of "burnt gas fumes" (oxides of nitrogen, etc., in the air) on cellulose acetate rayon dyes [9)]: **53** ('37) 268–78. — Arthur George Perkin† [11)]: 349–56. — The unlevel dyeing of wool with acid and chrome dyes, 1: The reasons for the uneven dyeing properties of wool staples and of cloth damaged by exposure [37)][40)][46)]: **54** ('38) 141–58; ~ 2: A method for correcting the uneven dyeing properties of wool staples and of cloth damaged by exposure [37)][40)]: 159–71; ~ 3: The affinity for chromium of non-irradiated cloth and of cloth irradiated with and without cooling [37)][40)]: 421f.; ~ 4: Chromium acetates; the preparation and characteristics of the chromium acetate most effective in correcting the uneven dyeing properties of wool damaged by exposure [37)][40)]: **55** ('39) 69–82; ~ 5: An examination of the efficacy of chromium salts of acids other than acetic acid in correcting the uneven dyeing properties of wool damaged by exposure [37)][40)]: 82–86; ~ 6: An examination of the possibility of using a standing bath in the chromium acetate process for correcting the uneven dyeing properties of wool staples and of cloth damaged by exposure [37)][40)]: 258–61. — The life and work of Sir William Henry Perkin (Perkin Centenary lecture): **54** ('38) 551–62. — The dyeing of cotton with mineral khaki, 1: The constitution and properties of the pigments produced in chromate development [37)][40)]: **57** ('41) 213–23; ~ 2: A comparison of pigments produced by chromate and alkali development methods [37)][40)]: 257–64; ~ 3: The chemical changes accompanying the use of a standing bath in development by the chromate process [37)][40)]: **58** ('42) 32–36; ~ 4: A comparison of the penetration, rubbing fastness and handle of cotton dyed with pigments produced by chromate and alkali development methods [37)][40)]: 161f.; ~ 5: An examination of the factors which govern variations in the chromium and iron content of yarns dyed by the mineral khaki process [37)][40)]: **61** ('45) 224–33; ~ 6: A method of limiting the variations in oxide content of mineral khaki-dyed yarn by chemical control of the developing bath [37)][40)]: 233–; ~ 7: The fungicidal and bactericidal efficiencies of cotton yarn treated by various mineral khaki processes [37)][40)]: 310–21; ~ 8: The incorporation of copper with chromium and iron in mineral khaki for the production of an effective fungicide and bactericide [37)][40)]: **62** ('46) 9–19; ~ 9: The effect of exposure to weathering agencies on yarns pigmented with copper, chromium and iron compounds [37)]: 19–29. — Wool dyeing – the cause of skitteriness [3)][40)]: **58** ('42) 52–54. — Derivatives of 3',2-acenaphthoylbenzoic acid [35)]: **59** ('43) 52–54. — The dyeing of wool with chrome dyes, 1: The metachrome process [42)][40)]: 165–71; ~ 2: The chroming of wool [7)][40)]: **62** ('46) 329–38. — Nature of the dye–chromium–fiber complex in the case of wool dyed with certain chrome mordant

Bitte Anmerkung auf Seite 4201 beachten!

dyes [37][40]): 372–83. — 4-Chloro-2-aminophenol-5- and -6-sulphonic acids, their characterization and differentiation [19][40]): **63** ('47) 48–51.

Nature [London] A. G. Perkin† [11]): **140** ('37) 13f.

Oil and Colour Trades J. Colour constitution properties and identification of insoluble azo colouring matters: **93** ('38) 355–59.

Paint, Colour, Oil, Varnish, Ink, Lacquer Manufact. Insoluble azo colouring matters: **8** ('38) 89–92.

Textile Colorist The unlevel dyeing of wool [37][40]): **61** ('39) 599f.

Textile Manufacturer The unlevel dyeing of wool with acid and chrome dyes [37][40][46]): **64** ('38) 211f. — The dyeing of cotton with mineral khaki [37][40]): **67** ('41) 315. — Dyeing mineral khaki [37][40]): **68** ('42) 170. — Wool dyeing – the cause of skitteriness [3][40]): 207.

Mit: [1]) D. A. W. Adams; [2]) R. L. M. Allen; [3]) T. Barr; [4]) L. Bradford; [5]) C. I. Brodrick; [6]) N. G. Bromby; [7]) P. W. Carlene; [8]) A. H. Carter; [9]) K. A. J. Chamberlain; [10]) R. B. Contractor; [11]) E. J. Cross; [12]) W. G. Dangerfield; [13]) R. L. Desai; [14]) W. C. Dovey; [15]) C. Dunbar; [16]) T. J. Elliott; [17]) C. H. R. Elston; [18]) B. Garforth; [19]) J. F. Gaunt; [20]) C. H. Giles; [21]) A. E. Gillam; [22]) J. G. Gillan; [23]) A. S. Haigh; [24]) W. S. W. Harrison; [25]) G. M. Heath; [26]) A. S. G. Huggett; [27]) G. B. Jambuserwala; [28]) M. A. Lécutier; [29]) E. Levin; [30]) W. T. McFadyen; [31]) W. Osborn; [32]) H. W. Partridge; [33]) J. D. Pask; [34]) C. V. Patel; [35]) A. T. Peters; [36]) G. T. Pringle; [37]) E. Race; [38]) Y. I. Rangwala; [39]) F. J. Siddle; [40]) J. B. Speakman; [41]) D. M. Stead; [42]) C. B. Stevens; [43]) R. H. Thomson; [44]) F. S. Tomlinson; [45]) H. J. Twitchett; [46]) T. Vickerstaff.

V, VI **ROWE,** Joseph Eugene. Math. — 1928–32 Pres., Clarkson College of Technol., Potsdam, N.Y.; '32–33 engaged in research in social sci., Johns Hopkins Univ., Baltimore, Md. — '30 Hon. LL.D. (Gettysburg College, Gettysburg, Pa.).
*1883, März 21, Emmitsburg, Md.;
†1939, Okt. 2, Baltimore, Md.

Nekr. Clarkson Integrator [Potsdam, N.Y.] **12** ('39/40) Nr. 2, S. 1 (m. Bildn.).

V, VI **ROY,** Louis Maurice. Mech., Astron. — 1904–14 Préparateur → Chef des Travaux, Ecole Supér. d'Electricité, Paris; '10 Dr. ès-sci., Univ. de Paris; '14–15 Chargé de Cours, Univ. de Nancy; '15–19 Chargé de Cours, '19–52 Prof. tit., '52 Prof. hon., Univ. de Toulouse; '29 Prof. d'échange, Univ. libre de Bruxelles; '33– Prés., Soc. d'Astron. populaire de Toulouse; '37–38 Prés., Acad. des Sci., Inscriptions et Belles-Lettres de Toulouse. — '35 Chevalier de la Légion d'Honneur; Officier des Palmes Académiques (Ministre de l'Educat. Nation.).
*1882, Juni 21, Troyes, Aube;
†1959, Juli 13, Castres, Tarn.

Nekr. *L. Escande, C. R. hebd. Séances Acad. Sci., Paris **249** ('59) 1295–97.

Zur Bibliogr. Notice sur les travaux scientifiques de M. Louis Roy (Toulouse '35) 64 S.

W. Cours de mécanique rationnelle **1**: Eléments ²(Paris '44) 6+268 S., ³('52) 6+292 S.; **2**: Cinématique; Point matériel; Systèmes de points matériels ('45) 6+271 S.; **3**: Milieux continus déformables ('45) 6+167 S.; **4**: Problèmes et exercices; suivi d'un appendice sur les fusées ('50) 11+276 S. — Problèmes de statique graphique et de résistance des matériaux, à l'usage des élèves de l'Ecole Nationale Supérieure d'Electrotechnique et d'Hydraulique, et des candidats au Certificat de Mécanique Appliquée ²(Paris '50) 12+140 S. — Statique graphique et résistance des matériaux ²(Paris '51) 6+260 S.

Annales Fac. Sci. Toulouse Sur la déformation d'une ligne élastique autour d'un de ses points: (3) **27** ('35) 171–99. — Sur les actions magnétiques, électriques, électrodynamiques et électromagnétiques dans les corps rigides ou déformables: (4) **3** ('39) 1–69; **4** ('40) 117–47.

Annales Observat. astron. („magnét.) et météorol. Toulouse Sur le diamètre apparent des disques stellaires et le pouvoir séparateur: **11** ('34/35) 17–87. — Sur la clarté d'une lunette pour les étoiles et l'expression de la magnitude limite: **18** ('48) 1–7. — Expansion de l'univers et champ cosmologique: **22** ('54) 11–15.

L'Astronomie (BSAF) Sur un télescope azimutal de moyenne puissance: **46** ('32) 364–70. — La planète Mars en 1933 [1][3][10]): **47** ('33) 409–17. — La tache blanche de Saturne [6][9][4][5][8]): 446–51. — Sur le diamètre apparent des disques stellaires: **48** ('34) 376–82. — La planète Mars en 1935 [3][2][11]): **49** ('35) 481–86. — Observations de Saturne: **50** ('36) 138. — Jupiter en 1936 [15]): 530f. — Le pouvoir séparateur des lunettes: **51** ('37) 229–36. — La planète Saturne [14][13][12]): 238–41. — La planète Mars en 1937 [11][15][16]): 401–18. — Sur quelques objets au programme de la Commission Lunaire: **53** ('39) 65–68. — Commission de la planète Mars: Compte rendu No. 1 relatif aux observations faites au cours de l'opposition de 1939 [7]): **54** ('40) 78–85.

Bull. (mens.) Soc. Astron. popul. Toulouse Objectifs astronomiques et colorations planétaires: **26** ('35) 104–14.

C. R. hebd. Séances Acad. Sci., Paris Sur le potentiel thermodynamique interne d'une ligne élastique à six paramètres: **194** ('32) 1295–97. — De la ligne élastique aux équations fondamentales de la résistance des matériaux: 1418–20. — Sur le diamètre apparent des disques stellaires: **198** ('34) 304–06. — Sur l'image focale des étoiles: 416–19. — Sur le pouvoir séparateur pour deux composantes égales: 523–25. — Sur les conditions de visibilité et de séparation d'une étoile satellite: 628–31. — A propos de la construction d'un étalon de self-inductance: 1465–68. — Sur la déformation d'une ligne élastique autour d'un de ses points: **200** ('35) 610–12. — A propos du nouveau Système Giorgi d'unités M.K.S.: **202** ('36) 1232–34. — Actions totales exercées sur l'aimantation dans un système de corps isotropes: **207** ('38) 659–61. — Analogie entre les actions exercées sur les courants et les actions magnétiques: 698–700. — Sur les actions électriques dans un système de corps isotropes: 757–59. — Sur les actions électrostatiques dans un système de corps isotropes: 826–28. — Sur les déformations d'origine électrique et magnétique: **211** ('40) 5–7, 50–52. — Sur le frottement de roulement: **213** ('41) 601–04. — Sur la clarté d'une lunette pour les étoiles et l'expression de la magnitude limite: **224** ('47) 1088–91. — Expansion de l'univers et champ cosmologique: **236** ('53) 763–65.

J. Ecole polytechn., Paris Sur les bases théoriques de la résistance des matériaux: **30** ('32) 153–90.

Mémoires Acad. Sci., Inscript. et Belles-Lettres Toulouse A propos de l'adoption par la Commission Electrotechnique Internationale du Système Giorgi d'unités M.K.S.: (12) **14** ('36) 1–40. — A propos de l'extension de l'Univers: (13) **3** ('41) 55–66. — Déterminisme et libre arbitre d'après J. Boussinesq: **7** ('49) 123–42.

Revue gén. Electr. Actions magnétiques, électriques, électrodynamiques et électromagnétiques dans les corps rigides ou déformables: **45** ('39) 377–81.

Mit: [1]) A. Ananoff; [2]) R. Cheveau; [3]) A. Dos; [4]) E. Falbisaner; [5]) C. Fehrenbach; [6]) G. C. Flammarion; [7]) G. Fournier; [8]) P. Gaudemet; [9]) F. Quénisset; [10]) U. Ranzi; [11]) R. Schlumberger; [12]) L. Andrenko; [13]) M. Donitch; [14]) E. Joulia; [15]) G. Oriano; [16]) M. Texereau.

V, VI **ROYDS,** Thomas. Physik (Spektroskopie), Astron. — 1912 D.Sc., Univ. of Manchester; '11–23 Assist. Dir., '23–39 Dir., Kodaikanal Observatory, India; '42–47 Prof., Istanbul Univ.; '47 resident of Southport. (⊠)
*1884, Apr. 11, Oldham;
†1955, Mai 1, Southport.

Nekr. *F. J. M. Stratton, Monthly Notices roy. astron. Soc. **116** ('56) 156–58; Nature [London] **175** ('55) 974.

Current Sci. Oxygen in solar prominences [1]): **4** ('35/36) 734. — Density of calcium and hydrogen at different levels in the sun [1]): **5** ('36/37) 294f. — Oxygen in solar prominences [1]): 531f.

Bitte Anmerkung auf Seite 4201 beachten!

Kodaikanal Observat. Bull. Summary of prominence observations for the second half of the year 1930: **92** ('32); ~ for the first half of the year 1931: **94** ('32); ~ for the first half of the year 1932: **100** ('33); ~ for the second half of the year 1932: **102** ('33); ~ for the second half of the year 1933: **104** ('34) 343–47; ~ for the first half of the year 1934: **105** ('34) 348–54; ~ for the second half of the year 1934: **106** ('35) 355–61; ~ for the second half of the year 1935: **110** ('37) 397–405. — Prominences and radiation pressure: **95** ('32) 287–92. — Oxygen in the sun's chromosphere: **107** ('36) 363–65. — Photometric study of the lines of hydrogen and of calcium in the Fraunhofer spectrum of different points of the sun's disc [1]): **109** ('37) 375–96. — A progressive change in the inclination of hydrogen dark markings to the meridian of the sun [2]): **111** ('37) 407–11.

Monthly Notices roy. astron. Soc. Solar wave-length displacements observed at the Japan eclipse of 1936 June 19: **97** ('36/37) 692–95.

Nature [London] Oxygen in the sun's chromosphere: **136** ('35) 606f.

Mit: [1]) A. L. Narayan; [2]) M. Salaruddin.

VI **ROYER,** Louis. Mineral., Kristallogr. — 1928–30 Maître de Conférences, Univ. de Montpellier; '30–(environ)60 Prof. à l'Inst. d'Hygiène et de Méd. d'Outre-Mer de l'Afrique du Nord, '39–(environ)60 Doyen de la Fac. des Sci., Univ. d'Alger; (environ) '60– Prof., Univ. d'Aix-Marseilles à Marseilles. — '44 Prix Carrière de Minéral. (Acad. Sci. Paris); Officier de la Légion d'Honneur. (⊠)
*1895, Apr. 6, Metz;
†1980, März 31, Nice.

Nekr. *J. Wyart, C.R. Séances Acad. Sci., Paris **291** ('80) Vie acad., 140–43.

W. Les terrains cristallophylliens des massifs d'Alger et de la Grande Kabylie (Alger '37) 80 S. (Gouvernement général de l'Algérie, Bulletin du Service de la Carte Géologique de l'Algérie, 5ᵉ série, Pétrographie No. 2).

Annalen Physik Bemerkung zu der Arbeit von H. Lassen und L. Brück: "Herstellung von dünnen Silbereinkristallen und ihre Untersuchung mit Elektronenstrahlen": (5) **23** ('35) 16f.

Bull. Soc. franç. Minéral. Contribution à l'étude des roches métamorphiques du massif d'Alger: **55** ('32) 7–22. — De l'épitaxie; quelques remarques sur les problèmes qu'elle soulève: **77** ('54) 1004–28.

Bull. Soc. géol. France Les causes possibles de l'aspect bréchoïde de certaines roches: (5) **8** ('38)

37–41. — La Carélie et la péninsule de Kola d'après l'excursion du XVIIe Congrès géologique international: **9** ('39) 193–99.

C. R. hebd. Séances Acad. Sci., Paris Nouvelles observations sur l'orientation de cristaux se déposant au contact d'un clivage de mica ou de chlorite: **194** ('32) 620f. — De l'orientation des cristaux de la série de l'epsomite par le mica: 1088–90. — Sur l'orientation des cristaux de substances organiques se déposant au contact d'un minéral à structure ionique: **196** ('33) 282–84. — De la différence qui existe entre un mica et une argile quant à l'orientation possible de cristaux se déposant sur eux: 552–54. — Sur l'orientation de certains cristaux par l'hydrargillite. Particularité dans l'orientation de cristaux se déposant au contact de calcite maclée: 709f. — Des matières étrangères qui, ajoutées à l'eau mère d'une solution, sont susceptibles de modifier le faciès des cristaux du corps dissous: **198** ('34) 185–87, 408. — Etude expérimentale sur la modification du faciès des cristaux qui prennent naissance dans une solution contenant certains matières étrangères: 585–87. — Observations au sujet des substances qui modifient le faciès des cristaux se déposant à partir d'une solution: 949–51. — Des relations de structure qui doivent exister entre deux substances A et B pour que B modifie le faciès des cristaux de A: nouveaux exemples: 1868–70. — De l'orientation des chlorure et bromure de plomb par le mica muscovite: **200** ('35) 567–69. — Nouvelles observations sur la décroissance d'un cristal de calcite dans un milieu isotrope actif; remarque sur les figures de corrosion dans la dolomie: **202** ('36) 429–31. — De l'influence de la symétrie du milieu sur la symétrie des figures de corrosion dans les cristaux: nouveaux exemples: 1346–48. — De l'orientation des cristaux de fluoborate de potassium par le mica et la barytine et des cristaux de sulfite de sodium par le mica: 1687–89. — Des relations qui existent entre les roches gneissiques, granitique et rhyolitique du Djebel Arous au nord de Ménerville (Algérie): **204** ('37) 439–41. — La thermoluminescence de certaines roches cristallophylliennes et éruptives d'Algérie: 602–04. — Nouvelles observations sur la thermoluminescence de certaines roches cristallophylliennes: 991–93. — Sur l'orientation de certains halogénures alcalins par la calcite: **205** ('37) 1418–20. — Sur l'existence de halos pléochroïques dans certains gneiss du massif d'Alger et les conséquences géologiques qui en découlent: **208** ('39) 448–50. — Sur la nature minéralogique de quelques substances minérales nord-africaines: étude aux rayons X: 1591–93. — Au sujet d'une précipitation de carbonate de calcium observée dans la Mer Morte: **221** ('45) 239f. — Au sujet d'un mode nouveau d'épitaxie du chlorure de potassium sur les micas: **226** ('48) 95f. — De quelques considérations sur l'orientation du chlorure de potassium sur les micas suivant une face du cube: 262–64. — Observations sur l'orientation du chlorure de sodium et du bromure de potassium par la calcite: **230** ('50) 396–98. — Au sujet des deux groupements épitaxiques iodure d'ammonium – mica et bromure d'ammonium – sel gemme: 665–67. — Sur quelques nouveaux exemples de groupements épitaxiques entre cristaux de symétries différentes: 1295–97. — Sur quelques nouveaux groupements épitaxiques obtenus avec des cristaux d'anthraquinone: **232** ('51) 1564–66. — Nouvelles observations de groupements épitaxiques entre cristaux d'espèces différentes: 1764–66. — De l'épitaxie des cristaux d'anthraquinone et d'urotropine sur une lame de clivage de gypse: **236** ('53) 1430–32. — De l'épitaxie des cristaux d'anthraquinone sur des lames de clivage d'apophyllite et de quelques autres minéraux: 1804–06.

J. Physique et Radium Quelques expériences récentes sur la variation du faciès de certains cristaux: (7) **5** ('34) 103S. — Cristal idéal et cristal réel: **6** ('35) 29Sf. — La corrosion d'un cristal par un milieu isotrope actif; étude des figures de corrosion et de leur symétrie: **7** ('36) 37Sf. — De la thermoluminescence dans les minéraux: **8** ('37) 48S. — Phosphorescence et structure cristalline: **9** ('38) 15Sf. — Nouvelles observations sur l'orientation mutuelle de cristaux d'espèces différentes: **10** ('39) 13Sf. — Un cas d'une précipitation de carbonate de calcium en nature: (8) **8** ('47) 14S. — Lames minces et épitaxie: **17** ('56) 171–75.

Z. Kristallogr., Kristallgeom., Kristallphysik, Kristallchem. Diskussion zum Artikel: G. Kalb, Die Bedeutung der Vizinalerscheinungen für die Bestimmung der Symmetrie und Formenentwicklung der Kristallarten: **93** ('36) 216–18 [französ.].

V,VI **ROŽDESTVENSKIJ,** Dmitrij Sergeevič. Optik. — 1903–12 Assist., '12–15 Privatdoz., '16–40 Prof., Univ. Petersburg → Leningrad; '18 Begründer, '18–32 Dir., Staatl. Opt. Inst., Petrograd → Leningrad. (⊠)
*1876, Apr. 7 (März 26), Petersburg;
†1940, Juni 25, Leningrad.

Ehrung 1947ff. Čtenija im. akademika D. S. Roždestvenskogo [Jährliche Vorlesungsreihe am Staatlichen Optischen Institut in Leningrad zum Gedenken an D. S. Roždestvenskij].

Nekr. Gedenkheft: Izvest. Akad. Nauk SSSR, Ser. fizič. **5** ('41) Nr. 6; darin S. 611–21: *G. S. Kvater, Die Arbeiten D. S. Roždestvenskijs über die anomale Dispersion [russ.]; 622–30: *V. P. Linnik, Die Arbeiten D. S. Roždestvenskijs auf dem Gebiet der Mikroskopie [~]; 631–34: *S. É. Friš, Die Arbeiten D. S. Roždestvenskijs über die Struktur des Atoms [~]. — *K. K. Baumgart, Usp. fizič. Nauk **25** ('41) Nr. 2, 230–40 (m. Schr.verz. 77 Nrn.).

Bitte Anmerkung auf Seite 4201 beachten!

— *T. P. Kravec, Vestn. Akad. Nauk SSSR **1940**, Nr. 10, 78–80. — *S. I. Vavilov, Optiko-mechaničeskaja Promyšl. **1940**, Nr. 6/7, 6f.

Zum 70. Geb.tag *S. É. Friš, *K. K. Baumgart, Das Akademiemitglied D. S. Roždestvenskij und die Leningrader optische Schule: Vestn. leningr. Univ. **1946**, Nr. 2, 116–22 [russ.].

Zum 75. Geb.tag *S. É. Friš, Usp. fizič. Nauk **44** ('51) 238–54 (m. Bildn. u. Schr.verz.-Auszug 12 Nrn.).

Zum 90. Geb.tag *A. F. Kononkov, *A. N. Osinovskij, Fizika v Škole **1966**, Nr. 2, 19–21 (m. Bildn.).

Zum 100. Geb.tag *A. I. Stožarov, Optikomechaničeskaja Promyšl. **43** ('76) Nr. 5, 3–6. — Optika i Spektroskopija **41** ('76) 348–51.

Zur Biogr. *K. K. Baumgart, Fizika v Škole **1948**, Nr. 6, 14–20 (m. Bildn.); Universitätsprofessor D. S. Roždestvenskij - der Begründer des Staatlichen Optischen Instituts: Trudy gos. opt. Inst. im. Vavilova **24** ('57) Nr. 147/48, 65–73 [russ.]. — *S. É. Friš, Dmitrij Sergeevič Roždestvenskij. Žizn' i dejatel'nost' [D. S. Roždestvenskij. Leben und Werk] (Leningrad '54) 28 S. (m. Bildn.); in: Ljudi russkoj nauki [Russische Wissenschaftler] **1** (Moskva '61) 303–13. — *D. Ju. Gal'pern, Die Arbeiten des Akademiemitglieds D. S. Roždestvenskij über Mikroskopie: Trudy gos. opt. Inst. **23** ('53) Nr. 138, 15–21 [russ.]. — In: *D. D. Gulo, *A. F. Kononkov, *A. N. Osinovskij, Aus der Geschichte der Gründung des Staatlichen Optischen Instituts: Istorija i Metodol. estestvenn. Nauk Nr. **3** ('65) 273–77 [russ.] (m. Bildn. u. Faks.). — *N. I. Ivanov, Untersuchungen des Akademiemitglieds D. S. Roždestvenskij über Spektren: Uč.Zap., Burjat-mongol. gos. ped. Inst. im. Banzarova Nr. **10** ('56) 35–53 [russ.]; Untersuchungen des Akademiemitglieds D. S. Roždestvenskij über Mikroskopie: ibid. Nr. **12** ('57) 85–191 [russ.]; Die Besonderheiten der wissenschaftlichen Tätigkeit des Akademiemitglieds D. S. Roždestvenskij: Uč. Zap., Burjat. gos. ped. Inst. im. Banzarova Nr. **15** ('58) 63–71 [russ.]. — *A. F. Kononkov, *A. N. Osinovskij, Über die Besonderheiten der wissenschaftlichen Tätigkeit des Akademiemitglieds D. S. Roždestvenskij und seiner Schule (auf dem Gebiet der physikalischen Optik): Vestn. mosk. Univ., Ser. III **22** ('67) Nr. 3, 87–92 [russ.] (m. Bildn.); in: Osnovateli sovetskoj fiziki [Die Begründer der sowjetischen Physik] (Moskva '70) 135–59. — *A. N. Osinovskij, D. S. Roždestvenskij - ein Kämpfer für die unzertrennliche Verbindung der Wissenschaft mit der Produktion, in: Voprosy istorii fiziki i ee prepodavanija [Fragen zur Geschichte der Physik und ihres Unterrichts] (Tambov '61) 81–89 [russ.]; Über die pädagogische Tätigkeit D. S. Roždestvenskijs: Uč.Zap., Bijskij gos. ped. Inst. Nr. **3** ('58) 39–53 [russ.]; Über die Weltanschauung des Akademiemitglieds D. S. Roždestvenskij: Uč.Zap., Mosk. oblastn. ped. Inst. **43** ('56) Trudy Kafedr Fiziki Nr. 3, 179–91 [russ.]. — *A. N. Osinovskij, *A. F. Kononkov, D. S. Roždestvenskij (Moskva '74) 109 S. (Ljudi nauki). — *D. Slaventantor, Angezündete Lichter: Zvezda [Moskva–Leningrad] **1962**, Nr. 11, 153–60 [russ.]; An der Schwelle zum Atomzeitalter: ibid. **1963**, Nr. 12, 117–23 [russ.].

Zur Biobibliogr. Archiv Akademii Nauk SSSR. Obozrenie archivnych materialov [Archiv der Akademie der Wissenschaften der UdSSR. Übersicht über die Archivmaterialien] **3** (Moskva–Leningrad '50) (Trudy Archiva Akad. Nauk SSSR, 9) 32–34.

Briefwechsel Aus dem Briefwechsel von D. S. Roždestvenskij mit ausländischen Physikern: Istorija i Metodol. estestvenn. Nauk Nr. **3** ('65) 305–27 [russ.] (m. Bildn.).

Teilsammlung Raboty po anomal'noj dispersii v parach metallov [Arbeiten über die anomale Dispersion in Metalldämpfen] (S. É. Friš) (Moskva '51) 395 S. (m. Bildn.); darin S. 369–84: *S. É. Friš: D. S. Roždestvenskij - Leben und Werk [russ.]. — Izbrannye trudy [Ausgewählte Arbeiten] (Moskva–Leningrad '64) 349 S. (m. 2 Bildnissen, Faks. u. Schr.verz.); darin S. 230f.: *V. P. Linnik, Die Arbeiten D. S. Roždestvenskijs auf dem Gebiet der Mikroskopie [russ.]; 251: Die Tätigkeit D. S. Roždestvenskijs auf dem Gebiet des optischen Glases [~].

H. (Redakt.) *R. V. Vud, Fizičeskaja optika [*R. W. Wood, Physical optics] (Leningrad–Moskva '36); darin: Vorwort [russ.].

MH. (Hauptredakt.) Učenaja korrespondencija Akademii Nauk XVIII veka. Naučnoe opisanie [Die wissenschaftliche Korrespondenz der Akademie der Wissenschaften im 18. Jahrhundert. Wissenschaftliche Inventarisierung] 1766–1782 (Moskva–Leningrad '37) (Akad. Nauk SSSR, Trudy Archiva, Nr. 2).

S. Trudy Nojabr'skoj sessii Akad. nauk SSSR v 1931 g. [Arbeiten der November-Sitzung 1931 der Akademie der Wissenschaften der UdSSR] **2** (Moskva–Leningrad '32) 131–46: Die Optik im 2. Fünfjahrplan [russ.]. — Trudy Nojabr'skoj jubilejnoj sessii [Akademii nauk SSSR], posvjaščennoj pjatnadcatiletnej godovščine Oktjabr'skoj revoljucii [Arbeiten der November-Jubiläumssitzung der Akademie der Wissenschaften der UdSSR zum 15. Jahrestag der Oktoberrevolution], Leningrad 1932 (Leningrad '33) 73–92: Die Entwicklung der Lehre vom Aufbau der Atome und Moleküle [russ.]. — Zapiski ob učenych trudach dejstvitel'nych členov Akademii nauk SSSR po Otdeleniju matematičeskich i estestvennych nauk [Berichte über die wissenschaftlichen Arbeiten der ordentlichen Mitglieder der Akademie der Wissenschaften der UdSSR, Abteilung für Mathematik und Naturwissenschaften] 1931–32 (Leningrad '33) 50–55: Bericht über die wissenschaftlichen Arbeiten I. V. Grebenščikovs [1]) [russ.]. —

Bitte Anmerkung auf Seite 4201 beachten!

15 let Gosudarstvennogo optičeskogo instituta. Sbornik statej [15 Jahre Staatliches Optisches Institut. Sammlung von Aufsätzen] (S. I. Vavilov) (Leningrad–Moskva '34) 18–39: Die Entwicklung der Optik in der UdSSR [russ.]. — Trudy Jubilejnogo mendeleevskogo s-ezda [Arbeiten der Mendeleev-Jubiläumssitzung], Leningrad 1934 (B. N. Menšutkin) 1 (Moskva–Leningrad '36) 65–86: Das Periodengesetz aus der Sicht der Spektralanalyse [russ. u. französ.].

C. R. (Dokl.) Acad. Sci. URSS Prisme à vision directe pour les spectres de nébuleuses: **1933** A, 11–14 [russ.]. — Illumination of microscope: **25** ('39) 114–17.

Izvest. Akad. Nauk SSSR Anomale Dispersion in breiten Absorptionsbanden: **1934**, 35–57 [russ. m. deutscher Zusammenfassg.]. — Interferometer für Untersuchungen über anomale Dispersion: 1119–50 [~]. — Orest Danilovič Chvol'son†: **1935**, Nr. 4, 477–79 [russ.].

Izvest. Akad. Nauk SSSR, Ser. fizič. Diskussionsbeitrag zum Vortrag von A. F. Ioffe: „Die Voraussetzungen meiner wissenschaftlichen Arbeit": **1936**, 59–63 [russ.]. — Analyse der Spektren und Spektralanalyse: 189–214 [~] (Diskussion: 215–87); Schlußwort: 296–99 [~]. — Determination of oscillator strengths in atomic spectra [2]): **1941**, 97–101 [russ. m. engl. Zusammenfassg.].

J. Physics, Acad. Sci. USSR On the formation of images of transparent objects in the microscope: **2** ('40) 323–46. — Determination of the vibrator strengths in the atomic spectra: **5** ('41) 319–37.

Optiko-mechaničeskaja Promyšl. Was das Mikroskop leistete und was es noch leisten soll: **1936**, Nr. 9, 3–9 [russ.].

Priroda [SSSR] Was das Mikroskop leistete und was es noch leisten soll: **1936**, Nr. 6, 13–24 [russ.].

Socialističeskaja Rekonstr. i Nauka Die Entwicklung der Lehre vom Bau der Atome und Moleküle: **1933**, Nr. 2, 17–35 [russ.].

Trudy gos. opt. Inst. Bericht über optisches Glas: **8** ('32) Nr. 84, 1–22 [russ.]. — Geradsichtprisma für Emissionsnebelspektren: **10** ('34) Nr. 91, S. 14– [~]. — Anomale Dispersion in breiten Absorptionsbanden: **10** ('34) Nr. 96 [~]. — Interferometer zur Untersuchung der anomalen Dispersion: **11** ('35) Nr. 101 [~]. — Über die Abbildung transparenter Objekte beim Mikroskopieren: **14** ('40) Nr. 112/20, 16–40 [~].

Trudy Inst. Istorii Nauki i Techn., Ser. 1 Die Entwicklung der Lehre vom Bau der Atome und Moleküle: **1** ('33) Nr. 1, 1–20 [russ.].

Ž. èksper. i teoret. Fiziki Die Kohärenz des Lichtes bei der Entstehung des Bildes im Mikroskop: **10** ('40) 305–30 [russ.].

Mit: [1]) N. S. Kurnakov; [2]) N. P. Penkin.

Bitte Anmerkung auf Seite 4201 beachten!

VI **RUARK,** Arthur Edward. Physik. — 1930–34 Prof., Univ. of Pittsburgh, Pa.; '34–44 Kenan Research Prof. and Head of the Departm. of Physics, Univ. of North Carolina, Chapel Hill, N.C.; '44–46 Consultant, Naval Research Labor., Washington, D.C.; '46–47 Head of the Research Labor., Division of the Applied Physics Labor., '47–49 Assist. Dir. of the Inst. for Cooperative Research, '49–52 Head of a Navy research project, Johns Hopkins Univ., Baltimore, Md.; '53–56 Temerson Research Prof., Univ. of Alabama, near Tuscaloosa, Ala.; '57–60 Chief of Controlled Thermonuclear Branch, '61–66 Assist. Dir. and '66–69 Senior Assoc. Dir. for Controlled Thermonuclear Research Program, Divis. of Research of the U.S. Atomic Energy Commiss., Washington, D.C.; '29–30 Vice Pres., '30–31 Pres., Pittsburgh Physical Soc. *1899, Nov. 9, Washington, D.C.

Zur Biogr. *A. C. Howell, Kenan professorships (Chapel Hill, N.C. '56) 297f.

S. Proc. Australian atomic energy symposium, Sydney 1958 (Carlton, Victoria '58): Some aspects of Project Sherwood, the U.S. Atomic Energy Commission program on controlled thermonuclear power. — Isotopic and cosmic chemistry (H. Craig, S. L. Miller, G. J. Wasserburg). Dedicated to Harold C. Urey on his seventieth birthday (Amsterdam '64) 538–: A note on classical fields.

W. An outline of atomic physics; by members of the physics staff of the University of Pittsburgh, Pa. (m. O. H. Blackwood, E. Hutchisson, T. H. Osgood, W. N. St. Peter, G. A. Scott, A. G. Worthing) (New York–London '33) 350 S.; [2]('37) 440 S.; [3](New York '55) 501 S.; Neuaufl. u. d. T.: Atoms, radiation and nuclei ('64) 12+503 S.; portugies.: Introdução à física atômica (Pôrto Alegre '61) 495 S. — Atoms, molecules, and quanta (m. H. C. Urey) **1** [2](New York '64) 463 S.; **2** [2]('64) 370 S.

Foundations Physics [New York] The physical rationale for special relativity: **5** ('75) 21–36.

International Sci. and Technol. Thermonuclear power [14]): **1965**, Nr. 45, 18–29.

J. chem. Physics The atomic weights of radioactive substances [16]): **1** ('33) 717–22.

J. Elisha Mitchell sci. Soc. Inspectional analysis: a method which supplements dimensional analysis: **51** ('35) 127–33.

Physical Rev. Actinouranium and the geologic time scale [16]): **43** ('33) 205–07. — The exponential law of radioactive disintegration: **44** ('33) 654–56. — The half-life of actinouranium and the problem of geologic time [16]): 675–81. — The radium–uranium ratio and the number of actinouranium isotopes [16]): **45** ('34) 69f. — The half-life of actinouranium [16]): 628f. — X-Ray wave-lengths from crystal and ruled gratings: 827–31. — X-Ray levels of radioactive elements, with applications to beta and gamma ray spectra [12]): **47** ('35) 107–14. — X-Ray wavelength scales: 316. — Analysis of data on radioactivity induced by neutron bombardment [15]): 700f. — On the half-lives of potassium, rubidium, neodymium and samarium [5]): **48** ('35) 151–54. — Is the quantum-mechanical description of physical reality complete?: 466f. — Theory of radioactive fluctuations [2]): 772. — The general theory of fluctuations in radioactive disintegration [2]): **49** ('36) 355–67. — The distribution in time of counts due to a constant source and its daughter in equilibrium [2]): **51** ('37) 710–12. — The efficiency of counters and counter circuits [1]): **52** ('37) 322–24, 885. — Evidence against the existence of heavy beta particles [9]): **53** ('38) 264f. — Multivibrator Geiger counter circuit: 316f. — Cloud chamber evidence against the existence of heavy beta particles [9]): 454–56. — Further evidence against heavy beta particles [9]): 496. — The time distribution of so-called random events: **56** ('39) 1165–67. — Multiple scattering of charged particles: **57** ('40) 62. — Composition of mixed vapors in the cloud chamber [6]): 1040f. — Differential equations for the probability distribution of events: **65** ('44) 88–90. — Note on events distributed according to chance: 287. — Positronium: **68** ('45) 278. — Fast modulation effects in the optical region: **73** ('48) 181. — Cloud chamber search for particles ionizing less than an electron [4])[7])[10]): **111** ('58) 1406–16.

Pittsburgh Record The university and the leisure of tomorrow: **1932**, Febr.-Nr., S. 15–. [Zitat unsicher].

Proc. amer. philos. Soc. Apparatus for viewing and measuring stereoscopic cloud chamber photographs [9]): **82** ('40) 253–74.

Review sci. Instruments Coils for the production of a uniform magnetic field [11]): **10** ('39) 253–57. — Phenomena in a cloud chamber operated without a sweep field [13]): **11** ('40) 108f. — An interval meter and its application to studies of Geiger counter statistics [3])[8]): 241–50.

Science Leaflet Atomic weights and numbers of radioactive elements: **7** ('34) Nr. 21, 16–.

Mit: [1]) F. E. Brammer; [2]) L. Devol; [3]) R. L. Driscoll; [4]) H. C. Fitz, jr.; [5]) K. H. Fussler; [6]) T. N. Gautier; [7]) W. B. Good; [8]) M. W. Hodge; [9]) C. C. Jones; [10]) J. L. Kassner, jr.; [11]) R. H. Lyddane; [12]) F. A. Maxfield; [13]) E. Pardue; [14]) H. Roderick; [15]) C. N. Warfield; [16]) F. Western.

V,VI **RUBINOWICZ,** Wojciech [Adalbert] Sylwester Piotr. Physik (theoret.). — 1922–37 Ord. Prof., Techn. Hochsch. Lwów, '37–46 ord. Prof. u. Dir. d. Inst. f. theoret. Physik, Jan-Kazimierz-Univ. Lwów; '46–60 ord. Prof., '60 Prof. emer., Univ. Warszawa; zugleich Prof., Physikal. Inst. d. Poln. Akad. Wiss.; '49–52, '61–73 Präs., Poln. Physikal. Ges. — '60 Dr. rer. nat. h.c. (Humboldt-Univ. Berlin); '64 Dr. rer. nat. h.c. (Univ. Kraków); '70 Dr. rer. nat. h.c. (Univ. Wrocław). — '49 Wissenschaftspreis (Wiss. Ges. Warszawa); '51 Staatspreis 1. Kl. (Volksrepubl. Polen); '51 Offizierskreuz, '54 Kommandeurskreuz, '59 Kommandeurskreuz m. Stern, Orden "Polonia Restituta"; '63 Wissenschaftspreis (Poln. Ministerium f. Hochschulwesen); '67 Marian-Smoluchowski-Medaille (Poln. Physikal. Ges.); '69 Orden "Banner der Arbeit" 1. Kl. (Volksrepubl. Polen); '72 Wissenschaftspreis (Poln. Ministerium f. Wiss.); '73 Nikolaus-Kopernikus-Medaille (Poln. Akad. Wiss.).

*1889, Febr. 22, Sadagóra, Bukowina; †1974, Okt. 13, Warszawa.

Zum 70. Geb.tag *W. Królikowski, Nauka polska **8** ('60) Nr. 4, 167–69 (m. Bildn.).

Zum 80. Geb.tag *A. Kastler, Physikalische Bl. **25** ('69) 221 [Gedicht].

Nekr. *J. Dąbrowski, Acta physica polon., A **46** ('74) 649–54 (m. Bildn. u. Schr.verz.) [engl.]. — *R. S. Ingarden, Postępy Fizyki **27** ('76) 3–34, 143–67, 377–400 (m. Bildnissen). — *A. Kujawski, Nauka polska **23** ('75) Nr. 6, 108–12.

Teilsammlung Selected papers (Warszawa '75) 478 S. (m. Autobiogr. u. Schr.verz.).

S. Handbuch der Physik (H. Geiger, K. Scheel) **24**,1: Quantentheorie (A. Smekal) ²(Berlin '33) 1–82: Ursprung und Entwicklung der älteren Quantentheorie. — Pieter Zeeman 1865 – 25 Mei – 1935. Verhandelingen, op 25 Mei 1935 aangeboden aan Prof. Dr. P. Zeeman ('s Gravenhage '35) 143–47: Über ein Additionstheorem für Laguerresche Polynome. — Max-Planck-Festschrift 1958 (B. Kockel, W. Macke, A. Papapetrou) (Berlin '59) 65–82: Anschauliche Darstellung der elektrischen Quadrupol- und der magnetischen Dipol-Strahlung. — Actes du Symposium international R. J. Bošković, Beograd–Zagreb–Ljubljana–Dubrovnik 1958 (Beograd '59) 67–: Über Felder, die durch das Boscovichsche Elementargesetz definiert werden; 109–: Die Abhandlung von L. L. Whyte: "Roger Joseph Boscovich, S. J., F. R. S., 1711–1787", and the mathematics of atomism. — Encyclopaedic dictionary of physics (J. Thewlis) **2** (New York–Oxford–London '62) 116–19: Correspondence principle; 535f.: Duality, wave-corpuscle; **5** ('62) 740f.: Quantum number. — Electromagnetic theory and antennas. Proc. of the sym-

Bitte Anmerkung auf Seite 4201 beachten!

posium, Copenhagen 1962, **1** (Oxford–New York '63) (International series of monographs on electromagnetic waves, 6) 113–18: Diffraction wave in case of an arbitrary incident field in the electromagnetic Kirchhoff theory [auch in den "Preprints" zu diesem Symposium: (København '62) 148–]. — Fale elektromagnetyczne i ich niektóre zastosowania (Warszawa '63) 9–: Licht – eine Wellen- oder Korpuskel-Erscheinung [poln.].

W. Report on multipole radiation in atomic spectra (Paris '48) 17 S. (Union Internationale de Physique pure et appliquée, Commission Internationale d'Optique, Document S.O. 48-13). — Wektory i tensory. Podręcznik dla studentów fizyki (Warszawa '50) 170 S. (Monografie matematyczne, 22). — Wykłady z mechaniki ośrodków ciągłych (B. Fabiański, Z. Paczkowski, J. Plebański) (Warszawa '51) 4 + 307 S. [Vorlesungsskript]; Neuausgabe: (A. Pacholczyk, J. Zakrzewski) ('59) 344 S. — Wykład mechaniki punktów materialnych i ciała sztywnego (W. Królikowski) (Warszawa '52) 224+2 S. [Vorlesungsskript]. — Kwantowa teoria atomu (Warszawa '54) 431 S.; ^{2}('57) 556 S.; deutsch: Quantentheorie des Atoms (Leipzig '59) 7+486 S.; engl.: Quantum mechanics (Amsterdam–London–New York–Warszawa '68) 8+584 S. — Mechanika teoretyczna (m. W. Królikowski) (Warszawa '55) 422 S.; ^{2}('64); ^{3}('67); ^{4}('71) 436 S. — Die Beugungswelle in der Kirchhoffschen Theorie der Beugung. Dem Andenken A. Sommerfelds gewidmet (Warszawa '57) 305 S.; ^{2}(Berlin–Heidelberg–New York–Warszawa '66) 11+411 S. — Teoria dyfrakcji Kirchhoffa i jej interpretacja na podstawie poglądów Younga (Warszawa '72) 244 S. — Sommerfeldsche Polynom-Methode (Berlin–Heidelberg–New York–Warszawa '72) 14+278 S. (Die Grundlehren der mathematischen Wissenschaften, 185).

Acta physica polon. Über das Kirchhoffsche Beugungsproblem für Elektronenwellen: **3** ('34) 143–63 [m. poln. Zusammenfassg.]. — Jan Blaton, 1907–1948: **10** ('50) 1–5 [engl.]. — Propagation of a cut-off train of de Broglie waves: 79–86. — Fields defined by elementary laws: **11** ('52) 155–78. — Eine einfache Ableitung des Ausdruckes für die Kirchhoffsche Beugungwelle: **12** ('53) 225–29 [m. russ. Zusammenfassg.]. — Die Rolle der Beugungswelle in den Fraunhoferschen Beugungserscheinungen: **13** ('54) 3–13 [~]. — Über die Fortpflanzung unstetiger elektromagnetischer Signale in Wellenleitern: 115–33 [~]. — Über eine Verallgemeinerung des Reziprozitätstheorems für Lösungen der Schwingungsgleichung mit Multipolquellen: **14** ('55) 183–90 [~]. — Fortpflanzung von Sprüngen elektromagnetischer Feldstärken und Eindeutigkeitsbeweis für das Anfangsproblem der Maxwellschen Gleichungen: 209–24 [~]. — Der Satz von der Erhaltung des Impulses und die Fortpflanzung von Sprüngen elektromagnetischer Feldstärken: 225–31 [~]. — Ein bisher nicht beachteter Fall, in dem der Kirchhoffsche Ansatz zur angenäherten Beschreibung der Beugungserscheinungen versagt: **17** ('58) 13–20 [~]. — Über eine experimentelle Methode zur Unterscheidung der verschiedenen Arten der Multipolstrahlung im Röntgenspektrum, 1: Verallgemeinerung des Reziprozitätstheorems für elektromagnetische Multipolstrahlungsquellen: **19** ('60) 21–39. — Randwertprobleme im Gebiete der durch Elementargesetze definierten linearen Skalarfelder in isotropen und homogenen Räumen: 235–43. — "Umgeordnete" und zweiparametrige Eigenwertprobleme, die mit Hilfe der Polynommethode lösbar sind: 533–58. — Phasensprung im Brennpunkt: **20** ('61) 357–67. — Reziprozitätstheorem und Babinetsches Prinzip in der Kirchhoffschen Theorie der Beugung: 725–35. — Beugungswelle im Falle einer beliebigen einfallenden Lichtwelle: **21** ('62) 61–87. — Eindeutigkeitsbeweis für das elektromagnetische Sprungwertproblem: 415–22. — Über ein mit einem elektromagnetischen Feld verknüpftes, quellenfreies Tensorfeld und dessen Tensorpotential: 451–68. — Beugungswellen verschiedener Felder im Falle beliebiger einfallender Wellen: **23** ('63) 727–44. — Ist die Bezeichnung elektrische oder magnetische Multipolstrahlung gerechtfertigt?: **24** ('64) 519–54. — Über die Struktur der Quellensysteme der elektrischen und magnetischen Multipolstrahlung: **25** ('64) 453–72. — Über die Anwendung der verschiedenen Formulierungen des elektromagnetischen Huygensschen Prinzips zur Lösung von Sprungwertproblemen: **27** ('65) 435–55. — Über Miyamoto-Wolfsche Vektorpotentiale, die mit der Lösung eines Randwertproblems im Gebiete der Schwingungsgleichung verknüpft sind: **28** ('65) 361–87. — Über eine einfache Ableitung des mit der Lösung des Sommerfeldschen Beugungsproblems verknüpften Vektorpotentials: 737–47. — Darstellung der Sommerfeldschen Beugungswelle in einer Gestalt, die die Beiträge der einzelnen Elemente der beugenden Kante zur gesamten Beugungswelle erkennen läßt: 841–60. — Über den Operator der numerischen Exzentrizität: 923–32. — Über eine neue Gestalt des Vektorpotentials für ein quellenfreies Vektorfeld [,1]: **31** ('67) 835–64; ~ 2: **34** ('68) 757–60. — Verschiedene Vektorpotentiale quellenfreier Vektorfelder: **32** ('67) 655–72. — Elementargesetz der Beugungswelle in der Kirchhoffschen Theorie: **36** ('69) 59–67.

Acta physica polon., A Kirchhoffsche Theorie der Beugung auf Grund einer Verallgemeinerung des Huygensschen Prinzips: **38** ('70) 475–94. — Kann die Beugungswelle in der Kirchhoffschen Theorie der Beugung stets im Sinne der Youngschen Anschauungen gedeutet werden?: **39** ('71) 475–89. — Welche Formulierungen des elektromagnetischen Huygensschen Prinzips können zur Ableitung der elektromagnetischen Ausstrahlungsbedingungen verwendet werden?: **42** ('72) 319–30.

Bitte Anmerkung auf Seite 4201 beachten!

— Über die Verwendbarkeit der verschiedenen elektromagnetischen Ausstrahlungs- und Endlichkeitsbedingungen: **43** ('73) 139–52. — Beugung des Lichtes von mit konstanter Geschwindigkeit sich bewegenden Lichtquellen [,1]: **45** ('74) 55–70; ~ 2: **46** ('74) 655–60.

Ergebn. der exakten Naturwiss. Die Quadrupolstrahlung [1]): **11** ('32) 176–218.

Indagationes math. [Amsterdam] Sommerfeld's polynomial method in the quantum theory: **11** ('49) 125–36.

J. opt. Soc. America Simple derivation of the Miyamoto-Wolf formula for the vector potential associated with a solution of the Helmholtz equation: **52** ('62) 717; Geometric derivation ~: 717f.

J. Physique et Radium Le rayonnement multipolaire dans les spectres atomiques: (8) **10** ('49) 33D–44D.

Kosmos [Warszawa], Ser. A Physik und biologische Erscheinungen: **12** ('63) 151– [poln.].

Nature [London] Does iron occur in the solar corona ?: **141** ('38) 81. — Thomas Young and the theory of diffraction: **180** ('57) 160–62.

Nauka polska Czesław Białobrzeski, 1878–1953: **1** ('53) Nr. 4, 195f. — Niels Bohr, 1885–1962: **11** ('63) Nr. 1, 207f.

Physical Rev. On the anomalous propagation of phase in the focus: **54** ('38) 931–36. — Dirac's one-electron problem in momentum representation: **73** ('48) 1330–33.

Postępy Fizyki γ-Multipolstrahlung und die Bestimmung des Kernspins: **3** ('52) 5–. — Hendrik Anthony Kramers†: **4** ('53) 113–. — Zum 70. Geburtstag von Niels Bohr: **6** ('55) 577–81. — Der Beitrag Thomas Youngs zur Beugungstheorie: **9** ('58) 183–88. — Die Entdeckung der Quanten durch Max Planck: **10** ('59) 71–75. — Erwin Schrödinger, 1886–1961: **12** ('61) 385–87. — Über die Beugungswelle im Falle einer beliebigen einfallenden Welle gemäß der Kirchhoffschen Beugungstheorie: **13** ('62) 3–13. — Niels Bohr, 1885–1962: **14** ('63) 237–79. — Über die Entstehung und das Schicksal einiger meiner wissenschaftlichen Arbeiten: **21** ('70) 161–69. — — Alle Arbeiten poln.

Prace mat.-fizyczne Solution of the system of integral equations in Dirac's one-electron problem in momentum representation: **47** ('49) 41–48.

Problemy [Warszawa] Jan Blaton – ein hervorragender Physiker (1907–48): **14** ('58) 868f. [poln.].

Proc., Koninkl. nederl. Akad. Wet. Sommerfeld's polynomial method in the quantum theory: **52** ('49) 351–62.

Proc. physic. Soc., Sect. A Eigenfunctions following from Sommerfeld's polynomial method: **62** ('49) 736–38. — Sommerfeld's polynomial method simplified: **63** ('50) 766–71.

Bitte Anmerkung auf Seite 4201 beachten!

Progress Optics The Miyamoto-Wolf diffraction wave: **4** ('65) 199 [oder 201?]–242.

Rep. math. Physics A weaker formulation of the electromagnetic radiation conditions: **2** ('71) 63–77. — A sharpened formulation of Sommerfeld's radiation condition for Green's functions of the Helmholtz equation: 93–98.

Rep. Progr. Physics Multipole radiation in atomic spectra: **12** ('49) 233–47.

Roczn. Towarz. nauk. warszawsk. Jan Blaton†: **41** ('48) 148–.

Sprawozd. Posiedzeń Towarz. nauk. warszawsk., Wyd. III The limits of the applicability of Sommerfeld's polynomial method in quantum theory: **40**. 1947 ('48) 57–63.

Sprawozd. Towarz. nauk. we Lwowie Phasen-"Sprung" am Brennpunkt einer Kugelwelle: **18** ('38) 345f. [poln.]. — Das Diracsche Ein-Elektronen-Problem in Impulsdarstellung: 346– [~].

Z. angew. Math. u. Physik Über eine anschauliche Darstellung der Vorgänge bei der Fortpflanzung von unstetigen Signalen in Wellenleitern: **7** ('56) 316–25 [m. engl. Zusammenfassg.].

Mit: [1]) J. Blaton.

VI **RUDBERG,** Erik Gustaf. Physik, physikal. Chem. — 1931–32 Doz., '32–36 außerplanmäß. Prof., Massachusetts Inst. of Technol., Cambridge, Mass.; '36–39 Leiter d. Forschungsbüros f. Techn. Physik, Allmänna Svenska Elektriska Aktiebolaget, Ludvika; '39–45 Prof., Chalmers Tekniska Högskola, Göteborg; '45–59 Dir., Svensk Metallogr. Inst., Stockholm; '59–72 Ständiger Sekretar u. Prof., Kungl. Svenska Vetenskapsakad.; '70–71 Präs., Europäische Physikal. Ges., Genf. — '79 Dr. rer. nat. h.c., Eberhard-Karls-Univ. Tübingen. — '73 Letterstedt-Goldmedaille (Kungl. Svenska Vetenskapsakad.).

*1902, Nov. 17, Stockholm.

S. Kurs i vakuumteknik (Stockholm '46) 5–8: Gaskinetik unter Berücksichtigung niedriger Drücke [schwed.]; 9–17: Messung niedriger Drücke [~]. — L'état solide; rapports et discussions. 9e Conseil de physique, Bruxelles 1951 (Institut International de Physique Solvay) (Bruxelles '52) 167–87: Recent work on solid-state transformations in Sweden (Diskussion: 188–96). — Icke-förstörande provningsmetoder. FKO-konferens den 25 februari 1953 (Stockholm '53) (Forskarnas kontaktorgan, Meddelande 15): Die physikalischen Grundlagen der Methoden der zerstörungsfreien Werkstoffprüfung [schwed.]. — Les Prix Nobel en 1956 (Stockholm

'57) 18–23: The 1956 Nobel Prize for physics [schwed. u. engl.] engl. auch in: Nobel Lectures, Physics, 1942–1962 (Amsterdam–London–NewYork '64) 315–17. — Congress papers. 24th International foundry congress, Stockholm 1957 (Stockholm '57) 717–33: Theory and experience. — Geschichte der Mikroskopie. Leben und Werk großer Forscher (H. Freund, A. Berg) **3** (Frankfurt/Main '66) 35–41: Carl Benedicks, 1875–1958.

W. (Neubearb.) *T. Moll, *T. Rudberg, Lärobok i fysik för högre läroanstalter, **1**: Statik (m. T. Rudberg) [10](Stockholm '34) 95 S., ab 11. Aufl. m. d. Bandtitel: Allmän fysik [11]('37), [12]('39) 60 S., Neudrucke ('42), ('44), [13]('47), Neudr. ('50), [14]('54) 75 S., Neudrucke ('57), ('60); **2**: Värmelära (m. T. Rudberg) [10]('32) 88 S., (m. T. Rudberg) [11]('36), Neudrucke ('40), ('43), ('44), [12]('49), Neudr. ('51), [13]('56) 91 S., Neudrucke ('58), ('61); **3**: Magnetism och electricitet (m. T. Rudberg) [11]('34) 138 S., [12]('37), [13]('39), [14]('42), Neudr. ('45), [15]('49), Neudr. ('55), [16]('56) 171 S., Neudr. ('58); **4**: Vågrörelserna och optik [8]('36) 133 S., Neudrucke ('40), ('44), [9]('48), Neudrucke ('54), ('56), [10]('57) 160 S., Neudrucke ('58), ('60); **5**: Dynamik eller läran om rörelse (m. T. Rudberg) [9]('34) 78 S., ab 10. Aufl. m. d. Bandtitel: Mekanik [10]('37) 87 S., [11]('41), Neudr. ('44), [12]('49), Neudrucke ('52), ('57), [13]('58) 81 S., Neudr. ('60). — (Neubearb.) *T. Moll, *T. Rudberg, Lärobok i fysik för högre läroanstalter, Förkortad upplaga, **1**: Allmän fysik och mekanik [7](Stockholm '41) 58 S., [8]('49) 58 S., Neudr. ('56); **2**: Värmelära (m. T. Rudberg) [8]('34) 64 S., [9]('42), [10]('49) 74 S., Neudr. ('52); **3**: Magnetism och electricitet (m. T. Rudberg) [6]('34) 106 S., [7]('47), [8]('52) 120 S., Neudr. ('56); **4**: Vågrörelselära och optik [7]('37) 98 S., Neudr. ('45), [8]('51) 116 S., Neudr. ('58).

Arkiv Fysik Reports from the Conference of the Swedish National Committee for Physics in 1948 [4]): **1** ('49/50) 533–54; ~ 1949 [4]): **2** ('50/51) 211–32; ~ 1951 [4]): **5** ('52) 109–33; ~ 1952 [2]): **7** ('54) 73–88; ~ 1953 [2]): **8** ('54) 1–20; ~ 1955 [2]): **11** ('56/57) 101–35; ~ 1957 [2]): **13** ('58) 251–96; ~ 1959 [5]): **16** ('59/60) 481–526; ~ 1961 [5]): **22** ('62) 389–444; ~ 1963 [5]): **26** ('64) 233–92; ~ 1965 [5]): **30** ('65) 473–572.

Bihang Göteborgs kungl. Vet.- och Vitterhets-Samhälles Handl. Gregori Aminoff: **67** ('48) Minnestal S. 13–18.

Blad Bergshandteringens Vänner Der Atomkern als Energiequelle: **1946**, 285–303 [schwed.].

Daedalus [Stockholm] Das Metallographische Institut: **18** ('48) 56–59 [schwed.].

Dödsrunor, Sancte Örjens Gille Henning Pleijel: **26** ('64) [?]. — Harry von Eckermann, 1886–1969: [?] ('70) 1–3.

Bitte Anmerkung auf Seite 4201 beachten!

Elementa [Stockholm] Über die Transistorwirkung: **10** ('57) 1–8 [schwed.].

IVA Leichtmetallkorrosionsversuche am [Schwedischen] Metallographischen Institut: **22** ('51) 163f. [schwed.].

J. chem. Physics The vapor pressure of barium [6]): **3** ('35) 627–31.

J. Inst. Metals Life with metals – today and tomorrow: **88** ('59) 97–102.

J. Iron and Steel Inst. Eutectic solidification in gray, white, and mottled hypoeutectic cast irons [3])[7]): **176** ('54) 365–74.

Jernkontorets Ann. Die räumliche Darstellung der freien Energie für ternäre Systeme: **136** ('52) 91–112. — Spannungskorrosion in unlegierten Weichstählen, Laugensprödigkeit [1]): **138** ('54) 350–82. — Metallphysikalische Gesichtspunkte in bezug auf Stahl: **139** ('55) 583–616. — Carl Benedicks: **142** ('58) 733–38. — Axel Hultgren, 1886–1974: **159** ('75) 39f. — — Alle Arbeiten schwed.

Kosmos [Stockholm] Diffusionsgleichgewichte und stationäre Diffusionszustände in der Elektronenphysik: **19** ('41) 5–38 [schwed.].

Kungl. svenska Vetenskapsakad. Årsb. Axel Hamberg und die Forscherhütten in Sarek: **1963** ('64) 503–18 [schwed.].

Metal Progr. Some recent work in physical metallurgy in Sweden: **67** ('55) 104–07.

Nederlands Tijdschr. Natuurkunde European Physical Society EPS — the joint effort of physicists and their national societies in Europe: **37** ('71) Nr. 7, 109f.

Physical Rev. The vapor pressure of calcium between 500 and 625 °C: (2) **46** ('34) 763–67. — The energy distribution of electrons in the photoelectric effect: **48** ('35) 811–17. — Inelastic scattering of electrons from solids: **50** ('36) 138–50. — Theory of inelastic scattering of electrons from solids [8]): 150–58.

Teknisk Tidskr. Ist der zweite Hauptsatz der Thermodynamik unanfechtbar?: **67** ('37) 429–31 [schwed.]. — Einiges über die Physik des Trockengleichrichters: **72** ('42) Nr. 6.

Värmländska Bergsmannafören. Ann. Der neue Mikroanalysator im Metallographischen Institut: **1959**, 1–11 [schwed.].

Mit: [1]) R. Arpi; [2]) G. Borelius; [3]) A. Hultgren; [4]) E. Hulthén; [5]) L. Hulthén; [6]) J. Lempert; [7]) Y. Lindblom; [8]) J. C. Slater.

VI **RUDDIMAN,** Edsel Alexander. Pharm., Chem. — 1926–42 Nutritional Research Chemist, Ford Motor Co., Detroit, Mich.

*1864, Dez. 27, Dearborn, Mich.; †1954, März 21, Dearborn, Mich.

Nekr. Detroit Free Press **1954**, 22. März (m. Bildn.). — New York Times **1954**, 23. März, S. 27.

Zur Biogr. National cyclopaedia of American biography **45** (New York '62) 84f.

W. Incompatibilities in prescriptions, for students in pharmacy and medicine, practicing pharmacists and physicians (m. A. B. Nichols) [6](New York '36) 7+337 S. — Genealogy of the Leslie family (Dearborn, Mich. '51) 98 S.

VI **RUFUS,** Will Carl. Astron., Geschichte d. Astron. — 1920–34 Assist. Prof., '34–41 Assoc. Prof., '41–46 Prof., '42–46 Dir. of Observatories and Departm. of Astron., Univ. of Michigan, Ann Arbor, Mich.; '25–26 Pres., Junior Research Club; '26–27 Vice Pres., Section L, Amer. Assoc. for the Advancem. of Sci.

*1876, Juli 1, Chatham, Ont., Can.;
†1946, Sept. 21, Crooked Lake (near Chelsea), Mich.

Nekr. *F. E. Brasch, Popular Astron. **56** ('48) 119–22 (m. Bildn.). — *C. A. Federer, Sky and Telescope **6** ('46) 10f. — Isis **37** ('47) 81. — Observatory **67** ('47) 40.

H. *H. D. Curtis, One scientist's religion (Ann Arbor, Mich. '44).

S. The University of Michigan, an encyclopedic survey, **3** (Ann Arbor, Mich. '43) 442–65: The Department of Astronomy; 465–76: The astronomical observatories at Ann Arbor; 476–83: The Lamont-Hussey Observatory; 489–93: Meteorological instruments and the teaching of meteorology.

W. The heavens in science and religion (Seoul, Korea '36) 37 S. — The Soochow astronomical chart (m. Hsing-chih T'ien) (Ann Arbor, Mich. '45) 5+24 S.

Isis A Korean star map [5]): **35** ('44) 316–26.

J. roy. astron. Soc. Canada Copernicus, Polish astronomer, 1473–1543: **37** ('43) 129–42. — Greek astronomy – its birth, death, and immortality: **38** ('44) 143–53. — A political star chart of the twelfth century: **39** ('45) 33–41, 280f.

Popular Astron. Astronomy and advance in civilization: **42** ('34) 361–65. — A voyage in space: **43** ('35) 397–403. — Marking time in Korea [3]): **44** ('36) 252–57. — The influence of Islamic astronomy in Europe and the Far East: **47** ('39) 233–38. — An astronomical theory of tektites: **48** ('40) 49–51, 92f. — The motion of the heavenly bodies; its international significance: **50** ('42) 128–32. — A simple account of relativity: **52** ('44) 79–85. — David Rittenhouse as a Newtonian philosopher and defender: **56** ('48) 122–30.

Publ., Amer. astron. Soc. David Rittenhouse as a Newtonian philosopher: **7** ('33) 227. — Summary of observational results of Xi Persei: **8** ('34/36) 253. — Korean observations of the great comet of 1664: **9** ('37/39) 164. — The variable radial velocity of A Cygni [2]): 165. — Variable line displacements of θ^1(C) Orionis [1]): **10** ('40/44) 120. — Idealization in Chinese asterisms: 171f. — A possible pre-fission binary: 315f. — Astronomy for an emperor in the twelfth century: 316f.

Publ. Observat. Univ. Michigan Atmospheric pulsation in Eta Aquilae, preliminary results: **4** ('32) 101–08. — Motions in the atmosphere of Zeta Geminorum, preliminary results: 151–62. — The variable radial velocity of the star B. D. + 56°2617(A): **6** ('34) 45–57.

Revista astron. Astronomy and advance in civilization: **6** ('34) 235–41 [span.].

Scientific Monthly Quadricentennial of the "first account" of Copernican theory: **51** ('40) 475–77.

Scripta math. [USA] David Rittenhouse as a mathematical disciple of Newton: **8** ('41/42) 228–31. — Maridini's introduction to the use of the quadrant [4]): **10** ('44) 170–79.

Sky Ancient astronomical instruments in China: **3** ('38/39) Nr. 6, 6f., 12, 21.

Sky and Telescope How to meet the fifth column in astronomy: **1** ('42) Nr. 3, 9–12 (m. Bildn.). — The obsolete Tropic of Cancer: **2** ('43) Nr. 9, S. 4. — Our earthly flight (poem): **3** ('44) Nr. 4, S. 12. — The challenge of the rainbow: Nr. 6, 12f. — The beauty and mystery of the northern lights: **5** ('46) Nr. 11, 3–5, 18.

Trans. Korea Branch roy. asiat. Soc. Astronomy in Korea: **26** ('36) 1–48.

Mit: [1]) J. Armstrong; [2]) H. M. Bendler; [3]) Lee Won-Chul; [4]) W. H. Worrell; [5]) C. Chao.

VI **RULE,** Harold Gordon. Chem. (org.). — 1913–15 Assist., '15–21 Lecturer, '21–39 Senior Lecturer, '39–43 Reader, Univ. of Edinburgh.

*1887, Juni 23, London;
†1943, März 15, Edinburgh.

Nekr. *N. Campbell, Nature [London] **151** ('43) 665f. — *J. E. Mackenzie, *N. Campbell, J. chem. Soc., London **1943**, 509f.

H. u. Ue. (später Mitautor) *J. Schmidt, [Kurzes Lehrbuch der organischen Chemie] A textbook of organic chemistry [2](London–Edinburgh '32) 24+843 S.; [3]('36) 24+865 S.; [4]('43) 27+923 S.

J. chem. Soc., London Reactivity of peri-substituted naphthalenes, 1: Displacement of the nitro-group in 8-nitro-1-naphthoic acid by thionyl halides to form 8-chloro- and 8-bromo-naphthoic acids [1]):

1932, 175–79; ~ 2: The replacement of halogen in 8-halogeno-1-naphthoic acids and in 8-halogeno-benzoic acids [1]): 2728–32; ~ 3: Further synthetic reactions of 8-halogeno-1-naphthoic acids [24]): **1935**, 317–19. — Studies in solvent action, 3: Rotatory powers of L-menthyl methyl naphthalate in mixtures of alcohols with benzene or hexane [17]): **1932**, 1400–09; ~ 4: Optical rotation of L-menthyl hydrogen naphthalate in polar and in non-polar solvents [17]): 1409–15; ~ 5: Dipole moment of solvents and the rotatory power of dissolved menthyl dialkylmalonates [20]): 2332–40; ~ 6: Optical rotatory powers of β-octanol, D-amyl alcohol, and their derivatives [21]) [13]): **1933**, 376–87; ~ 7: Rotatory power of ethyl tartrate in relation to the solvent, concentration, degree of association, and temperature [26])[9]): 1217–23; ~ 10: Rotatory powers of dimethylene tartrate, methylenetartaric acid and its dimethyl ester, in the presence of added solvents and salts [9]): **1935**, 1038–43; ~ 11: Influence of solvent, concentration, and temperature upon the rotatory powers of L-menthyl o-substituted benzoic esters [10]): 1043–49; ~ 12: Optical rotatory powers of L-benzoin and L-benzoin methyl ether in solution [8]): **1937**, 138–45; ~ 13: Optical rotatory power and the refractive index of the medium [7]): 145–53. — The preparation of naphthastyril from 8-bromo-1-naphthoic acid [5]): **1934**, 137. — Derivatives of 8-bromo- and 8-chloro-1-naphthoic acids and their orientation by dehalogenation and decarboxylation [19])[5]): 168–71. — Constitution of dinitroacenaphthenequinone and of dinitronaphthalic acid. Preparation of a new dinitronaphthalene [5]): 171–74. — The catalytic hydrogenation of diphenyl triketone, 1 [2])[3]): **1935**, 83–85. — Optical resolution of phenyl 8-carboxy-1-naphthyl sulphoxide. The prediction of restricted rotation in peri-substituted naphthalenes [24]): 319–21. — 1,9-Benzanthrone-8-carboxylic acid and dibenzanthronedicarboxylic acid from 8-bromo-1-naphthoic acid [19])[1]): 571f. — The cyclisation of 1,9-benzanthrone-8-carboxylic acid to 8,11-ketobenzanthrone, and of dibenzanthronedicarboxylic acid to diketodibenzanthrone [2]): 573–75. — Oxidation products of benzanthrone-8-carboxylic acid [12]): **1937**, 535–37. — Synthesis of mesobenzanthrones and anthanthrones by the Ullmann method [22]): 1096–103. — Acenaphthenone and acenaphthenequinone [23]): 1761–63. — Bromo- and nitro-derivatives of naphthalic acid [23]): 1764–67. — Stereochemistry of the acenaphthylene and tetrahydroacenaphthylene glycols, 1 [15]): **1938**, 188–92. — New derivatives of mesobenzanthrone [4])[12]): 1833–41. — A new method of resolving a racemic compound [14]): **1939**, 1568–73. — Solvent effects with optically active saturated hydrocarbons [18]): **1940**, 345–47. — 4-Benzoyl-mesobenzanthrone [6])[27])[25]): **1950**, 1816–19.

Nature [London] Optical rotatory power [7]): **133** ('34) 910. — Optical rotatory power of turbid solutions in an electric field [16])[18]): **140** ('37) 194. — A new method of resolving a racemic compound [14]): **141** ('38) 917f.; **142** ('38) 163.

Mit.: [1]) A. J. G. Barnett; [2]) L. A. Bigelow; [3]) W. A. P. Black; [4]) W. H. D. Boyes; [5]) R. R. H. Brown; [6]) N. Campbell; [7]) A. R. Chambers; [8]) J. Crawford; [9]) J. P. Cunningham; [10]) A. Dunbar; [11]) —; [12]) J. L. Grieve; [13]) J. Harrower; [14]) G. M. Henderson; [15]) K. M. Jack; [16]) E. B. Ludlam; [17]) A. McLean; [18]) A. W. H. Pryde; [19]) W. Pursell; [20]) J. T. R. Ritchie; [21]) E. B. Smith; [22]) F. R. Smith; [23]) S. B. Thompson; [24]) H. McN. Turner; [25]) A. A. Woodham; [26]) M. B. Barnett; [27]) A. G. McGregor.

VI **RUNG,** William. Elektrotechn. — 1903–06 Doz., '06–38 Prof., Polyteknisk Læreanstalt, Danmarks Tekniske Højskole, København; '28–36 Vorsitzender, Königl. Dän. Elektrizitätskommission. — Kommandeur des Danebrog-Ordens (Dänemark); Kommandeur des St.-Olaf-Ordens (Norwegen); Kommandeur des Wasa-Ordens (Schweden).
*1873, Juni 10, København;
†1939, Nov. 13, Gentofte, København.

Zur Biogr. *V. Faaborg-Andersen, Elektroteknikeren **34** ('38) 271f.

Nekr. *A. K. Aubeck, Meddelelser Akad. tekn. Videnskaber **1940**, Nr. 1, 74–79 (m. Bildn.). — * V. Faaborg-Andersen, Ingeniøren **48** ('39) E124 (m. Bildn.). — *E. Rager, Elektroteknikeren **35** ('39) 581f. (m. Bildn.).

HZ. (Redakt.) Elektroteknikeren 1906–1918.

W. Heumans diagram til mekanisk beregning af luftledninger (København '32) 18 S. (Polyteknikerraadet). — Planer og tegninger til forelæsninger over elektriske centraler (København '34) 97 S. (Danmarks Tekniske Højskole). — Kortslutninger og deres følger (København '35) 48 S. [m. deutscher Zusammenfassg. S. 46–48] (Ingeniørvidenskabelige skrifter B, Nr. 14). — Elektriske ledninger for stærkstrøm; deres teori og beregning (København '37) 252 S.; [2]('47) 260 S.

Elektroteknikeren Das Gesetz über Maßregeln gegen Störungen des Radioempfangs: **28** ('32) 144–50 (Diskuss. S. 150–56). — Einleitung zur Diskussion über die Vorlage zum neuen Gesetz über elektrische Starkstromanlagen: **30** ('34) 57–63 (Diskuss. S. 63–71). — Soll das Erdseil bei Hochspannungsfreileitungen beibehalten werden?: 485–98 (Diskuss. S. 498–503). — A. R. Angelo 60 Jahre [2]) [1])[3]): **31** ('35) 23–27. — Symbolische Belastungskurven: **33** ('37) 171–79. — Bürochef V. Faaborg Andersen 50 Jahre: 281f. — — Alle Arbeiten dänisch.

Ingeniøren Soll das Erdseil bei Hochspannungsfreileitungen beibehalten werden?: **43** ('34) E59–E61 [dän.].

Bitte Anmerkung auf Seite 4201 beachten!

Ferner ein Skript zu Vorlesungen über elektrische Zentralen (E. W. Mollerup) (København '32) 99 S.

Mit: [1]) I. E. Børresen; [2]) S. A. Faber; [3]) A. O. Prange.

VI **RUNNING,** Theodore Rudolph. Math. — 1920–37 [?] Prof., then Prof. Emer., '24–25 Assist. Dean, Univ. of Michigan, Ann Arbor, Mich.

*1866, Dez. 14, Colfax, Wis.;
†1952, Okt. 10.

Todesanzeige American math. Monthly **60** ('53) 69.

W. Graphical calculus (Ann Arbor, Mich. '34) 2+44 S.; ('36) 2+44 S.; ('37) 81 S. — Formules empiriques. Détermination des constantes par les différences finies et la méthode des moindres carrés. Interpolation. Intégration numérique, etc. (Paris '35) 135 S. — First year college mathematics (m. L. C. Plant) (New York–Boston, Mass. '39) 6+424 S.

American math. Monthly Graphical solutions of cubic, quartic, and quintic: **50** ('43) 170–73.

Papers Michigan Acad. Sci., Arts and Letters A method for approximating real roots of equations by the principle of areas: **18**.1932 ('33) 591–97.

VI **RUPP,** Charles Andrew. Math. — 1928–29 Assist.Prof., '29–33 Assoc.Prof., '33–52 Prof., Pennsylvania State College; '55– Analyst, U.S. Departm. of Defense, Washington, D.C.

*1898, Aug. 23, Salem, Mass.;
†.

VI **RUSE,** Harold Stanley. Math. — 1928–37 Lecturer, Univ. of Edinburgh; '37–46 Prof., Univ. College, Southampton; '46–70 Prof., '48–68 Head of Departm. of Math., Univ. of Leeds; '35–36 Pres., Edinburgh Math. Soc. — '37 Keith Prize (Roy. Soc. of Edinburgh).

*1905, Febr. 12, St. Leonards-on-Sea, Sussex;
†.

S. C.R. 10ᵉ Congrès international des mathématiciens, Oslo 1936, **2** (Oslo '37) 232: The geometry of the electromagnetic six-vector, the electromagnetic energy and the Hertzian tensor.

W. Harmonic spaces (m. A. G. Walker, T. J. Willmore) (Roma '61) 12+240 S. (Consiglio Nazionale delle Ricerche. Monografie matematiche, 8).

Compositio math. The Cayley-Spottiswoode coordinates of a conic in 3-space: **2** ('35) 438–62.

Edinburgh math. Notes Tullio Levi-Civita†: Nr. **33** ('43) 19–24.

J. London math. Soc. Sets of vectors in a V_4 defined by the Riemann tensor: **19** ('44) 168–78. — On simply harmonic spaces: **21** ('46) 243–47. — Tensor extensions of metrisable local Lie groups: **34** ('59) 5–14. — William Proctor Milne† [2]): **44** ('69) 565–70.

Mathematical Gaz. Differential geometry: **21** ('37) 352–59.

Nature [London] The Ricci calculus: **171** ('53) 61f.

Philosophical Mag. (and J. Sci.) The general solution of the partial differential equation $V^i_i + 2KV = 0$ in a two-dimensional space of constant curvature K: (7) **18** ('34) 921–27. — Multivectors and catalytic tensors: **38** ('47) 408–21.

Proc. Edinburgh math. Soc. Gauss' theorem in a general space-time: (2) **4** ('34/36) 144–58. — Solutions of Laplace's equation in an n-dimensional space of constant curvature: **6** ('39/41) 24–45. — A. G. D. Watson's principal directions for a Riemannian V_4: **7** ('46) 144–52.

Proc. London math. Soc. Normal covariant derivatives: (2) **33** ('31/32) 66–76. — On the geometry of the electromagnetic field in general relativity: **41** ('36) 302–22. — The self-polar Riemann complex for a V_4: **50** ('48) 75–106. — On simply harmonic "kappa-spaces" of four dimensions: 317–29. — Three-dimensional spaces of recurrent curvature: 438–46. — The Riemann complex in a four-dimensional space of recurrent curvature: **53** ('51) 13–31. — A classification of K*-spaces: 212–29.

Proc. roy. Soc. Edinburgh On the definition of spatial distance in general relativity: **52** ('31/32) 183–94. — On the measurement of spatial distance in a curved space-time: **53** ('32/33) 79–88. — On the geometry of Dirac's equations and their expression in tensor form: **57** ('36/37) 97–127. — Harmonic Riemannian spaces [1]): **60** ('39/40) 117–33.

Proc. roy. Soc. Edinburgh, Sect. A On the line-geometry of the Riemann tensor: **62** ('43/49) 64–73. — The Riemann tensor in a completely harmonic V_4: 156–63. — Parallel planes in a Riemannian V_n: **63** ('49/52) 78–92. — On the geometry of E-matrices: **64** ('53/57) 127–44. — On the geometry of metrisable Lie algebras: **65** ('57/61) 1–12.

Publicationes math. [Debrecen] Simply harmonic affine spaces of symmetric connection: **2** ('51/52) 169–74.

Quarterly J. Math., Oxford Ser. Generalised solutions of some of the partial differential equations of mathematical physics: **3** ('32) 15–25. — On Whittaker's electromagnetic "scalar potentials": **8** ('37) 148–60. — The five-dimensional geometry of the curvature tensor in a Riemannian V_4: **17** ('46) 1–15. — On parallel fields of planes in a Riemannian space:

Bitte Anmerkung auf Seite 4201 beachten!

20 ('49) 218–34. — General solutions of Laplace's equation in a simply harmonic manifold: (2) **14** ('63) 181–92.

Mit: [1]) E. T. Copson; [2]) W. L. Edge.

v, vi **RUSS,** Sidney. Physik, Radiol., Onkol. — 1910–13 Beit Memorial Fellow, '13–20 Physicist, in Cancer Research, '20–46 Prof., '47 Prof.Emer., Middlesex Hospital Medical School, London; '22–38 Pres., Roentgen Soc.; '28–34 Secretary, Medical Research Council Radiology Committee; '29–35 Sci. Secretary, Nation. Radium Commission. — '31 Commander of the Order of the Brit. Empire.

*1879, Dez. 2, London;
†1963, Juli 27.

Nekr. British med. J. **1963** II, 391. — Lancet **1963** II, 309. — Nature [London] **199** ('63) 851 f.

MH. *E. Hurdon, Cancer of the uterus (New York '42) 12+188 S.

W. x-Ray and radium injuries; prevention and treatment (m. H. A. Colwell) (London–New York '34) 11+212 S. — Radon: its technique and use (m. W. A. Jennings) (London '48) 232 S. — Physics in medical radiology (m. L. H. Clark, S. R. Pelc) [2](London '50, New York '53) 7+296 S. — Cancer: where we stand (London–New York–Toronto '50) 15+192 S. — Smoking and its effects; with special reference to lung cancer (London '55, New York '56) 144 S., Neudruck: (New York '62) 144 S.

British J. exper. Pathol. Influence of one growing tumour on another [5]): **23** ('42) 127–33.

British J. Radiol. The differential action of gamma rays [5]): **5** ('32) 814–21 (Diskuss. S. 821–23). — Variations in response of tumours to sub-lethal and lethal doses of x-rays [5]): **6** ('33) 451–60. — Some biological effects of continuous gamma irradiation, with a note on protection [,1] [5]): **10** ('37) 619–28 (Diskuss. S. 628f.); Biological effects of gamma irradiation, 2 [5]): **12** ('39) 440f. — The effect of x-rays upon tumour growth when the tumour itself is not irradiated [5]): **13** ('40) 267–72. — Accepted standards in radiological protection: **16** ('43) 6f. — Resistance to tumour grafts produced by a cell-free tumour extract [5]): **18** ('45) 173–75. — Professor Frederick Soddy, 1877–1956: **29** ('56) 584.

British med. J. Principles of radiological treatment and their bearing on hospital x-ray organization [1]): **1935** II, 9–11. — An investigation of internal radon therapy [3])[4]): **1937** I, 208–13.

Lancet On a divergence between the biological and gamma ray effectiveness of radium tubes [5]): **222** ('32) 82f. — Nature of the action of radium and x-rays upon malignant growths: 874–76. — Radium as a pharmaceutical poison [2]): **223** ('32) 221–23. — Radium and radon biological reactions compared [5]): **238** ('40) 1048.

Nature [London] "Raw" weather: **131** ('33) 131f. — Radium treatment in Great Britain: **139** ('37) 699–701. — Cancer: radiological treatment and research: **143** ('39) 9f. — Radium treatment: **145** ('40) 347. — Kinetic friction coefficient: **147** ('41) 712. — Discoveries by accident: **150** ('42) 735. — Röntgen centenary: **155** ('45) 548.

Proc. roy. Soc. London, Ser. B On a method of increasing the sensitiveness of animal tumours to x-rays [5]): **118** ('35) 316–20. — Evidence of resistance to tumour grafts in the offspring of immunized rats [5]): **128** ('39/40) 126–37.

Mit: [1]) H. Chambers; [2]) H. A. Colwell; [3]) F. D. Howitt; [4]) E. C. Pillman-Williams; [5]) G. M. Scott.

v, vi **RUSSELL,** Alexander. Physik (Elektrotechn.). — 1909–39 Principal, '39–43 Advisory Principal and Governor, Faraday House, London; Pres., Junior Instn. of Electr. Engineers; Vice-Pres., Inst. of Physics; '22–24 Pres., Physical Soc., London; '25– Pres., Instn. of Electr. Engineers. — '24 [Hon.] LL.D. (Univ. of Glasgow). — '40 Faraday Medal (Instn. of Electr. Engineers). (⊠)

*1861, Juli 15, Ayr;
†1943, Jan. 14, Mill Hill.

Zur Biogr. Nature [London] **145** ('40) 180.

Nekr. *A. Campbell, Obituary Notices Fellows roy. Soc. London **4** ('42/44) 427f. (m. Bildn., Faks., Schr.verz.). — *W. R. C. Coode-Adams, Nature [London] **151** ('43) 163. — *H. Dale, Proc. roy. Soc. London, Ser. A **182** ('43/44) 219f.

W. Lord Kelvin (London–Glasgow '38) 6+163 S.

Nature [London] A. E. Kennelly†: **144** ('39) 64f. — R. E. B. Crompton†: **145** ('40) 377–79. — C. H. Merz†: **146** ('40) 613.

Obituary Notices Fellows roy. Soc. London Rookes Evelyn Bell Crompton†: **3** ('39/41) 395–401.

v, vi **RUSSELL,** Alexander Smith. Physik (Radioaktivität), Chem. (physikal., anorg.). — 1920–55 Student and Tutor and '56–72 Emer. Student of Christ Church College, '27–56 Lecturer Chem., Univ. of Oxford; '33–61 Governor of St. Paul's School and St. Paul's Girls' School, Oxford.

*1888, Mai 31, Musselburgh, Scotl.;
†1972, März 15.

HZ. Discovery 1920–1921.

Annual Rep. Progr. Chem. Radioactivity and subatomic phenomena: **29** ('33) 299–315; **30** ('34) 344–59.

Chemistry and Industry Georges Urbain (1872–1938): **1940**, 343f.

J. chem. Soc., London Preparation and some properties of amalgams of titanium, uranium, and vanadium [4]): **1931**, 2805–14. — Intermetallic compounds formed in mercury, 1: The tin–copper system [2])[7]): **1932**, 841–51; ~ 2: The zinc–copper system [2])[7]): 852–57; ~ 3: The Zn–Fe system and part of the Sn–Fe system [10]): 857–66; ~ 4: Summary of work on the Sn–Cu, Sn–Fe, Zn–Cu, Zn–Fe, Cd–Cu, Hg–Cu, Mn–Cu, and Zn–Mn systems [8])[6]) [10]): 2340–42; ~ 5: Compounds in the Zn–Mn, Zn–Co, Zn–Ni, Al–Fe, Sn–Mn, and Sn–Co systems [8]) [9]): **1934**, 1750–54. — The solubilities of copper, manganese, and some sparingly soluble metals in mercury [7]): **1932**, 891–98. — Madame Curie memorial lecture: **1935**, 654–63.

Nature [London] Quaternary intermetallic compounds: **133** ('34) 217. — Order of affinity of metals for copper, iron, cobalt and nickel: **138** ('36) 161. — Reduction of ions of nickel, cobalt, iron and other metals by zinc amalgam [1]): **142** ('38) 210f. — R.T. Gunther†: **145** ('40) 541f. — The new Bodleian Library at Oxford: **158** ('46) 656f. — George de Hevesy†: **211** ('66) 464. — Dalziel Llewellyn Hammick†: **212** ('66) 674.

Proc. physic. Soc., Sect. A Lord Rutherford: Manchester, 1907–19; a partial portrait: **64** ('51) 393–95.

Science [USA] F. Soddy, interpreter of atomic structure: **124** ('56) 1069f.

Mit: [1]) J. C. Carver; [2]) P. V. F. Cazalet; [3]) —; [4]) R. Groves; [5]) —; [6]) J. Howitt; [7]) N. M. Irvin; [8]) T. R. Kennedy; [9]) R. P. Lawrence; [10]) H. A. M. Lyons.

V, VI **RUSSELL,** 3rd Earl, Bertrand Arthur William Russell. Math., Philos. — 1895–1916, '46–70 Fellow, '10–16 Lecturer, Trinity College, Univ. of Cambridge; '20–21 Prof., Peking Univ.; '21–38 in England; '24, '27, '29, '31 Visiting Lecturer, USA; '38–39 Lecturer, Univ. of Chicago, Ill.; '39–40 Visiting Prof., Univ. of California, Los Angeles, Cal.; '40 Lecturer, Harvard Univ., Cambridge, Mass.; '41–42 Lecturer, Barnes Foundat., Philadelphia, Pa.; '43–44 Lecturer, Bryn Mawr College, Bryn Mawr, Pa.; '44–70 in England, numerous lectures abroad. — '50 Nobel Prize for Literature. — '34 De Morgan Medal (Math. Soc. London); '34 Sylvester Medal (Roy. Soc. London); '50 Order of Merit (His Majesty the King); '58 Kalinga Prize (UNESCO); '60 Sonning Pris (Københavns Univ.).

*1872, Mai 18, Ravenscroft near Trelleck, Monmouthshire, Wales;
†1970, Febr. 2, Penrhyndeudraeth, Merionethshire, Wales.

Ehrung Bertrand Russell memorial logic conference, Uldum, Denmark, 1971 (Proc. (Leeds '73) 7+404 S.).

Zum 70. Geb.tag *G. H. Hardy, Bertrand Russell and Trinity; a college controversy of the last war (Cambridge '42) 62 S.; Neuaufl.: (London '70) 13+61 S.

Zum 75. Geb.tag *P. E. Linke, Hamburger akad. Rdsch. **1** ('46/47) 462–65.

Zur Verleihung d. Nobelpreises *R. Amadou, Bertrand Russell. Prix Nobel et philosophe non conformiste: Gazette Lettres **6** ('51) 22–27. — *M. Brion, Revue deux Mondes **1950**, 529–38. — *L. Giesz, Das literarische Deutschland **1** ('50) Nr. 2, S 4. — Les Prix Nobel en 1950 (Stockholm '51) 54–59: *A. Österling, Allocution [schwed. u. engl.]; 128–30: Biography (m. Bildn. u. Faks.). — Nature [London] **166** ('50) 849. — Nobel lectures, Literature 1901–1967 (H. Frenz) (Amsterdam–London–New York '69) 448–51: *A. Österling, Presentation; 464: Biography.

Zum 80. Geb.tag *M. Davis, Englische Rdsch. **2** ('52) 255.

Zum 95. Geb.tag Bertrand Russell: philosopher of the century; essays in his honour (R. Schoenman) (London '67) 4+326 S.; italien.: Bertrand Russell, filosofo del secolo; saggi in suo onore (Milano '74) 577 S. (Il labirinto, 31).

Nekr. *J. L. Cortina, Estudios Deusto **18** ('70) 361–85. — *P. Cristofolini, Temps modernes **27** ('70) 289f., 442–44. — *G. Kreisel, Biographical Mem. Fellows roy. Soc. **19** ('73) 583–620 (m. 3 Bildnissen u. Faks.). — *B. McLaughlin, Russell philosopher king: Month [London] **229** ('70) 235–37. — *E. Nierznański, Studia Philos. christianae [Warszawa] **7** ('71) 318–30. — *G. H. R. Parkinson, Studia leibnitiana [Wiesbaden] **2** ('70) 161–70. — *G. Petrović, Praxis [Zagreb] **6** ('70) 167–83. — Bertrand Russell, 1872–1970 (Bertrand Russell Peace Foundation) (Nottingham '70) 2+37 S. (m. Bildnissen u. Faks.). — Bertrand Russell, 1872–1970. In memoriam (Universidad de Valencia, Departamento de Lógica y Filosofía de la Ciencia, Homenaje el dia 7 de febrero de 1970) (Valencia '71) 79 S.

Zum 100. Geb.tag Gedenkheft: Studia filoz. **1972**, Nr. 5; darin 125–30: *A. J. Ayer, Russells philosophisches Konzept [poln.]; 131–44: *L. Koj, Zum 100. Geburtstag [~]; 145–56: *S. Jedynak, Die Axiologie Bertrand Russells [~]. — Gedenkheft: Bertrand Russell 1872–1970: Revue int. Philos. **26** ('72) Nr. 102 (S. 436–572) [8 Beiträge über B. Russell und sein Werk]. — Bertrand Russell's philosophy (G. Nakhnikian) (London '74) 9+278 S. [14 essays written for the Centenary symposium held at Indiana University, Bloomington, Ind., 1972]. — Essays on socialist humanism, in honour of the centenary of Bertrand Russell (K. Coates) (Nottingham '72) 220 S. — Spheres of influence in the age of imperialism; papers submitted to the Bertrand Russell centenary symposium, Linz, Austria, 1972 (Nottingham '72) 4+144 S. — *A. J. Ayer, Bertrand Russell as a philosopher: Proc. brit. Acad. **58** ('72) 127–51. — *A. von Borries, Für einen demokratischen Sozialismus: Werkhefte, Z. Probleme Ges. u. Katholizismus **26** ('72) 149–56, 191–99. — *J. Gama, Evolução filosófica de B. Russell: Revista portug. Filos. **28** ('72) 378–96. — *A Martins, Conhecimento e experiência no empirismo de Russell: ibid. 397–420. — *C. H. Do Carmo Silva, Revisão crítica da obra de Bertrand Russell sobre Leibniz: ibid. 421–57. — *G. Stock, Russell's theory of judgment in logical atomism: ibid. 458–89. — *V. de Sousa Alves, B. Russell e a sua crítica analítica: ibid. 490–525. — *R. Cabral, Russell e a religião: ibid. 526–32. — *I. S. Narskij, *E. F. Pomogaeva, Bertrand Russell, Philosoph und Humanist: Vopr. Filos. **1972**, Nr. 6, 87–97 [russ. m. engl. Zusammenfassg.]. — *V. Ja. Pilipovskij, Die pädagogischen Grundgedanken Bertrand Russells: Sovetskaja Pedagogika: **36** ('72) 131–36 [russ.]. — *O. Zich, Pokroky Mat., Fysiky a Astron. **17** ('72) 177–80.

Zur Biogr. *H. Abosch, Bertrand Russell, penseur et combattant de la raison et de la paix: Année polit. et écon. **40** ('67) 152–58. — *L. W. Aiken, Bertrand Russell's philosophy of morals (New York '63) 172 S. — Bertrand Russell. Tre studier: *G. Aspelin, B. Russell, politiker och moralist; *A. Wedberg, B. Russell, kunskapsteoretikern; *E. N. Tigerstedt, Voltaires arvtagare (Stockholm '50) 46 S. (m. Bildn.). — *Sir A. J. Ayer, Russell and Moore, the analytical heritage (New York–London '71) 254 S.; (London '73) 10+254 S. — *Sir A. J. Ayer, Russell (London '72), Neuaufl.: ('74) 152 S.; u. d. T.: Bertrand Russell (New York '72) 168 S.; deutsch: Bertrand Russell (München '73) 138 S. (dtv, 935); span.: Russell (Barcelona '73) 240 S.; fläm.: Russell (Utrecht–Antwerpen '74) 157 S. (Aula-boeken, 513). — *A. Ayuso, Gaceta mat. **10** ('58) 71–75. — *R. F. Beerling, Russell and historical truth: Kant-Studien **55** ('64) 385–93. — *R. D. Bell, Bertrand Russell (London '72) 64 S. (Makers of modern thought). — *C. D. Broad, Bertrand Russell as philosopher: Bull. London math. Soc. **5** ('73) 328–41. — *R. O. Gandy, Bertrand Russell as mathematician: ibid. 342–48 (m. Schr.verz.-Auszug). — *R. Campa, Le chimere di Russell: Nuova Antol. **508** ('70) 241–50. — *J. E. Chisholm, The theory of knowledge of Bertrand Russell; an exposition and realist assessment (Roma '67) 8+92 S. (Dissertation, Univ. de Fribourg). — *R. J. Clack, Bertrand Russell's philosophy of language (Den Haag '69) 3+100 S. — *R. W. Clark, The life of Bertrand Russell (London '75) 766+32 S.; (New York '76) 766 S., (Harmondsworth, Middlesex '78) 979 S. — *F. C. Copleston, Revue int. Philos. **1950**, 261–78. — *A. Corsano, Belfagor **19** ('64) 175–207. — *A. Corsano, Introduzione a Bertrand Russell (Manduria '72) 91 S. (Società e utopia, 2). — *R. Crawshay-Williams, Russell remembered (London '70) 7+163 S. (m. Bildn.); deutsch: Begegnung mit Bertrand Russell (Zürich '74) 169 S. — *A. Darbon, La philosophie des mathématiques; études sur la logistique de Russell (M. Lagarcé-Darbon) (Paris '49) 12+208 S. — *A. Dorward, Bertrand Russell; a short guide to his philosophy (London–New York '51) 44 S. (Bibliographical series of supplements to "British book news"). — *E. R. Eames, Bertrand Russell's theory of knowledge (London '69) 240 S.; italien.: La teoria della conoscenza di Bertrand Russell (Milano '71) 256 S. (Il labirinto, 26). — *D. Estcourt, Time and Tide **36** ('55) 964f. — *M. Frost, ibid. 996. — *J. J. Etayo, Das mathematische Werk von Bertrand Russell: Gaceta mat. **22** ('70) 3–10 [span.]. — *J. K. Feibleman, Inside the great mirror. A critical examination of the philosophy of Russell, Wittgenstein, and their followers (Den Haag '58) 6+228 S., ('69). — *H. Feigl, Russell and Schlick: a remarkable agreement on a monistic solution of the mind–body problem: Erkenntnis [Dordrecht] **9** ('75) 11–34. — *J. Fontier, De levensfilosofie van Bertrand Russell (Antwerpen '63) 40 S. (Diogenes Cahier 4). — *C. A. Fritz, Bertrand Russell's construction of the external world (New York '52) 243 S. — *E. Götlind, Bertrand Russell's theories of causation (Uppsala '52) 164 S. — *H. Gottschalk, Bertrand Russell (Berlin '62) 94 S. (Köpfe des 20. Jahrhunderts, 26); engl.: Bertrand Russell: a life (London '65, New York '66) 128 S., (London–New York '67) 91 S. — *K.-D. Gottschalk, Denker – Anreger – Literat. Bertrand Russell – ein englischer Voltaire?: VDI-Nachr. **24** ('70) Nr. 9, 25f. — *I. Grattan-Guinness, How Bertrand Russell discovered his paradox: Historia mathematica [Toronto] **5** ('78) 127–37. — *C. Guido, La pedagogia di Bertrand Russell (Lecce '74) 193 S. — *F. G. Hopkins, Proc. roy. Soc. London, Ser. A **148** ('35) 30f. — *A. Hubscher, Philosophen der Gegenwart (München '49) 118–20, 167f. — *R. Jager, The development of Bertrand Russell's philosophy (London '72) 520 S. — *C. E. M. Joad, A great philosopher: Time and Tide **33** ('52) 588. — *J. Jørgensen, Bertrand Russell, en praktisk idealist og hans filosofi (København '35) 40 S. — *H. M. Kallen, Behind the Bertrand Russell case: Twice a Year Nr. **5/6** ('40) 441–66. — *E. D. Klemke, Essays on Bertrand Russell (London–Urbana, Ill. '70), Neuaufl.: ('71) 11+458 S. — *S. Knjazeva, Filozofija Bertranda Russella – strasno traženje izvesnosti

(Zagreb '66) 126 S. — *A. S. Kolesnikov, Freidenkertum und Atheismus Bertrand Russells: Vestn. leningr. Univ. **1972**, Nr. 5, 65–70 [russ. m. engl. Zusammenfassg.]; Vopr. Filos. i Sociol. **4** ('72) Nr. 4, 182–87 [russ.]. — *E. Kolman, Vopr. Filos. **1953**, 168–82. — *T. A. Kompaneec, Bertrand Russell im Spiegel des modernen philosophischen Denkens: Naučnye Dokl. vysšej Školy, Filosofsk. Nauki **1973**, Nr. 4, 104–13 [russ.]. — *A. Lamacchia, Linguaggio significato e verità in Russell (Padova '65) 39 S. — *H. W. Leggett, Bertrand Russell (London '49) 78 S., (New York '50) 7+78 S. (Pictorial biography). — *J. Lewis, Bertrand Russell: philosopher and humanist (London–New York '68) 96 S.; span.: Bertrand Russell, filósofo y humanista (Madrid '72) 117 S. — *G. W. Lorenz, Bertrand Russell, der letzte Aufklärer: Europa [Bad Reichenhall] **16** ('65) Nr. 4, 62f. — *H. C. McElroy, Modern philosophers; western thought since Kant (New York '50) 208–16. — *J. Macpherson, Canadian Forum **28** ('48) 205f. — *G. Mann, Versuch über Bertrand Russell: Neue Rdsch. **78** ('67) 240–66. — *A. Molitor, Zur Religionsphilosophie und Sexualethik B. Russells: Philosophisches Jahrb. Görres-Ges. **52** ('39) 25–32, 160–80. — *A. Moreno, Bertrand Russell's concept of number: Angelicum [Roma] **51** ('74) Nr. 1, 88–110. — *I. S. Narskij, Filosofija Bertrana Rassella; lekcija [Die Philosophie Bertrand Russells; Vorlesung] (Moskva '62) 39 S. (Naučno-metodičeskij kabinet po zaočnomu i večernemu obučeniju Moskovskogo gosudarstvennogo universiteta im. M. V. Lomonosova). — *A. Parente, Rivista Studi crociani **1** ('64) 262–65. — *J. Park, Bertrand Russell on education (Columbus, O. '63) 14+193 S. (John Dewey Society studies in educational theory, 1) (Bibliogr. S. 173–87); (London '64) 3+147 S. — *H. Parris, The political thought of Bertrand Russell: Durham Univ. J. **58** ('66) 86–94. — *D. F. Pears, Bertrand Russell and the British tradition in philosophy (London '67) 285 S. (Fontana library 1526 L), ('72) 285 S. — *D. Perez, Bertrand Russell (Barcelona '68) 204 S. (Testigos del siglo XX, 21). — *J. Pitt, Russell and religion: International J. Philos. Religion **6** ('75) 40–53. — *J. F. Pomogajewa, Die Entwicklung der Philosophie Bertrand Russells: Deutsche Z. Philos. **20** ('72) 351–62. — *Cz. Porębski, Die Entwicklung der ethischen Ansichten Bertrand Russells: Studia filoz. **1973**, Nr. 1, 83–91 [poln.]. — *R. Pujia, Bertrand Russell e l'eredità idealistica inglese (Messina '77) 213 S. (Biblioteca di filosofia moderna, 7). — *V. W. W. S. Purcell (u. d. Pseud.: Myra Buttle), The bitches' brew; or, The plot against Bertrand Russell [Drama] (London '60) 87 S. — *W. Rao, Bertrand Russell, the man and his work: Indo-Asia [Stuttgart] **19** ('70) Nr. 2, 5–12. — *W. B. Ready, Necessary Russell; an introduction to the life and times of Bertrand Russell (Toronto '69) 118 S. — *M. E. Reiner, Rivista crit. Storia Filos. **8** ('53) 308–35. — *E. Riverso, Il pensiero di Bertrand Russell; esposizione storicocritica (Napoli '58) 568 S. (m. Bildn. u. Bibliogr. S. 521–54); . . .; [3]('72) 411 S. (m. Bildn. u. Bibliogr. S. 355–410). — *A. Rizzacasa, Il pacifismo nella dottrina politico-pedagogica di Bertrand Russell (Bologna '69) 140 S. — *D. B. Robinson, The 100 most important people in the world today (Boston, Mass. '52) (A Cardinal edition, 24) 329–32; The most important people 1953 ('53) (~ 86) 330–33. — In: *D. K. Roy, Among the great; conversations with Romain Rolland, Mahatma Gandhi, Bertrand Russell, Rabindranath Tagore, Sri Aurobindo (Bombay '45). — *M. Shulman, How to be a celebrity (London '50) 189–99. — *W. J. Simons, Bertrand Russell (Amsterdam '70) 16 S. (AO-reeks, 1300). — *V. V. Sokolov, Bertrand Russell als Philosophiehistoriker: Vopr. Filos. **1960**, Nr. 9, 100–10 [russ., engl. Zusammenfassg. S. 183]. — *F. A. Swinnerton, Georgian literary scene, 1910–35; a panorama [6](London '50), amer. Ausgabe u. d. T.: The Georgian scene; a literary panorama [6](New York '51) 282–86 [vermutlich auch in früheren Auflagen]. — *K. Tait, My father Bertrand Russell (New York '75, London '76) 211 S. — *G. Š. Tavadze, Die Philosophie Bertrand Russells (Tbilisi '69) 40 S. [grusin.]. — *L. Untermeyer, Makers of the modern world (New York '55) 450–57. — *I. Vasil'ev, Kommunist [Moskva] **53** ('77) Nr. 5, 63–73. — *F. Vazquez, Bertrand Russell en la cultura contemporanea: Arbor [Madrid] **75** ('70) Nr. 290, 139–46. — *J. Vuillemin, Leçons sur la première philosophie de Russell (Paris '68) 360 S. — *Hao Wang, Russell and philosophy: J. Philosophy **63** ('66) 670–73. — *J. Watling, Bertrand Russell (Edinburgh '70) 8+119 S. — *R. Wheeler, Life of disagreement: Atlantic Monthly **190** ('52) 51–54. — *A. Wood, Bertrand Russell, the passionate sceptic (London '57, New York '58) 249 S. (m. Bildnissen); schwed.: Bertrand Russell, den passionerade skeptikern (Stockholm '58) 268 S.; deutsch: Bertrand Russell, Skeptiker aus Leidenschaft (München–London '59) 323 S. (Plinius-Bücher: Leben und Lehre großer Forscher, 3); italien.: Bertrand Russell, scettico appassionato (Milano '60) 282 S. (Biografie, 8); französ.: Bertrand Russell, le sceptique passionné (Paris '65) 256 S.; span.: Bertrand Russell, el escéptico apasionado (Madrid '67) 334 S. — The Bertrand Russell case; essays on the revocation of B. Russell's appointment to a chair of philosophy in the College of the City of New York (J. Dewey, H. M. Kallen) (New York '41) 227 S.; Neuaufl.: ('72) 227 S. — The philosophy of Bertrand Russell (P. A. Schilpp) (Evanston, Ill. '44) 15+815 S. (The library of living philosophers, 5); [2]('46), (London '47), ('52), (New York '51), ('52) 15+829 S.; 3. Aufl. in 2 Bänden: **1** (New York–Evanston, Ill.–London '63) 10+417 S. (m. Bildn.) (Harper torchbook TB 1095), darin eig. Beitr.: S. 1–20: My mental development (m. Faks.), **2** ('63) S. 419–853 (m. Bildn. u. Schr.verz.) (~ TB

Bitte Anmerkung auf Seite 4201 beachten!

1096), darin eig. Beitr.: S. 679–741: Reply to criticisms (m. Faks.). — Time and Tide **36** ('55) 925f. — Ladislas Reymont, Romain Rolland and Bertrand Russell (New York '71) (Nobel Prize library); darin betr. B. Russell: Presentation address [Nobel Prize 1950]; Adaptation: an autobiographical epitome; "Why I am not a Christian"; "Sceptical essays" (a selection); The life and works of Bertrand Russell; The 1950 [Nobel] Prize.

Zur Biobibliogr. *P. Devaux, Bertrand Russell ou la Paix dans le vérité (Paris '67) 192 S. (Philosophes de tous les temps, 36); italien.: Russell, la vita, il pensiero, i testi esemplari (Milano '72) 255 S. (I memorabili, 25). — Bertrand Russell's America: his transatlantic travels and writings: a documented account (B. Feinberg, R. Kasrils) **1**: 1896–1945 (London '73) 371+16 S. (m. Bildnissen u. Faksimiles); **2** [?]. — Russell: The journal of the Bertrand Russell Archives [Hamilton, Ont.] **1** ('71)ff.

Zur Bibliogr. A detailed catalogue of the archives of Bertrand Russell (B. Feinberg) (London '67) 343 S. — Bertrand Russell centennial celebrations, McMaster University, Hamilton, Ontario. Catalogue of the exhibition of documents from the Bertrand Russell Archives in the Mills Memorial Library (Hamilton, Ont. '72) 38 S. (m. Bildn. u. Faks.).

Gedenkvorlesungen *N. Chomsky, Problems of knowledge and freedom; essays in honor of Bertrand Russell (New York '71) 111 S.; (London '72) 95 S. (Bertrand Russell memorial lectures 1971); schwed.: Kunskap och frihet (Stockholm '72) 97 S. (PAN-bok); deutsch: Über Erkenntnis und Freiheit (Frankfurt/M. '73) 120 S. (Suhrkamp-Taschenbücher, 91). — Bertrand Russell memorial lectures in philosophy and science, Flinders University of South Australia, Bedford, S.A. 1970 [?]ff.

Gedenkband Bertrand Russell memorial volume (G. W. Roberts) (London–New York '79) 488 S.

Autobiogr. Wegweiser in der Zeitwende. Selbstzeugnisse von Bertrand Russell (E. Kern) (München '55) 270 S. (m. Bildn.). — Autobiogr. Beitr. in: High moment; stories of supreme crises in the lives of great men (W. Brockway) (New York '55). — In: Portraits from memory and other essays (London–New York '56) [siehe unter **W.**]. — My philosophical development; m. Anhang: *A. Wood, Russell's philosophy (London–New York '59) 279 S.; (London '75) 208 S. (m. Bildn.); span.: La evolución de mi pensamiento filosófico (Madrid '60) 315 S.; portugies.: Meu pensamento filosófico (São Paulo '60) 228 S. (Biblioteca do espírito moderno, sér. 1, 32); schwed.: Min filosofiska utveckling (Stockholm '60) 257 S.; französ.: Histoire de mes idées philosophiques (Paris '61) 349 S. (Les essais, 100); italien.: La mia vita in filosofia (Milano '61) 354 S. (Il labirinto, 16); ungar.: Filosófiai fejlődésem (Budapest '68) 301 S.; poln.: Mój rozwój filozoficzny (Warszawa '71) 320 S. (m. Bildn.); deutsch: Philosophie: die Entwicklung meines Denkens (München '73) 290 S. (Sammlung Dialog, 101). — The philosophy of Bertrand Russell (P. A. Schilpp) **1** [3](New York –Evanston, Ill.–London '63) (Harper torchbook TB 1095) 1–20: My mental development [auch in: The world of mathematics (New York '56), vgl. **S.**]. — The autobiography of Bertrand Russell **1**: 1872 –1914 (London '67) 3+230 S. (m. Bildn. u. Faks.), ('71) 3+230 S., **2**: 1914–1944 ('68) 3+268 S. (m. Bildn.), ('71) 3+268 S., **3**: 1944–1967 ('69) 3+232 S., ('71) 3+232 S.; weitere dreibändige Ausgaben erschienen in New York, Boston, Mass. und Toronto ('67–69); Gesamtausgabe: (London '75) 751 S. (m. Bildn. u. Faks.); französ.: Autobiographie 1872–1914 (Paris '67) 313 S., 1914–1944 ('69) 317 S., 1944–1967 ('70) 296 S.; deutsch: [**1**:] Mein Leben 1872–1914 (Zürich '67) 360 S., u. d. T.: Autobiographie 1872–1914 (Frankfurt/M. '72) (Suhrkamp-Taschenbücher, 22), [**2**:] Autobiographie 1914–1944 (Frankfurt/M. '70) 385 S., andere Ausgabe: ('73) (Suhrkamp-Taschenbücher, 84), [**3**:] Autobiographie 1944–1967 ('71) 336 S., andere Ausgabe: ('72) (Suhrkamp-Taschenbücher, 192); norweg.: Memoarer **1** (Oslo '67) 235 S., **2** ('68) 268 S., **3** ('69) 227 S.; schwed.: Memoarer **1** (Stockholm '67) 355 S., **2** ('68) 433 S., **3** ('69) 350 S., auch: **1–3** (Helsingfors '67–69); portugies.: Autobiografia de Bertrand Russell **1–3** (Rio de Janeiro '67ff.) (Documentos da história contemporánea, 39 ...); niederländ.: Autobiografie **1** (Amsterdam '68) 299 S. (Literaire reuzenpockets, 259), ('78), **2** ('70) 352 S. (~ 303), ('78), **3** ('79) 310 S.; span.: Autobiografía **1** (Madrid '69) 366 S., [**2**?], **3** ('71) 356 S.; italien.: L'autobiografia **1** (Milano '69) 406 S. (I marmi, 54), **2** ('[?]) (~ 55), **3** ('70) 434 S. (~ 56); ungar.: Önéletrajz **1** (Budapest '70) 400 S.; poln.: Autobiografia **1** (Warszawa '71) 313 S. — The life of Bertrand Russell in pictures and in his own words (C. Farley, D. Hodgson) (Nottingham '72) 3+97 S. (m. Bildn. u. Faks.). — My philosophical development: Encounter **12** ('59) Febr.-Nr., 18–29. — Siehe auch "Zur Biogr.", letzte Position.

Briefe *I. Grattan-Guinness, Bertrand Russell on his paradox and the multiplicative axiom; an unpublished letter to Philip Jourdain: J. philos. Logic **1** ('72) 103–10. — *D. H. Lawrence, Letters to Bertrand Russell (H. T. Moore) (New York '48) 6+111 S. — The vital letters of Russell, Krushchev, Dulles (London '58) 77 S.; italien.: Lettera ai potenti della terra (con le risposte di Nikita Kruscev e Foster Dulles) (Torino '58) 66 S.; Antwort von Russell: Campaign against nuclear weapons: The New Statesman **1958**, 2. Apr. — Letters to Albert C. Barnes, in: *W. Schack, Art and argyrol; the life and career of Dr. Albert C. Barnes (New York '60) 324–27. — In: Einstein on peace (O. Nathan, H. Norden) (New York '60) XVf. [Vorwort], 105, 106, 113f., 550, 624–26, 627f., 629, 631f., 632f., 633–36.

Briefwechsel Dear Bertrand Russell; a selection of his correspondence with the general public, 1950–1968 (B. Feinberg, R. Kasrils) (Boston, Mass. '69) 29+171 S., (London '69) 3+196 S. (m. Bildn. u. Faks.); (New York '69) 27+169 S., ('70) 27+169 S.; schwed.: Bäste Bertrand Russell . . . ., ett urval ur hans brevväxling med allmänheten 1950–1968 (Stockholm '70) 199 S.; deutsch: Briefe aus den Jahren 1950–1968 (Franfurt/M. '70) 197 S.; fläm.: Beste Bertrand Russell . . ., een keuze uit zijn correspondentie met het publiek 1950–1968 (Utrecht–Antwerpen '71) 176 S. (Zwarte beertjes, 1432); italien.: Caro Bertrand Russell . . . (Milano '71) 241 S. (La fronda, 114). — *I. Grattan-Guinness, Dear Russell – dear Jourdain; a commentary on Russell's logic, based on his correspondence with P. Jourdain (New York–London '77) 234 S.

Gesammelte Werke Obras completas **1**: Historia de la filosofía (Madrid '73), **2**: Ciencia y filosofía ('73).

Teilsammlungen Why I am not a Christian, and other essays on religion and related subjects, with an appendix on the Bertrand Russell case (P. Edwards) (London '37) 13+225+3 S., ('57) 13+225 S., ('67) 208 S., ('75) 208 S., (New York '57) 266 S., ('63) 17+266 S.; span.: Por qué no soy cristiano y otros ensayos sobre asuntos relacionados con la religión (México–Buenos Aires '58) 251 S.; schwed.: Varför jag inte är kristen, och andra essäer om religion och besläktade ämnen (Stockholm '58) 252 S.; portugies.: Porque não sou cristão e outros ensaios (São Paulo '60) 17+220 S.; italien.: Perché non sono cristiano (Milano '60) 282 S. (La buona società, 117), ('72) 214 S. (I libri pocket, 330), ('76) 214 S. (I super pocket, 162); französ.: Pourquoi je ne suis pas chrétien, et autres textes (Genève '60) 380 S. (Raison et croyance, 1), (Paris '64) 177 S. (Libertés, 11), ('72) 183 S. (Libertés nouvelles, 18); tschech.: Proč nejsem křest anem, a jiné eseje (Praha '61) 107 S.; deutsch: Warum ich kein Christ bin (München '63) 269 S., andere Ausgabe: (Reinbek b. Hamburg '69) 262 S. (rororo-Taschenbuch 1019/1020), ('70) (~ 6685), ('71), ('74), ('75), ('77), ('79); dän.: Derfor er jeg ikke kristen (København '66) 239 S.; niederländ.: Waarom ik geen christen ben, en andere essays over religie en verwante onderwerpen (Amsterdam '66) 265 S., andere Ausgabe: (Amsterdam '76) 155 S. (Meulenhoff editie E404); portugies.: Porque não sou cristão e outros ensaios sobre temas afins (Pôrto '67) 296 S. (Estudos sociais e filosóficos, 2). — Frihet og fornuft (Oslo '47) 188 S. (m. Bildn.) [enthält in norweg. Übersetzg. Kap. I, VI u. XIII aus "In praise of idleness, and other essays", Kap. II u. III aus "Mysticism and logic", Kap. I, X, XII u. XVI aus "Sceptical essays" u. a.]. — Selected papers of Bertrand Russell. Neuaufl. (New York '55) 19+390 S. (The modern library of the world's best books, 137). — Obras escogidas [span. Übersetzg. von: "Introduction to mathematical philosophy", "Sceptical essays", "In praise of idleness and other essays", "Impact of science on society", "Satan in the suburbs"] (Madrid '56) 1140 S. (m. Bildn.). — Logic and knowledge; essays 1901–1950 (R. C. Marsh) (London '56) 11+382 S.; italien.: Logica e conoscenza; saggi 1901–1950 (Milano '61) 359 S. (Il labirinto, 15); span.: Ensayos sobre lógica y conocimiento, 1901–1950 (Madrid '66) 15+531 S. (Ensayistas de hoy, 48). — Bertrand Russell's best; silhouettes in satire (R. E. Egner) (London '58) 113 S., ('71) 127 S., ('75) 158 S. (m. Bildn.), (New York '61) 126 S. (Mentor book MD 237); italien.: Bertrand Russell in due parole; profili in satira (Milano '61) 186 S. (La fronda, 29), ('72) 198 S. (I super pocket, 88). — The basic writings of Bertrand Russell, 1903–1959 (R. E. Egner, L. E. Denonn) (London–New York '61) 736 S. (m. Schr.verz.-Auszug S. 17–19); span.: Escritos básicos 1903–1959 (México '69) 1087 S. (m. Bildn.). — La filosofía en el siglo XX y otros ensayos (M. H. Otero) (Montevideo '62) 125 S. (Colección Hombres e ideas, 1), darin 4 Essays über das Werk B. Russells [span.]. — Rudolf Eucken, Henri Bergson, Bertrand Russell: Filosofische geschriften (R. F. Beerling, B. Delfgaauw) (Haarlem '63) (Pantheon der winnaars van de Nobelprijs voor literatuur, 33) 285–394 (m. Bildn. u. Faks.). — Bertrand Russell, Saggi (Milano '67) 516 S. (I premi Nobel per la letteratura, 46) [enthält italien. Übersetzg. von: "Sceptical essays", "Principles of social reconstruction" und von Essays über Religion sowie Biogr. und Bibliogr. (S. 483–516)]. — Bertrand Russell. Una antologia dagli scritti (E. Musacchio) (Torino '67) 38+347 S. — Logika, jazyk a věda (Praha '67) 279 S. (Filosofie a současnost, 7). — In: Bertrand Russell, A. S. Neill, Homer Lane, W. H. Kilpatrick; 4 progressive educators (L. R. Perry) (New York '67). — Strid för freden; tal och artiklar 1964–1966 (E. Eriksson, P. Limqueco, B. Torsson) (Stockholm '67) 97 S. (Swedish committee in support of the International War Crimes Tribunal). — Plädoyer für einen Kriegsverbrecherprozeß. Manifeste zum Vietnamkrieg (Berlin '67) 71 S. (Voltaire-Flugschriften, 5). — Bertrand Russell, Il pensiero filosofico. Antologia degli scritti (G. Magnano) (Bologna '69) 190 S. — Bertrand Russell, Linguaggio e realtà. Antologia (M. A. Bonfantini) (Bari '70) 222 S. (Piccola biblioteca filosofica Laterza, 58). — The good citizen's alphabet [und] History of the world in epitome (London '70). — La méthode scientifique en philosophie [und] Notre connaissance du monde extérieur (Paris '71) 250 S. (Petite bibliothèque Payot, 171). — Antología (F. Navarro) (México '71) 486 S., (Madrid '72) 431 S. — Philosophische und politische Aufsätze (U. Steinvorth) (Stuttgart '71) 222 S. (Reclam Universal-Bibliothek, 7970/7972), ('77). — Russell's logical atomism (D. Pears) (London '72) 174 S. [enthält: "The philosophy of logical atomism", "Logical atomism"]. — Atheism; [9] collected essays, 1943–49

Bitte Anmerkung auf Seite 4201 beachten!

(New York '72) (m. Bildn.). — The ethics of war: Bertrand Russell and Ralph Barton Perry on World War 1 (C. Chatfield) (New York '72) [enthält von B. Russell: Justice in war time; A letter from B. Russell to R. B. Perry; The war and non-resistance]. — A collection of critical essays (D. F. Pears) (Garden City, N.Y.-New York '72) 10+387 S. (Modern studies in philosophy; Doubleday Anchor original ser., AP 15); darin S. 357–87: Bibliogr. — The collected stories of Bertrand Russell (B. Feinberg) (London '72) 349 S.; italien.: Il terribile giuramento della signorina X e le altre storie di incubi, misteri, stravaganze (Milano '74) 448 S. — Politische Schriften, 1: Was wir tun können (A. v. Borries) (München '72) 260 S. (Sammlung Dialog, 110). — Essays in analysis (D. Lackey) (London '73) 345 S.; italien.: Saggi logico-filosofici (Milano '76) 304 S. (Il labirinto, 32). — Erziehung ohne Dogma. Pädagogische Schriften (A. v. Borries) (München '74) 311 S. (Sammlung Dialog, 108). — Mortals and others: Bertrand Russell's American essays, 1931–1935 (H. Ruja) **1** (London '75) 3+176 S. — Freiheit ohne Furcht. Erziehung für eine neue Gesellschaft (A. v. Borries) (Reinbek b. Hamburg '75) 126 S. (rororo, 6900), ('79). — Bertrand Russell, an introduction; selections from his writings (B. Carr) (London '75) 3+149 S. — Die Philosophie des logischen Atomismus: Aufsätze zur Logik und Erkenntnistheorie 1908–1918 (J. Sinnreich) (München '76) 300 S. (Sammlung Dialog, 104), ('79) (dtv, 4327). — Siehe auch "Zur Biogr.", letzte Position.

Aphorismen The wit and wisdom of Bertrand Russell (E. Denonn) (Boston, Mass. '51) 7+136 S.

MH. The Amberley papers: The letters and diaries of Lord and Lady Amberley (Bertrand Russell's parents) **1** (New York-London '37), Neuauflagen: ('40), ('66); **2** ('37), Neuauflagen: ('40), ('66). — Das Vietnam-Tribunal [I] oder Amerika vor Gericht (Reinbek bei Hamburg '68), ('69), ('70), ('71), ... (rororo aktuell, 1091); Das Vietnam-Tribunal II oder Die Verurteilung Amerikas ('69), ... (~ 1213/1214); [in den amerikanischen u. französ. Ausgaben ist Russell nicht als Herausgeber genannt].

S. *C. W. Morris, Six theories of mind (Chicago, Ill. '32) 135–38: Reformulation of the nature of mind. — Types of prose writing (C. H. Slover, De W. T. Starnes) (Boston, Mass.-New York '33) 210–28: Leisure and mechanism. — Challenging essays in modern thought (J. M. Bachelor, R. L. Henry) **2** (New York '33) 182–99: Education as a political institution. — Prose patterns (A. L. Bader u. a.) (New York '33): Dreams and facts. — Fifty modern English writers (W. S. Maugham) (Garden City, N.Y. '33) 1276–86: On the value of scepticism; 1286–93: Eastern and western ideals of happiness; 1294–302: The free man's worship. — Science in the changing world (M. Adams) (New York-London '33) 201–08: Scientific society. — The meaning of Marx, a symposium, 1934 (S. Hook) (New York '34) 83–85: Why I am not a communist. — Great democrats (A. B. Brown) (London '34) 527–38: Thomas Paine. — Modern English readings (R. S. Loomis, D. L. Clark) (New York '34) 241–48: Marriage and children. — Leadership in a changing world (M. D. Hoffman, R. Wanger) (New York-London '35) 278–84: Science and values. — Ideas and models (L. Pound u. a.) (New York '35) 55–58: The technique for politicians. — Pageant of prose (F. H. McCloskey, R. B. Dow) (New York-London '35) 257–63: A free man's worship. — Actes 1e Congrès international de philosophie scientifique, Paris 1935, **1**: Philosophie scientifique et empirisme logique (Paris '36) (Actualités scientifiques et industrielles, 388) 10 f.: The congress of scientific philosophy. — Modern essays (B. P. L. Bedi, F. M. Houlston) (Lahore, Punjab '36) 141–55: Political ideals. — Fifty essays (B. Evans) (Boston, Mass. '36) 320–31: A free man's worship. — New Republic anthology, 1915–1935 (G. Conklin) (New York '36) 160–64: Hopes and fears as regards America. — A modern reader; essays on present-day life and culture (W. Lippmann, A. Nevins) (Boston, Mass.-New York '36) 417–24: A free man's worship; 473–89: What shall we educate for? (An inquiry into fundamentals). — Dare we look ahead? (New York-London '38) (Fabian lectures 1937) 9–29: Science and social institutions. — Opinions and attitudes in the twentieth century (S. S. Morgan, W. H. Thomas). Neuaufl. (New York '38) 306–16: Chinese character; [4]('48) 447–64: The taming of power. — Toward today; a collection of English and American essays presenting the earlier development of ideas fundamental in modern life and literature (E. A. Walter) (Chicago, Ill. '38) 189–202: Aims of education. — Encyclopedia and unified science **1** (Chicago, Ill. '38) 39–41: On the importance of logical form. — What is happiness? (London '38, New York '39) 55–65: What is happiness? — I believe; the personal philosophies of certain eminent men and women of our time (C. Fadiman) (New York '39) 409–12: Living philosophy, revised. — Century readings in the English essay. Neuaufl. (L. Wann) (New York-London '39) 531–41: Moral standards and social well-being. — Calling America; the challenge to democracy reaches over here [3](New York-London '39) (Survey graphic, Spec. Nr.) 76–78: Democracy and economics. — The philosophy of John Dewey (P. A. Schilpp) (Evanston, Ill.-Chicago, Ill. '39) (The library of living philosophers, 1) 135–56: Dewey's new logic. — The philosophy of George Santayana (P. A. Schilpp) (Evanston, Ill.-Chicago, Ill. '40) (~ 2) 451–74: The philosophy of Santayana. — Freedom: its meaning (R. N. Anshen) **3**: Freedom in the body politic (New York '40, London '42) (Science and culture ser., 1) 249–64: Freedom and government. — New worlds in science (H. Ward) (New York '41): God is not a mathematician. — Invitation to learning

(H. Cairns, A. Tate, M. van Doren) (New York–Toronto '41, '42, '43, '52) 410–22: Hegel's philosophy of history [3])[7])[4]) [Dialog]. — The new invitation to learning (M. van Doren) (New York–Toronto '42, '44) 93–104: Descartes' "Discourse on method" [1])[4]) [Dialog]; 107–18: Spinoza's ethics [2])[4]) [~]; 208–20: Carroll's "Alice in wonderland" [5])[4]) [~]. [Die beiden letztgenannten Dialoge sind möglicherweise in "Invitation to learning" wiedergegeben – siehe vorangehender Titel]. — Twentieth century philosophy; living schools of thought (D. D. Runes) (New York '43) 227–49: Philosophy in the twentieth century. — Palestine; a Jewish commonwealth in our times (Washington, D.C. '43): Zionism and the peace settlement. — Effective reading; methods and models (M. L. Rosenthal, W. C. Hummel, V. E. Leichty) (Boston, Mass.–New York '44) 135–40: Is security increasing? — Treasury for the free world (B. Raeburn) (New York '45) 31–34: Problems we will face; 74–77: India looms up [6]). — Leviathan in crisis; an international symposium on the state, its past, present and future (W. R. Browne) (New York '46) 44–55: The state as organized power. — Conflicts of power in modern culture. 7th Conference on science, philosophy and religion in their relation to the democratic way of life (L. Bryson, L. Finkelstein, R. M. MacIver) (New York–London '47) 265–66: Comment on "Technological change and cultural integration" by Chapple and Coon. — Toward a liberal education (L. G. Locke, W. M. Gibson, G. Arms) (New York '48) 625–31: The free man's worship. — Last chance; 11 questions on issues determining our destiny (C. Urquhart) (Boston, Mass. '48) 73, 82f., 92, 103, 112, 123, 133, 142, 151, 160, 168: Answers to questions. — The atomic age (London '49) (Sir Halley Stewart lectures 1948) 81–104: Values in the atomic age; italien.: L'età atomica (Bari '51): I valori nell'età atomica. — Proc. 10th International congress of philosophy, Amsterdam 1948 (E. W. Beth, H. J. Pos, J. H. A. Hollak) (Amsterdam '49) 33–41: Postulates of scientific inference. — Readings in philosophical analysis (H. Feigl, W. Sellar) (New York '49) 103–15: On denoting. — The world's best; 105 greatest living authors present the world's best stories, humour, drama, biography, history, essays, poetry (W. Burnett) (New York '50) 447–56: Education. — Problems in prose (P. Haines) [3](New York '50) 124–29: Unhappiness. — Les Prix Nobel en 1950 (Stockholm '51) 259–70: What desires are politically important? — Current thinking and writing, **2** (J. M. Bachelor, R. L. Henry, R. Salisbury) (New York '51) 247–50: Can we afford to keep open minds? — Readings for comprehension (B. Pressey, R. M. Bear) (New York '51) 167–74: Can we afford to keep open minds? — Readings in jurisprudence and legal philosophy (M. R. Cohen, F. S. Cohen) (Boston, Mass. '51) 610–14: The harm that good men do – Can men be rational? — The Western tradition; a series of talks given by the British Broadcasting Corporation (London–Boston, Mass. '51) 23–28: Nature and origin of scientific method; 100–04: Scepticism and tolerance. — Why communism must fail (London '51) (A Background book): [Beitrag]. — The impact of America on European culture (London–Boston, Mass. '51) 3–19: The political and cultural influence. — Readings in the philosophy of science (H. Feigl, M. Brodbeck) (New York '53) 387–402 [oder 402–07?]: On the notion of cause, with applications to the free-will problem. — Modern political thought: the great issues (W. Ebenstein) (New York '54) 8–21: Philosophy and politics. — The golden Horizon (C. Connolly) (London '54) 145–53: The outlook for mankind. — Mensch, Geschlecht, Gesellschaft (H. Giese, A. Willy) (Frankfurt/M. '54) 177–83: Romantische Liebe; 489–99: Das Bevölkerungsproblem; 662–69: Die Scheidung. — What is science? Twelve eminent scientists and philosophers explain their various fields to the layman (J. R. Newman) (New York '55) 6–17: Science and human life. — A guide to the religions of America (L. Rosten) (New York '55) 149–57: What is an agnostic? — High moment; stories of supreme crises in the lives of great men (W. Brockway) (New York '55) 205–16: Mahatma Gandhi. — The age of analysis; twentieth century philosophers (M. G. White) (Boston, Mass. '55) (The Great ages of Western philosophy, 6), (New York '55) (Mentor book MD 142) 194–203: The philosophy of logical analysis. — Basic problems of philosophy; selected readings (D. J. Bronstein, Y. H. Krikorian, P. P. Wiener) [2](Englewood Cliffs, N.J. '55) 255–70: [Auswahl aus d. Buch "The scientific outlook" ('31)]; 560–64: The value of philosophy. — The bomb: challenge and answer (G. McAllister) (London '55) 47–68: The road to peace. — From the Third programme; a ten-years' anthology: imagination, argument, experience, exposition (J. Morris) (London '56): A discussion on the existence of God; norweg. als Monographie: En samtale om Guds eksistens (m. F. C. Copleston, S. J.) (Oslo '57) 39 S. — New worlds of modern science; a treasury (L. Engel) (New York '56) (Dell first editions, B 102) 52–59: Space-time. — The world of mathematics (J. R. Newman) (New York '56) 381–94: My mental development; 537–43: Definition of number: 1576–92: Mathematics and the metaphysicians. — The human sum (C. H. Rolph [= C. R. Hewitt]) (London–New York '57): Population pressure and war. — The Saturday Review treasury (J. Haverstick) (New York '57) 172–81: Aristocratic rebels: Byron and the modern world. — Great essays in science (M. Gardner) (New York '57) (Pocket library, PL-58) 389–97: The science to save us from science; 398–402: The greatness of Albert Einstein. — This is my philosophy; twenty of the world's outstanding thinkers reveal the deepest meanings they have found in life (W. Burnett) (New York '57): Prologue or epilogue?; italien.: Questa è

Bitte Anmerkung auf Seite 4201 beachten!

la mia filosofia (Milano '59) (Idee nuove, 29) 18–22: Prologo o epilogo? — The challenge of the Sputnik (R. Witkin) (New York '58) 93–96: Can scientific man survive? — Wisdom; conversations with the elder wise men of our day (J. Nelson) (New York '58) 101–11: Wisdom [Interview]. — Adventures of the mind 1 (R. Thruelsen, J. Kobber) (New York '59) 275–85: The expanding mental universe. — Essays in philosophy (H. Peterson, J. Bayley) (New York '59) (Pocket library, PL-518) 498–502: Knowledge and wisdom. — Gentlemen, scholars and scoundrels; a treasury of the best of Harper's Magazine from 1850 to the present (H. Knowles) (New York '59) 522–31: The function of a teacher. — Two modern essays on religion (Hanover, N.H. '59): A free man's worship. — Background and foreground; an anthology of articles from The New York Times Magazine (L. Markel) (Great Neck, N.Y. '60) 87–98: The case for neutralism. — Against the crime of silence; Proc. of the Russell International War Crimes Tribunal, Stockholm and Roskilde, Denmark 1967 (J. Duffett) (New York '68): Introduction; ^{2}('70). — La Chine (Paris '68): Problèmes de la Chine. — Nobel lectures, Literature 1901–1967 (H. Frenz) (Amsterdam–London–New York '69) 452–63: What desires are politically important? — If I could preach just once. Neuaufl. (Freeport, N.Y. '71): On the evils due to fear.

W. Mysticism and logic, and other essays. Neuauflagen (London '32) 6+234 S., ('36), ('50); ('53) 220 S. (Pelican books, A 270); ('59); ('63) 168 S. (Unwin books, 45), ('69) 167 S.; (New York '50) 6+234 S.; ('57) 232 S.; (Baltimore, Md. '53) 220 S.; (Garden City, N.Y. '57) 226 S., ('59) 6+234 S. (Doubleday Anchor books, A 104); Neuauflagen unter dem Titel der Erstauflage ('10): Philosophical essays (London–New York '66) 3+159 S., ('67), ('68); weitere Auflage u. d. T.: A free man's worship, and other essays (London '76) 224 S.; türk. [Auswahl]: Mistiklik ve mantik (Istanbul '35) 8+55 S.; span.: Misticismo y lógica, y otros ensayos (Buenos Aires '51) 227 S. (Biblioteca Temas del siglo XX, 2), u. d. T.: Ensayos filosóficos (Madrid '68) 237 S. (Libro de bolsillo, Humanidades, 116), ('72); deutsch: Mystik und Logik, Philosophische Essays (Wien–Stuttgart '52) 230 S. (Die Universität, 33); schwed.: Mystik och logik, och andra essäer (Stockholm '54) 219 S.; portugies.: Misticismo e lógica (São Paulo '57) 254 S. (Biblioteca do espírito moderno, sér. 1, 22); italien.: Misticismo e logica, e altri saggi (Milano '64) 294 S. (Il labirinto, 17); (Roma '70) 223 S. (Paperbacks saggi, 10), (Milano '70) 218 S. (I libri pocket, 262), ('72) 218 S. (I super pocket, 121), andere Ausgabe u. d. T.: Filosofia e scienza (Roma '72) 207 S. (Paperbacks saggi, 53), ('74); katalan.: Misticisme i lògica (Barcelona '69) 233 S. (Llibres a l'Abast, 81). — Education and the social order (London '32) 9+254 S., ('38), ('61); ('67) 150 S.; ('77) 3+158 S.; amer. Ausgabe u. d. T.: Education and the modern world (New York '32) 245 S.; poln.: Wychowanie a ustrój społeczny (Warszawa '33) 286 S., Auszug u. d. T.: Negatywna teoria wychowania, Wychowanie a religia, Zagadnienia seksualne w wychowaniu (M. Kozakiewicz) ('58) 93 S. (Biblioteka postępowego wychowania, 2), darin *B. Suchodolski, Über die pädagogischen Ansichten Bertrand Russells [poln.]; span.: La educación y el orden social (Santiago de Chile '34) 155 S., andere Ausgabe u. d. T.: La educación y el mundo moderno (Buenos Aires '64) 195 S.; niederländ.: Opvoeding en de moderne samenleving (Den Dolder '38) 273 S. (m. Bildn.); italien.: L'educazione e l'ordinamento sociale (Firenze '51) 4+214 S. (Educatori antichi e moderni, 73); portugies.: Educação e ordem social (São Paulo '56) 180 S. (Biblioteca do espírito moderno, sér. 1, 26). — Marriage and morals. Neuauflagen (New York '32) 6+320 S., ('38), ('42); ('63) 125 S. (Bantam classics, HC 209); ('70) 5+316 S.; (London '51) 254 S.; ('61) 158 S. (Unwin books, 13); ('76) 3+203 S.; griech.: (Athēnai '34) 150 S.; tschech.: Manželství a mravnost (Praha '47); italien.: Matrimonio e morale (Milano '49) 288 S. (Il labirinto, 12), ('75) 276 S. (I saggi, 1); finn.: Avioliitto ja moraali (Jyväskylä '51) 232 S.; deutsch: Ehe und Moral (Stuttgart '51) 213 S., (Zürich–Wien '52) 213 S.; portugies.: O casamento e a moral (São Paulo '55) 219 S. (m. Bildn.) (Biblioteca do espírito moderno, sér. 1, 15), ('66) 206 S.; span.: Matrimonio y moral (Buenos Aires '56) 230 S.; niederländ.: Hedendaagse huwelijks-moraal ('s Gravenhage '57) 203 S., andere Ausgabe u. d. T.: Huwelijk en moraal (Amsterdam '80) 199 S.; schwed.: Äktenskap och moral (Stockholm '65) 204 S.; französ.: Le mariage et la morale (Paris '70) 264 S. (Libertés, 83). — What I believe. Neuaufl. (New York '33) 7+87 S. (The to-day and to-morrow series). — Roads to freedom: socialism, anarchism and syndicalism. Neuauflagen (London '33) 215 S., ('49), ('54); ('66) 143 S. (Unwin books, 62); ('77) 3+158 S.; (Allahabad '67) 115 S.; span.: Los caminos de la libertad: el socialismo, el anarquismo y el sindicalismo (Madrid '32) 244 S., andere Ausgaben: ('61) 163 S., (Buenos Aires '61) 163 S.; poln.: Drogi do wolności: socjalizm, anarchizm i syndykalizm (Warszawa '35) 239 S.; italien.: Socialismo, anarchismo, sindacalismo (Milano '46) 262 S. (La buona società, 7), andere Ausgabe u. d. T.: Strade per la libertà (Roma '71) 251 S. (Paperbacks saggi, 30); portugies.: Caminhos para a liberdade: socialismo, anarquismo e sindicalismo (São Paulo '55) 219 S. (m. Bildn.) (Biblioteca do espírito moderno, sér. 1, 13); deutsch: Wege zur Freiheit: Sozialismus, Anarchismus, Syndikalismus (Frankfurt/M. '71, '73) 172 S. (Edition Suhrkamp, 447); französ.: Le monde qui pourrait être; socialisme, anarchisme et anarcho-syndicalisme (Paris '73) 208 S. (Médiations, 113). — On education, especially in early childhood. Neuauflagen (London '33) 2+254 S., ('48), ('51), ('57); ('60) 171 S. (Unwin books, 1), ('64); ('76) 3+206 S.; amer. Ausgabe u. d. T.: Education and the good life (New York '54) 319 S., gekürzt u. d. T.: Education of character ('61) 160 S.; tschech.: O výchově, zejména v raném dětství (Praha '32) 240 S. (Časové otázky, 15); poln.: O wychowaniu, ze specjalnem uwzględnieniem wczesnego dziecińństwa (Warszawa '32) 258 S. (Bibljoteka dzieł pedagogicznych, R. VII, 29); schwed.: Uppfostran för livet (Stockholm '33) 223 S., ('51); italien.: L'educazione dei nostri figli (Bari '34) 15+240 S., andere Ausgabe: L'educazione del bambino e dell'adolescente (Milano '75) 313 S. (La buona società, 20); isländ.: Uppeldið (Reykjavík '37) 213 S.; deutsch: Erziehung, vornehmlich in frühester Kindheit (Düsseldorf–Frankfurt/M. '48) 199 S.; span.: Ensayos sobre educación, especialmente en los años infantiles (Madrid '64) 234 S. (Colección "Austral", 1387); portugies. (Neuaufl.): Da educação, especialmente na primeira infância (São Paulo '69) 197 S. (Biblioteca do espírito moderno, sér. 1, 6). — The conquest of happiness. Neuauflagen (New York '33) 249 S.; ('51) 142 S. (Signet key books, Ks 322); ('58) 249 S.; ('68) 180 S. (Bantam books, N3696); ('71) 249 S.; (London '37) 7+252 S., ('56); ('61) 159 S. (Unwin books, 14); ('75) 192 S. (m. Bildn.); deutsch: Schlüssel zum Glück; ein Versuch zu besserer Lebensgestaltung (Leipzig–München '32) 215 S., andere Ausgaben u. d. T.: Eroberung des Glücks; neue Wege zu einer besseren Lebensgestaltung (Darmstadt '51) 216 S., (Frankfurt/M. '77) 173 S. (Suhrkamp-Taschenbücher, 389); poln.: Podbój szczęścia (Warszawa '33) 248 S., ('35) 248 S.; span.: La conquista de la felicidad (Buenos Aires '40) 196 S., (Madrid '69) (Colección Austral, 23), andere Ausgaben: ('64) 149 S., ('69); norweg.: Menneske–lykke (Oslo '48) 187 S.; niederländ.: Verover uw geluk ('s-Graveland '50) 163 S., andere Ausgabe: (Amsterdam '58) 224 S.; dän.: Lykkens erobring (Aalborg '50) 238 S., andere Ausgabe: (København '62) 286 S. (Spektrums pocket bøger, 5); schwed.: Hur nutidsmänniskan blir lycklig (Stockholm '51) 184 S.; französ.: La conquête du bonheur (Paris '51) 156 S., andere Ausgabe: ('62) 192 S. (Petite bibliothèque Payot, 12); finn.: Onnen valloittaminen (Jyväskylä '52) 202 S., ('53) 202 S.; portugies.: A conquista da felicidade (Lisboa '52) 257 S., andere Ausgaben: (São Paulo '66) 197 S. (Biblioteca do espírito moderno, sér. 1, 17), (Lisboa '72) 210 S.; serbokroat.: Osvajanje sreće (Beograd '64) 24+164 S. (Biblioteka "Buktinja", 2); hebräisch: (Jerusalem '66) 158 S.; italien.: La conquista della felicità (Milano '67) 237 S. (I libri pocket, 107). — Freedom and organization 1814–1914 (An attempt to trace the main causes of political change from 1814 to 1914) (London '34) 2+528 S., ('36), ('49), ('52), ('64) 528 S.; in 2 Teilen: [1:] Legitimacy versus industrialism 1814–1848 ('65) 236 S. (Unwin books, 57), [2:] Freedom versus organization 1776–1914 ('65) 248 S. (~ 58); amer. Ausgabe u. d. T.: Freedom versus organization (New York '34) 8+477 S.; ('62) 8+471 S. (The Norton library, N 136); span.: Libertad y organización, 1814–1914 (Madrid '36) 478 S., ('70) 483 S.; ungar.: Egy évszázad élettörténete, 1814–1914, 1 (Budapest '36) 291 S., 2 ('36) 306 S.; poln.: Wiek dziewiętnasty 1 (Warszawa '36) 313 S., 2 ('36) 333 S.; französ.: Histoire des idées au XIXe siècle, Liberté et organisation (Paris '38) 397 S., ('51); deutsch: Freiheit und Organisation, 1814–1914 (Berlin '48) 548 S.; tschech.: Svoboda a organisace, 1814–1914 (Praha '48) 536 S. (Tvář světa, 3); italien.: Storia delle idee del secolo XIX (Torino '59) 525 S. (Saggi, 122), andere Ausgaben: (Milano '61) 660 S. (Biblioteca moderna Mondadori, 640/643), ('68) 660 S. (Gli Oscar, L 2); portugies.: Liberdade e organização 1.2 (São Paulo '59) (Biblioteca do espírito moderno, sér. 1, 31.31A). — The scientific outlook. Neuauflagen (London '34) 285 S., ('49), ('54), ('62) 285 S.; (Glencoe, Ill. '47) 10+277 S., ('48); (New York '62) 277 S. (The Norton library, N 137); italien.: Panorama scientifico (Bari '34) 7+254 S. (Biblioteca di cultura moderna, 259); poln.: Poglądy i widoki nauki współczesnej (Warszawa '34), ('36), ('38) 299 S. (Biblioteka naukowa, 1); französ.: L'esprit scientifique et la science dans le monde moderne (Paris '47) 254 S.; schwed.: Nutidsmänniskan inför vetenskapen (Stockholm '52) 211 S.; deutsch: Das naturwissenschaftliche Zeitalter (Stuttgart–Wien '53) 242 S. (Die Universität, 38); portugies.: A perspectiva científica (São Paulo '56) 245 S. (Biblioteca do espírito moderno, sér. 1, 19); span.: La perspectiva científica (Esplugues do Llobregat '68) 221 S. (Ariel quincenal, 22), (Barcelona '71), ('75). — Principia mathematica (m. A. N. Whitehead) 1–3. (Neudrucke d. 2. Auflage) (Cambridge '35) 674, 742, 491 S., ('59/60), (London–New York '50); gekürzte Fassung des 1. Bandes u. d. T.: Principia mathematica: to *56 (Cambridge '62) 46+410 S.; Einleitung zum 1. Band in deutscher Übersetzung u. d. T.: Einführung in die mathematische Logik (München–Berlin '32) 8+167 S. — In praise of idleness, and other essays (London '35) 231 S., ('36), ('42), ('48), ('54), ('58) 231 S.; ('60) 144 S.; ('72) 231 S.; (New York '35) 11+270 S.; ('60) 144 S., ('62); ('72) 231 S.; schwed.: Till lättjans lov (Stockholm '37) 188 S.; poln.: Pochwała próżniactwa (Warszawa '37) 270 S.; span.: Elogio de la ociosidad y otros ensayos (Madrid '53) 229 S., ('54); deutsch: Lob des Müßiggangs (Hamburg–Wien '57) 257 S., ('62), ('77), andere Ausgabe: (Zürich '70) 316 S. (Nobelpreis für Literatur, Nr. 45, 1950); portugies.: O elógio do lazer (São Paulo '57) (Biblioteca do espírito moderno, sér. 1, 28); italien.: Elogio dell'ozio (Milano '63) 250 S. (La fronda, 49), ('74) 197 S. (Grande libraria Longanesi, 6). — Sceptical essays. Neuauflagen (London '35) 251 S., ('48); ('60) 172 S. (Unwin books, 2), ('61); ('77)

3+189 S.; (New York '61) 172 S., ('63); gekürzt u. d. T.: Essays in skepticism ('63) 90 S.; französ.: [Übersetzg. d. Originalausg. ('28)]: Essais sceptiques (Paris '33) 356 S., andere Ausgabe: ('64) 277 S. (m. Bildn.); poln.: Szkice sceptyczne (Warszawa '37) 347+2 S., andere Ausgabe: ('57) 199 S.; schwed.: Skeptiska essäer (Stockholm '50) 232 S.; italien.: Saggi scettici (Bari '53) 6+229 S. (Libri del tempo, 12), (Milano '68) 264 S. (Il labirinto, 23), ('75) 256 S. (I libri pocket, 523); span.: Ciencia, filosofía y política, Ensayos sin optimismo (Madrid '54) 126 S., ('61), ('68); portugies.: Ensaios céticos (São Paulo '55) 195 S. (m. Bildn.) (Biblioteca do espírito moderno, sér. 1, 16), (Rio de Janeiro '70) 281 S. (Biblioteca dos Prémios Nobel de Literatura, Prémio de 1950); deutsch: Skepsis (Frankfurt/M.-Bonn '64) 212 S.; katalan.: Assaigs escèptics (Barcelona '66) 254 S. (Col-lecció "A l'Abast", 41). — Religion and science (London '35) 255 S. (The home university library of modern knowledge, 178), ('47), ('49), ('53), ('56) 255 S.; (New York '35) 271 S.; ('61) 256 S. (Galaxy books, GB50); schwed.: Religion och vetenskap (Stockholm '37) 168 S.; niederländ.: Godsdienst en wetenschap (Rotterdam '48) 169 S., andere Ausgabe u. d. T.: Religie en de wetenschap (Meppel '68) 158 S. (Boom-paperbacks, 18); italien.: Religione e scienza (Firenze '51) 223 S. (Orientamenti, 24), andere Ausgabe u. d. T.: Scienza e religione (Milano '74) 235 S. (Il labirinto, 30); französ.: Science et religion (Paris '57) 253 S. (Les essais, 87), andere Ausgabe: ('71) 171 S. (Idées, 248). — Which way to peace? (London '36) 224 S.; schwed.: Vägen till freden (Stockholm '37) 178 S.; poln.: Droga do pokoju (Warszawa '37) 264 S. — Why I am not a Christian. Neuauflagen (London '36) 31 S., ('45) 31 S.; ('70) 6+14 S. (National Secular Society); (New York '40) 24 S.; deutsch [Übersetzung d. Originalausgabe ('27)]: Warum ich kein Christ bin (Dresden '32) 32 S.; poln. [~]: Dlaczego nie jestem chrześcijaninem (Warszawa '32) 15+1 S., ('48) 32 S., ('56) 31 S., ('59) 30 S.; russ.: Počemu ja ne christianin (Moskva '58) 30 S.; armen.: (Erevan '60) 47 S.; in Afrikaans: Waarom ek geen Christen is nie (Johannesburg '60) 17 S. (Rasionalistiese Vereniging van Suid-Afrika); ungar.: Miért nem vagyok keresztény? (Budapest '60) 39 S. — Education for democracy (London '37) 16 S. (Association for Education in Citizenship, Publications, 4). — A critical exposition of the philosophy of Leibniz; with an appendix of leading passages. Neuauflagen (London '37) 22+311 S., ('51), ('58) 22+311 S.; portugies.: A filosofia de Leibniz, uma exposição crítica (São Paulo '68) 24+291 S. (Biblioteca universitaria, Sér. 1, 9); französ.: La philosophie de Leibniz: exposé critique (Paris '70) 10+233 S.; italien.: Esposizione critica della filosofia di Leibniz (Milano '71) 475 S. (Il labirinto, 27), andere Ausgabe u. d. T.: La filosofia di Leibniz, esposizione critica con un'appendice antologica (Roma '72) 387 S. (Paperbacks saggi, 56). — The principles of mathematics. Neuauflagen (New York-London '37) 39+534 S., ('48), ('50), ('53), ('56), ('64) 39+534 S. (The Norton library, N 249); span.: Los principios de la matemática (Buenos Aires-México '48) 644 S., (Madrid '67) 619 S.; italien.: I principi della matematica (Milano '51) 937 S. (Il labirinto, 10), ('63) 727 S., ('70), andere Ausgabe: (Roma '71) 799 S. (Paperbacks saggi, 37). — Power; a new social analysis (London '38) 328 S., ('39), ('46) 328 S.; (London-New York '62) 206 S. (Unwin books, U-507), ('75) 208 S. (m. Bildn.); (New York '38) 9+305 S., ('69) 315 S.; schwed.: Makt; en analys av dess roll i samhället (Stockholm '39) 285 S., ('52) 242 S.; span.: El poder en los hombres y en los pueblos (Buenos Aires '39) 284 S., andere Ausgabe: ('60) 226 S.; deutsch: Macht; eine sozialkritische Studie (Zürich '47) 263 S., (Wien '73); norweg. (gekürzt): Makt; mennesket og samfunnet (Stavanger '50) 150 S.; italien.: Il potere; una nuova analisi sociale (Roma-Milano '54) 328 S. (Nuova biblioteca filosofica, ser. 1, 13), (Milano '67) 223 S. (Universale economica, 551), ('72) 223 S.; portugies.: O poder; uma nôva análise social (São Paulo '57) 5+256 S. (Biblioteca do espírito moderno, sér. 1, 27); niederländ.: Macht, een nieuwe sociale analyse (Amsterdam '78) 256 S. (Meulenhoff editie E 484). — An inquiry into meaning and truth (New York '40) 5+445 S. (The William James lectures at Harvard University 1940); (London '40) 7+352 S., ('51), ('56) 352 S.; (Harmondsworth, Middlesex-Baltimore, Md. '62) 332 S. (Pelican books, A590), ('73); französ.: Signification et vérità (Paris '59) 406 S., ('69) 378 S.; italien.: Significato e verità (Milano '63) 445 S. (Il labirinto, 21). — Let the people think; a selection of essays (London '41) 116 S. (Thinkers library, 84), ('61) 116 S.; (Bombay '62) 16+144 S. — How to become a philosopher; the art of rational conjecture. How to become a logician; the art of drawing inferences. How to become a mathematician; the art of reckoning (Girard, Kan. '42) 40 S. (The "How-to" series, 7/9). — How to read and understand history; the past as the key to the future (Girard, Kan. '43) 24 S. (Haldeman-Julius publications). — An outline of intellectual rubbish; a hilarious catalogue of organized and individual stupidity (Girard, Kan. '43) 5+26 S. (~). — The value of free thought; how to become a truth-seeker and break the chains of mental slavery (Girard, Kan. '44) 24 S. (Big blue book). — Is materialism bankrupt? Mind and matter in modern science (Girard, Kan. '46) 32 S. (~). — Ideas that have harmed mankind (Girard, Kan. '46) 33 S. (~). — Ideas that have helped mankind; a philosopher looks at man's long history, points to the things that moved him forward, and shows what we must do in the near future if civilization is to continue to grow (Girard, Kan. '46) 32 S. (~). — The faith of a rationalist, no supernatural reasons are needed to make men

Bitte Anmerkung auf Seite 4201 beachten!

kind (Girard, Kan. '47) 32 S. (~). — On the value of scepticism (Girard, Kan. '47) 32 S. (Little blue books, B-542). — Is science superstitious? (Girard, Kan. '47) 32 S. (~ B-543). — Can men be rational? (Girard, Kan. '47) 32 S. (~ B-544). — What is the soul? (Girard, Kan. '47) 32 S. (~ B-546). — Am I an atheist or an agnostic? (Girard, Kan. '49) 32 S. (~ B-839). — The problems of philosophy. Neuauflagen (London–New York '43) 8+255 S. (The home university library of modern knowledge, 40); ('46) 167 S., ('48), ('50), ('51), ('52), ('56), ('59) 167 S. (Galaxy books, GB 21); ('67) 7+98 S. (Oxford paperbacks, University ser., 18); span. [Übersetzg. d. Ausgabe von '29]: Los problemas de la filosofia (Barcelona '37) 191 S. (Colección Labor, 176), andere Ausgaben: ('53), ('70) 134 S. (Nueva Colección Labor, 118), ('72); hebräisch [~]: (Jerusalem '38) 191 S.; portugies. [~]: Os problemas da filosofia (Coimbra '41) 24+216 S., andere Ausgabe: ('59) 247 S. (Colecção Studium, temas filosóficos, jurídicos e sociais, 16); deutsch: Probleme der Philosophie (Wien–Stuttgart '50) 163 S. (Die Universität, 16), (Frankfurt/M. '67) 151 S. (Edition Suhrkamp, 207); schwed.: Filosofins problem (Stockholm '58) 161 S., ('68) 131 S., ('74); italien.: I problemi della filosofia (Milano '59) 192 S. (Universale economica, 29), ('65) (~ 279); türk.: Felsefe meseleleri (Istanbul '63) 220 S. (Kültürserisi, 9); norweg.: Filosofiens problemer (Oslo '64) 121 S. (Fakkel-bok 50); französ.: Problèmes de philosophie (Paris '65) 192 S. (Petite bibliothèque Payot, 79); niederländ.: Problemen der filosofie (Meppel '67) 160 S. (Boom-paperbacks, 6), ('72); dän.: Filosofiens problemer (København '74) 129 S. — Physics and experience (New York–London –Cambridge '46) 1+25 S. (Henry Sidgwick memorial lecture 1945); deutsch: Physik und Erfahrung (Zürich '48) 52 S. — A history of western philosophy and its connection with political and social circumstances from the earliest times to the present day (New York '45) 23+895 S., ('57), ('59) 23+895 S.; (London '46) 916 S., ('48); ('61) 842 S., ('62) 842 S.; span.: Historia de la filosofia occidental **1.2** (Buenos Aires–México '47), (Madrid '71); finn.: Länsimaisen filosofian historia ... **1** (Helsinki '48) 525 S., **2** ('48) 950 S.; italien.: Storia della filosofia occidentale **1** (Milano '48) 406 S. (Il labirinto, 4), **2** ('48) 248 S. (~ 5), **3** ('48) 508 S. (~ 6), **1–3** ('63); niederländ.: Geschiedenis der westerse filosofie, i verband met politieke en sociale omstandigheden van de oudste tijden tot heden ('s Gravenhage '48) 774 S., ('55), (Wassenaar '74), (Katwijk '78); schwed.: Västerlandets filosofi och dess samband med den politiska och sociala utvecklingen (Stockholm '48) 849 S., ('50), ('57) 719 S.; deutsch: Philosophie des Abendlandes; ihr Zusammenhang mit der politischen und sozialen Entwicklung (Zürich '50) 690 S., (Berlin–Darmstadt '51) 690+27 S., (Wien '75) 896 S.; französ.: Histoire de la philosophie occidentale en relation avec les événements politiques et sociaux de l'antiquité jusqu'à nos jours (Paris '52) 912 S., ('53) 911 S.; dän.: Vestens filosofi og dens sammenhæng med politiske og sociale forhold fra før Sokrates til vore dage (København '53) 771 S., **1.2** ('62); chines.: **1–5** ([?] '55); portugies.: História da filosofia ocidental, e sua conexão política e social desde os tempos primitivos até hoje **1–3** (São Paulo '57) (Biblioteca de espírito moderno, sér. 1, 23.23A. 23B), ('67), andere Ausgabe: (Lisboa–Rio de Janeiro '68) 762 S.; russ.: Istorija zapadnoj filosofii (Moskva '59) 935 S.; serbokroat.: Istorija zapadne filosofije (Beograd '62) 849 S. (m. Bildn.) (Karijatide, Filosofska biblioteka, 4); katalan.: Història social de la filosofia **1** (Barcelona '67) 501 S., **2** ('67) 334 S. — Philosophy and politics (New York–London '47) 29 S. (Annual lecture of the National Book League, 4). — The faith of a rationalist (London '47) 9 S. [Radiovortrag]. — Towards world government (London '48) 12 S. (New Commonwealth). — Human knowledge, its scope and limits (London '48) 538 S., ('51), ('61) 538 S.; (New York '48) 16+524 S., ('62); ('67) 524 S. (Clarion books, CL 012); schwed.: Den mänskliga kunskapen, dess omfattning och gränser (Stockholm '50) 509 S.; niederländ.: De menselijke kennis, haar omvang en beperkingen ('s Gravenhage '50) 509 S., andere Ausgabe: (Katwijk '78) 509 S.; italien.: La conoscenza umana, le sue possibilità e i suoi limiti (Milano '51) 734 S. (Il labirinto, 9), andere Ausgabe: ('63) 525 S.; deutsch: Das menschliche Wissen (Darmstadt '52) 500 S.; russ.; Čelovečeskoe poznanie, ego sfera i granicy (Moskva '57) 555 S.; portugies.: O conhecimento humano **1.2** (São Paulo '58) (Biblioteca do espírito moderno, sér. 1, 21.21A); span.: El conocimiento humano, su alcance y sus limitaciones (Madrid '50) 602 S., in 2 Bänden: **1.2** ('59) 310, 356 S. (Ser y tiempo, 20.21), andere Ausgaben: ('64) 669 S., ('68); serbokroat.: Ljudsko znanje; njegov obim i granice (Beograd '61) 494 S. — An outline of philosophy. Neuauflagen (London '49) 6+317 S., ('51), ('56), ('70) 5+317 S.; (New York '60, Cleveland, O. '61) 6+317 S. (Meridian books, M97); span. [Übersetzg. d. Originalausgabe ('27)]: Fundamentos de filosofia (Barcelona '35) 360 S., ('56) 280 S., andere Ausgabe: ('72, '74) 633 S. (El arca de papel, 16), [in einem Band mit *F. Mauriac, La farisea und *T. Mann, Señor y perro] (Barcelona '63) 239–506; poln. [~]: Zarys filozofii (Warszawa '39) 362 S.; portugies.: Delineamentos da filosofia (São Paulo '54) 376 S. (m. Bildn.) (Biblioteca do espírito moderno, sér. 1, 11), (Rio de Janeiro '69) 332 S. (Perspectivas do homem, 53); katalan.: Iniciació a la filosofia (Barcelona '65) 312 S. (m. Bildn.), ('68); italien.: Sintesi filosofica (Firenze '66) 15+358 S. (Pensatori del nostro tempo, 5), ('73) 15+356 S. (Strumenti Ristampe anastatiche, 2). — The practice and theory of bolshevism. Neuauflagen (London–New York '49) 130 S., ('51), ('54) 130 S.; ('62) 96 S.; ('64) 125 S.; italien.: Teoria e pratica del bolscevismo (Milano '63) 157 S.

(Argomenti, 7), (Roma '70) 139 S. (Paperbacks saggi, 9); span.: Teoría y práctica del bolchevismo (Esplugues de Llobregat '69) 171 S. (Ariel quincenal, 13); französ.: Pratique et théorie de bolchevisme (Paris '69) 197 S. — Authority and the individual (Reith lectures, 1948–49) (London '49) 125 S.; ('65) 94 S. (Unwin books, 61), ('77) 95 S.; (New York '49) 79 S., ('68) 79 S.; mit einem Abschlußessay: Philosophy and politics (Boston, Mass. '49) 101 S., ('60) 101 S. (Beacon paperback, 93); dän.: Samfundets magt og individets frihed (København '49) 105 S.; finn.: Yksilön vapaus ja sen rajoitukset (Helsinki '49) 119 S.; italien.: Autorità e individuo (Milano '49) 150 S. (Il labirinto, 13), ('70) 23+136 S. (I libri pocket, 243), ('71) 23+136 S. (I super pocket, 115); schwed.: Samhället och individen (Stockholm '49) 109 S.; niederländ.: Gezag en enkeling ('s Gravenhage '49) 128 S., andere Ausgabe u. d. T.: Individu en autoriteit (Katwijk '79) 128 S.; span.: Autoridad e individuo (México '49) 141 S. (Breviarios del fondo de cultura económica, 15), (México–Buenos Aires '54) 143 S. (~), ('67) 127 S. (~), ('73) 127 S. (~); deutsch: Macht und Persönlichkeit (Stuttgart '50, Zürich–Wien '51) 132 S. (Lebendiges Wissen, 1), ('67) 132 S.; norweg.: Staten og individet (Oslo '50) 118 S.; in Hindi: ([?] '52) 5+172 S.; portugies.: A autoridade e o indivíduo (São Paulo '56) 145 S. (Biblioteca do espírito moderno, sér. 1, 18); griech.: (Athēnai '75) 111 S. (m. Bildn.). — Unpopular essays (London '50) 223 S., ('58); ('68) 159 S. (Unwin books, 74); ('76) 3+191 S.; (New York '50) 175 S., ('51), ('66), ('69) 175 S.; (Bombay '70); schwed.: Filosofi för lekmän och andra essäer (Stockholm '50) 200 S., ('51), ('65) 150 S.; dän.: Upopulære essays (København '50) 160 S.; deutsch: Unpopuläre Betrachtungen (Zürich–Wien–Konstanz '51) 188 S.; finn.: Filosofiaa jokamiehelle (Porvoo–Helsinki '51) 274 S.; span.: Ensayos impopulares (México–Buenos Aires '52) 215 S.; portugies.: Ensaios impopulares (São Paulo '54) 212 S. (m. Bildn.) (Biblioteca do espírito moderno, sér. 1, 10); italien.: Saggi impopolari (Firenze '63) 214 S. (Orientamenti, nuova ser., 7); katalan.: Assaigs impopulars (Barcelona '65) 189 S. (Col-lecció a l'Abast, 23). — Principles of social reconstruction. Neuauflagen (London '50) 252 S.; ('54) 174 S., ('60), ('71) 174 S.; amer. Ausgaben u. d. T.: Why men fight: a method of abolishing the international duel (Freeport, N.J. '71) 272 S.; (New York '71) 13+272 S.; poln. [Übersetzg. d. Originalausgabe ('16)]: Przebudowa społeczna (Warszawa '32) 220 S., ('33) 220 S. (Bibljoteka powieściowa "Roju", 1); portugies.: Princípios de reconstrução social (São Paulo '58) 183 S. (Biblioteca do espírito moderno, sér. 1, 30). — Introduction to mathematical philosophy. Neuauflagen (London '51) 208 S.; ('52) 140 S.; ('53) 13+208 S., ('56), ('67), ('70), ('71) 208 S.; (New York '56) 13+208 S., ('71) 208 S.; span. [Übersetzg. d. Originalausgabe ('19)]: Introducción a la filosofía matemática (Buenos Aires '45) 287 S.; italien. [~]: Introduzione alla filosofia matematica (Milano '47), andere Ausgabe: (Roma '70) 240 S. (Paperbacks saggi, 4); deutsch: Einführung in die mathematische Philosophie (Darmstadt–Genf '53) 231 S., (Wiesbaden '75) 231 S.; poln.: Wstęp do filosofii matematyki (Warszawa '58) 308 S. — Why communism must fail (m. L. B. Schapiro u. a.) (London '51) 40 S. (Background books). — The impact of science on society (New York '51) 64 S. (Matchette Foundation lectures at Columbia University, 3); erweiterte Ausgaben [enthaltend weitere Vorlesungen und Vorträge]: ('52) 114 S., ('53), ('68) 114 S.; (London '52) 140 S., ('59); ('68) 102 S.; ('76) 3+127 S.; (Bombay '68) 118 S.; italien.: L'impulso della scienza sulla società (Milano '52) 4+160 S., ('70) 198 S.; span.: El impacto de la ciencia en la sociedad (Madrid '52) 149 S., ('58) 152 S., ('61), ('67); norweg.: Vitenskapen og samfunnet (Oslo '52) 141 S.; schwed.: Vetenskap och samhälle (Stockholm '52) 151 S.; deutsch: Wissenschaft wandelt das Leben (München '53) 137 S. (List-Bücher, 27); dän.: Fornuften eller døden (København '53) 94 S.; französ.: Science, puissance, violence (Neuchâtel–Bruxelles '54) 126 S.; portugies.: A ciência e a sociedade (São Paulo '55) 163 S. (m. Bildn.) (Biblioteca do espírito moderno, sér. 1, 12); katalan.: L'impacte de la ciència en la societat (Barcelona '70) 155 S. (Llibres a l'Abast, 87). — New hopes for a changing world (New York '52) 218 S., ('68) 218 S.; (London '52) 218 S., ('60) 218 S.; schwed.: Mänskligheten vid skiljevägen (Stockholm '51) 235 S.; niederländ.: Nieuwe hoop voor een oude wereld (Amsterdam '52) 203 S. (Visie, 2); italien.: Nuove speranze in un mondo che cambia (Milano '52) 283 S. (Il mondo nuovo, 33); französ.: Les dernières chances de l'homme (Paris '52) 255 S.; deutsch: Neue Hoffnung für unsere Welt; Wege in eine bessere Zukunft (Darmstadt–Genf '52) 243 S.; dän.: Menneskeheden paa skillevejen (København '52) 164 S. (m. Bildn.); norweg.: Nytt håp for mennesket (Oslo '52) 201 S.; span.: Nuevas esperanzas para un mundo en transformación (México–Buenos Aires '53) 245 S.; portugies.: A última oportunidade do homem (Lisboa '55) 270 S.; katalan.: Noves esperances per a món que canvia (Barcelona '68) 236 S. (Biblioteca selecta, 414). — What is freedom? (London '52) 32 S. (A Background book); ('60). — How near is war? (London '52) 39 S. (A Fleet Street Forum publication). — Bertrand Russell's dictionary of mind, matter and morals (L. E. Denonn) (New York '52) 14+290 S.; ('65) 290 S. (Citadel, C-168). — Our knowledge of the external world as a field for scientific method in philosophy. Neuauflagen (London '52) 2+251+1 S.; (New York '53) 251 S.; ('60) 191 S. (Mentor books, MD 28); türk. [Übersetzg. d. Originalausgabe ('14)]: Felsefede ilmî metod (Istanbul '40) 239 S. (T. C. Maarif Vekilliği lise felsefe dersleri yardimci kitaplari, 16); span.: Conocimiento del mundo exterior; fundamentos para un método científico filosófico (Buenos Aires '64) 207 S.; portugies.: Nosso conhecimento do mundo exterior; esta belecimento de um campo para estudos sôbre o método científico em filosofia (São Paulo '66) 10+186 S. (Biblioteca universitária, sér. 1, 4); italien.: La conoscenza del mondo esterno (Milano '66) 244 S. (Il labirinto, 19), (Roma '71) 223 S. (Paperbacks saggi, 45), (Milano '75) 232 S. (I libri pocket, 509); französ.: La méthode scientifique en philosophie et notre connaissance du monde extérieur (Paris '71) 256 S. (Petite bibliothèque Payot, 171). — Satan in the suburbs, and other stories (London '53) 138 S.; (New York '53) 148 S.; (Harmondsworth, Middlesex '61) 156 S. (Penguin books, 1645), ('63) 156 S.; deutsch: Satan in den Vorstädten (Darmstadt–Genf '53) 261 S., (Darmstadt '54) 190 S. (Bürgers Taschenbücher, 33); italien.: Satana nei sobborghi (Milano '53) 237 S. (La gaia scienza, 84); span.: Satán en los suburbios (Barcelona '53) 192 S.; dän.: Fanden i forstæderne (København '53) 143 S., ('65) 175 S. (Stjernebøgerne, 122); schwed.: Satan i sovstaden och andra berättelser (Stockholm '53) 176 S.; niederländ.: Satan in de buitenwijk ('s Gravenhage '55) 199 S.; serbokroat.: Đavo u predgrađu i druge pripovetke (Beograd '64) 200 S. (Biblioteka "Spektar", 11); französ.: Satan dans les faubourgs (Paris '65) 267 S. — The good citizen's alphabet (London '53) 28 S. (Philosophical library); (New York '58). — What is democracy? (A new essay) (London '53) 39 S. (A Background book); ('60); span. in: Qué es, hoy, la democracia? (m. Essays von R. S. Cripps u. R. Niebuhr) (México '64) 58 S. (Estudios y documentos, 7). — History as an art (Aldington, Kent '54) 23 S. (P. E. N. English Centre, Hermon Ould memorial lecture, 2). — Nightmares of eminent persons, and other stories (London '54) 150 S.; (New York '55) 177 S., ('64) 177 S.; (Harmondsworth, Middlesex '62) 173 S. (Penguin books, 1858); italien.: Incubi, ed altre storie (Firenze '56) 224 S.; span.: Pesadillas de personas eminentes y obras historias (Madrid '64) 200 S. — Human society in ethics and politics (London '54) 239 S.; (New York '55) 21+227 S.; ('62) 16+200 S. (Mentor books, MP 429); finn.: Etiikka ja politiikka (Helsinki '55) 308 S.; schwed.: Moral och politik (Stockholm '55) 271 S.; deutsch: Dennoch siegt die Vernunft; der Mensch im Kampf um sein Glück (Bonn '56) 256 S., andere Ausgabe: Moral und Politik (München '72) 206 S. (Sammlung Dialog, 106), ('73); portugies.: A sociedade humana na ética e na política (São Paulo '56) 13+235 S. (Biblioteca do espírito moderno, sér. 1, 20); span.: Ética y política en la sociedad humana (México-Buenos Aires '57) 247 S. — The analysis of matter. Neuauflagen (New York–London '54) 408 S., ('59) 408 S.; italien.: L'analisi della materia (Milano '64) 495 S. (Il labirinto, 11); französ.: L'analyse de la matière (Paris '65) 319 S.; span.: Análisis de la materia (Madrid '69) 470 S. (Essayistas de hoy, 62). — Portraits from memory, and other essays (London '56) 227 S.; (New York '56) 246 S., ('63) 246 S.; schwed.: Möte med minnen (Stockholm '56) 233 S.; finn.: Muotokuvia muistista, ja muita esseitä (Porvoo–Helsinki '57) 299 S.; italien.: Ritratti a memorie (Milano '58) 321 S. (I marmi, 16), ('69) 292 S. (I libri pocket, 210); portugies.: Retratos de memória e outros ensaios (São Paulo '58) 221 S. (Biblioteca do espírito moderno, sér. 1, 29); span.: Retratos de memoria y otros ensayos (Buenos Aires '60) 220 S., ('62) 220 S. — An essay on the foundations of geometry. Neudruck (New York–London '56) 201 S. — Understanding history, and other essays (New York '57) 122 S. — The will to doubt [Neudruck von Essays aus: "Sceptical essays" und "In praise of idleness"] (New York '58) 126 S. — The ABC of relativity. Neuauflagen (F. Pirani) (London–NewYork '58) 139 S.; (London–FairLawn, N.J. '59) 139 S.; (New York '59) 144 S. (Mentor book, MD 258); (London '69) 139 S.; ('77) 3+160 S.; span. [Übersetzg. d. Originalausgabe ('25)]: El ABC de la relatividad (Buenos Aires '43) 194 S., andere Ausgabe: ('64) 181 S.; italien.: L'ABC della relatività (Milano '60) 235 S. (La fronda, 26), ('74) 227 S. (I libri pocket, 467); schwed.: Relativitetsteorins ABC (Stockholm '60) 179 S., ('62); serbokroat.: ABC teorije relativnosti (Beograd '62) 148 S. (Svet nauke i tehnike, 4); französ.: ABC de la relativité (Paris '65) 189 S. (Le monde en 10/18, 233); norweg.: Relativitetsteoriens ABC (Oslo '65) 151 S. (Fakkelbok 31); portugies.: ABC da relatividade (Coimbra '69) 188 S. (Coleção Saber, sér. especial. 26); deutsch: Das ABC der Relativitätstheorie (München '70) 172 S., andere Ausgaben: (Reinbek b. Hamburg '72, '74, '76, '77, '79) 172 S. (rororo, 6787), (München '73) 177 S. (Sammlung Dialog, 107); niederländ.: Het abc van de relativiteit (Meppel '77) 167 S. (Boom klassiek, 2). — The philosophy of logical atomism; lectures delivered in 1918 and published as a series of articles by the Monist in the volumes for 1918 and 1919 (Minneapolis, Minn. '59) 65 S. — Wisdom of the West (a historical survey of western philosophy in its social and political setting) (P. Foulkes) (London '59) 320 S., ('75) 320 S.; (Garden City, N.Y. '59) 320 S.; französ.: L'aventure de la pensée occidentale (Paris '61) 320 S.; dän.: Den vestlige verdens filosofi (København '61) 320 S.; norweg.: Vestens wisdom (Oslo '61) 320 S.; schwed.: Västerlandets visdom (Stockholm '61) 320 S., ('75); italien.: La saggezza dell'Occidente (Milano '61) 320 S. (Il labirinto, 20), ('75); deutsch: Denker des Abendlandes, eine allgemeinverständliche Geschichte der Philosophie in Wort und Bild (Stuttgart '62) 320 S., andere Ausgaben: (Berlin–Darmstadt–Wien '70) 320 S., (Bern–München–Wien '75) 320 S.; span.: La sabiduria de Occidente (Madrid '71, '72) 320 S.; sloven.: Modrost zahoda (Ljubljana–Zagreb '72) 320 S. — Common sense and nuclear warfare (London–New York

Bitte Anmerkung auf Seite 4201 beachten!

'59) 92 S., ('60), ('68) 92 S.; deutsch: Vernunft und Atomkrieg (Wien '59) 62 S. (Europäische Dokumente, 13); italien.: Prima dell'apocalisse (Milano '59) 116 S. (La fronda, 20); span.: La guerra nuclear ante el sentido común (Madrid '59) 117 S., ('63); dän.: Atomkrig og sund fornuft (København '60) 77 S.; griech.: (Nicosia '61) 97 S. (m. Bildn.); sloven.: Pamet in atomska vojna (Ljubljana '61) 83 S.; portugies.: Senso comum e guerra nuclear (Lisboa '64) 120 S. (Documentos do tempo presente, 18). — The prospects of industrial civilization (m. D. Russell). Neuaufl. (London '59) 283 S.; poln. [Übersetzg. d. Originalausgabe ('23)]: Perspektywy przemysłowej cywilizacji (Warszawa '33) 310 S.; span.: Perspectivas de la civilización industrial (Buenos Aires '62) 230 S.; italien.: Prospettive di civiltà industriale (Milano '73) 426 S. (I marmi, 70). — The future of science [Neudruck von: Icarus, or The future of science ('24)]; with a "self-portrait" of the author [Interview] (New York '59) 86 S., ('60) 86 S.; andere Ausgabe unter dem ursprünglichen Titel: (Nottingham '73) 64 S. (Bertrand Russell Peace Foundation, Spokesman-books). — Bertrand Russell speaks his mind [Interviews] (m. W. Wyatt) (London '60) 173 S.; (Cleveland, O. '60) 173 S. (m. Bildn.); (New York '60) 144 S. (Bard books, 13); (Westport, Conn. '74) 173 S.; (Darmstadt '76) 173 S.; italien.: Bertrand Russell dice la sua opinione [Titel unsicher] (Milano '61) 210 S. (La fronda, 36); französ.: Ma conception du monde (Paris '62) 189 S. (Idées, 17), ('73); norweg.: Bertrand Russell på nært hold (Oslo '65) 39 S. (Pax-bøkene, 11); deutsch: Bertrand Russell sagt seine Meinung: eine Stimme moderner Aufklärung (Darmstadt '76) 224 S. — Fact and fiction (London '61) 282 S.; (New York '62) 317 S.; span.: Realidad y ficción (Madrid '62) 347 S., ('67); schwed.: Fakta och fantasi (Stockholm '64) 258 S.; portugies.: Realidade e ficção (Lisboa '65) 338 S. (Estudos e documentos, 33); italien.: Realtà e finzione (Milano '67) (La fronda, 67). — Has man a future? (London '61) 136 S.; (New York '62) 128 S.; (Baltimore, Md. '62) 128 S. (Penguin special, S206); französ.: L'homme survivra-t-il? (Paris '62) 191 S.; portugies.: Tem futuro o homem? (Rio de Janeiro '62) 116 S.; italien.: E domani? (Milano '62) 178 S. (La fronda, 32); dän.: Har mennesket en fremtid? (København '62) 126 S. (Spektrums Aktuelle, 1), ('63); schwed.: Har människan en framtid? (Stockholm '62) 135 S.; niederländ.: Heeft de mens een toekomst? (Amsterdam '62) 126 S. (Meulenhoff pockets, 98); span.: Tiene el hombre un futuro? (Madrid '63) 149 S.; deutsch: Hat der Mensch noch eine Zukunft? Bestandsaufnahme und Mahnung (München '63) 148 S. (Kindler-Taschenbücher, 11). — The analysis of mind. Neuauflagen (London–New York '61) 310 S., ('68) 310 S.; span. [Übersetzg. d. Aufl. von '24]: Análisis del espíritu (Buenos Aires '50) 283 S. (Biblioteca Temas del siglo XX, 1), andere Ausgabe: ('72) 339 S. (Biblioteca del hombre contemporaneo, 14); italien. [~]: Analisi della mente (Firenze '55) 12+284 S., ('62), andere Ausgabe: (Roma '69) 285 S. (Paperbacks saggi, 3); portugies. [~]: Análise do espírito (São Paulo '58) 242 S. (Biblioteca do espírito moderno, sér. 1, 24). — History of the world in epitome. For use in Martian infant schools (London '62) 14 S. — Unarmed victory (Harmondsworth, Middlesex '63) 120 S. (Penguin special, S220); (London–New York '63) 155 S.; span.: Victoria sin armas (Madrid '64) 152 S.; italien.: La vittoria disarmata (Milano '65) 175 S. (La fronda, 56). — Political ideals. Neuauflagen (London '63) 93 S. (Unwin books, U-515), ('77) 80 S.; (New York '63) 94 S.; schwed.: Politiska ideal (Stockholm '63) 105 S.; span.: Ideales políticos (Madrid '63) 101 S., ('68) 96 S.; italien.: Le mie idee politiche (Milano '63) 156 S. (La fronda, 46), ('75) 148 S. (I libri pocket, 525); griech.: (Athēnai '75) 111 S. (m. Bildn.). — On the philosophy of science (C. A. Fritz, jr.) (New York–Indianapolis, Ind. '65) 28+232 S. (Library of liberal arts, 226). — German social democracy (6 lectures, 1896). Neuaufl. (New York–London '65) 12+184 S.; italien.: La socialdemocrazia tedesca (Roma '70) 199 S. (Paperbacks saggi, 19); deutsch: Die deutsche Sozialdemokratie (Berlin–Bonn '78) 220 S. (Internationale Bibliothek, 115). — The problem of China. Neuaufl. (London '66) 260 S.

Appeal to the American conscience (London '66) 8 S. (Bertrand Russell Peace Foundation); dän.: Appel til den amerikanske samvittighed (København '66) 16 S. — War crimes in Vietnam (London '67) 179 S.; französ.: Nuremberg pour le Vietnam! (Paris '67) 143 S. (Cahiers libres, 96); dän.: Krigsforbrydelser i Vietnam (København '67) 184 S. (Spektrums Aktuelle, 6); span.: Crimenes de guerra en Vietnam (Madrid '67) 235 S., (La Habana '69) 183 S.; niederländ.: Oorlogsmisdaden in Vietnam (Amsterdam '67) 230 S.; italien.: Crimini di guerra nel Vietnam (Milano '67) 241 S. (La fronda, 80); norweg.: Krigsforbrytelser i Vietnam (Oslo '67) 195 S.; poln.: Zbrodnie wojenne w Wietnamie (Warszawa '67) 239 S.; portugies.: Crimes de guerra no Vietnã (Rio de Janeiro '67) 214 S., (Pôrto '68) 296 S.; span.: Crímenes de guerra en Vietnam (Madrid '67) 235 S. — The art of philosophizing, and other essays (New York '68) 119 S.; (Totowa, N.J. '73) 119 S. — Education and the good life. Neuaufl. (New York '70) 319 S. (Liveright L-12). — My own philosophy; a new essay. Neuaufl. (Hamilton, Ont. '72) 30 S. — Justice in war time. Neuauflagen (New York '74) 229 S.; (Nottingham '75) 19+229 S. — Bolshevism and the west; a debate on the resolution: That the Soviet form of government is applicable to western civilization (m. S. Nearing). Neuaufl. (New York '75) 78 S.

American J. Sociol. Rôle of the intellectual in the modern world: **44** ('38/39) 491–98.

American Mercury Our sexual ethics: **38** ('36) 36–41. — Freedom and the colleges: **50** ('40) 24–33. — Blueprint for an enduring peace: **52** ('41) 666–76. — Education after the war: **78** ('43) 194–203.

American Scholar Future of pacifism: **13** ('44) Jan.-Nr., 7–13.

Amrita Bazar Patrika The way to avoid a third world war: **83** ('51) Nr. 5, S. 7–. — Facing up to our perils: Nr. 9. — If we are to survive this dark time: Nr. 10, S. 8–.

Asia [New York] England's duty to India: **35** ('35) 68–70. — Toward world federation – too optimistic: **40** ('40) 126f. — The end of the deadlock in India: **42** ('42) 338–40.

Atlantic Monthly The revolt against reason: **155** ('35) 222–32. — Philosophy's ulterior motives: **159** ('37) 149–55. — The taming of power: **162** ('38) 439–49. — Exceptional man: **184** ('49) Nov.-Nr., 52–56. — Gladstone and Lenin: **187** ('51) Febr.-Nr., 66–68. — Future of man: März-Nr., 48–51. — The springs of human action: **189** ('52) März-Nr., 27–31. — My first eighty years [Interview]: **190** ('52) Aug.-Nr. — Mahatma Gandhi: Dez.-Nr., 35–39. — The future of mankind: **199** ('57) März-Nr. — To avoid nuclear war: **210** ('62) Nov.-Nr., 65–67.

Blätter dtsch. u. int. Politik Zurück vom Abgrund des Atomtodes!: **3** ('58) 477–82. — Sollte Großbritannien einseitig abrüsten?: **6** ('61) 439–45.

Britain to-day What neutrals can do to save the world: **223** ('54) Sept.-Nr., 6–10.

British Bull. [Hamburg] Erzieherische Pflichten des Staates: **2** ('49) Nr. 40, 7–10.

British med. J. Can a scientific society be stable?: **1949** III, 1307–11.

Bull. atom. Scientists The danger to mankind: **10** ('54) 8f. — World conference of scientists: **12** ('56) 41–43. — Debate with critic on abolition of war: **14** ('58) Apr.-Nr.

Bull. Soc. franç. Philos. L'individu et l'état moderne: **43A** ('49) 81–100.

Centennial Rev. Arts and Sci. Non-demonstrative inference: **3** ('59) 237–57.

Common Sense [New York] Why radicals are unpopular: **5** ('36) März-Nr., 13–15. — The case for United States' neutrality; if war comes, shall we participate or be neutral?: **8** ('39) März-Nr., 8f. — How to avoid the atomic war: **14** ('45) Okt.-Nr., 3–5.

Coronet Auto-obituary; the last survivor of a dead epoch: **10** ('41) 36–38.

Elementary School J. Education for democracy: **39** ('39) 564–67.

Encounter Virtue and the censor: **1** ('54) Juli-Nr., 8–10. — My present view of the world: **12** ('59) Jan.-Nr., 3–10. — Ferner mehrere Kapitel aus "My philosophical development" in **12** ('59) Jan.-Nr. u. Febr.-Nr.

Englische Rdsch. "Freier" Wettbewerb und Zusammenarbeit: **1** ('51) Nr. 14, S. 146. — Albert Einstein†: **5** ('55) Nr. 16, S. 214.

Esquire The technique for politicians: **1** ('34) März-Nr., S. 26, 133. — The sphere of liberty: **2** ('34) Juli-Nr., S. 29. — The limitations of self-help: Okt.-Nr., S. 27.

Europa [Bad Reichenhall] Sphären der Freiheit: **4** ('53) Nr. 53, 45–47. — Die Überwindung der Torheit: **17** ('66) Nr. 12, 8f. — Der gefährliche Griff nach den Sternen: **18** ('67) Nr. 1, 4–.

Fortnightly [London] Proposals for an international university: **158** ('42) Juli-Nr., 8–16.

Fortune Citizenship in a great state: **28** ('43) Dez.-Nr., S. 167, 168, 170, 172, 175, 176, 178, 180, 182, 185.

Forum and Century Can power be humanized?: **102** ('39) 184f.

Free World [New York] The international significance of the Indian problem [6]): **5** ('43) 63–69. — Some problems of the post-war world: 297–301.

Friedensrundschau Zurück vom Abgrund!: **12** ('58) Nr. 9, 16–20. — Der Weg der Toren. Über die 50-Megaton-Bombe: **15** ('61) Nr. 12, 1–3. — Der Weg aus der Sackgasse. Botschaft an den Weltkongreß für allgemeine Abrüstung in Moskau im Juli 1962: **16** ('62) Nr. 9, 6–8. — Die Pflicht zum bürgerlichen Ungehorsam: **17** ('63) Nr. 6, 16–21.

Glamour The dangerous days: **27** ('52) Mai-Nr., S. 118, 119, 135.

Hamburger akad. Rdsch. Der Ausblick für die Menschheit: **1** ('46/47) 457–62.

Harper's Bazaar Benefit of clergy: **86** ('53) Juni-Nr., 86f., 124, 130. — The possible future of mankind: **93** ('60) Jan.-Nr., 122f. — The misfortune of being out-of-date; a parable: **95** ('62) Nr. 3002, S. 126, 148, 150.

Harper's (monthly) Mag. The modern Midas: **166** ('33) 327–34. — The functions of a teacher: **181** ('40) 11–16. — Portraits from memory: Alfred North Whitehead: **205** ('52) Dez.-Nr., 50–52; ~: Maynard Keynes and Lytton Strachey: **206** ('53) Jan.-Nr., 70–72; ~: D. H. Lawrence: Febr.-Nr., 93–95; ~: Sidney and Beatrice Webb: März-Nr., 92–94.

Hibbert J. Philosophical analysis: **54** ('55/56) 319–29.

Horizon [London] American and British nationalism: **1945**, Jan.-Nr.

J. brit. astron. Assoc. Do science and religion conflict?: **64** ('54) 94–96.

J. History Ideas Byron and the modern world: **1** ('40) 24–37.

Bitte Anmerkung auf Seite 4201 beachten!

J. nation. Educat. Assoc. [USA] Education for democracy: **28** ('39) Apr.-Nr., 97f.

J. Philosophy Logic and ontology: **54** ('57) 225–30.

Kontinente China und die Geschichte: **7** ('53/54) Nr. 3, 18f.

Kultur Moderner Aberglaube: **1** ('52/53) Nr. 16/17, S. 1. — Die Menschheit gleicht einem Kinde ... Eine Definition der abendländischen Kultur: **2** ('53/54) Nr. 26/27, S. 3. — Albert Einstein†: **3** ('54/55) Nr. 49, S. 15. — Die Fragwürdigkeit nützlichen Wissens: Der Zweck heiligt heute keine Mittel mehr: **5** ('56/57) Nr. 91, S. 1. — Vernunft und Atomkrieg: Verzweiflung ist keine Weisheit: **7** ('58/59) Nr. 133, S. 3; ~: Wenn es zum Kriege kommt: 3f.; ~: Die gemeinsamen Interessen: Nr. 138, S. 3.

Listener Auto-obituary; the last survivor of a dead epoch: **16** ('36) 289. — Reflections on my eightieth birthday: **47** ('52) 22. Mai, S. 8, 23, 24. — Portraits from memory: Maynard Keynes and Lytton Strachey: **48** ('52) 97f.; ~: D. H. Lawrence: 135f.; ~: Completely married: Sidney and Beatrice Webb: 177f.; ~: Cambridge in the eighteen-nineties: **50** ('53) 307f.; ~: Cambridge friendships: 337f.; ~: H. G. Wells: Liberator of thought: 417f. — Reason and passion: **48** ('52) 495f. — The hydrogen bomb and world government: **52** ('54) 133f. — Knowledge and wisdom: 390. — Man's peril from the hydrogen bomb: 1135f. — Philosophers and idiots: **53** ('55) 247, 249. — The greatness of Albert Einstein: 745f. — Self-portrait of a rebel-philosopher-skeptic [Interview]: **61** ('59) 3. Mai.

Das literarische Deutschland Vom Philosophieren: **1** ('50) Nr. 2, S. 5.

London calling Books that influenced my youth, 1: The importance of Shelley: **1957**, 7. März, S. 4; ~ 2: The romance of revolt: Turgenev: 14. März, S. 10; ~ 3: Revolt in the abstract: Ibsen: 21. März, S. 12; ~ 4: Disgust and its antidote: Carlyle, Swift, Milton: 28. März, S. 10; ~ 5: An education in history: Draper, Gibbon: 4. Apr., S. 6; ~ 6: The pursuit of truth: Clifford: 11. Apr., S. 14.

Look What's wrong with Americans: **15** ('51) 24. Apr., 34f. — The chances of war: **16** ('52) 17. Juni, S. 48, 50, 51. — What I won't live to see: 4. Nov., S. 72, 74, 75. — What is an agnostic?: **17** ('53) 3. Nov., S. 96, 98–101. — Nov. 23, 1957 - Open letter to Dwight D. Eisenhower and Nikita S. Khrushchev: **22** ('58) 21. Jan., 18f. [vgl. auch: **Briefe**]. — Mankind does not have to die by radiation: 5. Aug., 20–25.

Mademoiselle [New York] What can I do?: **16** ('51) März-Nr., S. 107, 160–62.

Magazine Year Still time for good sense: **1** ('47) Nov.-Nr., 56–63.

Merkur Gespräche über die Existenz Gottes [8]): **4** ('50) 384–403.

Mind Whitehead and Principia mathematica: (N.S.) **57** ('48) 137f. — Memorial to Ludwig Wittgenstein: **60** ('51) 297f. — Mathematical infinity: **67** ('58) 385.

Mitteilungsbl. des Landesverbandes Philologenvereine Nordrhein-Westfalen Die Rolle der Naturwissenschaften in der Erziehung: **1958/59**, Nr. 3, 2f.

Modern Monthly Why I am not a communist: **8** ('34) Apr.-Nr., 133f.

Monat Der Weg zum Weltstaat: **1** ('48/49) Nr. 1, 4–8. — Die Einheit der westlichen Kultur: Nr. 7, 24–27. — Philosophie und Politik: Nr. 12, 17–27. — Zur Genealogie des Unsinns: **3** ('51) Nr. 30. — Gute und schlechte Ideen: Nr. 31, 19–34. — Die letzte Entscheidung. Ein Streitgespräch über die Atombombe [9]): **10** ('58) Nr. 118, 11–21. — Die Freiheit zu überleben. Streitgespräch [9]): Nr. 120, 81–89. — Meine philosophische Entwicklung: **11** ('59) Nr. 126. 33–45. — Mein heutiges Weltbild: Nr. 127, 33–39.

Nation [New York] On being modern-minded: **144** ('37) 47f. — The superior virtue of the oppressed: 731f. — Munich rather than war: **148** ('39) 173–75. — What I believe: **150** ('40) 412–14. — Indian situation: **155** ('42) 200. — Commission for peace: **179** ('54) 531–33.

Naturlehre u. Naturkunde Die Rolle der Naturwissenschaften in der Erziehung: **6** ('58) 121f.

Neue Auslese Philosophie für den Alltag: **2** ('47) Nr. 3, 48–54. — Die Rolle der Persönlichkeit: **4** ('49) Nr. 4, 3–7.

New Leader Our world after the war; a plan for international action: **26** ('43) 27. Nov., S. 5, 7. — Britain's shrunken economy makes her dependent on U.S.: 4. Dez., S. 5. — Cooperate with Soviet Russia: **27** ('44) 5. Febr., S. 8. — Western hegemony in post-war Asia: 26. Febr., S. 7. — Victors and vanquished: 18. März, S. 9. — Four power alliance: step to peace: 12. Aug., S. 9. — How to achieve world government?: **31** ('48) 6. März, S. 8. — World government - by force or consent?: 4. Sept., S. 8. — The atom bomb and the problems of Europe: **32** ('49) 12. Febr., S. 6. — Ten years since the war began: 3. Sept., S. 6. — Is America in the grip of hysteria? [Diskussion]: **35** ('52) 3. März, S. 2. — The greatness of Albert Einstein: **38** ('55) 30. Mai, 8–10. — The state of U.S. liberties (Reply to an article by Norman Thomas): **40** ('57) 18. Febr., 16–18. — World communism and nuclear war: a debate on the ultimate threat (in answer to article by S. Hook: A foreign policy for survival): **41** ('58) 26. Mai, 9f.; Freedom to survive: round two of a vital debate: 7. [oder 14.?] Juli, 23–25.

New Palestine News Bull. Zionism and the peace settlement: **33** ('43) 5–7.

New Republic The future of democracy: **80** ('37) 381f.

Bitte Anmerkung auf Seite 4201 beachten!

New Statesman and Nation Education and civilization: (N.S.) **7** ('34) 666–68. — A weekly diary: **9** ('35) 742f., 798f., 854f., 886f., 918f. — British foreign policy: **12** ('36) 82. — Spanish conspiracy: 218. — Which way to peace?: 847. — Progressive education: **27** ('44) 274. — Thoughts on the 50-megaton bomb: **62** ('61) 638–. — Can nuclear war be prevented?: **64** ('62) 560–62. — Nato forever: **75** ('68) 329–.

New York Times Mag. The science to save us from science: **1950**, 19. März, S. 9, 31–33. — Can we afford to keep open minds?: 11. Juni, S. 9, 37, 39. — If we are to survive this time: 3. Sept., S. 5, 17, 18. — The kind of fear we sorely need: 29. Okt., S. 9, 52–55. — To replace our fears with hope: 31. Dez., S. 5, 23, 25. — To face danger without hysteria: **1951**, 21. Jan., S. 7, 42, 44, 45. — No funk, no frivolity, no fanaticism: 6. Mai, S. 7, 22, 23. — The best answer to fanaticism-liberalism: 16. Dez., S. 9, 40–42. — Advice to those who want to attain 80: **1952**, 18. Mai, S. 13. — The American way (a Briton says) is dour: 15. Juni, S. 12, 30. — The essentials for a stable world: 3. Aug., S. 11, 53. — "The faultless Max" at 80: 24. Aug., S. 18, 19, 41. — As school opens - the educators examined: 7. Sept., S. 9, 44, 45. — Looking backward to the 1950's: **1953**, 26. Apr., S. 12, 58, 59. — What would help mankind most?: 27. Sept., S. 10, 47, 48, 49. — The corroding effects of suspicion: **1954**, 14. Febr., S. 7, 55f. — Three reasons why they dislike us: **1957**, 8. Sept., S. 20, 115. — Self-portrait of a rebel-philosopher-skeptic [Interview, gekürzt]: **1959**, 3. Mai, S. 32, 34, 37, 39. — The case for neutralism: **1960**, 24. Juli, S. 10, 35, 36; 14. Aug., S. 90f.

Nineteenth Century and after Atomic energy and the problems of Europe: **145** ('49) 39–43.

Physikalische Bl. Zum 300. Todestag von Descartes: **6** ('50) 545–49. — Eine Philosophie für unsere Zeit: **10** ('54) 97–104. — Eine Stellungnahme zur Atomkriegführung: **11** ('55) 392–94.

Polemic A fable relative to universals and particulars: Nr. **2** ('46) 24f.

Political Quarterly The revolt against reason: **6** ('35) 1–19. — Power, ancient and modern: **8** ('37) 155–64.

Politique étrangère La démocratie politique peut-elle s'adapter aux problèmes de 1950?: **15** ('50) 5–13.

Proc. aristotelian Soc. The limits of empiricism: (2) **36** ('35/36) 131–50. — On verification (Presidential address): **38** ('37/38) 1–20.

Proc. brit. Acad. John Stuart Mill, 1806–1873: **41** ('55) 43–59.

Proc. Cambridge philos. Soc. On order in time: **32** ('36) 216–28.

Proc. Univ. Durham philos. Soc. Determinism and physics (18th Earl Gray memorial lecture, Armstrong College, Newcastle-upon-Tyne): **9** ('36) 228–45.

Rationalist Annual My religious reminiscences: **55** ('38) 3–8.

Reader's Digest A philosophy for you in these times: **39** ('41) Okt.-Nr., 5–7. — To turn us from madness: **63** ('53) Dez.-Nr., 1–3.

Revue int. Philos. Logical positivism: **4A** ('50) 3–19.

Rivista crit. Storia Filos. Alfred North Whitehead, O. M.: **8** ('53) 101–04. — Reason and passion: 105–07.

Rotarian Man's diary in sticks and stones: **50** ('37) Juni-Nr., 15f. — Freedom in a time of stress: **61** ('42) Sept.-Nr., 23f.

San Francisco Rev. Respect for law: **1** ('58) 62–65.

Saturday Evening Post Can Americans and Britains be friends?: **216** ('44) 3. Juni, 14f., 57–59. — Adventures of the mind, 31: The expanding mental universe: **232** ('59) 18. Juli, S. 24, 91–93 (m. Bildn.).

Saturday Rev. Lit. Aristocratic rebels: Byron and the modern world: **17** ('38) 12. Febr., 3f. — Power over opinion: **18** ('38) 13. Aug., 13f. (m. Bildn.). — What shall we do with Germany?: **26** ('43) 29. Mai, S. 8. — Came the revolution: **33** ('50) 25. März, S. 9, 10, 36, 37. — China and history: **34** ('51) 4. Aug., S. 39.

Saturday Rev. [New York] The next eighty years: **1952**, 9. Aug., S. 8, 9, 48, 49. — A prescription for the world: **1954**, 28. Aug., 9–11, 38–40. — 1948 Russell vs. 1954 Russell: 16. Okt., S. 25, 26. — Can the liberal survive?: **1955**, 19. März, S. 22, 35. — Man's duel with the hydrogen bomb: 2. Apr., S. 11, 12, 41. — In the company of cranks: **1956**, 11. Aug., 7f. — Can scientific man survive?: **1957**, 21. Dez., S. 24, 25. — Why I changed my mind: **1958**, 31. Mai, S. 18. — In the direction of sanity — on atomic weapons [Interview]: 20. Juli, S. 34.

Saturday Rev. Reader The next eighty years: **1** ('51) 22–31. — Came the revolution: 125–33. — China and history: **2** ('53) 119–21.

Science [USA] The social responsibilities of scientists: **131** ('60) 391f.

Science Digest Why fanaticism brings defeat: **27** ('50) Apr.-Nr., 34f.

Scribner's Mag. Men versus insects: **96** ('34) 380.

Survey graphic Democracy and economics: **28** ('39) 130–32.

Table ronde Sous l'influence de Voltaire: Nr. **122** ('58) 159–63.

This Week [New York] The high cost of survival: **1949**, 18. Dez., S. 5, 12. — The narrow line: **1951**, 16. Dez., S. 7, 22, 35. — "G" is for Gobbledygook: **1953**, 12. Apr., S. 23, 64.

Time and Tide Hosannas at the Hall: **43** ('62) 13–.

Bitte Anmerkung auf Seite 4201 beachten!

Tomorrow [New York] Education in international understanding: **3** ('44) Juni-Nr., 19–21.

United Nations World Boredom or doom in a scientific world: **2** ('48) Aug.-Nr., 14–16. — Reply to inquiry: Should U.N. meetings open with prayer or meditation?: **3** ('49) Aug.-Nr., S. 13. — A guide for living in the atomic age: Nov.-Nr., 33–36. — Is a third world war inevitable?: **4** ('50) März-Nr., 11–13. — How to be happy in 1953: **7** ('53) Jan.-Nr., 12–15, 63.

Virginia quarterly Rev. George Bernard Shaw: **27** ('51) 1–7.

Welt-Echo [Innsbruck] Der Trieb zur Macht: **2** ('47/48) Nr. 11, 3–5.

Wisdom The world's need for wisdom: **2** ('57) Febr.-Nr., 29–31.

Z. philos. Forsch. Philosophical analysis: **12** ('58) Nr. 1, 3–16.

Weitere Publikationen in Wochen- und Monatsschriften vieler Länder.

Mit: [1]) J. Barzun; [2]) S. Buchanan; [3]) H. Cairns; [4]) M. van Doren; [5]) K. A. Porter; [6]) P. Russell; [7]) A. Tate; [8]) F. C. Copleston; [9]) S. Hook.

V,VI **RUSSELL,** Henry Norris. Astron., Astrophysik. — 1905–08 Instructor, '08–11 Assist. Prof., '11–27 Prof., '12–47 Dir. of Univ. Observat., '27–47 Research Prof., '47 Prof. Emer., Princeton Univ., Princeton, N.J.; '21–42 Research Assoc., Mount Wilson Observat., Pasadena, Cal.; '47–48 Morrison Research Assoc., Lick Observat., Univ. of California, Berkeley, Cal.; '47–52 Research Assoc., Harvard Univ. Observat., Cambridge, Mass.; '31–32 Pres., Amer. Philos. Soc.; '33–34 Pres., Amer. Assoc. for the Advancem. of Sci.; '34–37 Pres., Amer. Astron. Soc.; '35 Pres. of the Commissions on Stellar Spectra and on the Constitut. of the Stars, Int. Astron. Union. — '23 Hon. D.Sc. (Dartmouth College, Hanover, N.H.); '27 Dr.h.c. (Univ. Catholique de Louvain); '41 Hon.D.Sc. (Univ. of Chicago, Ill.); '42 Dr.h.c. (Univ. Michoacana de San Nicolás de Hidalgo, Morelia, Michoacán, Mex.); '51 Hon.D.Sc. (Yale Univ., New Haven, Conn.); '54 Hon.D.Sc. (Princeton Univ., Princeton, N.J.). — '21 Gold Medal (Roy. Astron. Soc., London); '22 Henry Draper Medal (Nation. Acad. Sci. USA); '22 Médaille Lalande, '36 Médaille Janssen (Acad. Sci. Paris); '25 Bruce Medal (Astron. Soc. Pacific); '25 Rumford Medal (Amer. Acad. Arts and Sci.); '34 Franklin Medal (Franklin Inst., Philadelphia, Pa.); '39 John L. Lewis Prize (Amer. Philos. Soc.).

*1877, Okt. 25, Oyster Bay, N.Y.;
†1957, Febr. 18, Princeton, N.J.

Zur Biogr. *J. G. Crowther, Six great astronomers (London '61) 139–61. — *D. D. Egbert, *D. M. Lee, Princeton portraits (Princeton, N.J. '47) 155f. — *C.A.C., J. roy. astron. Soc. Canada **27** ('33) 132–34. — *J.Q.S., Science [USA] **77** ('33) 132f.; Scientific Monthly **36** ('33) 188f. (m. Bildn. S. 184). — Nature [London] **139** ('37) 1098f. — Thirteen Americans (L. Finkelstein) (New York '53) 31–45, 276.

Nekr. *L. Binet, C. R. hebd. Séances Acad. Sci., Paris **245** ('57) 2122f. — *A. Danjon, ibid. **244** ('57) 1297–300. — *M. G. Fracastoro, Coelum **25** ('57) 106–11. — *A. H. Joy, Griffith Observer **21** ('57) 86–89. — *D. H. Menzel, Yearb. amer. philos. Soc. **1958**, 139–43. — *C. E. Moore, Observatory **77** ('57) 67f. — *H. Shapley, Biographical Mem., Nation. Acad. Sci. USA **32** ('58) 354–78 (m. Bildn., Faks., Schr. verz.); Dean of American astronomers: Sky and Telescope **16** ('57) 260f. — *L. Spitzer jr., Science [USA] **125** ('57) 1133f. — *J. Q. Stewart, Monthly Notices roy. astron. Soc. **118** ('58) 311f. — *F. J. M. Stratton, Biographical Mem. Fellows roy. Soc. **3** ('57) 173–91 (m. Bildn., Faks., Schr. verz.); Nature [London] **179** ('57) 563f. — *O. Struve, Publ. astron. Soc. Pacific **69** ('57) 223–26 (m. Bildn.). — American Annals Deaf **1958** ('58) 670. — J. roy. astron. Soc. Canada **51** ('57) 192. — News-Week **49** ('57) 75. — Nordisk astron. Tidsskr. **1957**, 73f. — Populär astron. Tidskr. **38** ('57) 160. — Time [New York] **69** ('57) 96. — Wilson Library Bull. **31** ('57) 595. — Yearb. roy. Soc. Edinburgh **1957/59** ('60) 64f.

S. Pieter Zeeman, 1865–25 Mei–1935. Verhandelingen, op 25 mei 1935 aangeboden aan prof. dr. P. Zeeman ('s Gravenhage '35) 286–92: The Zeeman effect in the arc spectrum of vanadium [3]). — Olösta gåtor och aktuella problem. Sjuttiosex uttalanden i Svenska Dagbladets enquête om naturforskningens nuvarande uppgifter och framtida mål (Stockholm '37) 217–20: Über die Entstehung des Planetensystems [schwed.]. — Les novae et les naines blanches. C. R. Colloque international d'astrophysique, Collège de France 1939 (A. J. Shaler) **1**: Observation des novae (Paris '41) (Actualités scientifiques et industrielles, 895) 1–7: Allocution sur les problèmes et les buts du colloque; **3**: Naines blanches ('41) (~ 897) [?]–88: Allocution [conclusive]. — Centennial symposia, Harvard Observatory 1946 (M. W. Mayall) (Cambridge, Mass. '48) (Harvard Observatory monographs, 7) 181–209: The royal road of eclipses. — Physical science and human values; a symposium (E. P. Wigner) (Princeton, N.J. '47, Oxford '48) 165–76: The Ivory Tower and the Ivory Gate. — Time and its mysteries. Lectures given on the James Arthur Foundation, New York University, Ser. **3** (New York '49) 3–30: The time scale of the universe. — Vistas in astronomy (A. Beer) **2** (London–NewYork '56) (J. atmospher. and terrestr. Physics, Spec. Suppl. 4) 1177–86: Eclipsing variables in the Magellanic clouds. — Encyclopaedia Britannica; a new survey of universal knowledge **21** (Chicago,Ill.–London–Toronto '57) 375–79: Stellar constitution and evolution.

W. Astronomy; a revision of Young's Manual of astronomy (m. R. S. Dugan, J. Q. Stewart) **1**: The solar system (Boston,Mass.–NewYork '26), ('45) 11+470+21 S.; **2**: Astrophysics and stellar astronomy ('27), ('38) 12+489+30 S. — The composition of the stars (London–Oxford '33) 31 S. (Halley lecture 1933); auch in: Five Halley lectures (Oxford '36). — Rydberg interpolation table (m. J. C. Boyce, A. G. Shenstone) (Columbia Planograph Company) (Washington, D.C. '34) 20 S. — The solar system and its origin (New York '35) 7+144 S.; italien.: Il sistema solare e la sua origine (Milano–Verona '41) 232 S. — The masses of the stars; with a general catalogue of dynamical parallaxes (m. C. E. Moore) (Chicago, Ill.–London '40) 9+236 S. — The determination of the elements of eclipsing binaries (m. J. E. Merrill) (Princeton, N.J. '52) 6+96 S. (Contributions from the Princeton University Observatory, 26).

American Yearb. Astronomy: **1934** ('35) 652–59. — Astronomy and astrophysics: **1935** ('36) 616–21. — Astronomy: **1936** ('37) 621–25.

Annals New York Acad. Sci. The internal constitution of the stars: The distribution of the density within the stars: **41** ('41) 5–12.

Annual Rep. Board Regents Smithsonian Instn. The composition of the sun: **1931** ('32) 199–214. — The master key of science: Revealing the universe through the spectroscope: **1932** ('33) 133–39. — The atmosphere of the planets: **1935** ('36) 153–68.

Astronomical J. Orbit of the binary $17^h11^m.4$–46°32′ (1900): **45** ('36) 95f. — Notes on white dwarfs and small companions: **51** ('44/46) 13–17. — The determination of the orbits of binary stars: **52** ('46/47) 25f. — Introductory remarks to the Symposium on the H-R diagram 1951: **57** ('52) 1f.

Astronomičeskij Ž. Sternenenergie: **17** ('40) Nr. 1, 71–76 [russ.].

Astrophysical J. Mean ionization in stellar atmospheres: **75** ('32) 337–47. — Opacity formulae and stellar line intensities: **78** ('33) 239–97. — Molecules in the sun and stars: **79** ('34) 317–42. — The classification of stellar spectra [15])[13]): **81** ('35) 107–18. — Tables for intensities of lines in multiplets: **83** ('36) 129–39. — A comparison of spectroscopic and trigonometric parallaxes [14]): **87** ('38) 389–423. — The arc spectrum of europium [7]): **90** ('39) 155–203. — Notes on ellipticity in eclipsing binaries: 641–74. — The systematic and accidental errors of spectroscopic parallaxes [14]): **92** ('40) 354–91. — A. Fowler, 1868–1940, Juni 24 [6])[1])[20]): **94** ('41) 2. — Notes on eclipsing variables: **95** ('42) 345–55. — Spectral structure and ionization potential of gadolinium I: **96** ('42) 11–14. — Provisional elements of the eclipsing binary V 444 Cygni: **100** ('44) 213–18. — Sir Arthur Eddington†: **101** ('45) 133–35. — Intermediary elements for eclipsing binaries: **102** ('45) 1–13. — Rectification of the light-curves of eclipsing variables: **104** ('46) 153–59. — Preliminary solutions for eclipsing binaries from accurate observations: **108** ('48) 53–55. — Idealized models and rectified light-curves for eclipsing variables: 388–412.

Bull. amer. math. Soc. Model stars (Josiah Willard Gibbs lecture): **43** ('37) 49–77.

Bull. Panel Orbits eclipsing Binaries Present needs in the study of eclipsing binaries: Nr. **6** ('47) 1–9.

Bur. Standards J. Res. An analysis of lanthanum spectra (La I, La II, La III) [12]): **9** ('32) 625–68.

J. Res. nation. Bur. Standards Term analysis of the first spectrum of vanadium (VI) [12]): **17** ('36) 125–92. — Binding energies for electrons of different types [14]): **48** ('52) 61–67. — First spectrum of barium (Ba I) [14]): **55** ('55) 299–306.

Circular, Astron. Observat. Harvard College Present needs in the study of eclipsing binaries: Nr. **451** ('48) 3–9. — The penumbral part of the reflection effect in eclipsing variables – a reconnaissance: Nr. **452** ('48) 1–8.

Hemel en Dampkring Das neue Geheimnis des Mars: **36** ('38) 241–45 [niederländ.].

Himmelswelt Die Zusammensetzung der Sonne: **43** ('33) 103–12, 133–41.

J. Franklin Inst. The atmospheres of the stars: **218** ('34) 127–42. — Stellar energy: **228** ('39) 143–57.

J. opt. Soc. America The arc and spark spectra of gadolinium: **40** ('50) 550–75. — Estimation of ionization potentials by comparison with neighboring elements: 618f.

J. roy. astron. Soc. Canada New planetary discoveries: **26** ('32) 391–94. — The constitution of the stars: **27** ('33) 375–91, 411–26. — The new telescope mirrors: **28** ('34) 63–66. — The absorption bands in the spectra of the outer planets: **29** ('35) 51–53. — The newer telescopes: 231–37.

Monthly Notices roy. astron. Soc. Notes on the constitution of the stars. Addendum: **92** ('32) 147. — Note on Milne's theory of stellar structure: 831–36. — A rapid method for determining visual binary orbits: **93** ('33) 599–602. — The analysis of spectra and its applications in astronomy: **95** ('35) 610–36. —

Planetary atmospheres, 2: Spectroscopic observations [6][17]: **96** ('36) 381–84. — Polytropic index and photospheric conditions: **97** ('36/37) 127–32. — Fitting atmospheres to stars: **98** ('37/38) 199–202. — A. R. Hinks, 1873–1945: **106** ('46) 30f.

Nature [London] The atmospheres of the planets: **135** ('35) 219–26. — The cosmical abundance of the elements: **148** ('41) 647–49.

Nordisk astron. Tidsskr. Die Atmosphären der Planeten: **17** ('36) 43–51, 85–93 [dän.].

Observatory Sir Arthur Eddington†: **66** ('45) Nr. 824, S. 12.

Physical Rev. Perturbed series in line spectra [16]: **39** ('32) 415–34. — Series lines of magnesium in the solar spectrum [3][14]: **46** ('34) 826f. — The spectrum and ionization potential of radium: 989f. — The arc spectrum of europium [7]: 1023f. — The third spectrum of cerium (Ce III) [8][10]: **52** ('37) 456–66. — The arc spectrum of cobalt [8][14]: **58** ('40) 407–36. — The spark spectrum of europium (Eu II) [2][5]: **60** ('41) 641–56. — Configurations of the low terms of titanium (Ti II): **74** ('48) 689f.

Popular Astron. R. S. Dugan, 1878–1940: **48** ('40) 466–69. — The determination of the elements of binary stars: **54** ('46) 162–76.

Princeton Alumni Weekly A natural scientist evaluates intellectual freedom: **39** ('39) 479–.

Proc. amer. philos. Soc. Stellar energy: **81** ('39) 295–307. — America's role in the development of astronomy: **91** ('47) 10–16.

Proc. math. and physic. Soc. Egypt Spectra in the laboratory and the stars: **4** ('53) Nr. 4, 53–72.

Proc. nation. Acad. Sci. USA Remarks in symposium on climatic cycles: **19** ('33) 387f. — The terrestrial abundance of the permanent gases [13]: 997–1001. — Magellanic Clouds, 13: Comparison of Magellanic and galactic eclipsing variables: **40** ('54) 549f.

Publ., Amer. astron. Soc. Opacity in stellar atmospheres: **7** ('32) 99f. — The place of approximate methods in astronomy: **9**.1936/39 ('39) 108–14. — Neutral barium in the sun [14]: **10**.1940/42 ('46) 64.

Publ. astron. Soc. Pacific Note on the motion of masses of gas seen near Nova Herculis: **48** ('36) 29–32. — Neutral barium in the sun [14]: **52** ('40) 373–75. — Physical characteristics of stellar companions of small mass: **55** ('43) 79–86. — The orbit of 70 Ophiuchi: 104–06. — On the distribution of absolute magnitude in populations I and II: **60** ('48) 202–04.

Religion in Life Paramount and absolute obligations: **1943**, Sommer-Ausgabe.

Říše Hvězd Die chemische Untersuchung der Sonne: **19** ('38) 81–85 [tschech.].

Science [USA] The constitution of the stars (Maiben lecture): **77** ('33) 65–79. — The attraction of spheres: 412. — The atmospheres of the planets: **81** ('35) 1–9. — The time-scale of the universe (James Arthur lecture): **92** ('40) 19–27. — Raymond Smith Dugan†: 231. — The cosmical abundance of the elements: **94** ('41) 375–81. — Determinism and responsibility: **97** ('43) 249–53. — Frank Schlesinger†: **98** ('43) 123–25. — Sir Arthur Eddington†: **101** ('45) 215f.

Scientific American The McDonald Observatory: **161** ('39) 78f. — A remarkable triple star: 146f. — Our galaxy remeasured: 208f. — Eclipsing binaries: 274f. — Dust clouds of space: **162** ('40) 12f. — Algol's eclipses: 86f. — A famous theory weakens: 140f. — Stars that have chemistries: 208f. — Even the earth errs: 272f. — What causes magnetic storms?: 332f. — RW Tauri: **167** ('42) 16f.

Scientific Monthly The master key of science (Revealing the universe through the spectroscope): **34** ('32) 487–91. — The present state of the theory of stellar evolution: **55** ('42) 233–38.

Sewanee Rev. The borders of the humanities: **52** ('44) 203–09.

Sky The time-scale of the universe: **4** ('40) Nr. 10, 11–13, 22.

Trans. amer. philos. Soc. The arc spectrum of iron (Fe I), 1: Analysis of the spectrum [14][4]: **34** II ('44) 111–79.

Trans. int. astron. Union Emission lines in astronomical spectra: **6** ('38) 427–.

Universo [México] Estado actual de la teoría de la evolución estelar: **48** ('50) Nr. 12, 7f.

Yearb., Amer. philos. Soc. Raymond Smith Dugan†: **1940**, 419f. — Frank Schlesinger (1871–1943): **1943**, 422–27.

Mit: [1] —; [2] W. Albertson; [3] H. D. Babcock; [4] M. A. Catalán; [5] D. N. Davis; [6] P. Dunham, jr.; [7] A. S. King; [8] R. B. King; [9] —; [10] R. J. Lang; [11] —; [12] W. F. Meggers; [13] D. H. Menzel; [14] C. E. Moore; [15] C. H. Payne-Gaposchkin; [16] A. G. Shenstone; [17] R. Wildt.

VI **RUSSELL,** Sir Edward John. Landwirtsch. — 1912–43 Dir. of Rothamsted Experimental Station and '28–43 Dir. of the Imperial Bureau of Soil Science, Harpenden, Hertfordshire; '16, '24, '31 Pres. of Section M, '49 Pres., British Assoc. for the Advancem. of Sci.; '30–35 Pres., Int. Soc. of Soil Sci.; '38–60 Pres., Le Play Soc., London; '41–42 Vice-Pres., Roy. Soc.; '41–44 Vice-Pres., Roy. Soc. of Arts; '43 Vice-

Pres., Roy. Geographical Soc.; '49–64 Vice-Pres., Roy. Agricultural Soc. — Further hon. degrees: '49 Hon.D.Sc. (Univ. of Durham); '49 Dr.h.c. (Univ. Wien); '51 Hon.D.Sc. (Univ. of Reading). — '18 Officer of the Order of the Brit. Empire; '37 Kissenjoy Mookerjee Medal (Indian Assoc. for the Cultivat. of Sci.); '42 Messel Gold Medal (Soc. of Chemical Ind.); '43 Albert Gold Medal, '51 Gold Medal and Prize (Roy. Soc. of Arts); '54 Gold Medal (Roy. Agricultural Soc.); '55 Victoria Medal (Roy. Geogr. Soc.); '61 Commandeur de l'Ordre de Mérite Agricole (Acad. d'Agriculture, Paris).

*1872, Okt. 31, Frampton, Gloucestershire;

†1965, Juli 12, Goring on Thames, Oxfordshire.

Zur Biogr. Nature [London] **150** ('42) 732; **162** ('48) 444 f.

Zum 90. Geb.tag *A. G. Norman, Sir E. John Russell and the call of the land: Soil Sci. **94** ('62) 200–03 (m. Bildn.).

Nekr. *F. C. Bawden, Nature [London] **207** ('65) 1031 f. — *A. R. Prévot, C. R. hebd. Séances Acad. Sci., Paris **261** ('65) 2999–3001. — *L. D. Stamp, Geographical J. **131** ('66) 581. — *H. G. Thornton, Biographical Mem. Fellows roy. Soc. **12** ('66) 457–77 (m. Bildn., Faks., Schr.verz.). — *J. Tréfouël, C. R. hebd. Séances Acad. Sci., Paris **261** ('65) 5254 f. — Soil Sci. **100** ('65) 301.

Autobiogr. The land called me. An autobiography (London '56) 6+286 S.

H. The Rothamsted monographs on agricultural science (London–NewYork '21 [?] ff.). — Agriculture: to-day and to-morrow (London '45).

MH. Library catalogue of printed books and pamphlets on agriculture, 1471–1840 [2](Aberdeen '40) (Rothamsted Experimental Station). — Hunger, can it be averted? (London '61) (British Association for the Advancement of Science).

S. Problems of potato growing. Conference at the Rothamsted Experimental Station, Harpenden, 1934 (Harpenden '34) (Rothamsted conferences, 16) 5–8: Foreword. — Modern changes in the treatment of light soils. Conference ~, 1934 (Harpenden '34) (~ 17) 5–8: Foreword. — Brood diseases of bees. Conference ~, 1934 (Harpenden '34) (~ 18) 5–7: Foreword. — The use of electricity in agriculture. Conference ~, 1936 (Harpenden '36) (~ 21) 5–7: Foreword. — Proc. World's grain exhibition and conference, Regina, Can., 1933, **2** (Ottawa '35): The Rothamsted experiments on the growth of wheat 1843–1933: Ninety years of continuous wheat on one field (21 S.). — Proc. 6[de] Internationaal botanisch congres, Amsterdam 1935 (M. J. Sirks) **2** (Leiden '35) 1–3: Interactions between roots and soils; the growing plant: its action on the soil and on its neighbours. — Trans. 3rd International congress of soil science, Oxford 1935, **2** (London '35) 1–10: The place of soil science in agriculture (Presidential address). — Farming handbook (London–Norwich '42–45): [Mitarbeit]. — Palestines economic future, a review of progress and prospects (J. B. Hobman) (London '46) 116–29: Agriculture in Palestine. — International conference [on] Some crop protection problems in world agriculture, Fernhurst Research Station, near Haslemere, Surrey, 1951 (London '52): Wastage of food supplies through pests and diseases. — The Oxford region; a scientific and historical survey (A. F. Martin, R. W. Steel) (London '54): Agriculture. — Encyclopaedia Britannica; a new survey of universal knowledge **1** (Chicago, Ill.–London–Toronto '57) 357–62: Agriculture, 1: Historical background and general survey, A: Great Britain; 419–23: ~ 12: Agricultural research, A: World survey; **7** ('57) 572 f.: Drainage of land [General]; **18** ('57) 782: Pusa; **19** ('57) 571 f.: Rothamsted Experimental Station.

W. Artificial fertilizers in modern agriculture (London '31) 8+210 S. (Ministry of Agriculture and Fisheries, Bull. 28); [2]('33) 8+210 S.; 3. Aufl. u. d. T.: Fertilizers in modern agriculture ('39) 10+230 S. — Soil conditions and plant growth [6](London–NewYork '32) 8+636 S.; [7]('37) 8+655 S.; (E. W. Russell) [8]('50) 16+635 S., Neudruck: ('52), [9]('61) 16+688 S., [10]('73) 849 S.; deutsch: Boden und Pflanze (K. W. Müller) (Dresden–Leipzig '36) 13+446 S. — The rural school in the modern world (London '32) 15 S. (National Union of Teachers). — Since Gilbert White – two centuries of change (London '32) 22 S. (Gilbert White Fellowship, Pamphlet 7). — The farm and the nation (London '33) 5+240 S. — La transition d'un art à une science; l'étude de la culture agricole (Lisboa '35) 35 S. (Academia das Ciências de Lisboa. Biblioteca de altos estudos.). — Fifty years of field experiments at the Woburn Experimental Station (m. J. A. Voelcker) (London–NewYork '36) 17+392 S. — Methods in scientific research (Calcutta '37) 24 S. (The Indian Association for the Cultivation of Science, Spec. publ. 3). — Report on the work of the Imperial Council of Agricultural Research in applying science to crop production in India (Delhi '37) 4+235 S.; Neuaufl.: ('39) 4+265 S. — Rothamsted field experiments on the growth of wheat (m. D. J. Watson) (Harpenden '40) 163 S. (Imperial Bureau of Soil Science, Technical communication 40). — A student's book on soils and manures [3](Cambridge '40) 8+296 S.; Neudrucke: ('43), ('45); [4]('51) 8+298 S. — Britain's food in wartime (London

'41) 32 S. (Oxford pamphlets on world affairs, 52). — English farming (London '41) 1+47 S. (Britain in pictures); Neuaufl.: ('43). — British agricultural research: Rothamsted (London–NewYork '42) 32 S. (Science in Britain), Neuaufl.: ('46) 31 S.; span.: Investigación británica en agricultura: Rothamsted (London–NewYork '42) 2+36 S. (La ciencia en la Gran Bretaña); portugies.: Pesquiza agrícola britânica: Rothamsted (London–NewYork '42) 2+36 S. (A ciência na Grã Bretanha). — Farming in Britain (London '44) 46 S.; in Africaans: Boerderij in Brittanje (Pretoria '44) 45 S.; portugies.: A agricultura em Inglaterra (Lisboa '45) 2 + 44 S. — Food and people (m. A. L. Huxley) (London '49) 28 S. (Current affairs, 77). — Wye College fellowship lecture: Agricultural research in the twentieth century (Wye, Kent '49) (Wye College, Occasional publications, 1). — The A. D. Hall memorial lecture: The contribution of Sir A. Daniel Hall to the development of agricultural science (Wye, Kent '54) 20 S. (~6). — Lessons on soil [2](Cambridge '50) 19+133 S. — Food resources in the modern world (Nottingham '50) 19 S. (Montague Burton international relations lecture, 1949/50, 15). — World population and food production (Birmingham '52) 28 S. (Birmingham and Midland Institute). — World population and world food supplies (London '54, NewYork '55) 513 S.; [2]('56); [3]('76) 513 S.; auch japan. — Science and modern life (London '55) 101 S. (The Beckly lectures for 1955); (Freeport, N.Y. '71) 101 S. — The world of the soil (NewYork–London '57) 14+237 S. (The new naturalist, 35), [2]('59), [3]('63), [4]('67) 14+237 S.; andere Ausgabe: ('61) 24+285 S. (Fontana library, 602L). — A history of agricultural science in Great Britain, 1620–1954 (London '66) 493 S.

Advancement Sci. World population and world food supplies (Presidential address): **6** ('49) 173–83. — Food production for the expanding world population: **18** ('61) 427–35.

Agricultural History Rothamsted and its Experiment Station: **11** ('42) 168–83.

Agriculture [London] Composts: **46** ('39/40) 751–58. — Fear of world hunger: **56** ('49/50) 194–96. — Weeds: The ancient enemy: **65** ('58/59) 5–8. — Sixty years of Saxmundham: **66** ('59/60) 375–78.

Analyst The first Bernard Dyer memorial lecture: **75** ('50) 240–51.

Annals agron. Les rapports de Bureaux impériaux de l'Empire britannique avec les travaux des Départements d'Agriculture d'outre-mer: (N.S.) **8** ('38) 149–57.

Annals appl. Biol. The changing problems of applied biology: **42** ('55) 8–21.

Annual Rep. Board Regents Smithsonian Instn. The soil as a habitat for life: **1962** ('63) 449–56.

Biographical Mem. Fellows roy. Soc. Reginald George Stapledon, 1882–1960: **7** ('61) 249–70.

Bodenkunde und Pflanzenernähr. Die Reaktion der Ernten auf die Handelsdünger in England: **9/10** ('38) 166–79.

British agric. Bull. British agricultural research stations: Rothamsted and its work: **2** ('49) 429–36.

British Sugar Beet Rev. Sugar beet manurial experiments: results of the Rothamsted Station's work: **12** ('38) 109f.

Chemistry and Industry Applications of chemistry in modern agriculture: **13** ('35) 325–27. — The trend of progress in crop production: **17** ('39) 644–48. — The chemist in modern agriculture: **19** ('41) 675–80. — Chemistry and agricultural reconstruction: **20** ('42) 319–24.

Courrier I.M.C. Zur Erneuerung der Landwirtschaft durch die Wissenschaft: **4** ('32) Aug.-Nr., S. 4–[].

Empire J. exper. Agric. The Rothamsted field experiments on barley, 1852–1937, 1: The older Rothamsted experiments [4]): **6** ('38) 268–92; ~ 2: Effects of phosphatic and potassic fertilizers; deterioration under continuous cropping [4]): 293–314; ~ 3: The composition and quality of the barley grain [4]): **7** ('39) 193–220. — Rothamsted experiments on the manuring of potatoes, 1: Effects of nitrogenous, phosphatic and potassic manuring [2]): **9** ('41) 195–215; ~ 2: Effects of inorganic and organic manures on the yield of potatoes [2]): 217–26; ~ 3: Effect of fertilizers on the habit of growth and other characters of potatoes [2]): 227–35. — Rothamsted experiments on mangolds, 1872–1940, 1: Effect of manures on yield of roots [4]): **11** ('43) 49–64; ~2: Effect of manures on the growth of the plant [4]): 65–77; ~ 3: Causes of variation of yield [4]): **13** ('45) 61–79.

Englische Rdsch. Forschung im Dienste der Saatzucht: **4** ('54) Nr. 4, S. 58–.

Geographical J. Agricultural colonization in the Pontine Marshes and Libya: **94** ('39) 273–89 (Diskussion: 289–92). — Reconstruction and development in eastern Poland, 1930–1939: **98** ('41) 273–91.

Geographical Rev. Small farmers and peasants of Europe before and after the war: **35** ('45) 1–11.

Geography India's peoples and their food: **37** ('52) 125–41.

Hibbert J. Modern conflicts of practice and ideals (Hibbert lecture): **1936**, Juli-Nr., 1–17.

International Affairs [London] Asia's food problems and their impact on the western countries: **26** ('50) 316–28. — Food production problems in India: **28** ('52) 15–28.

Bitte Anmerkung auf Seite 4201 beachten!

J. chem. Soc., London Chemical problems in crop production: **1935**, 48–53. — Edward Mortimer Crowther, 1897–1954: **1954**, 3255f. — Harold Augustine Tempany, 1881–1955: **1956**, 1090–92.

J. Inst. Brewing The Institute of Brewing research scheme, 1: Investigations on barley; report on the ten years of experiments under the Institute of Brewing research scheme, 1922–31 [1]): **39** ('33) Nr. 7, Suppl., 287–421. — Volumenometer methods, 1: Density of barley and malt [3]): **55** ('49) 110–12.

J. roy. agric. Soc. England Soils and manures; the farmer's guide to agricultural research in 1931: **93** ('32) 48 S.; ~1932: **94** ('33) 359–96; Soils and fertilizers; the farmer's guide to agricultural research in 1933: **95** ('34) 341–94; ~ 1934: **96** ('35) 344–82; ~ 1935: **97** ('36) 327–79; ~ 1936: **98** ('37) 391–438; ~ 1937: **99** ('38) 323–79. — Agriculture in Europe after the war: **104** ('43) 151–64.

Landwirtschaftliche Jahrbücher Fünfzig Jahre Dauerfeldversuche in der Versuchsstation Woburn, einer Abteilung der Versuchsstation in Rothamsted: **84** ('37) 161–261.

Merkur Der Kampf um die Ernährung. Eine Diskussion mit Aldous Huxley: **3** ('49) 898–907.

Mezőgazdasági Kutatások The Rothamsted experiments on the growth of wheat 1843–1933. Ninety years of continuous wheat on one field: **6** ('33) Spec. Nr., 522–43 [].

Nature [London] An agricultural pamphlet: **129** ('32) 133. — K. K. Gedroiz†: **130** ('32) 729. — Sven Odén†: **133** ('34) 438f. — Prof. Georg Wiegner†: **137** ('36) 895. — Science in India: **141** ('38) 295. — Social relations of science: 735f. — E. H. Richards†: **143** ('39) 968f. — A. A. J. de 'Sigmond†: **144** ('39) 856. — Food from gardens and allotments: **145** ('40) 11–13. — V. R. Williams†: 18. — Jan Włodek† and Adam Różański†: 695. — Planned wheat production: 843–46. — C. H. Turnor†: **146** ('40) 359f. — Farming without soil: 448f. — Food production in Great Britain and in Western Europe: 702–05. — D. Ward Cutler†: **147** ('41) 200. — Edmond Leplae†: 738f. — Crop damage by air attack: **148** ('41) 215–17. — Agriculture after the war: **149** ('42) 12–14. — Russian for scientific workers: 502. — Russian-English technical dictionary: **150** ('42) 58. — Daniel Hall†: 114f. — The impact of science on agriculture: 311–13. — Restarting agriculture in devastated Europe: **151** ('43) 433–38. — Agricultural developments in the U.S.S.R.: **152** ('43) 525f. — Crop production in nutrient solutions: **155** ('45) 99f. — Sir Albert Howard†: **160** ('47) 741f. — World population and world food supplies: **164** ('49) 379–87. — Henry Herbert Cousins†: **165** ('50) 97f. — G. W. Robinson†: 915f. — Sir Richard Gregory†: **170** ('52) 521f. — J. Henderson Smith†: **171** ('53) 16f. — Winifred Brenchley†: **172** ('53) 936. — The Indian Agricultural Research Institute: **175** ('55) 619f. — C. S. Orwin†: **176** ('55) 237. — Viscount Bledisloe of Lydney†: **182** ('58) 153f.

Obituary Notices Fellows roy. Soc. London Alfred Daniel Hall: **4** ('42/44) 229–45. — Thomas Hudson Middleton: 555–69. — Gilbert Wooding Robinson: **7** ('51) 475–91.

Proc. nation. Acad. Sci., India Address at the sixth annual meeting of the National Academy of Sciences, India, Allahabad: **6** ('36) (90)–(97).

Proc. roy. Instn. Great Britain The future of British agriculture: **28**.1933/35 ('35) 587–614.

Revista Agric., Industria y Comercio Puerto Rico Effects of artificial fertilizers on the quality of farm products: **32** ('40) 156–58.

Rothamsted Mem. agric. Sci. Books and the farmer (Address delivered at the 10th Annual conference of the Association of Special Libraries and Information Bureaux at Wills Hall, Bristol): **18** ('33 [?]) 16 S.

Scientia La transition d'un art à une science: Empirisme et recherche scientifique en agriculture: **54** ('33) 191–97.

Scientific J. roy. College Sci. Modern applications of chemistry in agriculture: **2** ('32) 47–57.

Scottish J. Agric. Organic and inorganic fertilizers: **22** ('39) 319–31. — Agriculture in European Russia: **24** ('42) 1–11 [?].

Slavonic and east european Rev. The farming problem in Russia: How it is being met: **16** ('37/38) 320–40. — Sir John Maynard and his studies of the Russian peasant: **24** ('46) 58–63.

Soil Sci. Jacob G. Lipman and soil science: **40** ('35) 3–9. — The rebirth of soil science in Great Britain: **94** ('62) 204–13.

Statist [London] Wastage of world food supplies through diseases and pests: **154** ('51) Nr. 3850, Suppl., 18–24.

World Crops Weed control, a record of striking progress: **9** ('57) 66–70.

Ferner ein Beitrag zur 21st Annual conference of the British Institute of Adult Education, 1947: "The individual in contemporary society: contribution of science".

Mit: [1]) L. R. Bishop; [2]) H. V. Garner; [3]) G. Hagues; [4]) D. J. Watson.

VI **RUSSELL,** Richard Joel. Geogr. (physikal.), Geol. — 1928–30 Assoc. Prof., '30–71 Prof., '36–49 Head of Departm. of Physical Geogr., '44–49 Assist. Dir. of School of Geol., '49–63 Dean of Graduate

Bitte Anmerkung auf Seite 4201 beachten!

School, '53–66 Dir. of Coastal Studies Inst., Louisiana State Univ. and Agricultural and Mechanical College, Baton Rouge, La.; '35– Collaborator, Soil Conservation Service, U.S. Departm. of Agric.; '35–42 Geologist, Louisiana Geol. Survey; '52–54 Vice-Chairman of Divis. of Geol. and Geogr., '54–55 Chairman of Earth Sci. Divis., Nation. Research Council; '48 Pres., Assoc. of Amer. Geographers; '57 Pres., Geol. Soc. of America. — '37 W. W. Atwood Award (Assoc. of Amer. Geographers); '61 Vega Medal (Svenska Selsk. för Antropol. och Geogr.); '62 George Cullum Medal (Amer. Geogr. Soc.).

*1895, Nov. 16, Hayward, Cal.;
†1971, Sept. 17.

H. Guides to southeastern geology; prepared for the 1955 annual meeting of the Geological Society of America and associated societies (New York '55); darin eig. Beitr.: 301–06: Notes on loess in Mississippi and along U.S. 61 below Vicksburg. — Coastal geography conference 1959 (Washington, D.C. '61). — Pacific island terraces: eustatic? a symposium [at] 10th Pacific science congress, Honolulu 1961 (Berlin-Nikolassee '61) (Annals of geomorphology, Suppl. 3). — Louisiana coastal marsh ecology (Baton Rouge, La. '61) (Louisiana State University, Coastal Studies Institute, Technical report 14).

S. Reports on the geology of Cameron and Vermilion parishes (New Orleans, La. '35) (State of Louisiana, Department of Conservation, Geological bulletin 6) 1–72: Physiography of coastal southwest Louisiana [9][10]. — Lower Mississippi river delta. Reports on the geology of Plaquemines and St. Bernard parishes (New Orleans, La. '36) (~ 8) 3–199: Physiography of lower Mississippi river delta; 297–320: Bibliography [5]. — Reports on the geology of Iberville and Ascension parishes (New Orleans, La. '38) (~ 13) 3–86: Physiography of Iberville and Ascension parishes. — Rep. 16th International geological congress, Washington, D.C., 1933 (Washington, D.C. '36) 753–63: The desert-rainfall factor in denudation. — Suggestions concerning desirable lines of research in the field of geology and geography (E. S. Bastin, C. O. Dunbar, R. S. Platt) (Washington, D.C. '36) (National Research Council, Division of Geology and Geography) 48–50: Suggestions concerning desirable lines of research in geology and geography. — C.R. 15e Congrès international de géographie, Amsterdam 1938, **2** (Leiden '38) Travaux des sections A–F: 406–12: Quaternary surfaces in Louisiana. — Recent marine sediments; a symposium (P. D. Trask) (Tulsa, Okla. '39) 153–77: Mississippi river delta sedimentation [15]. — Proc. 7th General assembly of the International Association of Geodesy, Washington, D.C., 1939 (Washington, D.C. '42) 56–59: Isostatic effects of Mississippi river delta sedimentation [6]. — The pacific coast ranges (R. Peattie) (New York '46) 357–97: Climatic transitions and contrasts. — The Sierra Nevada: the range of light (R. Peattie) (New York '47) 323–40: Sierra climate. — Proc. 6th Plains archeological conference, Salt Lake City, Utah, 1948 (Salt Lake City, Utah '50) (University of Utah, Department of Anthropology, Anthropological papers, 11) 39–42: Some problems of pleistocene climate. — Rep. 18th International geological congress, London 1948, **9** (London '50) 94–96: The pliocene–pleistocene boundary in Louisiana. — Proc. 2nd Conference on coastal engineering, 1951 (Berkeley, Cal. '52) 101–11: Recent geology of coastal Louisiana. — C. R. 19e Congrès géologique international, Alger 1952, **4** (Alger '53) 110–18: Coastal advance and retreat in Louisiana. — Man's role in changing the face of the earth. International symposium, Chicago, Ill., 1955 (Chicago, Ill. '56) 453–70: Environmental change through forces independent of man. — Proc. Salt marsh conference, Marine Institute, Sapelo Island, Ga., 1958 (Athens, Ga. '59) 29–31: Alluvial morphology of Louisiana salt marshes. — Trans. 2nd Caribbean geological conference, Mayagüez, P. R., 1959 (Mayagüez, P. R. '60) 43–49: Preliminary notes on Caribbean beach rock. — United States, 86th Congress, 2nd Session 1960, House report **2226** (Washington, D.C. '60) 13–18: Research needs and possibilities in the field of geology. — Guide book: Field trip to peninsula of Yucatan 1962 (New Orleans Geological Society) (New Orleans, La. '62) 64–72: Beach rock: geological observations. — Rep. 6th International congress on Quaternary, Warsaw 1961, **4** (Łódź '64) 143–52: Mass-movement in contrasting latitudes. — Spacecraft in geographic research. Rep. of the Conference on the use of orbiting spacecraft in geographic research, Houston, Tex., 1965 (Washington, D.C. '66) (National Academy of Sciences – National Research Council, Publ. 1353) 39–47: Geomorphology and glaciology [7][12][13][16][17][19][20].

W. Topographical description of State forest units. The extent and variety of Louisiana hardwoods (Baton Rouge, La. '40) 22 S. (Louisiana, Department of Commerce and Industry, Research Division). — The Mississippi river (Baton Rouge, La. '44) 120 S. — Louisiana, our treasure ground (Baton Rouge, La. '51) 149 S. — Culture worlds (m. F. B. Kniffen) (New York '51) 18+620 S., Neudrucke: ('52), ('56); gekürzte Ausgabe: (m. F. B. Kniffen, E. L. Pruitt) ('61) 476 S., ('69) 15+557 S. — Can higher education survive? (- '53) 12 S. (Conference of Deans of Southern Graduate Schools, Publication 23). — Report on scientific research in Indonesia (Djakarta '60) 74 S. (Madjelis Ilmu Pengetahuan Indonesia = Bulletin of the Concil for Sciences of Indonesia, 2).

Bitte Anmerkung auf Seite 4201 beachten!

— Australian tidal flats (m. W. G. McIntire) (Baton Rouge, La. '66) 4 + 48 S. (Louisiana State University studies, Coastal studies ser., 13). — River and delta morphology (Baton Rouge, La. '67) 7+55 S. (~ 20). — Glossary of terms used in fluvial, deltaic, and coastal morphology and processes (Baton Rouge, La. '69) 3+97 S. (~ 23). — River plains and sea coasts (Berkeley, Cal.–Los Angeles, Cal. '67) 6+173 S. (The Hitchcock lectures 1965).

American J. Sci. Origin of loess. Reply: **242** ('44) 447–50.

American Scientist Instability of sea level: **45** ('57) 414–30.

Annals Assoc. amer. Geographers Geomorphology of the Rhone Delta: **32** ('42) 149–254. — Climates of Texas: **35** ('45) 37–52. — Geographical geomorphology (Presidential address): **39** ('49) 1–11. — Alluvial morphology of Anatolian rivers: **44** ('54) 363–91.

Boletim geogr. A geografia de Apos-Guerra: **4** ('46) 44–50.

Bull. amer. Assoc. Petroleum Geologists Climatology of Brown's hypothesis on origin of Gulf border salt deposits [3]): **20** ('36) 821–24. — Louisiana stream patterns: **23** ('39) 1199–227.

Bull. amer. meteorol. Soc. Zachary, Louisiana, tornado of March 31, 1933: **14** ('33) 126–31. — Hailstorm of April 20, 1933, Baton Rouge, Louisiana: 177f.

Bull. geol. Soc. America Alpine land forms of western United States: **44** ('33) 927–50. — Quaternary history of Louisiana: **51** ('40) 1199–234. — Lower Mississippi Valley loess: **55** ('44) 1–40. — Geological geomorphology (Presidential address): **69** ('58) 1–22. — Memorial to Harold Norman Fisk: **76** ('65) 53–58.

Bull. Soc. belge Géol., Paléontol. et Hydrol. Coast of Louisiana: **57** ('48) 380–94.

Eclogae geol. Helvetiae Long straight beaches: **51** ('58) 591–98.

Gear Theta Tau Impressions of the Soviet Union: **29** ('40) 22–27.

Geografiska Ann. Aspects of coastal morphology: **49A** ('67) 299–309.

Geographical Rev. Climatic years: **24** ('34) 92–103. — Marquesan meteorology: 670f. — Cheniers of southwestern Louisiana [9]): **25** ('35) 449–61. — Flotant: **32** ('42) 74–98. — The climate of the central North American grassland: **40** ('50) 493f. — Southern hemisphere beach rock [11]): **55** ('65) 17–45.

Geographische Z. Morphologie des Mississippideltas: **45** ('39) 281–93.

Bitte Anmerkung auf Seite 4201 beachten!

J. Geography [USA] Fixing the facts of climatic distribution: **32** ('33) 164–70. — Post-war geography: **44** ('45) [oder **45** ('46)?] 301–12.

Louisiana Conservat. Rev. Larto Lake, an old Mississippi river channel: **3** ('33) 18–21, 46. — Louisiana and the ice age: **8** ('39) 14–16, 18.

Monthly Weather Rev. Dust storm of April 12, 1934, at Baton Rouge, La. [15]): **62** ('34) 162f.

Oil [New Orleans] Modern channels of the Mississippi river: **1** ('41) 28–30, 44, 52.

Proc. Indiana Acad. Sci. Infrared spectroscopy of clay mineral systems [1])[8])[21]): **75** ('65) 247–55.

Proc. Louisiana Acad. Sci. Earthquakes: **2** ('35) 1–7.

Proc. nation. Acad. Sci. USA Duration of the Quaternary and its subdivisions: **52** ('64) 790–96.

Publ. amer. Assoc. Advancement Sci. Origins of estuaries: **83** ('67) 93–99.

Rep., Divis. Geol. and Geogr., Nation. Res. Council Suggestions on "Geographic classification of surface configuration": **1938**, Appendix N, 2–4.

Review geogr. Inst. Univ. Istanbul, Int. Edit. Alluvial morphology: Nr. **1** ('54) 3–24.

Science [USA] Significance of Baer's law: **75** ('32) 584f. — Beach rock investigations: **131** ('60) 1320. — Recent recession of tropical cliffy coasts: **139** ('63) 9–15.

Technical Rep., Coastal Studies Inst., Louisiana State Univ. Photointerpretation keys of selected coastal marshland features [14]): **1** ('52) 1–14. — Preliminary notes on Caribbean beach rock: **11A** ('58) 9 S. — Origin of beach rock: **11H** ('62) 22 S. — Recent recession of tropical cliffy coasts: **20A** ('64) 8 S. — Techniques of eustasy studies: **20B** ('64) 17 S. — — Ferner (z. B. **11D**, **20C**, . . .) Separata von Publikationen, die an anderen Stellen dieser Bibliographie zitiert werden.

Tijdschr. koninkl. nederl. aardrijkskund. Genootsch. Aspects of alluvial morphology: **74** ('57) 377–88. — Coral cap of Barbados: (2) **83** ('66) 298–302.

Trans. amer. geophysic. Union Suggestions concerning desirable lines of research in geology and geography: **1936**, spec. publ., 48–50. — Suggestions on "Geographic classification of surface configuration": **1938**, Appendix N: Report of Division on Geology and Geography, 2–4. — Freeze-and-thaw frequencies in the United States: **1943**, 125–33.

University California Publ. Geogr. Land forms of San Gorgonio Pass, Southern California: **6**, Nr. 2 ('32) 23–121.

Yearb. Agric. [Washington] Climatic change through the ages: **1941**, 67–97.

Z. Geomorphol. Caribbean beach rock observations: **3** ('59) 227–36. — Origin of beach rock: **6** ('62) 1–16. — Coastal studies: 351f. — Techniques of eustasy studies: **8** ('64) Sonderheft Mortensen, 25–42.

Mit: [1]) J. L. Ahlrichs; [2]) —; [3]) L. S. Brown; [4]) —; [5]) C. F. Dohm; [6]) H. N. Fisk; [7]) J. T. Hack; [8]) R. D. Harter; [9]) H. V. Howe; [10]) J. H. McGuirt; [11]) W. G. McIntire; [12]) J. R. Mackay; [13]) M. F. Meier; [14]) J. P. Morgan; [15]) R. D. Russell; [16]) R. P. Sharp; [17]) D. S. Simonett; [18]) —; [19]) J. H. Vann; [20]) H. J. Walker; [21]) R. A. Weismiller.

VI **RUTGERS,** Johannes George. Math., Mech. — 1914–50 Prof., Techn. Hochsch. Delft.
*1880, Mai 5, 's-Hertogenbosch;
†1956, Dez. 7, Voorburg.

Todesanzeige Jaarb. techn. Hogeschool Delft **1957**, 61.

W. Leerboek der beschrijvende meetkunde, **1**: De rechthoekige projectie, 1: Tot en met door platte vlakken begrensde lichamen (Groningen '33) 8+108 S.; [2]('48) 6+108 S.; **1**,2: De kegelsneden; Bol, cilinder en kegel met vlakke doorsneden en schaduwen ('33), [2]('48) 8 S.+S. 109–237; **1**,3: Doorsnijding van kegels, cilinders en bollen; Omwentelingsoppervlakken, ontwikkelbare en scheve regelvlakken met vlakke doorsneden en schaduwen; Onderlinge doorsnijdingen en met scheve kegels en cilinders ('35), [2]('50) 8 S.+S. 239–406; **2**: Projectiemethoden, 1: Scheve parallelprojectie; Axonometrie; Centrale projectie ('50) 8+162 S.; Auszug hieraus als Neudruck u. d. T.: Centrale projectie ('62), ('68) 50 S. — Beknopte analytische meetkunde, **A**: Het platte vlak; **B**: De ruimte [2](Groningen '38) 8+472 S.; [3]('43) 8+480 S.; [4]('46); [5]('49); [6]('53) 8+480 S. — Meetkunde der kegelsneden [2](Groningen '39) 6+189 S., [3]('46) 4+189 S. (Noordhoff's Verzameling van wiskundige werken, 9). — Inleiding tot de analytische meetkunde, **1**: Het platte vlak [3](Groningen '43) 16+366 S., [4]('47), [5]('52) 14+368 S. (~ 7).

Christiaan Huygens Die Zentralprojektion (Perspektive) eines Kegels, eines Zylinders und einer Kugel: **16** ('37/38) 82–100 [niederländ.].

Jaarb. techn. Hogeschool Delft Über den Oberschul- und den vorbereitenden Hochschulunterricht: **1934**, 3–27 [niederländ.].

Nieuw Tijdschr. Wiskunde Über die Anzahl kritischer Punkte eines Kegelschnittnetzes: **20** ('32/33) 327f. [niederländ.].

Proc., Koninkl. nederl. Akad. Wet. Sur des séries et des intégrales définies contenantes les fonctions de Bessel, 1: **44** ('41) 464–74; ~ 2: 636–47; ~ 3: 744–53; ~ 4: 840–51; ~ 5: 978–88; ~ 6: 1092–98. — Über Reihen und bestimmte Integrale, bei denen Bessel-Funktionen auftreten, 1: **45** ('42) 376–79 [niederländ.]; ~ 2: 484–89 [~]. — Extension d'une série des fonctions de Bessel, due à Lommel, et de quelques séries des fonctions de Bessel analogues, 1: 929–36; ~ 2: 987–93. — Verallgemeinerung einiger Identitäten, 1: **51** ('48) 868–73 [niederländ.]; ~ 2: 996–1004 [~].

Versl. gewone Vergad. Afd. Natuurkunde, Koninkl. nederl. Akad. Wet. Einige Identitäten: **52** ('43) 163–67 [niederländ. m. deutscher, engl. u. französ. Zusammenfassg.].

VI **RUTGERS,** Koene Willem. Math. — 1926–51 Dir., Höhere Bürgerschule Hilversum.
*1886, Sept. 30, Groningen;
†1953, Juni 21, Hilversum.

Zur Biogr. *C.L.R., Weekbl. A.V.M.O. **45** ('51/52) 345f.; Weekbl. Genootsch. Leraren nederl. Gymnasia en Lycea: **45** ('51/52) 345f.

Nekr. *C.L.R., Weekbl. A.V.M.O. **46** ('52/53) 884f.

W. Leerboek der werktuigkunde met opgaven ten dienste van het middelbaar onderwijs (m. N.R. Pekelharing Azn.) **1** [3](Groningen '32) 145 S., Antwoorden [3]('33) 15 S.; [4]('37) 146 S., Antwoorden [4]('37) 15 S.; Neuausgabe in 1 Band: ('38) 243 S., Antwoorden ('39) 20 S.; [2]('40); [3]('44) 246 S., Antwoorden [3]('44) 20 S.; [4]('46); [5]('47) 252 S., Antwoorden [5]('47) 20 S.; [6]('49), Antwoorden [6]('49); [7]('51) 253 S., Antwoorden [7]('51) 20 S.; [8]('55) 266 S., Antwoorden [8]('55) 22 S.; [9]('58) 268 S., Antwoorden [9]('59) 23 S.; [10]('60) 272 S. — Leerboek der algebra; met vraagstukken (m. N.R. Pekelharing Azn.) **1** [3](Zwolle '32) 76 S., Antwoorden [3]('32) 16 S.; [4]('40) 85 S., Antwoorden [4]('40) 16 S.; [5]('46) 80 S.; **2** [3]('33) 108 S., Antwoorden [3]('33) 19 S.; [4]('46) 108 S.; **3** [3]('36) 115 S., Antwoorden [3]('41) 16 S.; [4]('46) 112 S.; **4** [3]('39) 130 S., Antwoorden [3]('41) 16 S.; [4]('47) 130 S.

IV–VI **RUTHERFORD,** Ernest, 1st Baron Rutherford of Nelson. Physik (Atomphysik). — 1919–37 Cavendish Prof. and Dir. of Cavendish Labor., Univ. of Cambridge; '21–37 Prof. Natural Philos., Roy. Institution, London; '23 Pres., Brit. Assoc. for the Advancem. of Sci.; '25–30 Pres., Roy. Soc.; '31–33 Pres., Inst. of Physics, London. — Further hon. degrees: '32 Hon. D.Sc. (Univ. of London); '32 Hon. LL.D. (Univ. of Manchester); Hon. D.Sc. (Univ. of Leeds); Dr. h.c. (Københavns Univ.); Dr. h.c. (Univ. Göttingen). — '05 Rumford Medal, '22 Copley Medal (Roy. Soc.

London); '08 Nobel Prize for Chemistry; '08 Premio Bressa (R. Accad. Sci. di Torino); '10 Barnard Gold Medal (Columbia Univ., New York); '24 Franklin Medal (Franklin Inst., Philadelphia, Pa.); '25 Order of Merit (Great Britain); '28 Albert Medal (Roy. Soc. of Arts); '30 Faraday Medal (Inst. of Electrical Engineers).

*1871, Aug. 30, Spring Grove (→ Brightwater), near Nelson, New Zealand; †1937, Okt. 19, Cambridge.

Ehrungen Rutherford Grammar School, Newcastle-upon-Tyne. — Rutherford memorial lectures (Royal Society) 1952ff. (vgl. Proc. roy. Soc. London, Ser. A **217** ('53) 1–8, **224** ('54) 435–47, **226** ('54) 283–305 etc.). — Rutherford jubilee international conference on nuclear physics, Manchester 1961 (Proc. (J. B. Birks) (London '61, New York '62); vgl. auch: Nature [London] **192** ('61) 794–96). — Rutherford centennial symposium, University of Canterbury, Christchurch, N.Z., 1971 (Proc. u. d. T.: The structure of matter (B. G. Wybourne) (Christchurch, N.Z. '72).

Zur Biogr. *E. N. da C. Andrade, Rutherford and the nature of the atom (New York '64, London '65) 21+218 S. (m. Bildnissen u. Faksimiles). — *L. Badash, Nagaoka to Rutherford, 22 February 1911: Physics today **20** ('67) Nr. 4, 55–60. — *B. R. Balzer, Inside the atom: School Sci. and Math. **50** ('50) 708–12. — *P. M. S. Blackett, Yearb. physic. Soc., London **1955**, 13–22. — *N. Bohr, Rutherford – reminiscences of the founder of nuclear science and of some developments based on his work: Proc. physic. Soc. **78** ('61) 1083–115. — *C. L. Boltz, Ernest Rutherford (Genève '70) 11+375 S. (m. Bildn.). — *W. Braunbek, Das Experiment des Jahrhunderts: Kosmos [Stuttgart] **65** ('69) 229–31. — *W. Braunbek, *E. Fermi, *O. Hahn, 50 Jahre Atomphysik: ibid. **57** ('61) 73–76. — *M. de Broglie, Nature [London] **129** ('32) 665–69 (m. Bildn. u. Faks. nach S. 700). — *A. F. G. Cadenhead, Rutherford and the cradle of atomic energy: Canadian chem. Processing **39** ('55) Nr. 10, 34–36; Rutherford in Canada: Canadian Metals **18** ('55) 13f. (m. Bildn.). — *J. Cockcroft, Chemical Products and chem. News (N.S.) **14** ('51) 24; The brilliance of Lord Rutherford: Discovery **12** ('51) 57f.; Rutherford: life and work after the year 1919, with personal reminiscences of the Cambridge period: Proc. physic. Soc. **58** ('46) 625–33 (m. Bildnissen). — *H. H. Dale, Some personal memories of Lord Rutherford of Nelson (Nelson, N. Z. '50) 19 S. (Cawthron Institute of Scientific Research, Cawthron lectures, 25) (m. Bildn.); Rutherford and the atom: Spectator [London] **1950**, 607f. — *D. S. Danin, Rezerford [Rutherford] (Moskva '66) 619 S. (m. Bildnissen u. Faks.) (Žizn' zamečatel'nych ljudej, Ser. biografij, 18 (431)); Beginn in Montreal: Izobretatel' i Racionalizator **1966**, Nr. 6, 28–31, 39 [russ.]; Es ist komplizierter, als es den Anschein hat: Priroda [SSSR] **1972**, Nr. 4, 87–93 [russ.]; Znamja [Moskva] **1966**, Nr. 11, 164–92; Nr. 12, 179–201; Am Ende des Weges: Znanie – Sila **1967**, Nr. 2, 40–43 [russ.] (m. Bildn.). — *C. Darwin, Cinquant'anni fa Rutherford scopriva il nucleo atomico: Chimica e Industria **44** ('62) 98f. — *P. I. Dee, The Rutherford memorial: Nature [London] **166** ('50) 917–19. — *L. Engel, Father of the atomic age: Science Digest **35** [oder **36**?] ('54) 280–85. — *I. B. N. Evans, Man of power; the life story of Baron Rutherford of Nelson (London '39) 288 S. (m. Bildnissen); Neuaufl. u. d. T.: Rutherford of Nelson (Harmondsworth, Middlesex–NewYork '43) 8+232 S. (Pelican books, 110). — *A. S. Eve, Rutherford; being the life and letters of the Rt. Hon. Lord Rutherford (NewYork–Cambridge '39) 16+451 S. (m. Bildnissen); Neudruck: ('46). — *A. S. Eve, *J. Chadwick in: Great chemists (E. Farber) (New York '62) 1345–63. — *E. Farber, Nobel Prize winners in chemistry 1901–1950 (New York '53) 33–36 (m. Bildn.); ~ 1901–1961 ('63) (Life of science library, 41) 32–35 (m. Bildn.). — *N. Feather, Lord Rutherford (London–Glasgow '40) 8+195 S. (m. Bildnissen u. Faks.); Neuaufl.: (London '73) 11+195 S.; in: Nobel Prize winners (L. J. Ludovici) (London–Westpoint, Conn. '57) 189–215. — *M. J. S. Foster, Homage to Lord Rutherford: Canadian chem. Processing **39** ('55) Nr. 10, 39f. — *J. Francis, Rutherford and the atom; poetic portrayal of a scientific discovery: Nature [London] **199** ('63) 1028f. — *R. Grüneberg, Chemie in der Schule **7** ('60) 441f. — *H. Hartmann, Schöpfer des neuen Weltbildes (Bonn '52) 147–77 (m. Bildn.). — *P. M. Heimann, Rutherford, Nagaoka, and the nuclear atom: Annals Sci. **23** ('67) 299–303. — *E. J. Holmyard, British scientists (NewYork–London '51) 76f. — *M. Howorth, Pioneer research on the atom; Rutherford and Soddy in a glorious chapter of science; the life story of Frederick Soddy (London '58) 352 S. — *E. A. Hylleraas, Fysikkens Verden **6** ('44) zwischen S. 65 u. 74. — *P. L. Kapica, Žizn' dlja nauki: Lomonosov, Franklin, Rezerford, Lanževen [Ein Leben für die Wissenschaft: Lomonosov, Franklin, Rutherford, Langevin] (Moskva '65) 63 S. (Novoe v žizni, nauke, technike, 9 serija: Fizika, matematika, astronomija, 1); ungar. [Einzelausgabe]: A tudomány oltárán, 2: Rutherford (Budapest '66) 69 S.; Erinnerungen an Lord Rutherford: Československý Čas. Fysiku **20** ('70) 59–64, 181–85 [tschech.]; Erinnerungen an Rutherford: Fizikai Szemle **17** ('67) 65–73 [ungar.]; Recollections of Lord Rutherford: Nature [London] **210** ('66) 780–83; Meine Erinnerungen an Rutherford: Novyj Mir **42** ('66) Nr. 8, 205–15 [russ.]; Recollections of Lord Rutherford: Proc. roy. Soc. London, Ser. A **294** ('66) 123–37 (m. Bildnissen); Selected lectures of the Royal Society **1** (London '67) 119–33: Recollections

Bitte Anmerkung auf Seite 4201 beachten!

of Lord Rutherford. — *D. A. Keys, Rutherford and nuclear power: Nature [London] **197** ('63) 842f. — *M. J. Klein, Lord Rutherford and the origins of nuclear physics at Manchester: Scientific American **212** ('65) 129–34. — *A. N. Krivomazov, Priroda [SSSR] **63** ('74) Nr. 6, 104f. — *P. S. Kudrjavcev, Ž. vses. chim. Obšč. im. Mendeleeva **20** ('75) 620f. (m. Bildn.). — *E. Lehrburger [Pseudonym: *E. Larsen], Men who changed the world; stories of invention and discovery (London '52) 167–82. — *G. Leibfried, Sir Ernest Rutherford of Nelson, der Begründer der Atom- und Kernphysik, in: Forscher und Wissenschaftler im heutigen Europa (H. Schwerte, W. Spengler): Weltall und Erde (Oldenburg–Hamburg '55) (Gestalter unserer Zeit, 3) 63–70 (m. Bildn. vor S. 49). — *G. Lemaître, Acta Pontifica Acad. Sci. **13** ('50) 93–96. — *F. G. Mann, Lord Rutherford on the golf course (Cambridge '76) 5+33 S. (m. Bildn.). — *E. Marsden, Rutherford the man: New Zealand Sci. Rev. **9** ('51) 113f.; Rutherford memorial lecture (1948): Proc. physic. Soc., Sect. A **63** ('50) 305–22; Rutherford – his life and work, 1871–1937: Proc. roy. Soc. London, Ser. A **226** ('54) 283–305. — *R. McKown, Giant of the atom, Ernest Rutherford (New York '62) 191 S.; Rutherford (London '64) 176 S. (m. Bildn.). — *P. B. Moon, Ernest Rutherford and the atom (London '74) 96 S. (m. Bildn. u. Faks.) (Pioneers of science and discovery). — *M. L. Oliphant, Rutherford celebrations in Paris: Nature [London] **160** ('47) 806f.; The two Ernest [E. Rutherford and E. Lawrence], 1: Physics today **19** ('66) Nr. 9, 35–49; ~ 2: Nr. 10, 41–51; Rutherford and the modern world: Proc. physic. Soc. **59** ('47) 144–55; Rutherford: Recollections of the Cambridge days (Amsterdam–London–NewYork '72) 12+162 S. — *E. Pilgrim, Entdeckung der Elemente (Stuttgart '50) 358–60 (m. Bildn.). — *P. Pringle, 101 great lives (London '63) 212–14. — *S. R. Riedman, Men and women behind the atom (London–NewYork '58) 65–85 (m. Bildn.). — *H. R. Robinson, Rutherford: life and work to the year 1919: Nature [London] **150** ('42) 591–93; Life and work to the year 1919, with personal reminiscences of the Manchester period: Proc. physic. Soc. **55** ('43) 161–82. — *J. H. S. Rowland, Ernest Rutherford, atom pioneer (London '55, NewYork '57) 160 S. (m. Bildn.); Ernest Rutherford: master of the atom (London '64) 123 S. (m. Bildnissen). — *A. S. Russel, Lord Rutherford, Manchester 1907–19, a partial portrait: Proc. physic. Soc., Sect. A **64** ('51) 217–25. — *G. Stehr in: Biographien bedeutender Chemiker (K. Heinig) (Berlin '64) 189–94 (m. Bildn.). — *D. [A.] Stewart, Rutherford, and other poems (Sydney–London '62) 10+85 S.; daraus: Rutherford [Gedicht]: Quadrant Nr. **14** ('60) 30. — *W. F. G. Swann, Science [USA] **91** ('40) 46–48. — *H. Tizard, Rutherford memorial lecture: J. chem. Soc., London **1946**, 980–86; Notes and Rec., Roy. Soc. London **4** ('46) 103–08. — Canadian chem. Processing **39** ('55) Nr. 10, S. 33. — Endeavour **10** ('51) Nr. 37, S. 3. — Engineer [London] **190** ('50) 533. — Industritidn. Norden **83** ('55) 226f. — Nobel lectures, Chemistry, 1901–1921 (Amsterdam–London–NewYork '66) 125–28, 141–44. — The Nobel Prize winners and the Nobel Foundation 1901–1937 (Zürich '38) 126 (m. Bildn. S. 446). — Helmholtz und Rutherford: Physikalische Bl. **4** ('48) 21f. — Priroda [SSSR] **48** ('59) Nr. 3, S. 122–. — Rutherford, by those who knew him; being the collection of the first five Rutherford lectures of the Physical Society (London '54) 69 S. (m. Bildnissen u. Faksimiles). — South african industr. Chemist **5** ('51) März-Nr., S. 45. — Times educat. Suppl. **46** ('56) 458.

Bitte Anmerkung auf Seite 4201 beachten!

Nekr. *E. N. da C. Andrade, Science in Progr. **32** ('38) 417–19. — *L. d'Aquino, Rivista Fisica, Mat. e Sci. natur. (2) **12** ('37) 3–7. — *N. T. Bailew, Revue Métallurgie [Paris] **35** ('38) 37. — *A. Beckman, Kosmos [Stockholm] **15** ('37) 7–16. — *D. H. Black, Elektrisches Nachrichtenwesen **16** ('38) 210. — *W. Bragg, Proc. roy. Soc. London, Ser. A **163** ('37) 466f. — *Ju. B. Chariton, Priroda [SSSR] **1938**, Nr. 3, 148–54. — *A. H. Compton, Scientific Monthly **45** ('37) 567–69 (m. 2 Bildnissen S. 566). — *K. K. Darrow, The master of those who know: Review sci. Instruments (N.S.) **8** ('37) 455–57 (m. Bildn. u. Faks.). — *H. B. Dorgelo, Ingenieur ['s-Gravenhage] **52** ('37) A 420–. — *A. S. Eve, *J. Chadwick, Obituary Notices Fellows roy. Soc. London **2** ('38) 395–423 (m. Bildn. u. Faks.). — *A. S. Eve, Nature [London] **140** ('37) 746–48. — *J. Chadwick, ibid. 749–51. — *J. J. Thomson, ibid. 751f. — *W. H. Bragg, ibid. 752. — *N. Bohr, ibid. 752f., 1048f. — *F. Soddy, ibid. 753. — *E. N. da C. Andrade, ibid. 753f. — *F. E. Smith, ibid. 754. — *S. Meyer, ibid. 1047f. — *A. N. Shaw, ibid. 1048. — *G. Hevesy, ibid. 1049f. — *M. de Broglie, ibid. 1050f. — *J. Stark, ibid. 1051. — *O. Hahn, ibid. 1051f. — *E. Fermi, ibid. 1052. — *L. Wertenstein, ibid. 1052f. — *P. Kapica, ibid. 1053f. — *H. Fahlenbrach, Umschau Wiss. u. Techn. **41** ('37) 1040f. — *I. B. Fajnbojm, Fizika v Škole **1938**, Nr. 2, 13–26. — *C. M. Focken, Lord Rutherford of Nelson; a tribute to New Zealand's greatest scientist (Auckland, N.Z. '37) 19 S. — *H. Geiger, Forsch. u. Fortschr. **13** ('37) 431f. [auch in: Res. and Progr. [Berlin] **4** ('38) 50–53]; Nachr. Ges. Wiss. Göttingen, Jber. **1937/38**, 19–25; Nature [London] **141** ('38) 244; Naturwissenschaften **26** ('38) 161–64; Verh. dtsch. physik. Ges. (3) **18** ('37) 114–18; Strahlentherapie **61** ('38) 196–98. — *P. Gross, Kimya Annali **3** ('38) 320–. — *G. Guében, Revue Questions sci. (5) **3** ('38) 5–19. — *O. Hahn, Naturwissenschaften **25** ('37) 737f. (m. Bildn. u. Faks.). — *P. Harteck, Entwicklung der Atomphysik; Lord Rutherford of Nelson zum Gedächtnis: Angewandte Chem. **51** ('38) 1–3. — *P. L. Kapica, Sovremennye

Probl. Fiziko-Chim. i chim. Technol. **2** ('38) 3–20; Usp. Chim. **6** ('37) 1605–23; Usp. fizič. Nauk **19** ('38) 1–17 (m. 2 Bildnissen). — *E. Lahr, Monatsber., Ges. luxemburger Naturfreunde (N.F.) **31** ('37) 184–94. — *E. Leclainche, C. R. hebd. Séances Acad. Sci., Paris **205** ('37) 697–700, 1270f. — *O. Lodge, Philosophical Mag. and J. Sci. (7) **24** ('37) 1022–24. — *E. Marsden, New Zealand Railway Mag. **12** ('38) Nr. 10, 9–11; Nr. 11, 9–12; Trans. and Proc. roy. Soc. New Zealand **68** ('38) 4–16. — *B. N. Menšutkin, Vestn. Znanija **1937**, Nr. [?], 5 S. — *S. Meyer, Almanach Akad. Wiss. Wien **88** ('39) 251–62 (m. Bildn. u. Faks.). — *R. A. Millikan, Yearb., Amer. philos. Soc. **1938**, 366–68. — *H. N. Moxenes, Teknisk Ukebl. **84** ('37) 502f. — *J. N. Mukherjee, Yearb. roy. asiat. Soc. Bengal **5**.1938 ('39) 152–55. — *I. Ja. Pomerančuk, Chimija v Škole **1938**, Nr. 1, 91–95; Ėlektrosvjaz' **1938**, Nr. 1, 157–59. — *M. N. Saha, *D. S. Kothari, Science and Culture **3** ('37/38) 300–06. — *J. Schaper, Z. ges. Naturwiss. **3** ('37/38) 418–21. — *H. Schimank, Rundschau techn. Arb. **17** ('37) Nr. 46, S. 3–. — *A. N. Shaw, Trans. roy. Soc. Canada, Sect. III (3) **32** ('38) Proc., 93–100 (m. Bildn.). — *A. Šimek, Chemické Listy Vědu a Průmysl **31** ('37) 430f. (m. Bildn.). — *A. Sommerfeld, S.-Ber. bayer. Akad. Wiss. **1938**, 81. — *A. Stock, Ber. dtsch. chem. Ges. **70A** ('37) 164f. — *J. J. Thomson, Cambridge Rev. **59** ('37) 64–. — *H. T. Tizard, Chemical Age **40** ('39) 251f. — *H. Vigneron, Nature [Paris] **65** II ('37) 540–. — *W. Wahl, Finska Kemistsamfundets Medd. **47** ('38) 55–58. — American J. Sci. (5) **34** ('37) 482. — Annuario pontificia Accad. Sci. **1** ('36/37) 666–68 (m. Bildn., Faks., Schr.verz.-Auszug). — British J. Radiol. (N.S.) **10** ('37) 822f., 824f. — Buletinul Inst. român Energie **5** ('37) 859–. — Chemical Age **37** ('37) 329–. — Chemische Industrie, Gemeinschaftsausg. **60** ('37) 266f. — Engineering **144** ('37) 488–90. — Electrician **119** ('37) 461. — Elektrotechnische Z. **58** ('37) 1208. — J. roy. astron. Soc. Canada **31** ('37) 405f. — J. sci. Instruments **14** ('37) 357. — J. Washington Acad. Sci. **27** ('37) 539f. — Metallwirtsch., Metallwiss., Metalltechn. **16** ('37) 1136–. — Nature [London] **140** ('37) 717. — The funeral of Lord Rutherford: ibid. 754f.; Dominion tributes to Lord Rutherford: ibid. **141** ('38) 841f.; Lord Rutherford: his life and influence on chemistry: ibid. **143** ('39) 651f. — Nuovo Cimento **15** ('38) 463f. — Proc. indian Acad. Sci. **7** ('38) 357–59. — Proc. Instn. mech. Engr. **136** ('37) 413–. — Proc. nation. Inst. Sci. India **4** ('38) 117f. — Proc. physic. Soc. **50** ('38) 441–66 (m. Bildnissen). — Science [USA] (N.S.) **86** ('37) 437, 535. — Proc. roy. Soc. Edinburgh **57** ('37) 427–29. — Rundschau techn. Arb. **17** ('37) Nr. 44, S. 5–. — Schweizerische Bauzeitung **110** ('37) 312–. — Z. VDI **81** ('37) 1373.

Zum 85. Geb.tag *I. B. Fajnbojm, Fizika v Škole **1956**, Nr. 5, 92–95 (m. Bildn.).

Bitte Anmerkung auf Seite 4201 beachten!

Zum 20. Todestag *K. Werner, Mathematik u. Physik in der Schule **4** ('57) 534–37.

Zum 25. Todestag Das „Unteilbare" ist doch teilbar: Elektrotechnik [Würzburg] **44** ('62) 660–.

Zum 100. Geb.tag Gedenkheft: Notes and Rec., Roy. Soc. London **27** ('72) 1–94; darin S. 1–3: Editorial; 5: Rutherford centenary celebrations; 7–23: *M. Oliphant, Some personal recollections of Rutherford, the man; 25–44: *H. Massey, Nuclear physics today and in Rutherford's days; 45–55: *N. Feather, Rutherford - Faraday - Newton; 57–59: *P. M. S. Blackett, Rutherford; 61–63: *W. B. Lewis, Some recollections and reflections on Rutherford; 65f.: *N. Mott, Rutherford and theory; 67–74: *P. P. O'Shea, Ernest Rutherford, his honours and distinctions; 75–94: *J. B. Adams, Four generations of nuclear physicists. — *T. E. A[llibone], Reminiscences of Rutherford: Nature [London] **233** ('71) 167f. — *Ju. M. Cipenjuk, Vestn. Akad. Nauk SSSR **1971**, Nr. 12, 89–92. — *E. Efimov, Nauka i Religija **1971**, Nr. 8, 92–94. — *A. F. Raeva, Fizika v Škole **1971**, Nr. 4, 8–10 (m. Bildn.). — Rezerford – učenyj i učitel'. K 100-letiju so dnja roždenija [Rutherford, Gelehrter und Lehrer. Zum 100. Geburtstag] (P. L. Kapica) (Moskva '73) 211 S. — Endeavour **30** ('71) 54. — Nature [London] **234** ('71) 5 (m. Bildn.). — Priroda [SSSR] **1971**, Nr. 8, 85–87 (m. Bildn.).

Zur Biobibliogr. Rutherford at Manchester (J. B. Birks) (London '62, New York '63) 10+364 S. (m. Bildnissen u. Faks.); darin: Ansprachen, Rutherford-Gedenkvorlesungen, Briefwechsel zwischen Rutherford und Sir Arthur Schuster, Wiedergabe einiger Aufsätze Rutherfords; S. 316–33: Schr.verz.

Zur Bibliogr. Ėrnest Rezerford i problemy jadernoj fiziki. Rekomendatel'nyj ukazatel' literatury k 100-letiju so dnja roždenija [Ernest Rutherford und die Kernphysik. Eine Liste empfehlenswerter Literatur anläßlich des 100. Geburtstages] (K. A. Frolov) (Moskva '71) 21 S. (Vsesojuznoe obščestvo "Znanie", V pomošč' lektory, Central'naja politechničeskaja biblioteka).

Schriftenverzeichnis *C. M. Focken, Trans. and Proc. roy. Soc. New Zealand **68** ('38) 17–25.

Briefe *M. I. Radovskij, Zwei Briefe Ernest Rutherfords: Priroda [SSSR] **1961**, Nr. 7, 93–95 [].

Briefwechsel E. Rutherford, B. B. Boltwood, Letters on radioactivity (L. Badash) (New Haven, Conn. '69) 22+378 S. (m. Bildn.) (Yale studies in the history of science and medicine, 4).

Teilsammlung The collected papers of Lord Rutherford of Nelson (J. Chadwick) **1**: New Zealand, Cambridge, Montreal (1894–1906) (London '62) 931 S. (m. Bildnissen u. Faks.); **2**: Manchester ('63) 3+591 S. (~); **3**: Cambridge ('65) 428 S. (~). —

Izbrannye naučnye trudy. Radioaktivnost' [Ausgewählte wissenschaftliche Arbeiten. Radioaktivität] (G. N. Flerov, Ju. M. Cipenjuk) (Moskva '71) 431 S. (m. Bildn.).

S. Kelvin Medal, 1932. Report of the proceedings at the presentation (London '32) 8–12: Presentation address to the Marchese Marconi. — Papers and discussions. International conference on physics, London and Cambridge 1934, **1**: Nuclear physics (London '35) 4–16, 162: Opening survey on disintegration and synthesis of nuclei and elementary particles. — Trudy Jubilejnogo Mendeleevskogo s-ezda [Arbeiten der Mendeleev-Jubiläums-Sitzung], Leningrad 1934, **2** (Moskva–Leningrad '37) 329–40 [engl.], 341–53 [russ.]: Periodic law and its interpretation. — X-rays and the electric conductivity of gases (Edinburgh '58) (Alembic Club reprints, 22) 48–70: On the passage of electricity through gases exposed to Röntgen rays [10]). — Encyclopaedia Britannica; a new survey of universal knowledge **18** (Chicago, Ill.–London–Toronto ... '65) 896F–902: Radioactivity, Natural [2])[3]) [auch in früheren Auflagen]. — Nobel lectures, Chemistry, 1901–21 (Amsterdam–London–NewYork '66) 129–40: The chemical nature of the alpha particles from radioactive substances.

W. The artificial transmutation of the elements; being the 35th Robert Boyle lecture, delivered before the Oxford University Scientific Juvenile Club, 1933 (London '33) 12 S. — The transmutation of the atom (London '33) 28 S. (Broadcast national lectures, 13). — The transformation of energy (Greenock '36) 16 S. (Papers of the Greenock Philosophical Society, Watt anniversary lecture 1936). — Science in development (London '37) 20 S. (British Science Guild, Norman Lockyer lecture 1936). — The newer alchemy; based on the Henry Sidgwick memorial lecture delivered at Newnham College, Cambridge 1936 (NewYork–London '37) 8+67 S. — Radiations from radioactive substances (m. J. Chadwick, C. D. Ellis). Neuaufl. (London '51, New York '52) 11+588 S.

Annual Rep. Board Regents Smithsonian Instn. Radioactivity and atomic theory: **1936** ('37) 161–75. — Transmutation of matter: **1938** ('39) 201–08.

Chemical News The structure of atomic nuclei: **144** ('32) 289–94. — Recent researches on the gamma rays: 370–73. — The artificial transmutation of elements: 396–400.

Current Sci. Transmutation of matter: **6** ('38) 337–41.

Discovery The transmutation of the elements: **14** ('33) 105–08. — Forty years of physics, 1: The history of radioactivity; ~ 2: The development of the theory of atomic structure: (N.S.) **1** ('38) 227–38.

Engineering The transmutations of matter: **137** ('34) 420–22. — Electromagnetic radiations: **139** ('35) 314–16, 341 f., 357 f., 434–36.

J. chem. Soc., London The periodic law and its interpretation (Mendeléef centenary lecture): **1934**, 635–42. — Radioactivity and atomic theory: **1936**, 508–16.

J. roy. astron. Soc. Canada Artificial transmutation of the elements: **27** ('33) 155–62.

Listener The transmutation of the atom: **10** ('33) 561–65, 595.

McGill News Artificial transmutation of the elements: **13** ('32) Nr. 4, 20–24, 46.

Nature [London] Origin of the gamma rays: **129** ('32) 457 f. — Recent researches on the transmutation of the elements: **131** ('33) 388 f. — Harriet Brooks (Mrs. Frank Pitcher)†: 865. — Interaction of hard γ-rays with atomic nuclei: **132** ('33) 709. — Heavy hydrogen: 955 f. — Transmutation effects observed with heavy hydrogen [9])[4]): **133** ('34) 413. — The new hydrogen: 481–84. — Mme Curie†: **134** ('34) 90 f. — Radioactivity: old and new: **135** ('35) 289–92. — Atomic physics: 683–85. — The transformation of energy: **137** ('36) 135–37. — Science in development: **138** ('36) 865–69. — The search for the isotopes of hydrogen and helium of mass 3: **140** ('37) 303–05. — Transmutation of matter: **141** ('38) 58–61.

Naturwissenschaften Radioaktivität und Atomtheorie: **24** ('36) 673–80.

New Statesman and Nation Protection of science and learning: (N.S.) **11** ('36) 453.

Official Rep., Parliamentary Debates, House Lords Rubber industry bill: **87** ('33) 780–85.

Proc. Instn. mech. Engr. Atomic projectiles and their applications (19th Thomas Hawksley lecture): [Bandnummer nicht ermittelt, Meeting 4th November 1932] 183–205.

Proc. roy. Instn. Great Britain Speech at Faraday celebrations 1931: **27**.1931/33 ('33) 36–40. — Recent researches on the gamma rays: 359–66. — Recent researches on transmutation of the elements: 751–55. — The new hydrogen: **28**.1933/35 ('35) 277–89. — The neutron and radioactive transformations: 655–58. — The electric arc and its applications: **29**.1935/37 ('37) 256–59. — The transmutation of heavy elements: 630–35.

Proc. roy. Soc. London, Ser. A The γ-rays from actinium emanation and their origin [1]): **136** ('32) 407–12. — Discussion on the structure of atomic nuclei: Opening address: 735–44. — Analysis of α-rays by an annular magnetic field [11])[8])[1]): **139** ('33) 617–37. — Experiments on the transmutation of elements by protons [9]): **141** ('33) 259–81. — The transmutation of lithium by protons and by ions of

Bitte Anmerkung auf Seite 4201 beachten!

the heavy isotope of hydrogen [9])[7]): 722–33. — Analysis of the long range α-particles from radium C' by the magnetic focussing method [8])[1]): **142** ('33) 347–61. — Bombardment of the heavy isotope of hydrogen by α-particles [5]): **143** ('34) 724–30. — Discussion on heavy hydrogen: Opening address: **144** ('34) 1–5. — Transmutation effects observed with heavy hydrogen [9])[4]): 692–703. — The accurate determination of the energy released in certain nuclear transformations [9])[6]): **149** ('35) 406–16. — Some nuclear transformations of beryllium and boron, and the masses of the light elements [9])[5]): **150** ('35) 241–58.

Radiography Transmutation of matter: **5** ('39) 183–90.

Revista Chim. pura e appl. Radioactividade e teoria atómica (1936): **4** ('53) 213–30 (m. Bildn.).

Science [USA] Exiles in British sanctuary: **79** ('34) 533f. — The new hydrogen: **80** ('34) 21–25. — The Society for the Protection of Science and Learning: **83** ('36) 372. — Science and industry in India: **87** ('38) 75–79.

Scientia The new hydrogen: **55** ('34) 341–49 [französ.: Suppl. 125–32].

Scientific Monthly The origin of the gamma-rays: **34** ('32) 483–86. — The transmutation of the atom: **38** ('34) 15–23. — The transmutation of heavy elements: **46** ('38) 66–68. — The transmutation of matter: 218–24.

Slavonic and east european Rev. Madame Curie †: **13** ('34/35) 673–76.

Vopr. Istorii Estestvoznanija i Techn. Das Periodische System und seine Interpretation (1934): **1969**, Nr. 4, 101–10 [russ.]. — Die chemische Natur der α-Teilchen aus radioaktiven Substanzen (Nobel-Vortrag 1908): **1971**, Nr. 3/4, 116–22 [~].

Z. Elektrochem. u. angew. physik. Chem. Erinnerungen an die Frühzeit der Radioaktivität: **38** ('32) 476–80 (m. Bildn.).

Mit: [1]) B. V. Bowden; [2]) J. Chadwick; [3]) N. Feather; [4]) P. Harteck; [5]) A. E. Kempton; [6]) A. R. Kempton; [7]) B. B. Kinsey; [8]) W. B. Lewis; [9]) M. L. E. Oliphant; [10]) J. J. Thomson; [11]) C. E. Wynn-Williams.

VI **RUTLEDGE,** George. Math. — Stud., 1911–14 Assist., '15 Ph.D., Univ. of Illinois, Urbana, Ill.; '15–23 Instructor, '23–29 Assist. Prof., '29–34 Assoc. Prof., '34–40 Prof., Massachusetts Inst. of Technol., Cambridge, Mass.

*1881, Dez. 18, Jacksonville, Ill.;
†1940, Sept. 21, Belmont, Mass.

Nekr. *R. D. Douglass, Technology Rev. **43** ('40) Nov.-Nr., S. 29.

Bitte Anmerkung auf Seite 4201 beachten!

American math. Monthly Evaluation of $\int_0^1 \frac{\log u}{u} \log^2(1+u)\,du$ and related definite integrals [1]): **41** ('34) 29–. — Integral functions associated with certain binomial coefficient sums [1]): **43** ('36) 27–32. — Table of definite integrals [1]): **45** ('38) 525–.

J. math. Physics The inverse matrix for de la Vallée-Poussin summation: **11** ('32) 73–82. — The range of de la Vallée-Poussin summation [1]): **14** ('35) 191–94.

Physical Rev. A reliable method of obtaining the derivative function from smoothed data of observation: (2) **40** ('32) 262–68.

Mit: [1]) R. D. Douglass.

VI **RUTOVSKIJ,** Boris Nikanorovič. Chem.(org.). — 1908–13 Stud., Techn. Hochsch. Moskva; dann (der Reihe nach) Ingenieur, leitender Chemiker, Laborleiter, Hauptingenieur, stellvertr. Kombinatsleiter, wiss. Dir. in verschiedenen Instituten u. Industriebetrieben; später Doz. → Prof. am Staatl. Wiss. Chem.-Pharm. Inst., Moskva, an d. II. Staatsuniv. Moskva, am Mendeleev-Inst. f. Chem. Technol., Moskva, am Inst. f. Chemieanlagenbau, Moskva, u. am Forschungs- u. Projektierungs-Inst. f. Plaste, Moskva; Dr. d. techn. Wiss. (⊠)

*1890, Febr. 6 (Jan. 24), Kutaisi;
†1954, Juli 22.

Zum 60. Geb.tag *S. I. Ščepkin, Soobšč. o naučn. Rabot. Členov vses. chim. Obšč. im. Mendeleeva **1950**, Nr. 2, S. 40.

Nekr. Chimičeskaja Promyšl. **1954**, Nr. 5, 57f. (m. Bildn.).

H. (Redakt.) Praktikum po organičeskoj chimii; dlja studentov mechaničeskich fakul'tetov [Praktikum der organischen Chemie für Studenten mechanischer Fakultäten] (Moskva '50) (Moskovskij institut chimičeskogo mašinostroenija).

MH. (Hauptredakt.) Nemecko-russkij chimiko-technologičeskij slovar' [Deutsch-russisches chemisch-technologisches Wörterbuch] (Moskva '49); [2]('61).

W. Ėfirnye masla i kak ich dobyvajut [Ätherische Öle und ihre Gewinnung] (Moskva '33) 80 S. — Koriandrovoe ėfirnoe maslo, ego ispol'zovanie i značenie [Das ätherische Corianderöl, seine Verwendung und Bedeutung] (m. D. M. Arsen'ev) (Moskva '34) 2+30 S. (Techprop Respublikanskogo ėfirno-masličnogo tresta RĖMT). — Akrilovye smoly, ich polučenie, svojstva i primenenie [Acrylharze, ihre Gewinnung, Eigenschaften und Anwendung]

(m. N. Ja. Parlaškevič) (Moskva '40) 124 S. — Technologija sintetičeskich smol i plastičeskich mass [Die Technologie synthetischer Harze und Plaste] (m. G. S. Petrov, I. P. Losev) (Moskva–Leningrad '46) 548 S.

Chimičeskaja Promyšl. Emulsionspolymerisation von Vinylderivaten in Gegenwart von Ammoniumpersulfat [9]): **1944**, Nr. 2/3, S. 36 [russ.]. — Verbesserung der physikalischen und mechanischen Eigenschaften von Methacrylaten [42]): **1946**, Nr. 7/8, 6–9 [~]. — Zur Frage der inneren Spannung in Material aus Polystyrol [38]): **1954**, Nr. 4, 28–32 [~]. — Veränderungen der physikalisch-mechanischen Eigenschaften von Polystyrol unter dem Einfluß von bei der Anwendung herrschenden Faktoren [38]): **1956**, Nr. 7, 27–30 [~].

Promyšlennost' org. Chim. Über die Anwendung von Dichloräthan zur Konzentration von Essigsäure [14]): **3** ('36/37) 686–93. — Untersuchung der Polymerisationsprodukte des Terpentinöls und ihre Anwendung [,1] [3])[21]): **4** ('37) 104–09; ~ 2: Verwendung der Produkte der Isomerisationspolymerisation des Terpentins nach Tiščenko und Rudakov [3])[37]): 555–58; ~ 3: Herstellung von Kunstharzen aus Polyterpenen [3])[43]): 558–63. — Dehydrierung von Borneol [26])[7]): 410–16. — Katalytische Oxydation von Camphen [6]): 673–76. — Butylacetoricinoleat und seine Gewinnung [31]): **6** ('39) 238–40. — Über die Temperaturbedingungen beim Hartwerden von durchsichtigen gegossenen Resiten [41]): 376–83. — Gleichzeitige Polymerisation von Styrol und Methylmethacrylat [32]): **7** ('40) 80–84. — Rekuperation von Alkohol [22]): 158–64. — Polyallylmethacrylat und seine Copolymere [44]): 441–43. — — Alle Arbeiten russ.

Riechstoffindustrie u. Kosmetik Zur Kenntnis des ätherischen Öles von Salvia sclarea L. [15]): **7** ('32) 65f., 78f. — Über einige neue Salviaöle [44]): 174f. — Über die Zusammensetzung des ätherischen Öles von Juniperus polycarpos Koch [15])[20]): **8** ('33) 161f. — Beiträge zur Kenntnis des ätherischen Öles aus Perovskia scrophulariaefolia Bge. [11]): **9** ('34) 131–33.

Trudy Akad. Nauk Belorussk. SSR Darstellung von Maleinsäure aus Nachlauffraktionen des Terpentins [36]): Nr. **4** ('39) 67–76 [russ.].

Trudy mosk. chim. technol. Inst. im. Mendeleeva Trocknung imprägnierter Fabrikate bei der Herstellung von Textolit [22]): **1940**, Nr. 7, 49–91 [russ.].

Trudy mosk. Inst. chim. Mašinostroenija Mechanismus der Multiphasenpolymerisation [13])[30]): **1950**, Nr. 1, 36–46 [russ.].

Usp. Chim. Die Unionskonferenz über chemisch-technologische Ausbildung, Moskva 1940 [34]): **9** ('40) 309–17 [russ.].

Vysokomolekuljarnye Soedinenija Kontinuierliche Polymerisation von Vinylderivaten [22]): Nr. **11** ('51) 9–17 [russ.].

Ž. chim. Promyšl. Über die Absorption von Phenol durch aktivierte Kohle [5]): **12** ('35) 940–47 [russ.]. — Über die Gewinnung von Campher aus Ofenterpentin [17])[2])[19])[28]): 1177–83 [~]. — Prof. A. M. Nastjukov†: **18** ('41) Nr. 11, S. 36 [~].

Ž. fizič. Chim. Die Oberflächenspannung von Methylmethacrylat während der Polymerisation [12]): **21** ('47) 509–16 [russ.].

Ž. obščej Chim. Untersuchungen über das Bornylchlorid und seine Isomeren [25])[39]): **9** ('39) 2067–74 [russ.]. — Über die Polymerisation einiger Ketoalkohole, 1: Hervorrufen und Mechanismus der Polymerisation von Butanol-1-on-3 [7])[45]): **11** ('41) 550–58 [~]. — Synthese von Trialkylsilylphosphorsäuren [3])[18]): **26** ('56) 267–69 [~].

Ž. prikl. Chim. Über die Wechselwirkung der Aldehyde mit Alkoholen [44]): **11** ('38) 302–10 [m. deutscher Zusammenfassg.]. — Ein Versuch der katalytischen Oxydation von Bornylchlorid [26])[27]): 311–15 [~]. — Zur Frage der Ausscheidung von Camphen aus ätherischen Ölen [25])[35]): **13** ('40) 576–78 [~]. — Gewinnung von reinem Camphen durch Isomerisierung von Pinen [23])[25])[33])[35]): 1178–84 [~]. — Dehydrierung von Borneol in der Gasphase über Nickelkatalysator mit Promotoren [29]): **14** ('41) 173–80. — Mischpolymerisation von Methylisopropenylketon und Methylmethacrylat [16]): 528–34. — Polymerisation des Methylisopropenylketons [10]): 535–41. — Gewinnung von Mischpolymerisaten aus Styrol und Methylisopropenylketon [13]): 542–50. — Über die Natur einiger Katalysatoren für die Isomerisation von Pinen, 1 [25]): **20** ('47) 515–22; ~ 2 [25]): 625–29. — Allylester dreibasischer Säuren und ihre Polymerisation, 1: Darstellung und vergleichende Polymerisation von Triallylestern [24]): **22** ('49) 887–93; Polymerisation des Triallylesters der Tricarballylsäure und Untersuchung der Polymerisationsprodukte, 2 [24]): 1008–13; ~ 3: Die Polymerisation von Nopen [1]): **24** ('51) 678 f. — Untersuchung der Polymolekularität von nachchloriertem Polyvinylchlorid [8]): **23** ('50) 889–92. — Gewinnung und Untersuchung von Nopen [1]): **24** ('51) 532–41. — Synthese von Monomeren und Eigenschaften von Copolymeren [,1] [42]): 851–57; ~ 2: Analyse der Copolymeren des Methylmethacrylats und Allylmethacrylats [42]): 1074–77; ~ 3: Mechanismus der Copolymerisation von Methylmethacrylat mit Allylmethacrylat [42]): 1173–80. — Gewinnung von Nopol und Derivaten [1]): 1090–95. — Die hemmende Wirkung des Sauerstoffs auf den Prozeß der Heterophasenpolymerisation [13]): **26** ('53) 426–31. — Einfluß der Intensität der Durchmischung auf die Geschwindigkeit der Heterophasenpolymerisation von Methylmethacrylat ohne Emulgatoren [13]): 434f. — — Alle Arbeiten russ.

Bitte Anmerkung auf Seite 4201 beachten!

Zavodskaja Labor. Neue Methode der Herstellung metallographischer Schliffe [40][13][4]: **16** ('50) 1134 [russ.].

Mit: [1] L. A. Alferova; [2] T. P. Andreeva; [3] K. A. Andrianov; [4] K. V. Andrianova; [5] N. I. Antropova; [6] A. D. Belogolovov; [7] A. A. Berlin; [8] V. V. Čebotarevskij; [9] A. B. Davankov; [10] A. Dmitrieva; [11] V. P. Gluškova; [12] E. Ja. Golyševa; [13] G. S. Gončarov; [14] A. Gorbunova; [15] K. A. Guseva; [16] N. Jakobsson; [17] V. N. Karičeva; [18] A. A. Kazakova; [19] O. M. Klepikova; [20] L. Koroleva; [21] A. Lebedev; [22] A. N. Levin; [23] M. Ja. Levšuk; [24] N. S. Leznov; [25] V. I. Ljubomilov; [26] I. P. Losev; [27] E. V. Mešečko; [28] L. N. Mogilevkina; [29] P. A. Muljar; [30] Ja. G. Muravin; [31] L. E. Ostroumova; [32] V. P. Parini; [33] L. M. Pesin; [34] I. Ja. Pil'skij; [35] A. F. Plotnikova; [36] N. A. Prokopčuk; [37] T. P. Sedina; [38] A. V. Šelion; [39] T. V. Šeremeteva; [40] N. D. Sobolev; [41] M. A. Stal'nova; [42] A. M. Šur; [43] K. M. Zabrodina; [44] K. S. Zabrodina; [45] K. Zabyrina.

VI **RUTTEN,** Johannes (Jan). Chem. Technol. — 1900–07 Chemie-Ing., '07–25 stellvertr. Dir., '25–39 Dir., Kommunale Gaswerke, 's-Gravenhage; '03–04, '11–12 Sekretär, '07–08, '21–22 Vize-Präs., Niederländ. Chem. Vereinigung. — '25 Goldene Hoogewerff-Denkmünze (Hoogewerff-Fonds, Niederl.).
*1873, Okt. 24, 's-Gravenhage;
†1946, Apr. 26, 's-Gravenhage.

Zur Biogr. *W. P. Jorissen, Chemisch Weekbl. **36** ('39) 781f. (m. Bildn.). — Ibid. 825. — Gas ['s Gravenhage] **59** ('39) 355–57 (m. Bildn.).

Nekr. *G. A. Brender à Brandis, Gas ['s Gravenhage] **66** ('46) 55f. (m. Bildn.). — *W. P. Jorissen, Chemisch Weekbl. **42** ('46) 282–84 (m. Bildn.).

Zur Bibliogr. Chemisch Weekbl. **36** ('39) 811.

Gas ['s Gravenhage] Prof. ir. G. A. Brender à Brandis: **52** ('32) 393f. — Probleme: **53** ('33) 313. — Über die Ermittlung des Gasverlustes: **56** ('36) 76f. — Kurzschluß zwischen Gasuhr und Elektrizitätszähler: **58** ('38) 169. — Über die Megacalorie: **59** ('39) 211–13. — — Alle Arbeiten niederländ.

Gas- u. Wasserfach Der E.H.B.[=Berkhuijsen]-Gassprühwäscher: **80** ('37) 798f.

Ingenieur ['s Gravenhage] Ir. J. E. H. Bakhuis, 1860–1933: **48** ('33) A303f.

VI **RUTTEN,** Louis Martin Robert. Geol., Paläontol., Mineral., Kristallogr. — 1909–19 als Geologe, u. a. der „Nederl. Maatschappij tot het Verrichten van Mijnbouwkund. Werken", in Rumänien u. Niederländ.-Ostindien (auf Borneo, Java u. Ceram); '20–21 Forschungsreisen nach Argentinien, Patagonien, Kuba, Mexiko u. Peru; '22–46 Prof. u. Dir. des Mineral.-Geol. Inst., Univ. Utrecht.
*1884, Juni 4, Maastricht;
†1946, Febr. 11, Utrecht.

Ehrung Rutten-Plakette im Mineral.-Geol. Inst., Univ. Utrecht (Enthüllung 1947, vgl. Tijdschr. koninkl. nederl. aardrijkskund. Genootsch. **65** ('48) 127f.).

Nekr. *J. van der Hoeve, Versl. gewone Vergad. Afd. Natuurkunde, Koninkl. nederl. Akad. Wet. **55** ('46) 11–13. — *P. H. Kuenen, Jaarb. koninkl. nederl. Akad. Wet. **1946/1947** ('47) 233–39 (m. Bildn.). — *W. Nieuwenkamp, Geologie en Mijnbouw (N.S.) **8** ('46) 9–11 (m. Bildn.). — *T. Raven, Tijdschr. koninkl. nederl. aardrijkskund. Genootsch. **63** ('46) 129–33 (m. Bildn.). — *J. Schmutzer, Geologie en Mijnbouw (N.S.) **8** ('46) 1–8 (m. Schr.verz.). — *H. E. Thalmann, Proc. Vol. geol. Soc. America **1946** ('47) 216–29 (m. Bildn., Faks., Schr.verz.). — *P. Wagenaar Hummelinck, West-indische Gids **27** ('46) 112–17.

MH. Nova Guinea. Résultats des expéditions scientifiques à la Nouvelle Guinée **14**: Botanique, 1 (Leiden '24), 2 ('27), 3 ('29), 4 ('32); **15**: Zoologie, 1 ('24), 2 ('26), 3 ('27), 4 ('30), 5 ('32); **16**: Ethnographie, 1 ('24), 2 ('26), 3 ('28), 4 ('34); **17**: Zoologie, 1 ('33), 2 ('35), 3 ('36); **18**: Botanique, 1 ('35), 2 ('36); neue Serie u. d. T.: Nova Guinea, a journal of botany, zoology, anthropology, ethnography, geology and palaeontology of the Papuan region [Leiden] (N.S.) **1** ('37)–**4** ('40).

MHZ. Tijdschr. koninkl. nederl. aardrijkskund. Genootsch. (2) **48** ('31)–**62** ('45) ('37–46 Vorsitzender der Redaktionskommission).

S. C.R. Congrès international de géographie, Amsterdam 1938, **1** (Leiden '38) 58–77: Le paysage des Indes orientales et occidentales. — Geologische Jahresberichte **2**: Regionale Geologie: Bericht über die Jahre 1937 und 1938 (Berlin '40) 459–63: West-Indien. — Verslagen van het Provinciaal Utrechtsch Genootschap van Kunsten en Wetenschappen, Utrecht 1941 (Utrecht '41) 7–31: Die Mühen und Freuden der Naturwissenschaft [niederländ.]. — Proc. 8th American scientific congress, Washington, D.C., 1940, **4**: Geological sciences (Washington, D.C. '42) 417–44: General tectonics of Colombia and Venezuela.

W. De geologie van Nederlandsch Indië (Den Haag '32) 218 S. — Bibliography of West Indian geology (Rijksuniversiteit te Utrecht, Geographisch en Mineralogisch-geologisch Instituut, Geographische en geologische mededeelingen, Physiographisch-geologische reeks, 16) (Utrecht '38) 7+103 S.

Bull. colonial Inst. Amsterdam The new atlas of the Netherlands Indies: **2** ('38/39) 83–91.

Bitte Anmerkung auf Seite 4201 beachten!

Bull. geol. Soc. America Frequency and periodicity of orogenetic movements: **60** ('49) 1755–70.

Bull. Musée roy. Histoire natur. Belgique Roches et fossiles de l'Ile Pisang et de la Nouvelle Guinée: **12** ('36) No. 10, 1–14; **14** ('38) No. 17, S. 1.

Geologie en Mijnbouw Anläßlich des Erscheinens der ersten Blätter der Geologischen Karte von Java: **13** ('34) Nr. 6, 44–48, Nr. 9, 78f. [niederländ.]; **17** ('38) Nr. 7, 31f. [~]. — The age of the quartz-dioritic and grano-dioritic rocks of the West Indies: (N.S.) **1** ('39) 128–33. — 60 Jahre geologischer Hochschulunterricht in den Niederlanden: **2** ('40) 273–97 [niederländ.]. — Zum Gedenken [an vier verstorbene Schüler]: **7** ('45) 25f. [~].

Geologische Rdsch. Alte Land- und Meeresverbindungen in Westindien und Zentralamerika: **26** ('35) 65–94.

Handelingen nederl. natuur- en geneeskund. Congr. Paläontologie und Evolution: **28** ('41) 40–63 [niederländ.].

Indische Mercuur Die Bedeutung des Geologischen Erkundungsdienstes des Bergbaudienstes in Niederländisch-Indien im Zusammenhang mit Gerüchten über krasse Einschränkungen: **55** ('32) 297f. — Die ersten Blätter der geologischen Karte von Sumatra: 329. — Bodenkartierungen in Niederländisch-Ostindien und in Kuba: **56** ('33) 609f., 625f. [m. engl. Zusammenfassg.]. — Die Nöte des Geologischen Dienstes in Niederländisch-Indien: **61** ('38) 411–13. — Das "Imperial Institute" und das "Koloniaal Instituut": **62** ('39) 39–41. — — Alle Arbeiten niederländ.

Ingenieur Nederl.-Indië Die Nöte des Geologischen Dienstes in Niederländisch-Indien: **5** ('38) IV 159–IV 164 [niederländ.].

Jaarb. koninkl. nederl. Akad. Wet. Johann Karl Ludwig Martin: **1942/43** ('43) 209–17. — W. A. J. M. van Waterschoot van der Gracht: **1943/44** ('45) 185–93.

Natuurkundige Voordrachten Einiges aus der geologischen Geschichte von Westindien und Zentralamerika im Tertiär und im Quartär: (N.R.) **14** ('36) 57–65 [niederländ.].

Natuurwetenschappelijk Tijdschr. Über die tektonische Lage von West-Indien: **18** ('36) 25–28 [niederländ.].

Proc., Koninkl. Akad. Wet. Amsterdam Geology of Isla de Pinos, Cuba: **37** ('34) 401–06. — Über den Antillenbogen: **38** ('35) 1046–58. — Geologische Untersuchungen in Mittel-Dalmatien und Herzegowina: **41** ('38) 936–45. — Remarks on the geology of Colombia and Venezuela, 1: The age of the non-fossiliferous slates and of the metamorphic schists: **43** ('40) 340–49; ~ 2: The areal distribution of the Cretaceous: 474–83; ~ 3: The tertiary and the caenozoic tectonics: 484–93. — On the age of the serpentines in Cuba: 542–47. — New data on the smaller islands north of Venezuela: 820–27. — On the geology of Margarita, Cubagua and Coche (Venezuela): 828–41.

Revista Soc. geogr. Cuba Algunos resultados de las investigaciones geológicas de la Comisión científica holandesa en Cuba: **3** ('33) 7–15. — Los limites de nuestro conocimiento de la geologia de Cuba: **9** ('39) 485–94.

Tijdschr. koninkl. nederl. aardrijkskund. Genootsch. Prof. Dr. K. Oestreich, 16. November 1908–16. November 1933: (2) **51** ('34) 1f. — Alte Land- und Meeresverbindungen in Mittelamerika und Westindien: 551–600. — Prof. Dr. G. A. F. Molengraaff zum 50jährigen Doktorjubiläum: **54** ('37) 2. — Die geologische Karte der Niederlande 1:200000: 17–19. — Die Perlenschnur der Antillen und der Smaragdgürtel: **57** ('40) 362–96. — Einige morphologische Bemerkungen über Kuba: **58** ('41) 992–1001. — Zwei merkwürdige Landschaftsformen in Nordwestgeldern: **63** ('46) 49–55. — — Alle Arbeiten niederländ.

Verhandelingen geol.-mijnbouwkund. Genootsch. Nederland en Kolonien Tertiäre Foraminiferen von Ost-Celebes: **10** ('34) 286–89 [niederländ.].

Verhandelingen koninkl. nederl. Akad. Wet., Afd. Natuurkunde, 2. Sect. On earthquake epicentres and earthquake shocks between 1913 and 1938 in the region between 0° and 30° N. and 56° and 120° W. [1]): **39** ('40) Nr. 4, 44.

West-indische Gids Die geologische Geschichte der drei niederländischen Inseln unter dem Winde: **13** ('32) 401–41 [niederländ.].

Mit: [1]) B. van Raadshooven.

VI **RYBÁR,** István (Stefan). Physik. — 1908–15 Assist., '15–22 Dozent, '22– ord. Prof. u. Dir. d. Inst. f. Prakt. Physik, Péter-Pázmány-Univ., Budapest. (⊠)
*1886, Mai 7, Budapest;
†1971, Nov. 18.

Nekr. *G. Baintner, Fizikai Szemle **22** ('72) 237–39 (m. Bildn. u. Schr.verz.).

S. Műszaki nagyjaink (B. Szőke) **3** (Budapest '67) 125–42: Die Bedeutung der Untersuchungen von Loránd Eötvös und ihre Weiterentwicklung [ungar.].

Akadémiai Értesítő Bericht über die Verleihung des Philipp-Weiss-Preises 1937 [3])[2]): **48** ('38) 69–72 [ungar.]. — Loránd Eötvös - Persönlichkeit und Werk: **56** ('48) 20–34 [~].

Fizikai Szemle Erinnerungen an Loránd Eötvös: **22** ('72) 239–42 [ungar.].

Geofisica pura e appl. Eötvös torsion balance model E-54: **37** ('57) 79–89.

Magyar Geofizika Improvement of the torsion balance [1]): **3** ('62) 49–59 [ungar. m. engl. u. russ. Zusammenfassg.]. — Zum Gedenken an Loránd Eötvös: **10** ('69) 163–66 [ungar.]. — Untersuchungen über die Verminderung der Dämpfungszeit und über die Zuverlässigkeit der Eötvösschen Drehwaage sowie über das Problem der Vorbereitung der Torsionsfäden: **13** ('72) 129–41 [~].

Magyar tudományos Akad., Emlékbeszédek Gedenkrede auf Isidor Fröhlich: **22**, Nr. 15 ('36) 19 S. [ungar.].

Magyar tudományos Akad. müszaki Tudományok Osztályának Közleményei Die Zuverlässigkeit der Eötvösschen Drehwaage. Die Vorbereitung der Torsionsfäden: **7** ('52) 141–45 [ungar.]. — Das Problem der Verminderung der Dämpfungszeit der Eötvösschen Drehwaage: 147–57 [~].

Matematikai és term. Értesítő Über die Störungen der Eötvösschen Drehwaage: **48** ('32) 147–84 [ungar. m. deutscher Zusammenfassg.]; ~ 2: **52** ('34) 586– [~].

Mit: [1]) G. Banai; [2]) R. Ortvay; [3]) K. Tangl.

VI **RYBKA,** Eugeniusz Stanisław. Astron., Astrophysik. — 1935–39 Außerord. Prof. u. Dir. d. Astron. Observat., Jan-Kazimierz-Univ. Lwów; '45–58 ord. Prof. u. Dir. d. Astron. Observat., Bolesław-Bierut-Univ. Wrocław; '58–68 ord. Prof. u. Dir. d. Astron. Observat., Jagellon. Univ. Kraków; '52–58 Pres., Int. Astron. Union. *1898, Mai 6, Radzymin.

H. (Redakt.) Sprawozdania Polskiego Towarzystwa Astronomicznego, **1**: Sprawozdanie ze Zjazdu (naukowego astronomów polskich), Wrocław 1948 r. (Wrocław '50). — (Redakt.) Polska bibliografia analityczna: Astronomia, Geodezja (Polska Akademia Nauk, Ośrodek Bibliografii i Dokumentacji Naukowej) **1**,1 (Warszawa '55); **1**,2 ('55); **2**,1 ('56); **2**,2 ('56); **3**,1 ('57).

HZ. (Redakt.) Roczn. astron. Obserwat. krakowsk. (einschl.: Suppl. int.) **31**.1960 ('59)–**40**.1969 ('68). — (Redakt.) Studia i Mater. z Dziejów Nauki polsk., Ser. C **2** ('59).

S. Świat i życie; zarys encyklopedyczny współczesnej wiedzy i kultury, **3** (Lwów–Warszawa '35) 80–87: Kopernikus [poln.]. — Trudy. Vsesojuznaja astrometričeskaja konferencija, Pulkovo 1954 (Leningrad '55) 120–23: The work of the Wrocław Observatory on the Catalogue of Faint Stars [ ]. — Dziesięc lat rozwoju nauki w Polsce Ludowej (Warszawa '56) 501–12: Astronomische Wissenschaften [poln.]. — Vistas in astronomy (A. Beer) **2** (London–NewYork '56) (J. atmospher. and terrestr. Physics, Spec. Suppl. 4) 1111–15: The zero-point in stellar photometry; **9**: New aspects in the history and philosophy of astronomy (Oxford–London–NewYork '67) 165–69: The influence of the Cracow intellectual climate at the end of the fifteenth century upon the origin of the heliocentric system. — Polscy badacze przyrody (W. Kaczanowski) (Warszawa '59) 9–16: Aus der Geschichte der Astronomie in Polen bis 1914 [poln.]; 102–25: Jan Śniadecki, 1756–1830 [~]. — Cztery lata pracy oświatowej, 1956–1960. Materiały na III Wojewodzki zjazd Towarzystwa wiedzy Powszechnej, Kraków 1960 (Kraków '60) 7–14: Aus der Geschichte der russischen und der sowjetischen Astronomie [poln.]. — Studia z dziejów katedr Wydziału matematyki, fizyki, chemii Uniwersytetu Jagiellońskiego (Kraków '64) 13–56: Grundriß der Geschichte der Astronomie an der Jagellonischen Universität [poln.]. — *J. Kepler, Tajemnica kosmosu [Prodromus dissertationum cosmographicarum: Mysterium cosmographicum] (Gdańsk '72) (Polska Akademia Nauk, Zakład Historii Nauki i Techniki, Źródła do dziejów nauki i techniki, 15) 133–56: Leben und wissenschaftliche Arbeit von Johannes Kepler 1571–1630 [poln.].

W. Wiadomości z astronomii. Podręcznik dla liceów humanistycznych i klasycznych (Warszawa '38) 62 S. — Energia atomowa w gwiazdach (Warszawa '46) 64 S., [2]('51) 91 S. (Biblioteka popularnonaukowa, Seria fizyko-astronomiczna). — Astronomia. Dla klasy XI . . . , [3](Warszawa '51) 227 S.; [4]('52); [5]('53) 224 S.; [6]('55) 179 S.; [7]('56) 168 S.; [8]('57); [9]('58) 168 S. — Rozwój zagadnień astronomicznych od czasów najdawniejszych do chwili obecnej . . ., [2](Warszawa '51) 61 S. (Wiedza powszechna, 790). — Astronomia ogólna (Warszawa '52) 480 S.; [2]('57) 490 S.; [3]('68) 593 S.; [4]('70) 614 S.; [5]('75) 617 S. — Wkład astronomów polskich do nauki światowej (Warszawa '53) 76 S. — Mikołaj Kopernik i jego nauka (m. P. Rybka) (Warszawa '53) 207 S. — Jak poruszają się ciała niebieskie (Warszawa '55) 27 S. — Four hundred years of the Copernican heritage (Kraków '64) 234 S. (Jagellonian University, Jubilee publications = Seria wydawnictw jubileuszowych Uniwersytetu Jagiellońskiego, 18); nachträglich erschienene Originalausgabe: Cztery wieki rozwoju myśli Kopernikańskiej (Warszawa '72) 327 S. — Przestrzeń kosmiczna a czlowiek (Kraków '66) 31 S. (Polska Akademia Nauk, Oddział w Krakowie, Nauka dla wszystkich, 3). — Istota nauki Kopernika (Kraków '73) 54 S. (~ 206). — Nikolaj Kopernik [russ.] (Warszawa '67) 133 S.; [2]('73) 128 S. — Kopernik. Czlowiek i myśl (m. P. Rybka) (Warszawa '72) 308 S.; separat erschienene Zusammenfassungen: französ.: Copernic, l'homme et la pensée ('72) 7 S., engl.: Copernicus, the man and his idea ('72) 7 S., russ.: ('72) 7 S. — Maurycy

Bitte Anmerkung auf Seite 4201 beachten!

Pius Rudzki. Życie i działalność (Warszawa '74) 16 S. (Muzeum Techniki).

Acta astron. [Polonia], B Warsaw photovisual photometry of 653 stars near the North Pole: **2** ('38) 54–76.

Acta astron. Polonia C Provisional photovisual magnitudes of 260 stars near the North Pole: **2** ('34) 89–. — A determination of the photoelectric magnitudes of stars in Wrocław Observatory: **5** ('52/55) 40–43. — BD +56° 798 – a star of unusual colour-index: 50f.

Acta astron. [Polonia] Standard two-colour magnitudes of 38 stars near the Selected Areas 1–19: **7** ('57) 65–82. — On systematic differences in the Harvard photometries: **10** ('60) 53–68. — Some remarks on the application of the rigorous extinction formulae: **13** ('63) 169–78.

Čas. českoslov. Ústavů astron. Polnische Astronomie in den Jahren 1945–1955: **6** ('56) 1–6 [tschech.].

Izvest. krymsk. astrofizič. Observat. Photoelectric magnitudes and colours of photometric standards in Selected Areas [,1] [2][3][4]: **27** ('62) 228–40 [russ. m. engl. Zusammenfassg.]; ~ 2: Magnitudes and colours of 278 stars near the Selected Areas 1–139 [2][3]: **34** ('65) 69–85 [~].

Kosmos [Warszawa], Ser. B Die Größenklassen der Sterne: **3** ('57) 205–14 [poln.]. — Die Astrometrische Konferenz in Kiev im Mai 1958: **4** ('58) 353–55 [~].

Květy [Praha] Er ließ die Sonne stillstehen und bewegte die Erde [Kopernikus]: **3** ('53) Nr. 23, 11f. [tschech.].

Kwartalnik Historii Nauki i Techn. Plan for a general history of astronomy: **13** ('68) 397–414 [poln. m. russ. u. engl. Zusammenfassg.].

Matematyka i Szkoła Die Entwicklung der astronomischen Ansichten seit Kopernikus bis heute: **1938**, 129–43.

Nature [London] W. Dziewulski, 1878–1962: **194** ('62) 235f.

Nauka polska Das Astronomische Observatorium Pulkovo: **2** ('54) Nr. 3, 167–85. — Der Kongreß der Internationalen Astronomischen Union, Moskva 1958: **7** ('59) Nr. 2, 261f. — Aus der Geschichte des Polnischen Sternfreundevereins: **9** ('61) Nr. 3, 167–72. — Galilei im Lichte der modernen Astronomie: **13** ('65) Nr. 1, 11–17. — Der 13. Kongreß der Internationalen Astronomischen Union, Praha 1967: **16** ('68) Nr. 1, 123–28. — Die Beziehungen des Nikolaus Kopernikus zu Kraków: **21** ('73) Nr. 2, 54–60. — — Alle Arbeiten poln..

Nowa Kultura Das Wesen der Arbeiten von Kopernikus: **4** ('53) Nr. 25, 1f. [poln.].

Postępy Astron. Die Tätigkeit der astronomischen Observatorien der Universität Wrocław in den Jahren 1950–1953: **2** ('54) 108–16. — Die polnische Expedition zur Beobachtung der totalen Sonnenfinsternis am 30. Juni 1954: **3** ('55) 109–14. — Die astronomische Konferenz unter Teilnahme tschechoslowakischer Astronomen in Wrocław, 12.–14. Juni 1956: **5** ('57) 46–49. — Die astrometrische Konferenz in Pulkovo, 23.–25. August 1956: 106–09. — Über Grundprobleme der Sternphotometrie: 159–73. — — Alle Arbeiten poln.

Prace Inst. astron. U. J. K. we Lwowie A study of the short-period variable star XZ Cygni: **1** ('33) 41 S. — Estimates on Johannesburg plates of RU Centauri and of four new variable stars of Centaurus: **2** ('34) 18 S. — Further estimates of five variable stars on Johannesburg plates: **4** ('35) [?]–24. — Photographic photometry of RR Lyrae [1]): **6** ('37) 1–7. — Warsaw photovisual photometry of 653 stars near the North Pole: **7** ('38) 22 S. — Photovisual and photographic magnitudes of Nova (CP) Lacertae 1936 [1]): **8** ('38) 13 S.

Prace mat.-fizyczne Photovisual and photographic magnitudes of Nova ⟨CP⟩ Lacertae 1936 [1]): **46** ('38).

Prace wrocławsk. Towarz. nauk., Ser. B Etoile variable VW Cephei. Effet périastron [1]): **4** ('48) 32–44. — Photovisual magnitudes of 635 stars north of $\delta = +80°$: **18** ('49) 72 S. — Red magnitudes of 172 stars north of $\delta = +84°$: **28** ('50) 30 S.

Priroda [SSSR] Polarlicht am 16. 12. 1940 in Lwów: **30** ('41) Nr. 4, 78– [russ.]. — Ein großer polnischer Astronom [Kopernikus]: **42** ('53) Nr. 5, 3–14 [~].

Problemy [Warszawa] Die Kopernikus-Tagung der Polnischen Akademie der Wissenschaften: **9** ('53) 779f. [poln.]. — Das kopernikanische Weltbild: 809–11 [~]. — Aus der Geschichte der Astronomie in Kraków: **16** ('60) 641–47.

Publ. astron. Observatory Warsaw Univ. Provisional photovisual magnitudes of 260 stars near the North Pole: **9** ('34) 1–38.

Studia i Mater. z Dziejów Nauki polsk., Ser. C A short outline of the history of astronomy in Lwów: **2** ('59) 53–68 [poln. m. russ. u. engl. Zusammenfassg.].

Trans. int. astron. Union On the organization of meridian observations of the Catalogue of Faint Stars: **8**.1952, IV ('54) 775–78.

Urania [Polska] Die Bewegungen der Sterne: **11** ('33) 49–55. — Die Sonnenfinsternis am 19. Juni 1936: **14** ('36) 73. — Randbemerkung zu Aufsätzen von J. Wasiutyński über Kopernikus: **15** ('37) 17. — Ein neuer 5-Meter-Spiegel: 21–24. — Der Kongreß der Internationalen Astronomischen Union in Stockholm, 3.–10. August 1938: **16** ('38) 61–68. — William Herschel, Begründer der Stellarastronomie (1738–1822): **17** ('39) 1–11. — Die Konstruktion des 5-Meter-Spiegels: 29–33. — Kopernikus in Italien: **24** ('53) 33–39. — Eröffnung des wiederaufgebauten Observatoriums in Pulkovo: **26** ('55) 33–39. — Das Astronomische Observatorium der Bolesław-Bierut-Universität Wrocław: 151f. — Das Astronomische Observatorium in Białkow (Filiale des Observatoriums Wrocław): 210. — Aus den Verhandlungen der Astrometrischen Konferenz in Pulkovo, 23.–25. August 1956: **28** ('57) 46–48. — Der 10. Kongreß der Internationalen Astronomischen Union: **29** ('58) 359–61. — Die Anfänge astronomischen Denkens in Polen: **38** ('67) 45–50. — — Alle Arbeiten poln.

Wiedza i Życie Kopernikus als Astronom: **20** ('53) 241–47 [poln.].

Wszechświat Cepheiden: **1932**, 131–40. — Die Milchstraße: **1933**, 35–41. — Die Expansion des Universums: 99–104. — Der nächste kosmische Raum: **1963**, 129–36. — Plan für den Verlauf des Kopernikus-Jahres 1973: **1967**, 81. — — Alle Arbeiten poln.

Ferner Mitarbeiter mehrerer Neuauflagen der vierstelligen mathematisch-physikalischen Tafeln von *W. Wojtowicz (Tablice matematyczno-fizyczne czterocyfrowe). — Zahlreiche Beobachtungsmitteilungen über Sternbedeckungen.

Mit: [1]) J. Mergentaler; [2]) S. V. Nekrasova; [3]) V. B. Nikonov; [4]) N. S. Polosuchina.

VI **RYCHLÍK,** Karel. Math. (Algebra). — 1904–07 Stud., '09 Dr. phil., '09–13 außerplanmäß. Assist., später Privat-Doz., Karls-Univ. Praha; '08 Stud., Univ. de Paris; '13–20 Assist. u. Privat-Doz., '20–23 außerord. Prof., '23–46 ord. Prof., Tschech. Techn. Hochsch. Praha.
*1885, Aug. 16, Benešov;
†1968, Mai 28, Praha.

Zum 75. Geb.tag *V. Kořínek, Čas. Pěst. Mat. **85** ('60) 492–98 (m. Schr.verz.).

Zum 80. Geb.tag Čas. Pěst. Mat. **90** ('65) 383.

H. Theorie der reellen Zahlen in Bolzanos handschriftlichem Nachlasse (Praha '62) 103 S.

Ue. (aus d. Russ.) *V. I. Glivenko, Theorie pravděpodobnosti (Praha '50) 246 S. — (aus d. Russ.) *A. Ja. Chinčin, Řetězové zlomky (Praha '52) 164 S. — (aus d. Russ.) *A. G. Kuroš, Algebraické rovnice libovolných stupňů (Praha '53) 35 S. (Populární přednášky o matematice, 3).

MUe. (aus d. Russ.) *A. N. Tichonov, *A. A. Samarskij, Rovnice matematické fysiky (Praha '55) 765 S.

S. Atti. Congresso internazionale dei matematici, Bologna 1928, **6** (Bologna '32) 503–05: La théorie des fonctions de Bolzano.

W. Úvod do elementární teorie číselné (Praha '31) 102 S. (Kruh, 7); 2. Aufl. u. d. T.: Úvod do elementární číselné theorie [2]('50) 190 S. — Úvod do analytické theorie mnohočlenů s reálnými koeficienty (Praha '57) 181+6 S. (Československá akademie věd, Sekce matematicko-fysikální, Studie a prameny, 12).

Bull. int., Acad. tchèque Sci. Über den Artinschen Verfeinerungssatz: **33** ('32) 149–53. — Bemerkung zu regellosen Folgen von Böhmer: **34** ('33) 15f.

Čas. Pěst. Mat. a Fysiky Determinanten in Körpern beliebiger Charakteristik: **64** ('34/35) 135– [tschech.].

Čas. Pěst. Mat. Theorie der reellen Zahlen in Bolzanos handschriftlichem Nachlasse: **81** ('56) 391–95 [tschech.]. — Eine Handschrift Cauchys im Archiv der Tschechoslowakischen Akademie der Wissenschaften: **82** ('57) 227f. [~]. — Prof. Dr. František Rádl† [1]): 378–82 [~]. — Betrachtungen aus der Logik in Bolzanos handschriftlichem Nachlasse: **83** ('58) 230–35 [tschech. m. russ. u. deutscher Zusammenfassg.]. — Berechnung der Grundzahl e der natürlichen Logarithmen: **85** ('60) 37–43 [~]. — Preisaufgabe der Königlichen Böhmischen Gesellschaft der Wissenschaften zu Prag für das Jahr 1834: **86** ('61) 76–89 [m. tschech. u. russ. Zusammenfassg.].

Czechoslovak math. J. Un manuscrit de Cauchy aux archives de l'Académie Tchécoslovaque des Sciences: **7** ('57) 479–81. — Theorie der reellen Zahlen in Bolzanos handschriftlichem Nachlasse: 553–67. — Betrachtungen aus der Logik in Bolzanos handschriftlichem Nachlasse: **8** ('58) 197–202. — Cauchys Schrift "Mémoire sur la dispersion de la lumière", herausgegeben während seines Aufenthaltes in Prag durch die Königliche Böhmische Gesellschaft der Wissenschaften: 619–32. — — Alle Arbeiten m. russ. Zusammenfassg.

Istoriko-mat. Issled. Theorie der reellen Zahlen im handschriftlichen Nachlaß Bolzanos: **11** ('58) 515–32 [russ.].

J. reine u. angew. Math. Eine Bemerkung zur Determinantentheorie: **167** ('32) 197.

Matematika ve Škole [Praha] Wie ich Mathematik studierte: **7** ('57) 300–09. — Die diophantische Gleichung $x^3 + y^3 + z^3 = k$: **8** ('58) 22–28. — 1958 — 19 · 58 = 8591 — 85 · 91: 591–97. — Bolzanos Aufenthalt in Liběchov: **9** ('59) 111–13. — Matyáš Lerch und dessen Antworten auf eine Umfrage über die Arbeitsmethode der Mathematiker: 170–73. —

Die Berechnung der Zahl e: 394–402. — Über die Herkunft der arabischen Zahlen: 553–61. — — Alle Arbeiten tschech.

Pokroky Mat., Fysiky a Astron. Prof. Dr. František Rádl†: **2** ('57) 600. — Zum 75. Geburtstag von Emmy Nöther: 611. — Ein Manuskript von Cauchy im Archiv der Tschechoslowakischen Akademie der Wissenschaften: 633–37. — Evariste Galois. Zum 125. Todestag: 729–33. — Zum 250. Todestag von Tschirnhaus (11. 10. 1708): **4** ('59) 232–34. — Nicolas Bourbaki: 763–78. — Der Mathematiker Filip Koralek, unser Landsmann, und sein Aufenthalt in Paris in der Mitte des vorigen Jahrhunderts: **5** ('60) 472–78. — — Alle Arbeiten tschech.

Revue Hist. Sci. et Appl. Un manuscrit de Cauchy aux archives de l'Académie Tchécoslovaque des Sciences: **10** ('57) 259–61. — La théorie des nombres réels dans un ouvrage posthume manuscrit de Bernard Bolzano: **14** ('61) 313–27. — Sur les contacts personnels de Cauchy et de Bolzano: **15** ('62) 163f.

Rozpr. české Akad. Věd a Umění Über den Artinschen Verfeinerungssatz: **42**.1932 ('33) Nr. 23, 1–3 [tschech.]. — Bemerkungen über Böhmers regellose Folgen: **43**.1933 ('34) Nr. 8, 1–4 [~].

Ferner eine vervielfältigte Einführung in die Wahrscheinlichkeitsrechnung: Úvod do počtu pravděpodobnosti (Praha ['35 oder '38?]) 144 S.

Mit: [1]) L. Rieger.

VI **RYDE,** John Walter. Techn. Physik (Licht- u. Elektrotechn.). — 1914–16 Stud., City and Guilds Technical College, London; '19–50 Member of leading sci. staff, '50–53 Chief Physicist, '53– Chief Scientist, Research Laboratories of General Electric Co., Ltd. (recently named Hirst Research Centre), Hammersmith, later Wembley, Middlesex; '51– Chairman of the Davy Faraday Labor., Roy. Instn. of Great Britain. (⊠)
*1898, Apr. 15, Brighton;
†1961, Mai 15, Marlborough, Wiltshire.

Nekr. *O. W. Humphreys, Nature [London] **191** ('61) 17f. — *R. Whiddington, Biographical Mem. Fellows roy. Soc. **8** ('62) 105–17 (m. Bildn., Faks. u. Schr.verz.). — Engineer [London] **211** ('61) 863.

S. Proc. International illumination congress, London 1931, **1** (London '32) 387–409: The theory of the diffusion of light by opal glasses [2]); 410–20: Practical applications of the theory of opal glasses [2]). — *A. L. Reimann, Thermionic emission **3** (London '34): Contributions to thermionic emission phenomena. — Meteorological factors in radio-wave propagation. Report of a conference, London 1946 (London '47) 169–89: The attenuation and radar echoes produced at centimetre wave-lengths by various meteorological phenomena. — Propagation of short radio waves (D. E. Kerr) (New York '51) (Massachusetts Institute of Technology Radiation Laboratory series, 13) 609–92: A summary of wartime General Electric Co. Ltd. Research Laboratory reports [5]).

W. Sensitive arc lines of 50 elements, including notes on the use of R.U. powder in spectroscopic analysis (m. H. G. Jenkins) [Neudruck] (London '35) 8 S.; [2]('44) 8 S.

Electrical Rev. Electric discharge lamps: **113** ('33) 583–.

G. E. C. Journal The electrical characteristics of the new OSIRA lamp: **4** ('33) 1–.

Illuminating Engr. The theory and specification of opal diffusing glasses [2])[6]): **26** ('33) 41–.

J. Instn. electr. Engr., Part 3 The attenuation of centimetre radio-waves and the echo intensities resulting from atmospheric phenomena: **93** ('46) 101–. — Crystal valves [1])[4]): 847–.

J. roy. microscop. Soc. A study of Annellus californicus Tempère: **80** ('61) 243–46.

J. roy. Soc. Arts Electric discharge lamps: **83** ('34) 623–.

J. Soc. Glass Technol. The theory and specification of opal diffusing glasses, 1: **16** ('32) Trans., 408–30; ~ 2 [2])[6]): 430–49.

Nature [London] Radio meteorology: **157** ('46) 862–.

Obituary Notices Fellows roy. Soc. London Clifford Copland Paterson: **6** ('48/49) 479–500.

Trans. illuminating Engng. Soc., London Luminescent materials and their application to light sources: **3** ('38) 114–.

Mit: [1]) B. Bleaney; [2]) B. S. Cooper; [3]) —; [4]) T. H. Kinman; [5]) D. Ryde; [6]) W. A. R. Stoyle.

VI **RYŠAVÝ,** Josef. Geod., Fotogrammetrie, Markscheidewesen. — 1920–27 Außerord. Prof., '27–58 ord. Prof. u. Dir. d. Inst. f. Geodäsie, '47–48 Rektor, Techn. Hochsch. Praha; Präs. d. Nationalkomités f. Geod. u. Geophysik, Tschechoslovak. Akad. Wiss. — Officier des Palmes Académiques (France); '64 Orden der Arbeit (ČSSR). (⊠)
*1884, Jan. 6, Stráz nad Nežarkou;
†1967, Jan. 4.

Zur Biogr. *J. Klobouček, Zeměměřictví **3** ('53) 4f. (m. Bildn.). — Geodetický a kartografický Obzor **10** ('64) 23f. (m. Bildn.).

Zum 75. Geb.tag *J. Klobouček, Studia geophysica et geodaet. [Praha] **3** ('59) 201f. (m. Bildn.). — Geodetický a kartografický Obzor **5** ('59) 40 (m. Bildn.).

Nekr. *E. Buchar, Věstn. československ. Akad. Věd **76** ('67) 368–70 (m. Bildn.).

H. (Redakt.) *F. Fiala, Matematická kartografie (Praha '55) 288 S.

MH. Geodetická příručka (Praha '60) (Česká matice technická, Spisů čis. 326); darin eig. Beiträge.

S. Zdeňku Nejedlemu Československá akademie věd. Sborník prací k 75. narozeninám (Praha '53) 504–13: Die Anfänge der Geodäsie in Böhmen und die böhmischen Geodäten des 19. Jahrhunderts [tschech.]. — Sborník fakulty zeměměřického inženýrstvi **1** (Praha '56) 3–10: Die Entwicklung der wissenschaftlichen Forschungsarbeit im Fach Kartographie an der Tschechischen Technischen Hochschule in Prag [tschech.].

W. Vyšší geodesie (m. F. Rivnáce) (Praha '47) 522 S. (Česká matice technická, Spisů čis. 223). — Měření podzemních prostor. Učebnice vysokoškolská ..., ³(Praha '50) 206 S.; ⁴('52) 217 S. — Geodesie ..., ³(Praha '53) 763 S. (Geodetická edice, Řada 1, Čislo 3). — Geodesie; celostátní vysokoškolská učebnice **1** ... ⁴(Praha '55) 402 S., **2** ... ⁴('55) 387 S.

Kartografický Přehled Über Leben und Werk von Professor Karel Kořistka: **4** ('49) 65– [tschech.].

Studia geophysica et geodaet. [Praha] Le développement de la géodésie et cartographie tchécoslovaque de 1945 à 1960: **4** ('60) 119–29.

Zeměměřičský Obzor Wie die Geodäsie zum Erkennen unseres Planeten beiträgt: **1948**, 1– [tschech.].

S

III–VI **SABATIER,** Paul. Chem. (anorg., physikal.). — 1882–84 Maître de Conférences, 1884–1930 Prof. tit. et Dir. de l'Inst. de Chim., '05–29 Doyen de la Fac. des Sci., '30– Prof. hon. et Doyen hon., Univ. de Toulouse. — Dr.h.c.: (Univ. de Liège), (Univ. de Louvain), (Univ. de Zaragoza). — 1897 Prix La Caze, 1905 Prix Jecker (Acad. Sci. Paris); '13 Plaque Commémorative (Prés. de la Républ. franç.); '15 Davy Medal, '18 Royal Medal (Roy. Soc. London); '33 Franklin Medal (Franklin Inst., Philadelphia, Pa.); Commandeur de la Légion d'Honneur (France).
*1854, Nov. 5, Carcassonne, Aude; †1941, Aug. 14, Toulouse.

Ehrung 1970 Université Paul Sabatier (Université de Toulouse III).

Nekr. *M. C. Brovelli, Revista Centro Estudiantes Farm. y Bioquím. **31** ('41) 49f. — *H. Dale, Proc. roy. Soc. London, Ser. A **179** ('41/42) 243. — *A. F. Holleman, Chemisch Weekbl. **42** ('46) 284. — *E. K. Rideal, Nature [London] **148** ('41) 309; Obituary Notices Fellows roy. Soc. London **4** ('42/44) 63–66 (m. Bildn. u. Faks.). — *H. Vincent, C. R. hebd. Séances Acad. Sci., Paris **213** ('41) 281–83. — Chimica e Industria **23** ('41) 389 (m. Bildn.). — Technique moderne **34** ('42) XXXI, XXXIV.

Zur Biogr. *E. Farber, The Nobel Prize winners in chemistry, 1901–1950 (New York '53) 52–56 (m. Bildn.); ~ 1901–1961 ('63) 51–55. — *G. Ch[ampetier] in: Centenaire de la Société chimique de France (1857–1957) (Paris '57) 240–43: Paul Sabatier, Président d'honneur (à titre posthume, 1955). — *L. Hackspill in: Les Prix Nobel de physique et de chimie (Monaco '62) 145–48; ²('64). — The Nobel Prize winners and the Nobel Foundation 1901–37 (Zürich '38) 134 (m. Bildn. S. 451). — Nobel lectures, Chemistry, 1901–1921 (Amsterdam–London–New York '66) 217–20, 232f.

Zum 90. Geb.tag *H. S. Taylor, J. amer. chem. Soc. **66** ('44) 1615–17.

Zum 100. Geb.tag Centenaire Paul Sabatier, Prix Nobel, Membre de l'Institut, 1854–1954 (Toulouse '56) 95 S. — *G. Bertrand, Notices et Discours, Acad. Sci., Paris **3**.1949/1956 ('57) 572–82. — *C. Camichel, ibid. 583–92. — *G. Dupouy, ibid. 593–98. — *C. Camichel, Bull. Soc. chim. France **1955**, 466–68 (m. Bildn.). — *G. Champetier, ibid. 469–72. — *G. Bertrand, ibid. 473–75. — *J. R. Partington, Nature [London] **174** ('54) 859f. — Bull. Soc. chim. France **1955**, 465.

S. Nobel lectures, Chemistry, 1901–21 (Amsterdam–London–NewYork '66) 221–31: The method of direct hydrogenation by catalysis.

Allgemeine österr. Chemiker- u. Techniker-Ztg. Das Nickel als Katalysator chemischer Reaktionen: **50** ('32) 39f.

Bull. Soc. chim. France Les hydrogénations directes sur le nickel: (5) **6** ('39) 1261–68.

Chemical News Nickel as a catalyst of chemical reactions: **144** ('32) 177–79.

Chimie et Industrie Quelques réflexions sur la catalyse: **29** ('33) Nr. spéc. 6 bis, S. 868.

Industrie chim. Le nickel catalyseur des réactions chimiques: **19** ('32) Jan.-Nr., 11f.

Moniteur Prod. chim. Le nickel catalyseur des réactions chimiques: **14** ('32) Nr. 159, 7–10.

Nickel Bull. Nickel as a catalyst of chemical reactions: **5** ('32) 25–27.

Notices et Discours, Acad. Sci., Paris Funérailles de Charles Moureu. Discours: 1.1924/1936 ('37) 276f.

Revue Nickel Le nickel catalyseur des réactions chimiques: **3** ('32) 18–20.

VI **SABBATANI,** Luigi. Chem., Pharmakol. — 1883–89 Stud., 1889 Laureato, 1891–93 Assist., 1893–96 Libero Doc., Univ. di Bologna; 1896–97 Assist., Univ. di Torino; 1897–1902 Prof. ord., Univ. di Cagliari; '03–09 Prof. ord., Univ. di Parma; '10–28 Prof. ord. e Dir. dell'Ist. di Farmacol., Univ. di Padova; '22–24 Pres., Soc. medico-chirurg. di Padova; Pres., Soc. ital. di Biochim.; Pres., Soc. ital. di Storia delle Sci. med.; Vice-pres., Soc. ital. di Biol. sperim. — '12 Medaglia d'oro (Soc. ital. dei XL).

*1863, Dez. 1, Imola, Bologna;

†1928, Juli 9, Treviglio, Bergamo (während Eisenbahnfahrt).

Nekr. *V. Ducceschi, Prof. Luigi Sabbatani, 1863–1928. Parole (Padova '28) 8 S. (m. Bildn.). — *G. Mazzini, In memoria del prof. Luigi Sabbatani, 1863–1928 (Imola '28) 14 S. (m. Bildn.). — *I. Simon, Annuario Univ. Studi Padova **1928/29**, 308–15 (m. Bildn.). — Atti Ist. veneto Sci., Lettere ed Arti, Parte I **88** ('28/29) 1. — Atti Soc. medico-chirurg. Padova **6** ('28) Nr. 5/6, 146–50 (m. Bildn.).

VI **SABETAY,** Sébastien. Chem., Kosmetol. — 1923–24 Assist., Kaiser-Wilhelm-Inst. f. Biochem., Berlin-Dahlem; '24–26 Assist., Inst. Pasteur, Paris; '26–50 Chimiste de recherches → Dir. du Labor. de recherches, Parfumerie Houbigant; '50– Dir. sci. et Cogérant, Etablissements Laserson et Sabetay, La Garenne-Colombes, Seine; '50 Fondateur, '50–52 Prés., Soc. franç. de Cosmétol.; '71– Vice-prés., Union mondiale des Intellectuels. — Médaille d'argent (Ville de Paris).

*1897, März 18, Alexandria, Rumän.;

†1978, Dez. 14, Paris.

Bitte Anmerkung auf Seite 4201 beachten!

Autobiogr. Soap, Perfumery and Cosmet. Yearb. and Buyer's Guide **1962**, 5 (m. Bildn. auf S. 3, Faks. auf S. 4).

HZ. Industrie(s) Parfumerie **1** ('46) — **12** ('57) Nr. 6.

S. Communications présentées au 14e Congrès de chimie industrielle, Paris 1934, **2** (Paris '35): Sur une réaction colorée des sesquiterpènes azulénogènes [33]) (3 S.). — C. R. 15e Congrès de chimie industrielle, Bruxelles 1935, **2** (Paris '36) 762–70: Hydrogénation catalytique des huiles essentielles[26]). — C. R. 17e Congrès de chimie industrielle, Paris 1937, **2** (Paris '37) 777–83: Progrès récents dans les méthodes chimiques à l'analyse fonctionnelle des huiles essentielles [24]).

W. L'industrie des parfums; progrès réalisés dans la chimie des parfums et des huiles essentielles en 1933 (Paris '34) 47 S. (Les monographies de la Revue de chimie industrielle, 1). — Progrès récents dans la chimie des parfums et des huiles essentielles (Paris '36) 77 S. (Les monographies de chimie industrielle). — Les travaux récents d'analyse et de synthèse organiques et la chimie des parfums de 1935 à 1938 (m. H. Sabetay) (Paris '41) 821 S., Neudruck: ('43). — La recherche scientifique en France et à l'étranger dans l'industrie de la parfumerie et de la cosmétique (Paris '50) 15 S. (Centre de Perfectionnement technique, Cours-conférences, 2182).

Annales Chim. analyt. (et Chim. appl.) Sur une réaction colorée de l'essence du géranium et de quelques rhodinols commerciaux: **15** ('33) 194–96. — Sur l'analyse de l'essence de cumin [26])[37]): 251–53; **17** ('35) 289. — Identification de l'alcool phényléthylique primaire sous forme d'oxalate [26])[37]): **15** ('33) 338f. — Sur un procédé simplifié de dosage des alcools primaires, par phtalisation benzénique [24]): **19** ('37) 35–38. — Sur l'analyse des parfums naturels [24])[26]): 201–08, 227–32. — Procédé simplifié et rapide de dosage des alcools primaires et de certains alcools secondaires par phtalisation pyridinée à chaud et une application technique de l'identification des alcools éthérifiables sous forme de phtalate acide [24]): 285–89. — Sur une méthode chlorométrique de dosage de la double liaison éthénique [26]): **20** ('38) 288f. — Sur un procédé d'analyse, simple et rapide, des essences concrètes et absolues, par codistillation sous vide avec le glycol éthylénique: **21** ('39) 173–76. — A propos de la phtalisation pyridinée à chaud: 289f. — Note sur l'essence concrète d'immortelle de Provence: **22** ('40) 89–91. — Sur un procédé de dosage de l'huile essentielle dans les drogues et les épices, par codistillation sous vide avec le glycol éthylénique: 217f. — Sur les constantes analytiques de l'essence concrète de fleurs de violettes Victoria [38]): **23** ('41) 70. — Sur une réaction colorée du bicyclopentadiène [26])[18]): 207–09. — Notice sur l'essence de henné du Maroc [38]): 286f. — Le tabac et son parfum, 2 [26])[34])[5]): 311–14. — Présence de l'eugénol dans l'essence du géranium [38]): **27** ('45) 191. — Quelques constituants des essences concentrées du genêt d'Espagne (Spartium junceum) [15]): **27** ('46) 224f.

Annales Falsificat. et Fraudes Remarques sur l'analyse des huiles essentielles [2]): **26** ('33) 280–86. — Contribution à la connaissance de l'essence de rose bulgare [6]): **27** ('34) 585–89. — Contribution à l'analyse des huiles essentielles: A propos du dosage du phtalate d'éthyle par la méthode au phtalate potassique: **28** ('35) 100–02. — Identification rapide de l'anthranilate de méthyle: 478f. — A propos du dosage des alcools tertiaires par formylation à froid: **29** ('36) 225–27. — Sur quelques réactions colorées des huiles essentielles, des huiles grasses et des parfums synthétiques: 402–09.

Bull. Sci. pharmacol. Indice de méthyle de quelques baumes, résines et de quelques drogues d'origine animale [16]): **42** ('35) 529–32.

Bull. Soc. chim. France Remarques sur les alcoxyacides et leurs éthers-sels: (4) **51** ('32) 1619f. — Evaluation, par acétylation pyridinée, de la teneur en alcools primaires et secondaires libres, en présence d'alcools tertiaires, dans les huiles essentielles [4]): (5) **2** ('35) 1716–24. — Hydrogénation catalytique à pression élevée [,2]: Huiles essentielles et esters [26]): **3** ('36) 682–87; Réductions catalytiques sous hautes pressions, 5 [26]): **5** ('38) 1423–25. — Note sur les mouillants moussants en milieu acide: **3** ('36) 1918f. — Note de laboratoire: Sur une cause d'erreur dans la détermination de l'indice diénique [24]): **4** ('37) 2105–07. — Note de laboratoire: Dosage du phtalate d'éthyle en présence d'huiles essentielles, de parfums naturels et de parfums synthétiques [24]): **5** ('38) 102–05. — Note de laboratoire: Sur un procédé simplifié d'oximation analytique des aldéhydes et des cétones: 1419–22. — Note de laboratoire: Les cétones de l'essence de vétyver [38]): **6** ('39) 740–43. — A propos de la vétyvérone [38]): **9** ('42) 152–54. — Identification de quelques alcools tertiaires [26])[7]): **10** ('43) 131. — Sur quelques constituants de l'essence de ciste labdanum (Cistus ladaniferus) [38]): 398. — Présence de lédol dans une cistacée (Cistus ladaniferus) [9]): 398. — Sur un nouveau procédé de dosage des alcaloïdes volatils (nicotine, coniine, spartéine, etc.) dans la plante [26])[25]): 399. — Essai de torréfaction des tabacs [26])[1]): 399. — Sur l'hydrogénation sélective de l'eugénol et de l'isoeugénol [26])[8]): 403.

Chimie et Industrie Sur une nouvelle méthode de dosage des aldéhydes par cannizzarisation quantitative [26])[37]): **29** ('33) No. spéc. 6 bis, 1037f. — Sur un nouvel indice applicable aux aldéhydes, l'indice de cannizzarisation [26])[37]): **31** ('34) No. spéc. 4 bis, 863f. — Etat actuel de la chimie des parfums: **38** ('37) 211–25. — Examen d'une huile essentielle de "Lippia adoënsis" Hochst. [26])[28]): **43** ('40) 367–70. — Le tabac et son parfum [38])[5]): **46** ('41) 429–38.

C. R. hebd. Séances Acad. Sci., Paris Sur la désulfhydratation potassique de quelques mercaptans arylaliphatiques [26])[37]): **194** ('32) 102–04. — Sur quelques aldéhydes à fonction éther-oxyde [23]): 617–20. — Sur une méthode de dosage des aldéhydes, basée sur les réactions de Cannizzaro et de Claisen [26])[37]): 1502–05. — Sur l'α-vinylnaphtalène et sur les résines polyvinylnaphtaléniques [26])[37]): 2065–68. — Sur l'action de divers agents déshydratants sur l'alcool phényléthylique primaire [26])[37]): **195** ('32) 1392–94; **196** ('33) 144. — Déshydratation potassique des alcools β-phényléthyliques halogénés dans le noyau. Halogénostyrolènes [26])[37]): 622–25. — Sur quelques aldéhydes à fonction éther-oxyde [26])[31]): 1508–10. — Le trichlorure d'antimoine, nouveau réactif de la double liaison: **197** ('33) 557–59, 660. — Les constantes analytiques de l'essence de rose bulgare [6]): 1748–50. — Sur la caractérisation des doubles liaisons par le trichlorure d'antimoine [4])[16]): **198** ('34) 276–78. — Extension de la réaction de Cannizzaro aux aldéhydes aliphatiques et arylaliphatiques [26]): 1513–15. — Sur une réaction colorée des sesquiterpènes azulénogènes [33]): **199** ('34) 313–16. — Sur un procédé rapide de dosage des alcools primaires et secondaires dans les huiles essentielles: 1419–21, 1694. — A propos de la réaction de Cannizzaro appliquée aux séries aliphatique et arylaliphatique [26]): **200** ('35) 404–06. — Sur une méthode de diagnose rapide et de dosage approximatif des alcools primaires, en présence des secondaires et des tertiaires, par formation d'éthers trityliques: **203** ('36) 1164–66. — [Réductions catalytiques sous hautes pressions, 4:] Hydrogénation catalytique de l'α-ionone: ionol, dihydroionol, tétrahydroionol, dihydroionone, tétrahydroionone [26])[19]): 1376–78. — Action réductrice de la potasse benzylique et du benzylate de sodium sur les aldéhydes [26])[22]): 1523–25. — Sur le présence de cyanure de benzyle dans l'essence concrète de Karo Karoundé [26])[38]): **207** ('38) 540–42. — Déshydrogénation catalytique, au moyen du nickel, Raney ou ordinaire [26]): **208** ('39) 109–12. — Sur la préparation de quelques alcoxy- et arylalcoxyéthanols et homologues supérieurs [26])[12]): 289–91. — Sur la présence d'eugénol dans les essences absolues de jasmin [38]): 1242–44. — Sur la déshydrogénation catalytique par le nickel: Nouvelles applications, essais de cinétique [26])[12]): 1654–56. — Sur une méthode de dosage, sous forme d'ammoniac, de l'azote des amides et des nitriles [26])[32]): **209** ('39) 483–85. — Sur la teneur en eugénol libre de l'essence de fleurs de violette de Parme [38]): 843–45. —

Bitte Anmerkung auf Seite 4201 beachten!

Produits d'oxydation et de réduction de l'hydroxycitronnellal [26][29]: **212** ('41) 911–13. — Sur quelques constituants de l'essence concrète des feuilles de tabac (Nicotiana tabacum) [38][5]: **213** ('41) 321–23. — Le parfum des fleurs de tabac; considérations sur le rôle de l'eugénol dans la fleur [15][26]: 805–07. — Sur l'hydrogénation sélective de l'aldéhyde cinnamique sous l'influence du nickel Raney [26][8]: **218** ('44) 553–55. — Sur la présence de citral dans l'essence de bergamote (Citrus bergamia Risso) [38]: **222** ('46) 972f. — Contribution à l'étude de l'action de l'amidure de sodium sur l'hydrogène mobile [26][10]: 1235–37. — Nouveau procédé de séparation et de dosage des polyols au moyen d'entraîneurs sélectifs [26][20]: **223** ('46) 247–49. — Sur la nature de la matière odorante des cultures du bacille tuberculeux [11]: 933f. — Sur les produits d'hydrogénation catalytique, par le nickel Raney, de l'aldéhyde α-méthyl-para-isopropyl-hydrocinnamique [26][30]: **224** ('47) 939–41. — Nouvelle méthode de dosage de la nicotine dans les feuilles de tabac par codistillation glycolique [26][20]: 1566–68. — Contribution à l'étude de la composition chimique du tabac: Sur la présence de l'acide méthyl-3 valérianique dextrogyre dans la feuille fermentée de tabac [27]: **225** ('47) 887–89.

France Pharm. Nouvelles synthèses dans la chimie des terpènes à partir du charbon, du pétrole et de la térébenthine: **13** ('60) 209–14.

Fruits [Paris] Nouvelles utilisations des essences d'agrumes, compte tenu des derniers travaux sur leur constitution chimique: **17** ('62) 429–34.

Grasas y Aceites Los lamepones (tephals). Sus preparaciones, sus propiedades y sus empleos: **10** ('59) 275–78 [m. deutscher, französ. u. engl. Zusammenfassg.].

Helvetica chim. Acta A propos de la vétyvérone [38]: **25** ('42) 1187. — Sur l'évaluation des alcools tertiaires dans les huiles essentielles. Réponse à Y. R. Naves: **30** ('47) 287.

Indian Oil and Soap J. Back to the egg. Aviculture in the service of beauty treatment and modern cosmetology [17]: **32** ('66) 11–15.

Industrie Parfumerie Les produits d'extraction du poivre de Kissi [38]: **1** ('46) 44, 46f. — Le tabac et son parfum, 4: Le tabac d'Algérie (région de Bône) [26][38]: **2** ('47) 83f. — Sur les constantes analytiques des essences de néroli et de petit grain pamplemoussier d'origine palestinienne [12]: 200. — Nouvelle méthode de dosage de l'eau et des polyols au moyen d'entraîneurs variés [20][26]: 325f. — Léopold Ružička: **3** ('48) 46f. — Sur les phénols de l'essence concrète de fleurs de réséda [15][40]: 85. — La formation du chimiste parfumeur: 134. — Pour la connaissance des produits d'extraction des fleurs et des feuilles, 1: Sur l'essence concrète de fleurs de caroubier [13]: **4** ('49) 251; ~ 2: Constantes analytiques des essences concrètes et absolues de ciste-labdanum de l'Esterel: **5** ('50) 33; ~ 3: Muguet, lilas, glycine, seringa: 86; ~ 4: L'essence concrète de fleurs de caféier (Coffea arabica L.) [38]: 216f. — Ernest Fourneau, 1872–1949: **4** ('49) 461. — Hommage à Eugène Bourdet: **5** ('50) 29. — Quelques remarques sur l'analyse des essences d'hespéridées: 458. — L'essence concrète des rameaux du peuplier canadien (Populus balsamifera) [11]: 503. — Sur quelques constituants de l'essence de ciste-labdanum de l'Esterel (Cistus ladaniferus L.) [38]: 548f. — Sur la présence de lédol dans une cistacée (Cistus ladaniferus L.) [9]: 550. — Dosage de l'huile composée contenue dans un parfum, dans une lotion ou dans une eau de Cologne: **6** ('51) 66. — Dr. Ernest Guenther: **7** ('52) 96. — Tendances dominantes dans la chimie des parfums: 373–75. — Perfectionnements apportés aux procédés de solubilisation des huiles essentielles et des parfums naturels et synthétiques dans des milieux aqueux: **8** ('53) 98. — Perfectionnements apportés aux procédés de fixation des parfums: 135. — Premier Symposium international des parfums synthétiques: 183. — Cosmétique charlatanesque et cosmétique scientifique: 374f. — Pierre Chauvet, industriel et gentleman-farmer [41]: **9** ('54) 7–19. — Sur quelques produits d'extraction du tabac bulgare [38]: 346. — Inauguration de la nouvelle usine SINNOVA à Toulouse: **10** ('55) 78–82. — Dans le monde de la parfumerie: 143. — Grasse sous la neige: 174. — Techniques de parfumage des produits cosmétologiques: 197–202. — Cinq années de perhydrosqualène. Une révolution en cosmétique: 268–70. — Les tendances de la cosmétologie moderne: 359; **11** ('56) 441–43. — Nouvelles matières premières pour la cosmétologie moderne: **10** ('55) 452–54. — "Industries de la Parfumerie" à dix ans: **11** ('56) 83. — Le numéro mondial d'"Industrie de la Parfumerie": 205. — Impressions d'un récent voyage dans la Vallée des Roses en Bulgarie: 259–63. — Une visite chez Boake Roberts: 338–40. — Jean Gérard, 1890–1956: 475.

International Perfumer Volumetric determination of small quantities of tertiary alcohols by formylation in the cold: **1** ('51) Nr. 2, 11–13 [französ. u. engl.].

Oléagineux Les lamépons (téphals). Leurs préparations, leurs propriétés et leurs utilisations: **14** ('59) 179–81. — Dérivés de l'œuf et corps gras. L'aviculture au service de l'esthétique et de la cosmétologie [17]: **20** ('65) 519–21.

Parfümerie u. Kosmet. Perhydrosqualen: **36** ('55) 509–11. — Die Lamepone (Tephale), ihre Präparationen, ihre Eigenschaften und ihre Anwendungen: **40** ('59) 80–82 [m. engl. u. französ. Zusammenfassg.].

Parfumerie moderne Une méthode de dosage rapide des alcools primaires: **29** ('35) 203. — Rohstoffe für Mittel gegen Zellgewebsentzündung: **44** ('52) 84f. [französ.].

Bitte Anmerkung auf Seite 4201 beachten!

Perfumery and essent. Oil Rec. Determination of free alcohols [4])[3]): **26** ('35) 334. — The analysis of the "natural perfumes" [26])[24]): **28** ('37) 327–37. — Phtalic esters: detection, identification and determination in essential oils, natural perfume substances and synthetic perfumes [24]): **29** ('38) 22–27. — Madagascan "longoza" oil, scented species of Hedychium [38]): 142–46. — Karo-Karoundé from French Guinea [26])[38]): 344–47. — Moroccan oil of camomile [38]): **30** ('39) 13f. — Eriocephalus africanus concrete otto [38]): 171f. — Violet and its perfume [38]): **31** ('40) 50–54. — Mimosa and its perfume [38]): 120–25, 133. — Ledol in Cistus labdanum [9]): **41** ('50) 65. — Constituents of Cistus labdanum [38]): 65.

Rassegna chim. Olii degli animali ibernanti ed i loro impieghi in cosmetologia ed in dermofarmacia, 1: Olio di marmotta: **19** ('67) 77–79.

Recueil Trav. chim. Pays-Bas Sur la présence de lédol dans une cistacée (Cistus ladaniferus L.) [9]): **69** ('50) 545f.

Revue Bot. appl. et Agric. tropic. Le parfum de fleurs de tabac: considération sur le rôle de l'eugénol dans la fleur [26])[15]): **22** ('42) 99–101.

Revue Chim. industr. et Moniteur sci. Quesneville Zukunftsaussichten der wissenschaftlichen Forschung in der Riechstoffindustrie: **43** ('34) 153–57 [französ.]. — Kurze Mitteilung über das absolute Öl der Provence-Nelken [21]): **48** ('39) 39–41 [~]. — La parfum des fleurs de tabac [15])[26]): **50** ('41) 47f.

Revue franç. Corps gras Cinq années de perhydrosqualène. Une révolution en cosmétique: **3** ('56) 26–30.

Revue Marques Parfumerie et Savonnerie Les constantes analytiques de l'essence de rose bulgare [6]): **12** ('34) 91f.

Revue Marques-Parfums France Über ein Verfahren zur Bestimmung der Aldehyd- oder Ketonnatur von Carbonylverbindungen [33]): **17** ('39) 141f. [französ.].

Riechstoffe u. Aromen Fünf Jahre Perhydrosqualen — eine Revolution in der Kosmetik: **5** ('55) 274–76. — Neue Synthesen in der Terpenchemie, ausgehend von Kohlenstoff, Petroleum und Terpentin: **10** ('60) 365–68, 401–05. — Das Fischsilber und seine Ersatzprodukte [14]): **11** ('61) 120–25.

Riechstoffindustrie u. Kosmetik Über eine Farbreaktion des Geraniumöles und einiger käuflicher Rhodinole: **8** ('33) 26f. — Fortschritte in der Chemie der Riechstoffe und ätherischen Öle im Jahre 1933: **10** ('35) 1–5, 19–21, 34–36. — Über p-Pseudobutylphenol, einen Körper mit Juchtengeruch [36]): 84. — Fortschritte auf dem Gebiete der Riechstoffchemie im Jahre 1934: **11** ('36) 94–96, 122–26, 144f., 205–09, 223–26. — Die Chemie des Stickstoffs [36]): **12** ('37) 2f. — Anwendung des Reagens von Girard und Sandulesco zur Isolierung von Ketonen aus ätherischen Ölen und tierischen Drogen [36]): 161f. — Über einige Farbreaktionen der ätherischen und fetten Öle, sowie der synthetischen Riechstoffe: **13** ('38) 84f.

Rivista ital. Essenze, Profumi, Piante officin., Olii veget., Saponi Die Prüfung natürlicher ätherischer Öle [24])[26]): **20** ('38) 127–31 [italien.]. — Su un procedimento di dosaggio di piccole quantità d'alcooli terziari per formilazione volumetrica a freddo: **32** ('50) 538. — La ricerca scientifica in Francia e all'estero nell'industria della profumeria: 561–68. — Sguardo d'insieme sui costituenti volatili delle piante medicinali: **36** ('54) 458–61. — Cinque anni del peridrosqualene — una rivoluzione in cosmetica: **37** ('55) 476–79. — Le tendenze della cosmetologia moderna: **38** ('56) 253–56. — Impressioni di un recente viaggio nella Valle delle Rose in Bulgaria: 439–43. — In merito all'impiego dei derivati dello jodio in cosmetologia. Rispettare le leggi e farle rispettare: **39** ('57) 272–76. — La cosmesi davanti alla legge: **40** ('58) 303–07. — I lameponi [tephals] – loro preparazioni, proprietà ed utilizzazione: **41** ('59) 10–13. — Quo vadis cosmetologia?: 82–85. — Tre nuove possibilità di sistemazione per le estetiste: consiglieri estetiste – presentatrici di prodotti di bellezza: 221–23. — Nuove sintesi nella chimica dei terpeni, derivati dal carbone, dal petrolio e dalla trementina: **42** ('60) 227–33. — Le acque di Colonia profumate: 448–50. — Nuovi impieghi delle essenze d'agrumi secondo i più recenti studi sulla loro costituzione chimica: **44** ('62) 239–43. — Gli olii degli animali ibernanti ed i loro impieghi in cosmetologia ed in dermofarmacia, 1: Olio di marmotta (Marmota marmota L.): **49** ('67) 44–46. — L'olio di camelia (Camelia japonica L.) ed il suo impiego in cosmetologia e dermofarmacia: **54** ('72) 199f. [m. französ., engl. u. deutscher Zusammenfassg. S. 152, 154, 156]. — Eléments aromatiques naturels et synthétiques: 898–902. — Si les plantes à parfums venaient à disparaître, pourrions-nous faire des parfums rien qu'avec des synthétiques: **57** ('75) 324–26.

Seifen-Oele-Fette-Wachse Neues aus der Chemie des Squalens und Perhydrosqualens: **84** ('58) 763f. [m. engl., französ. u. span. Zusammenfassg.].

Soap, Perfumery and Cosmet. Training of the perfumery chemist: **21** ('48) 1001f. — Scientific research in the perfumery and cosmetic industry in France and other countries: **24** ('51) 568–80. — Five years of perhydrosqualene – a revolution in cosmetics: **28** ('55) 1125–27. — Current tendencies in cosmetology: **29** ('56) 535–37. — On the use of iodine derivatives in cosmetology: **30** ('57) 809–12. — New syntheses in terpene chemistry starting from carbon, petroleum and turpentine: **33** ('60) 593–99. — Nacreous bases in cosmetics [14]): **34** ('61) 57–60. — Current trends in cosmetology: **36** ('63) 883–86. — The future of perfumery: **37** ('64) 401–04. —

Bitte Anmerkung auf Seite 4201 beachten!

Perfumed eaux de Cologne: **38** ('65) 319–21. — Oils from hibernating animals and their applications in cosmetology and dermo-pharmacy, 1: Marmot oil: **40** ('67) 186f. — Pro lavandula vera naturale: **44** ('71) 701–03. — Camellia seed oil: **45** ('72) 244, 252.

Technique Industries chim. Die französische Parfümindustrie, ihr Fortschritt und ihre Entwicklung [24]): **1938**, No. 277 bis, 71–76, 84 [französ.].

Mit: [1]) L. Barbé; [2]) L. Bornand; [3]) Y. Breugnot; [4]) R. Delaby; [5]) H. F. Emmanuel; [6]) R. Garnier; [7]) M. Garry; [8]) B. Gauthier; [9]) P. Gilly; [10]) E. Gordon; [11]) A. Goris; [12]) A. Halasz; [13]) L. Haskelberg; [14]) H. Hunsdiecker; [15]) G. Igolen; [16]) M.-M. Janot; [17]) Y.-A. Justeau; [18]) B. Kadrinoff; [19]) J. Kandel; [20]) G. Libmann[-Métayer]; [21]) G. Mane; [22]) P. Mastagli; [23]) D. N. Mira; [24]) Y. R. Naves; [25]) F. Pairault; [26]) L. Palfray; [27]) J. Panouse; [28]) P. Petit; [29]) A. Rangel; [30]) R. Reynaud; [31]) M. Rotbart; [32]) S. Rovira; [33]) H. Sabetay; [34]) L. Sabourin; [35]) —; [36]) G. Sandulesco; [37]) D. Sontag; [38]) L. Trabaud; [39]) —; [40]) C. Monod; [41]) E. Guenther.

VI **SABINE,** Paul Earls. Physik (Akustik). — 1919–47 Dir., Riverbank Acoustical Labor., Geneva, Ill.; '42–46 Research Assoc., Underwater Sound Labor., Harvard Univ., Cambridge, Mass.; '47–58 Private Consultant; '35–37 Pres., Acoustical Soc. of America.

*1879, Jan. 22, Albion, Ill.;

†1958, Dez. 28, Colorado Springs, Colo.

Zur Biogr. *T. Lyman, J. acoust. Soc. America **7** ('36) 241.

Nekr. J. acoust. Soc. America **31** ('59) 536 (m. Bildn.).

S. International Association for Testing Materials, London congress, 1937 (London '37) D69–D71: The present status of the measurement of the sound absorption coefficients of materials. — Creative power of mind (W. H. Kinnear) (Englewood Cliffs, N.J. '57, London '58): [Auszüge aus „Atoms, men and God", siehe unter **W.**].

W. Acoustics and architecture (NewYork–London '32) 9+327 S. — Theory and use of acoustical materials (Chicago, Ill. '47) 19 S., ²(New York '50) 20 S. (Acoustical Materials Association, AIA Nr. 39-A). — Atoms, men and God (NewYork '53) 226 S.

American J. publ. Health and Nation's Health The problem of industrial noise: **34** ('44) 265–70.

Architectural Forum Acoustics in theatre design: **57** ('32) Nr. 3.

Civil Engng. Sound control in buildings of the future: **1933**, Aug.-Nr.

Hospital Management The hospital and the noise problem: **53** ('42) Juni-Nr. [Zitat unsicher].

Bitte Anmerkung auf Seite 4201 beachten!

J. acoust. Soc. America Weight as a determining factor in sound transmission: **4** ('32/33) 38–43. — What is measured in sound absorption measurements: **6** ('34/35) 239–45. — The beginnings of architectural acoustics: **7** ('35/36) 242–48. — Effects of cylindrical pillars in a reverberation chamber: **10** ('38/39) 1–5. — Absorption effects in sound transmission measurements [1]): 102–04. — Architectural acoustics, its past and its possibilities: **11** ('39/40) 21–28. — Measurement of sound absorption coefficients from the viewpoint of the testing laboratory: 41–44. — Specific normal impedances and sound absorption coefficients of materials: **12** ('40/41) 317–22. — The Acoustical Society and noise abatement: **13** ('41/42) 207–09. — On the acoustic properties of small cavities: **14** ('42/43) 74–78. — Acoustical amplification by hearing aids: **16** ('44/45) 38–44. — Absorption–frequency characteristics of plywood panels [1]): **20** ('48) 267–70. — Making acoustical virtues out of architectural necessities: **27** ('55) 497–99.

J. Franklin Inst. Recent developments in architectural acoustics: **217** ('34) 443–58.

J. Soc. Motion Picture Engr. Absorption and impedance of acoustical materials [1]): **49** ('47) 262–78.

Trans. amer. Acad. Ophthalmol. and Otolaryngol. On estimating the percentage loss of useful hearing: **46** ('41/42) Jan./Febr.-Nr.

Ferner Neufassung des Artikels "Acoustics" für die "Encyclopedia Americana" 1940.

Mit: [1]) L. G. Ramer.

VI **SACCARDI,** Pietro. Chem., Pharm., Toxikol. — 1921– Prof. ord., Pres. della Fac. di Farm. e Dir. dell'Ist. di Chim. farm. e tossicol., ca. '70 Prof. fuori ruolo, Univ. di Camerino. (⊠)

*1889, Dez. 11, Firenze.

W. Tossicologia forense umana e veterinaria ad uso professionale di giudici istruttori, avvocati e medici legali (Firenze '55) 192 S.

Annali Chim. appl. Über neue Kondensationsprodukte des Pernitrosocamphers mit primären Aminen [6]): **22** ('32) 88–90 [italien.]. — Über eine sehr empfindliche Reaktion auf Indol und Pyrrol: **25** ('35) 157–59 [~]. — Analisi dell'acqua minerale delle Terme di S. Vittore in Genga (Ancona) [3]): **31** ('41) 101–09. — Eine Modifikation des Zeisel-Apparates zur Mikrobestimmung von Oxyalkylen: **34** ('44) 18f. [italien.].

Annali Chim. Analisi chimica e chimico-fisica dell'acqua di S. Lucia di Tolentino: **44** ('54) 847–58.

Archivio Fisiol. Sopra alcuni dati analitici relativi al nero di seppia: **34** ('35) 374–83.

Archivio Sci. biol. Sulla variazione della quantità di calcio nell'embrione e nell'uovo del pollo durante l'incubazione [6]): **19** ('33) 55–61.

Biochimica e Terap. sperim. Su contenuto in rame di peli e di penne di animali di vario colore [5]): **22** ('35) 169–72.

Chimica Industria, Agric., Biol., Realizzaz. (autarch. e) corporat. Komplexe zwischen Pyrrolen oder Indolen und Metallen oder Nichtmetallen [5]): **11** ('35) 219–21 [italien.]. — Nachweis der wichtigsten Kationen mittels organischer Reagenzien [5]): 306–09 [~]. — Das Selen und eine neue Reaktion des Selens [7]): **13** ('37) 210 [~]. — Darstellung und Eigenschaften von 4'-Hydroxysulfanilanilid [4]): **17** ('41) 144f. [~]. — Vollständige Analyse des Wassers einer mineralarmen Quelle im Gebiet von Camerino: **18** ('42) 294–96 [~].

Chimica [Milano] Rappresentazione periodica e tossicologica degli elementi: (N.S.) **11** ('55) 411–14.

Farmacista ital. Untersuchung und analytische Werte von Catha edulis aus Äthiopien [3]): **9** ('41) 151–62 [italien.].

Fisiologia e Med. Ricerche sulla reazione di Donaggio [5]): **6** ('35) 511–14.

Gazz. chim. ital. Su di un pentacloridrato di diossipirroltripalladio [2]): **67** ('37) 611–13. — Über einige sulfurierte "Sulfonamide": **75** ('45) 87–90 [italien.].

Rivista Biol. Sulla quantità di alluminio ingerita con i cibi in quanto cotti in recipienti di alluminio [1]): **19** ('35) 474–79.

Mit: [1]) O. Antonelli; [2]) L. Delavigne; [3]) N. Deliana; [4]) M. Frulla; [5]) G. Giuliani; [6]) P. Latini; [7]) G. Martini.

IV,VI **SACCO,** Federico. Geol., Paläontol. — 1897–1935 Prof. ord. Geol., '35 Prof. emer., Politecnico di Torino; '27–39 Pres., R. Comitato Geol. d'Italia. (⊠)
*1864, Febr. 5, Fossano, Cuneo;
†1948, Okt. 2, Torino.

Nekr. *G. Cecchini, Memorie Soc. astron. ital. **20** ('49) 87f. — Geofisica pura e appl. **14** ('49) 139. — Quarterly J. geol. Soc. London **106** ('51) 55f.

Schriftenverzeichnis Elenco delle pubblicazioni di Federico Sacco, 1884–1948 (Torino '48) 29 S. (m. Bildn. u. Faks.). — Boll. Comitato glaciol. ital. (2) **1** ('50) 13–17.

S. Alessandria irrigua ed agraria (Commissione provinciale granaria di Alessandria) (Alessandria '32): La geoidrologia della regione alessandrina (21 S.). — Il Parco Nazionale del Gran Paradiso **3** (Torino '32): Schema geologico del Parco Nazionale del Gran Paradiso e delle regioni adiacenti (25 S.). — Enciclopedia italiana di scienze, lettere ed arti **19** (Roma '33) nach S. 700: Carta geologica d'Italia, scala di 1:3500000. — Fonti e studi di storia fossanese (Torino '36) (R. Deputazione subalpina di storia patria, Seguito alla Biblioteca della Società storica subalpina, 163): Preistoria di Fossano. — I combustibili nazionali ed il loro impiego. Convegno di Torino 1939 (Torino '39): Sull'approfondamento delle trivellazioni petroleifere. — Atti del IV° Convegno nazionale per il metano, Bologna 1941, **1** (Bologna '41) Nr. 9: Origini e ricerche del metano in Italia (15 S.). — *G. C. Pola Falletti-Villafalletto, La Castellata di Rivara e il Canavese **1** (Milano '45): Sguardo geologico sui dintorni di Rivara.

W. Note illustrative della carta geologica d'Italia alla scala 1:100000. Fogli di Parma e Castelnuovo nei Monti (Roma '32) 53 S.; ~ Modena e Reggio ('32) 35 S.; ~ Pontremoli ('33) 55 S.; ~ Bologna e Vergato ('35) 55 S.; ~ Torino, Vercelli, Mortara, Carmagnola, Asti, Alessandria, Cuneo, Ceva, Genova N. e Voghera O. costituenti il bacino terziario del Piemonte ('35) 87 S.; ~ Ancona, Iesi, Fermo e Macerata (m. G. Bonarelli) ('36) 41 S.; ~ Imola, Faenza, Forlì e Rimini costituenti l'Appennino della Romagna ('37) 53 S.; ~ Pesaro, Senigallia ('37) 43 S.; ~ Monte Falterona o Dicomano ('40) 39 S.; ~ Ceva e Genova ('43) 63 S. [Einschließlich aller zugehörigen Kartenblätter]. — Le Alpi (Milano '34) 697 S. — Origine ed evoluzione della vita. Biologica commedia in quattro atti e un prologo (Milano '37) 16+331 S.

Alpi [Torino-Roma] Corsica geologica: **58** ('39) Nr. 7. — A che cosa servono i ghiacciai alpini?: **59** ('40) 371–. — Il Museo nazionale della Montagna ed i suoi plastici: **66** ('47).

Alpinismo Il santuario preistorico del M. Bego: **1** ('48).

Annuario R. Univ. Studi Torino Carlo Fabrizio Parona†: **1938/39**, 359–62.

Astri La Luna vista da un geologo: **3** ('33).

Annali (R.) Accad. Agric. Torino Il bacino quaternario di Ceva (Langhe Occidentali): **82** ('38/39) 7–; **83** ('39/40) 39–46. — Carlo Fabrizio Parona†: **82** ('38/39) 43–47. — Il terrazzamento della Valle Stura di Cuneo presso Fossano: **83** ('39/40) 25–37. — Il terrazzamento della media Valle del Tanaro: **84** ('40/41) 165–81. — Il terrazzamento delle fiumane padane a Monte di Torino: **85** ('41/42) 87–97. — Caratteri geologici e connessi delle Regioni d'Italia: 179–272. — Cause geologiche e connesse della ubicazione di alcuni centri d'abitazione in Italia: **86** ('42/43) 7–88. — Rapporti fra geologia ed orografia in Italia: **87** ('43/44) 5–59. — Direzione e deviazione dei corsi acquei per cause geologiche in Italia: **88** ('45/46) 3–29. — La contrazione del globo terrestre: 43–59. — Luigi Colomba†: 150–57. — Influenza delle gallerie sulle acque sotterranee: **89** ('46/47)

3–22. .— L'acqua potabile e la geologia: **90** ('47) 1–18.

Atti (reale) Accad. nazion. Lincei, Rend. Le direttrici tettoniche trasversali dell'Appennino, 1: (6) **22** ('35) 371–75; ~ 2: 551–53. — Carlo Fabrizio Parona †: **29** ('39) 641–44. — Distinzioni metaniche: (7) **3** ('41) 374–86. — Augusto Stella †: (8) **1** ('46) 816–19. — Le fratture e le rughe della crosta terrestre, 1: 146–51; ~ 2: 257–62. — L'età delle formazioni con pietre verdi: **2** ('47) 510–20. — L'età del "Macigno": 739–43. — L'abissolitismo: **3** ('47) 463–67. — La costituzione geologica sintetica delle Alpi: **4** ('48) 160–66. — La sinclinale di M. Antoroto-Mondolé (tra Ormea e Limone Piemonte): 167–69. — I fenomeni ed i rapporti delle formazioni sismiche nelle litosfere planetarie: 651 f. — Il molibdeno del Monte Bianco: 653. — Sopra una nuova teoria sull'interno terrestre: 379–83. — La serpentinizzazione: **5** ('48) 11 f.

Atti (reale) Accad. Sci. Torino Semi fossili di Vite rinvenuti nell'Alessandrino [1]): **67**.1931/32 ('32) 369–75. — L' "Astiano" sotto la Pianura torinese: **69**.1933/34 ('34) 33–43. — Gli affioramenti di Serpentina nelle Colline casalesi: **70**.1934/35 ('35) 20–25. — Il glacialismo nel Gruppo di Voltri: 96–105. — La trivellazione profonda (766 m) di Valle San Bartolomeo (Alessandria): 552–62. — Le Formazioni eo-mioceniche dell'Appennino: **71**. 1935/36 ('36) 136–62. — Il Pliocene marino sotto Torino: **72**.1936/37 ('37) 56–63. — Considerazioni sull'origine del petrolio: 256–72. — Il glacialismo nel Gruppo del Monte Ajona (Appennino ligure): **73**.1937/38 ('38) 110–17. — Schema paleogeografico dell'Appennino settentrionale: 293–307. — Il Quaternario nell'Alta Valle di Rhêmes (Valle d'Aosta): **74**.1938/39 ('39) 86–104. — La Bipenne porfirica del Passo Arpeto (Alpi marittime): 189–202. — Carlo Fabrizio Parona: 326–49. — Le Zone paraclasiche dell'Africa orientale: **75**. 1939/40 ('40) 223–40. — La Dorsale medio-atlantica: 511–30. — La Sewardiella Fuc. dello scisto verrucano del Monte Pisano: **76**.1940/41 ('41) 41–58. — Considerazioni sopra le origini e le ricerche del metano: 265–87. — Nuovi dati sull'orogenia dell'Oceano Indiano: 526–30. — Il pluvionivografo ed orogenografo cenozoico delle Alpi: **77**.1941/42 ('42) 170–88. — Corrugamenti litoidi: **78**.1942/43 ('43) 181–93. — L'origine del Sistema solare. Evoluzione cosmica: **79**.1943/44 ('44) 104–38. — L'ossatura geotettonica del Gruppo del Gran Paradiso: 139–48. — Le zone conglomeratiche del Terziario calabro: 150–60. — Le nebulose anulari-planetarie: **80**.1944/45 ('46) 3–20. — L'evoluzione stellare: 51–55. — Considerazioni aerologiche: 85–90. — Sima e Sial nell'evoluzione planetaria, 1: **81/82**.1945/47 ('48) 3–8; ~ 2: 9–15.

Atti reale Accad. Sci. Torino, Atti gen. e Verbali Cl. unite Giuseppe Stefanini, 1882–1938: **76**.1940/41 ('41) 80f. — Umberto Monterin, 1887–1938: 82f.

Bitte Anmerkung auf Seite 4201 beachten!

Atti reale Accad. Sci. Torino, Cl. Sci. morali, storiche e filol. Carlo Fabrizio Parona †: **74**.1938/39 ('39) 347–70.

Boll. Comitato glaciol. ital. I ghiacciai del Gruppo del M. Bianco nel settembre 1945: Nr. **24** ('47).

Boll. R. Ufficio geol. Italia I problemi delle formazioni ofiolitifere delle Alpi e dell'Appennino: **59** ('34) Nr. 3, 58 S. — I fogli geologici di "Rapallo" e di "Chiavari": **62** ('37) Nr. 6, 22 S. — Il Quaternario nell'Alta Valle dell'Orco: **63** ('38) Nr. 4, 16 S. — Il Quaternario nel Gruppo del Gran Paradiso: **64** ('39) Nr. 5, 36 S. — I fogli geologici al 100.000 di "Città di Castello" e "Mercato Saraceno": **65** ('40) Nr. 5, 13 S. — Il Quaternario di Cervinia: **66** ('41) Nr. 2, 19 S. — Una sezione geologica attraverso le Alpi Apuane: **68** ('43) Nr. 2, 19–28.

Boll. Soc. geol. ital. Dati geoidrologici sulla Tripolitania: **51** ('32) 297–310. — Considerazioni geologiche sopra la Galleria transappenninica della direttissima Firenze–Bologna: **53** ('34) 285–93. — Il fenomeno diluvio-glaciale nelle Alpi durante l'Era terziaria: **55** ('36) 62–115. — Cenni sulla geologia dell'Appennino tosco-romagnolo: 311–18. — L'odissea geologica dell'Appennino settentrionale: **57** ('38) 335–52. — Lo stato di rilevamento della Carta geologica d'Italia al 100000: 381–86. — Il Plio-plistocene attraverso l'Eurasia ed i cicli geici: **58** ('39) 153–60. — La geologia contro gli sprechi: 161–74. — Una sezione geologica attraverso L'Appennino dalla Pianura padana al Tirreno: **59** ('40) 401–20.

C. R. somm. Séances Soc. géol. France Le Villafranchien de l'Eurasie: **1939**, Nr. 1/2, 16–18.

Geofisica pura e appl. Geoidrologia del Serino (Acquedotto di Napoli): **5** ('43) 111–27.

Giovane Montagna Il glacialismo e la crisi attuale: **34** ('48) Nr. 1.

Industria mineraria Italia e Oltremare La pietra litografica di Aglio (Coli in Val Trebbia), Provincia di Piacenza: **13** ('39) 327–31.

Materie prime Italia e Impero Le pietre utili d'Italia: **1** ('36) Nr. 5/6. — Schema geologico dell'Etiopia: **2** ('37) 523–42. — Terra refrattaria di Fonte Ciri (Mondovì): **4** ('39) Nr. 3/4. — Orientamento schematico di geomineraria alpina: **5** ('40) Nr. 5. — Corsica geologica: **5** ('40) Nr. 7. — L'utilizzazione idro-elettrica della Val Varaita (Cuneo): **6** ('41) 467–75. — Come si è formata la faccia della Terra: **6** ('41). — Oro bianco d'Italia: **8** ('43) Nr. 6.

Memorie (reale) Accad. Sci. Torino Palaeodictyon: (2) **69** ('39) 267–85. — Il Quaternario nella Catena del Monte Bianco: **70** ('40/42) 1–22. — Schema orogenetico della Terra: 53–78. — Il Quaternario nel Gruppo del Monte Rosa: Nr. 7, 19 S. — Il

Quaternario delle alte Valli di Lanzo: **71**.1943 ('51) 49–60. — Il Quaternario nelle alte Valli di Susa (Dora Riparia): 61–80.

Memorie Soc. geol. ital. Origine abissale di gran parte dei terreni arcaici: **1** ('33) 20 S.

Metano e Carbonio carburante I premi ministeriali per le ricerche metanifere: **1943**.

Montagna [Torino] Chiacchiere di Sassi: **1** ('34). — Sulla separazione delle Alpi dagli Appennini: **7** ('40).

Pubbl., Ufficio idrogr. Po Cenni geologici sulla regione piemontese: **9**,2 ('32) 7 S. — Geoidrologia dei pozzi profondi della Valle Padana, 3: **9**,3 ('35) 18+532 S. — Il glacialismo nelle Alpi marittime italiane: **10**,7 ('32) 41 S.

Rend. Accad. Sci. fisiche e mat. Napoli Divisioni del Quaternario europeo: **14** ('46). — Le facies e le oscillazioni batimetriche del Terziario italiano: **15** ('47).

Rivista ital. Petrolio Sull'origine inorganica del petrolio: **1937**, Nr. 53.

Saggiatore Norvegia geologica: **1** ('40).

Sapere Come si è formata la faccia della Terra: (2) **8** ('42) 258–. — Come, quando e dove nacque la Terra?: **14** ('48).

Universo [Firenze] L'anfiteatro morenico recente del Rutor: **15** ('34) 907–22. — Il glacialismo atesino: **16** ('35) 735–51, 845–62, 939–55. — Il glacialismo lombardo: **17** ('36) 567–86, 641–58, 727–44. — Il glacialismo veneto: **18** ('37) 553–80, 685–95. — Il glacialismo piemontese: **19** ('38) 217–31, 337–52. — L'alta Italia durante l'Era quaternaria: **20** ('39) 77–86, 187–207. — Le Marocche del Veneto: **21** ('40) 763–82. — Il glacialismo nell'Appennino: **22** ('41) 569–601. — I meandri terrazzati del Tanaro fra Ceva, Carrù e Farigliano: **23** ('42) 133–41. — Un caso speciale di geoidrografia: **24** ('43) 57–59. — Il löss delle Colline torinesi: 415–33. — Schema geologico della Calabria: **26** ('46) 141–65. — La degradazione delle montagne: **28** ('48) 139–51.

Urania [Torino] Leonardo da Vinci geologo: **28** ('39) Nr. 4. — Considerazioni cosmogoniche sull'origine dei sistemi stellari: **29** ('40) Nr. 4. — Come si è formata la faccia della Terra: **30** ('41) Nr. 3.

Vie Italia I solchi di Montjovet: **38** ('32) 391–97. — La vita di un fiume: 513–22. — Gli orridi di Foresto e di Chianoc (Val di Susa): 651–57. — Castelletti di Castellamonte: 854–58. — La Norvegia e lo Spitzberg: **44** ('38).

Vie Mondo La Norvegia vista da un geologo: **6** ('38) 159–80. — Lo Spitzberg visto da un geologo: 409–28.

Einige weitere Publikationen.

Mit: [1]) O. Mattirolo.

Bitte Anmerkung auf Seite 4201 beachten!

IV–VI **SACERDOTE,** Elias Paul. Physik. — 1902–25 Prof., Collège Chaptal, Paris.
*1869, März 15, Lyon;
†1944, Mai 25, KZ Auschwitz.

VI **SADDLER,** William. Math. — Stud., 1910 M.A., '19–30 Lecturer, '28 D.Sc., Univ. of St. Andrews; '14 B.A., St. John's College, Cambridge; '30–55 Prof., Canterbury Univ. College, Christchurch, New Zealand.
[Geburtsdatum nicht bekannt];
†1970, Apr.

J. London math. Soc. Polar properties and canonical forms: **16** ('41) 167–72.

Mathematical Gaz. Perspective triads [1])[2]): **37** ('53) 247–55.

Proc. Edinburgh math. Soc. On certain equations to the cubic surface, with extensions to higher spaces: (2) **4** ('34) 1–11.

Proc. London math. Soc. A special collineation in n-space, with particular reference to n=6: **34** ('32) 89–102.

Trans. and Proc. roy. Soc. New Zealand Properties concerning the Hessian complex in relation to quadrics, conics, and a twisted cubic [1]): **85** ('58) 473–81.

Mit: [1]) W. R. Andress; [2]) W. W. Sawyer.

VI **SADIKOV,** Vladimir Sergeevič. Biochem. — Bis 1897 Stud., Univ. Petersburg; 1898–1904 Spezialstud. Biochem., Univ. Tübingen; '05–17 wiss. Mitarbeiter, Chem. Zentrallabor. d. Finanzministeriums; '17–21 Doz., Univ. Moskva; '21–42 Prof., Staatsuniv. Petrograd → Leningrad; '21–34 wiss. Arbeitsleiter, Biogeochem. Labor., '35–42 Leiter d. Biochem. Abteilg. d. Physiol. Inst., Akad. Wiss. UdSSR, Petrograd → Leningrad; '23–28 Leiter d. gemeinsamen Abteilg. f. org. Synthese d. Staatl. Technol. Forschungsinst. u. d. Staatsinst. f. angew. Chem., Petrograd → Leningrad; '26–34 wiss. Mitarbeiter, Zentralinst. f. Lebensmittelindustrie; '35 Dr. d. chem. Wiss.
*1874, Juli 31, Petersburg;
†1942, Aug. 14, Erholungsheim "Šelanga", Geb. Kazan'.

Zum 20. Todestag *Ju. M. Gefter, Vopr. med. Chim. **9** ('63) 441 f. (m. Bildn.).

Zum 100. Geb.tag *M. I. Prochorova, *N. V. Sadikova, Die Anfänge der Biochemie an der Universität: Vestn. leningr. Univ. **1974**, Nr. 21, 138–40 [russ.] (m. Bildn.).

S. *N. A. Figurovskij, Očerk vozniknovenija i razvitija ugol'nogo protivogaza N. D. Zelinskogo [Kurzer Abriß der Erfindung und Weiterentwicklung der Kohlenstoff-Gasmaske N. D. Zelinskijs] (M. M. Dubinin) (Moskva '52) 159–92: Kohle als Gasmaskenfüllung [russ.] [20]).

W. Problema belka. Glavnejšie predstavlenija v oblasti chimii aminokislot, peptidov, ciklopeptidov i proteinov [Das Eiweißproblem. Die wichtigsten Anschauungen auf dem Gebiet der Chemie der Aminosäuren, Peptide, Cyclopeptide und Proteine] (Leningrad '33) 4+72 S. — Kurs biologičeskoj chimii [Lehrbuch der biologischen Chemie] (N. D. Zelinskij) (Leningrad '35) 20+659 S. — Belkovyj praktikum. Metodika i technika laboratornych rabot v oblasti belkovych veščestv [Eiweiß-Praktikum. Methodik und Technik der Laboratoriumsarbeiten auf dem Gebiet der Eiweißstoffe] (Leningrad '38) 305 S.

Archiv biol. Nauk Neue Ideen und Probleme auf dem Gebiet der bioorganischen Chemie der Eiweißstoffe und ihre nächsten Entwicklungsaussichten: **35 A** ('34) 297–331 [russ.].

Biochemische Z. Über die Spaltung des Eieralbumins mit verschiedenen Mineralsäuren und Alkalien im Autoklaven [19])[4]): **276** ('35) 168–73. — Zur Kenntnis der Bildung von Cyclopeptiden, die aus Blutalbumin durch Hydrolyse im Autoklaven entstehen [5])[4])[8])[14])[3])[11]): **278** ('35) 60–70.

Biochimija Alkoholytische Spaltung von Blutalbumin im Autoklaven [19]): **1** ('36) 218–44 [russ.]. — Der Einfluß des Temperaturregimes bei der Aufspaltung von Protein im Autoklaven auf die Zusammensetzung des Spaltungsproduktes [4])[5])[8]): 359–73 [~]. — Isolierung von Cyclopeptiden aus den Proteinen von Pecten islandicus [4]): **2** ('37) 146–50 [~]. — Biolyse oder Spaltung der Gelatine durch Reinkulturen lebender Bakterien [12]): 549–58 [~].

C. R. (Dokl.) Acad. Sci. URSS Anwendung von H_2SO_4, HCl, H_3PO_4, HNO_3 und von Alkalien zur katalytischen Spaltung der Eiweißkörper, 1 [19])[4]): **1934** I, 411–15 [russ. m. deutscher Zusammenfassg.]; Fraktionierung von Eiweißkatalysaten mit Hilfe von organischen Extraktionsmitteln, 2 [19])[4]): 500–04 [~]. — Verhalten der Diaminosäuren von Eiweißhydrolysaten gegen Permutit [5]): 575–78 [~]. — Alkoholytische Spaltung von Serumalbumin [19]): **1934** II, 185–87 [~]. — Autoclave splitting of blood albumin with 2% phosphoric acid [7]): 418–21 [russ. m. engl. Zusammenfassg.]. — Katalytische Spaltung von Serumalbumin mittels 3%iger Schwefelsäure [8])[4])[5]) [3])[11])[14]): 569–72 (russ. m. deutscher Zusammenfassg.]. — Über die Herkunft des bei Abkochen von Hühnerfleisch entstehenden Schwefelwasserstoffs [17]) [18])[6]): **1934** III, 39–43 [russ. u. deutsch]. — Alteration of protein properties during meat storage in antiseptic conditions [17]): 258–62 [russ. u. engl.]. — Über das Verhalten der tierischen proteolytischen Enzyme gegen pflanzliche Eiweißstoffe [8]): **1934** IV, 138–42 [russ. m. deutscher Zusammenfassg.]. — The autoclave splitting of blood albumin by means of a 2% potassium carbonate solution [13])[10]): 217–21 [russ. m. engl. Zusammenfassg.]. — The effect of temperature regime during the autoclave protein splitting upon the autoclavolysate composition [4])[5])[8]): 458–62 [~]. — Acid autoclaving of blood albumin at 220° [5]): **1935** III, 271 f. — Autoclave splitting of protein by means of absolute methyl alcohol [19]): 317–20. — The autoclave splitting of the non-extractable portion of beef by means of an aqueous solution of lithium carbonate [11]): **1936** III, 171–74. — A new method of isolating amino acids, peptides and cyclopeptides from protein hydrolysates: **14** ('37) 313–15.

Priroda [SSSR] Die Wanderung organischer Verbindungen in der Biosphäre: **1933**, Nr. 1, 10–14. — Über Methoden der Untersuchung von Eiweißstoffen: Nr. 8/9, 36–42. — Das Eiweiß-Laboratorium des Leningrader Forschungsinstituts für Lebensmittelindustrie: Nr. 12, 84 f. — Die lebende Materie und ihr Wasser: **1934**, Nr. 6, 39–42. — Die Enzyme der Blüten: Nr. 11, 98 f. — Die Entstehung der Vitamine: 99. — Die Entstehung von Nitrat an den Pflanzen: Nr. 12, 82 f. — Die Unempfindlichkeit des Igels gegenüber Giften anderer Tiere: 83. — Die schädliche Wirkung von Gammastrahlen auf Tiere: 83. — Die Herstellung reinen Protactiniums: **1935**, Nr. 1, S. 74. — Eine neue Methode zur Herstellung reinen Chlorophylls: 77 f. — Biogeochemische Arbeit der Meeresbakterien: Nr. 2, 12–18. — Abscheidung von Äthylen bei der Reifung von Früchten: 68. — Die Haltbarkeit von Samen: 68 f. — Eßbare Vogelnester: 69. — Das gelbe Pigment der Kanarienvögel: 69. — Die Entstehung des Heliums: Nr. 5, 62 f. — Die Radioaktivität des Neodyms und des Samariums: 63. — Die biologische Wirkung extrem hoher Drücke: 75. — Freie Radikale: Nr. 6, 75 f. — Gewinnung von Brom aus Meerwasser: 76 f. — Herstellung von Farbstoffen aus Lignin: 77. — Versuche zur Gewinnung von Gold aus Meerwasser: Nr. 7, 77 f. — Androsteron: 84 f. — Bildung eines Atmungsstoffes aus Eiweiß bei dessen Bestrahlung: 85. — Die Wirkung von Östron auf Pflanzen: 85 f. — Der Chemismus der Fixation elementaren Stickstoffs durch Bakterien: 86 — Diffusion von Gasen durch Metalle: Nr. 8, 55 f. — Eine einfache Methode zur Bestimmung des schweren Wasserstoffisotops durch die Wärmeleitfähigkeit: Nr. 10, S. 74. — Neue Daten über die Hämoglobine des Menschen: 88 f. — Die Eiweißstoffe, ihre Eigenschaften und Erscheinungsformen: Nr. 11, 26–33. — Probleme des Selens: **1936**, Nr. 1, S. 82. — Der gegenwärtige Stand der Kenntnisse über die Vit-

Bitte Anmerkung auf Seite 4201 beachten!

amine: 83f. — Über den Mechanismus der Vitaminwirkung: 84–86. — Biochemische Prozesse an der Magenwand: Nr. 2, 104–06. — Pigmente und Vitamine des Auges: 106. — Harnstoffspaltende Bakterien im Meerwasser: 110f. — Verwendung von Gasen bei der Nahrungsmittelkonservierung: 142. — Die Eiweißnatur des Mosaikvirus: Nr. 3, 111f. — Avitaminosen bei Pflanzen: Nr. 4, 95f. — Vitamineigenschaften des Cholins: 96. — Verwendung des Heliums als therapeutisches Gas: 132. — Metallischer Geschmack und Geruch: 132. — Neue Anregungsstoffe in der Teemischung: 132. — Absorption gasförmiger Stoffe durch die Haut: 132f. — Bakterien im Körper des Menschen: 133. — Grenzen der abtötenden Wirkung ultravioletter Strahlen: 133. — Die Bildung von Alkohol im Organismus: Nr. 5, 122f. — Einfluß von Sexualhormonen auf das Geschlecht von Hühnerembryonen: 123f. — Verwandlung unschädlicher Bakterien in krankheitserregende: Nr. 7, 133. — Anwendung des Vitamins C in der Photographie: Nr. 8, S. 103. — Die physiologische Bedeutung des Acetaldehyds: 108. — Das Vorhandensein von Adrenalin im Krötengift: 108f. — Wirkung von schwerem Wasser auf das Wachstum von primitiven Algen und von Bakterien: Nr. 10, S. 123. — Biologische Wirkung von schwerem Wasser: 123. — Pyridin als Wasserstoffüberträger bei Gärungsprozessen: Nr. 11, 110f. — Die biologische Wirkung von Ultraschall: 112. — Eine neue Theorie der Assimilation: **1937**, Nr. 1, S. 91. — Eine aseptische Fliegenkultur für die Bestimmung von Vitaminen der Gruppe B_1: 91f. — Stoffe, die das Austauschgleichgewicht stören: 92. — Die Wechselwirkung von Giften und der Temperatur bei Warmblütlern: 125. — Die Herstellung eines Serums gegen das Skorpiongift: 125f. — Die therapeutische Anwendung von Bor bei Epilepsie: 126. — Acetylcholin im menschlichen Schweiß: 126. — α-Dinitrophenol als Antagonist des Schlangengifts: 126. — Die Biologie der Fettsäuren: Nr. 2, S. 137. — Mikroorganismen des Meeresbodens: 137. — Die Lebensdauer von ... [vollständiger Titel nicht bekannt]: 138. — Sexualhormone und Gefiederfarbe: 138. — Der Sperlingsschnabel als Indikator eines Sexualhormons: 138. — Biotin: Nr. 3, 92f. — Eine neue Aminosäure: Nr. 5, 86f. — Vitamin „K": 88. — Die chemische Struktur des Zellkerns: 88f. — Die Biochemie des Fluors: Nr. 12, S. 94. — Die Biodynamik des Siliciums: 94f. — Die biologische Wirkung sehr hoher Drücke: **1938**, Nr. 1, S. 93. — Quantitative Zuckerbestimmung in 0,001 ml Blut: 93. — Einfluß der Ascorbinsäure auf die Oxydationsprozesse im Blut: 94. — Die Zusammensetzung des Bluts der Schnecke im Winter und im Sommer: 95. — Neue Daten aus dem Gebiet der Hefegärung: Nr. 3, 124f. — Intravenöse Injektion emulgierter Fette: 125. — Biologische radioaktive Emanationen: 125. — Die Geochemie des Kohlenstoffs: Nr. 4, 100f. — Eine neue Formel des Harnstoffs: Nr. 6, 113f. — Bedeutung der Spurenelemente in biologischen Prozessen: Nr. 7/8, S. 119. — Die Ersetzbarkeit des Wasserstoffs durch schweren Wasserstoff im Organismus: Nr. 9, 67f. — Die Struktur des Pepsins: **1939**, Nr. 1, S. 73. — Virusproteine: 73. — Die biologische Bedeutung des Bors: 73f. — Tabelle der Isotopen, ihre Systematik und einige sich aus ihr ergebende Gesetzmäßigkeiten: Nr. 2, 84–91. — Die biologische Verwesung des Wassers: 96f. — Der Jod- und Fluorgehalt im Organismus: Nr. 3, S. 67. — Kupfermangel als Ursache für die Entstehung von Krankheiten bei Haustieren: 67f. — Das Antidermatitisvitamin B_6 aus Hefe: Nr. 4, S. 49. — Steigerung der Leistungsfähigkeit des Organismus durch Radioelemente: Nr. 5, 80f. — Die Razemisierung von Eiweiß und das Krebsproblem: Nr. 8, 59f. — Eine neue Methode zur Herstellung von Thyroxin: Nr. 12, 70–73. — Neue Einteilung der chemischen Elemente: **1940**, Nr. 7, 66–68. — — Alle Arbeiten russ.

Socialističeskaja Rekonstr. i Nauka Eiweißstoffe und ihre Entstehung: **1934**, Nr. 2, 21–40 [russ.].

Trudy biogeochim. Labor. Akad. Nauk SSSR Die Wanderung organischer Substanzen in der Biosphäre: **5** ('39) 239–44 [russ.].

Trudy central'n. naučno-issled. biochim. Inst. piščevoj i vkusovoj Promyšl. Über das titrimetrische Verfahren zur Bestimmung von Furfurol in Pentosen und Pentosanen [2]): **4** ('33) 299–307 [russ. m. deutscher Zusammenfassg.]. — Über die Methoden der Verwertung der Sonnenblumenschalen [1])[15])[2]): 308–36 [~].

Trudy vses. naučno-issled. vitaminnogo Inst. Die Biochemie der Proteine: Nr. **1** ('36) 3–. — Isolating proteins from different flours [8]): 5–19 [m. engl. Zusammenfassg.]. — Obtaining alanine from lactic acid [9]): 20–26 [~]. — A study of the process of meat ripening: Modification of proteins in meat by its own enzymes [17]): 27–54 [~]. — Influence of carbon disulfide on proteins in meat stored in its vapor [17]): 55–66 [~]. — Formation of hydrogen sulfide and ammonia in canned chicken [17])[18])[6]): 67–89 [~]. — Thermal denaturing of meat [18]): 106–22 [~]. — Influence of freezing and salting on meat proteins [3]): 123–41 [~]. — A study of methods for utilizing yeasts [16]): 142–70 [~]. — — Alle Arbeiten russ.

Ukrains'kyj biochem. Ž. Die Zersetzung des Blutalbumins durch Autoklavspaltung mittels Carbonat [10])[13]): **9** ('36) 779–90 [ukrain. m. engl. Zusammenfassg.].

Usp. biol. Chim. [Leningrad] Der Schwefelstoffwechsel im Lichte der neuesten Erkenntnisse der Biochemie: **1935**, Nr. 11, 3–20. — Über die Zusammensetzung des Wassers in der lebenden Materie: 21–32. — Über den Mechanismus der Enzymwirkung: Die enzymatische Wechselwirkung zwischen

Bitte Anmerkung auf Seite 4201 beachten!

Peptiden und Peptidasen: **1936**, Nr. 12, 25–35. — Auf einer neuen Etappe der Erforschung der Eiweißstruktur: 83–96. — — Alle Arbeiten russ.

Usp. Chim. Proteine bei der Evolution der bioorganischen Materie: **7** ('38) 1769–800 [russ.].

Mit: [1]) I. D. Abramson; [2]) K. S. Belikova; [3]) E. G. Chaleckaja; [4]) R. G. Kristallinskaja; [5]) E. V. Lindquist-Rysakova; [6]) M. I. Livšic; [7]) D. P. Maljuga; [8]) V. N. Men'šikova; [9]) D. A. Nechaev; [10]) G. Novoselova; [11]) A. G. Pesina; [12]) E. L. Remennikova; [13]) V. Rozanova; [14]) L. N. Rubel'; [15]) A. D. Rybak; [16]) N. P. Sinicuin; [17]) A. F. Šošin; [18]) K. M. Staruchina; [19]) V. A. Vadova; [20]) N. D. Zelinskij.

VI **SADOWSKY,** Michael Alexander. Mech. (theoret. u. angew.). — 1931–33 Assist. Prof., Univ. of Minnesota, Minneapolis, Minn.; '34 Scientific Collaborator, Univ. de Bruxelles; '34 Consultant Photoelasticity, Univ. Leningrad; '34–37 Prof., Industrial'nyj Inst., Novočerkassk; '38–43 Assist. Prof., '43–53 Assoc. Prof., Illinois Inst. of Technol., Chicago, Ill.; '53–67 Prof., Rensselaer Polytechnic Inst., Troy, N.Y.

*1902, März 1, Dorpat;

†1967, Dez. 31, Troy, N.Y.

Nekr. Mechanical Engng. **90** ('68) 113.

S. Proc. 1st U.S. National congress of applied mechanics, Chicago, Ill., 1951 (Ann Arbor, Mich. '52) 209–15: On the axisymmetric problem of elasticity theory for a region bounded by two concentric spheres [7])[1]).

W. Thermal shock on a circular surface of exposure of an elastic half-space (Troy, N.Y. '54) 20+9 S. (Office of Naval Research project NR-064-405, Contract NR-NONR 591 (02), Technical report nr. 4). — A general result on surface type thermoshock (Troy, N.Y. '54) 14 S. (~ nr. 6). — Stress concentration caused by multiple punches or cracks (Troy, N.Y. '55) 58 S. (~ nr. 8). — The twisted spherical shell (m. J. R. Crawford) (Troy, N.Y. '55) 33 S. (~ nr. 9). — Meta-rheology (Troy, N.Y. '55) 24 S. (~ nr. 10). — The twisted sphere (Troy, N.Y. '55) (~ nr. 12). — Non-homogeneous elasticity (m. M. A. Goldberg) (Troy, N.Y. '58) (Rensselaer Polytechnic Institute). — Boundary layers in couple-stress elasticity and stiffening of thin layers in shear (m. Y. C. Hsu, M. A. Hussain) (Watervliet, N.Y. '63) 56 S. (Watervliet Arsenal, Benet Labs., WVT-RR-6320).

American math. Monthly A tetrahedral Riemann surface model of a closed finite locally-Euclidean two-space: **46** ('39) 199–202. — A formula for approximate computation of a triple integral: **47** ('40) 539–43. — Equiareal patterns: **50** ('43) 35–40.

International J. mech. Sci. Effect of Poisson's ratio of an elastic filler on force transfer between embedded microfibers [8]): **6** ('64) 241–46.

J. appl. Mech. Equiareal pattern of stress trajectories in plane plastic strain: **8** ('41) A74–A76. — An extension of the sand-heap analogy in plastic torsion applicable to cross sections having one or more holes: A166–A168; **9** ('42) Nr. 3. — A principle of maximum plastic resistance: **10** ('43) A65–A68. — Stress concentration around an ellipsoidal cavity in an infinite body under arbitrary plane stress perpendicular to the axis of revolution of cavity [7]): **14** ('47) A191–A201. — Three-dimensional solution for the stress concentration around a circular hole in a plate of arbitrary thickness [7]): **16** ('49) 27–38; **17** ('50) Nr. 1. — Stress concentration around a triaxial ellipsoidal cavity [7]): **16** ('49) 149–57. — On the axisymmetric problem of the theory of elasticity for an infinite region containing two spherical cavities [7]): **19** ('52) 19–27. — Pure bending of an incomplete torus [7]): **20** ('53) 215–26. — Axisymmetric flow of an ideal incompressible fluid about a solid torus [7]): 393–400. — Thermal shock on a circular surface of exposure of an elastic half space: **22** ('55) 177–82. — Stress concentration caused by multiple punches and cracks: **23** ('56) 80–84. — Bending of a uniformly loaded semicircular plate simply supported around the curved edge and free along the diameter [4]): 329–35. — Stress distribution in a square tube with rounded corners loaded by internal pressure [9]): **26** ('59) 301 f. — Stresses in an ellipsoidal rotor in a centrifugal force field [2]): 549–52. — Stress distribution in a rotating spherical shell of arbitrary thickness [2])[6]): **28** ('61) 127–31. — Buckling of microfibers [5])[3]): **34** ('67) 1011–16. — Cavitation at the ends of an elliptic inclusion inside a plate under tension [3])[5]): **35** ('68) 505–09.

J. appl. Physics [USA] On the stress-function approaches of Boussinesq and Timpe to the axisymmetric problem of elasticity theory [7])[1]): **22** ('51) 1121–24.

J. composite Mater. Effect of couple-stresses on force transfer between embedded microfibers [10])[3]): **1** ('67) 174–87. — Strain-gradient effects on force transfer between embedded microflakes [5]): **2** ('68) 138–52. — On the detachment of the ends of microfibers from the matrix due to tension in the composite [3])[5]): 414–27.

J. Franklin Inst. Non-linear springs: **240** ('45) 469–76.

Quarterly appl. Math. Elliptic integral representation of axially symmetric flows [7]): **8** ('50) 113–26.

Trans. amer. Soc. mech. Engr. Distribution of pressure concentrated on a small surface: **54** ('32) 221–24 (m. Bildn.).

Einige interne Forschungsberichte (U.S. Army u. a.).

Mit: [1]) R. A. Eubanks; [2]) M. A. Goldberg; [3]) M. A. Hussain; [4]) D. F. Muster; [5]) S. L. Pu; [6]) V. L. Salerno;

[7]) E. Sternberg; [8]) Y. Weitsman; [9]) E. E. Zwicky, jr.; [10]) Y. C. Hsu.

VI **SADTLER,** Samuel Schmucker. Chem. — Stud., 1895 B.S., Massachusetts Inst. of Technol., Cambridge, Mass.; 1895–1900 Chemist, U.S. Customs Service; 1900 Cofounder, then (until 1923 with his father) Head of the consulting chemistry firm S.P. Sadtler & Son, Philadelphia, Pa.; Founding Member, '04–07 Secretary, Amer. Electrochem. Soc.; Founding Member, Amer. Inst. of Chemical Engineers.

*1873, Nov. 15, Gettysburg, Pa.;
†1954, Nov. 2, Philadelphia, Pa.

Sohn von Samuel Philip, Sadtler[III, VI]

Nekr. New York Times **1954**, 4. Nov., S. 31. — Philadelphia Inquirer **1954**, 4. Nov., S. 16.

W. Chemistry of familiar things (Philadelphia, Pa.–London '15) 13+320 S.; ...; [7]('37) 15+359 S., Neudruck: ('39); [8](Philadelphia,Pa.–NewYork '46) 12+310 S.

VI **SAEGUSA,** Hikoo. Physik. — 1911–15 Stud. at College of Sci., '15–18 Graduate Stud., '18–22 Lecturer, '20 D.Sc., '22–26 Assist. Prof., '26–48 Prof., Tôhoku (Imperial) Univ., Sendai.

*1890, Jan. 1, Higashi-Katsuramura, Yamanashi Pref.;
†1948, Febr. 9, Sendai.

J. Inst. electr. Engr. Japan Quantization of conduction electrons in dielectrics [2]): **63** ('43) 357–59.

Science Rep., Tôhoku imp. Univ., Ser. I Further studies on the true and the apparent electrical resistivity of dielectrics [4]): **21** ('32) 1–28. — Studies on dielectric constant, 1: Variation of dielectric constant of quartz with applied potential [3]): 411–38. — A preliminary report on the scattering of fast electrons from thin material foils [1]): **24** ('35) 30–44. — On the anomalous variation with temperature of the electrical conductivity of some silicate minerals and specially of cut quartz [2]): 537–50. — On the scattering of fast electrons by thin foils of beryllium [1]): Honda-Anniversary Vol. ('36) 72–79. — On the variation with temperatures of the electrical conductivity of a thin film of NaCl and rock salt crystal [2]): **25** ('36) 805–16. — On the scattering of fast electrons by thin material foils [1]): 817–28. — On the anomalous change by heat treatment of the electrical conductivity of thin films of potassium chloride and sulphur [2]): **26** ('37) 159–66. — On the variation in the electrical conductivity of some hydrous crystals with temperature [2]): **28** ('39) 235–44. — Total secondary electron emission from polycrystalline nickel, natrium chloride and kalium chloride [2]): 245–60.

Bitte Anmerkung auf Seite 4201 beachten!

Ferner Monographien auf dem Gebiet des Elektromagnetismus in japanischer Sprache: „Denki jikigaku" ('32) und "Denjiba-ron" ('40).

Mit: [1]) K. Kikuchi; [2]) T. Matsumoto; [3]) K. Nakamura; [4]) S. Shimizu.

VI **SÆLAND,** Sem. Physik. — 1905–09 Assist., Univ. Oslo; '10–22 Prof., '10–14 erster Rektor, Techn. Hochsch. Trondheim; '23–40 Prof., '28–36 Rektor, Univ. Oslo; '16–18 Stortingsabgeordneter; '22 Begründer d. Hochsch. f. Lehrerausbildung, Trondheim; Vorsitzender verschiedener Kommissionen. — '10 Ritter, '33 Kommandeur, '37 Kommandeur m. Stern, '38 Kanzler d. St.-Olav-Ordens (Norwegen).

*1874, Apr. 17, Time, Jæren;
†1940, Apr. 25, Oslo.

Zur Biogr. Universitetet i Oslo 1911–1961, **1** (Oslo '62) 520 (m. Bildn. S. 519).

Nekr. *O. Devik, Årbok, Norske Vid.-Akad. Oslo **1940** ('41) 61–71 (m. Bildn., Faks. u. Schr.verz.). — *E. A. Hylleraas, Fysikkens Verden **3** ('41/42) 1–4. — *S. Schmidt-Nielsen, Kongel. norske Vid. Selsk. Forh. **13** ('40) 69–75 (m. Bildn. u. Faks.).

MH. (Redakt.) Schehougs konversasjonsleksikon **1–15** [3](Oslo '39–51).

S. Mennesker jeg møtte. Tolv radioforedrag (Oslo '36) 33–42: Kr. Birkeland [norweg.]. — Til håndverkets pris (Oslo Håndverks- og Industriforening) (Oslo '39) 97–107: Rede bei der Überreichung der Gesellenbriefe am 21. Mai 1938 [norweg.]. — Norsk kulturhistorie. Billeder av folkets dagligliv gjennem årtusener (A. Bugge, S. Steen) **4** (Oslo '40) 339–82: Empirische Wissenschaft [norweg.].

W. Varme og billige boliger. Resultat av forsøk med veggkonstruksjoner m.v. og materialer, utført ved Norges Tekniske Høiskole 1919–1931. Med plan over de varmetekniske målinger 1919–1922 (m. A. Bugge) (Oslo '32) 170 S.

Under Dusken Rede bei dem Bankett in Trondheim am 15. September 1935: **21** ('35) Nr. 4, 55–57 [norweg.].

Nordisk Tidskr. Vet., Konst och Industri Zwei akademische Reden, 1: Begrüßung der neuen Studenten, 1. Sept. 1934; 2: Begrüßung der Jubilare zum Jahresfest der Universität [Oslo] am 3. Sept. 1934: **10** ('34) Nr. 8, 549–57 [norweg.].

Nordmanns-Forbundet Jæren: **27** ('34) 245–47 [norweg.].

Publikasjoner norske Inst. kosmisk Fysikk The auroral observatory at Tromsø [1])[2])[3])[4]): **1932**, Nr. 1, 26 S.

Samtiden Die Universität und das Universitätsproblem heute: **46** ('35) 572–87 [norweg.].

Mit: [1]) L. Harang; [2]) O. Krogness; [3]) C. Størmer; [4]) L. Vegard.

IV–VI **SAFFORD,** Frederick Hollister. Math. — 1902–07 Instructor, '07–20 Assist. Prof., '20–36 Prof., '36–50 Emer. Prof., Univ. of Pennsylvania, Philadelphia, Pa.
*1866, Juni 20, Lawrence, Mass.;
†1950, Okt. 29, Philadelphia, Pa.

Nekr. School and Soc. **72** ('50) 318.

V,VI **SAHA,** Meghnad. Physik. — 1911–15 Stud. and '15 M.Sc., Presidency College, '16–18 Lecturer and '18–19 Prof., Univ. College, '18 D.Sc., '21–23 Khaira Prof., '38–53 Palit Prof., '48 Founder and '48–56 Hon. Dir. of the Inst. of Nuclear Physics, Univ. of Calcutta; '19–21 Postgraduate Stud. in London (A. Fowler) and Berlin (W. Nernst); '23–38 Prof. and Head of Departm. of Physics, Univ. of Allahabad; '26– Pres. of the Physical and Math. Sect., Indian Sci. Congress Assoc.; '32–34 Pres., Acad. Sci. of the United Provinces of Agra and Oudh, Allahabad; '37–39 Pres., Nation. Inst. of Sci., Calcutta; '44–46 Pres., Roy. Asiatic Soc. of Bengal; '44 Hon. Secretary, '46–50 Pres., '53–56 Dir. of the Laboratories, Indian Assoc. for the Cultivat. of Sci.; Chairman of several committees, especially of the Indian Council of Scientific and Industrial Research; '51– Member of Indian Parliament. — '35 Indian Science Congress Medal, '47 Sir William Jones Memorial Medal (Roy. Asiatic Soc. of Bengal). (⊠)
*1893, Okt. 6, Seoratali, Prov. of Dacca;
†1956, Febr. 16, New Delhi.

Ehrung '56 Meghnad Saha Institute of Nuclear Physics of the University of Calcutta.

Zur Biogr. Nature [London] **139** ('37) 437, 794; **142** ('38) 145f. — Science and Culture **19** ('54) 442.

Zum 60. Geb.tag Festgabe: Prof. Meghnad Saha, his life, work and philosophy (S. N. Sen) (Calcutta '54) 8+176 S.

Nekr. *S. Basu, J. sci. and industr. Res., Sect. A **15** ('56) 164–67 (m. Bildn.). — *A. K. Das, Indian J. Meteorol. and Geophysics **7** ('56) 97–102. — *D. S. Kothari, Biographical Mem. Fellows roy. Soc. **5** ('59) 217–36 (m. Bildn., Faks. u. Schr.verz.). — *S. C. Sirkar, Indian J. Physics and Proc. indian Assoc. Cultivat. Sci. **30/39** ('56) 51–56. — *F. J. M. Stratton, Nature [London] **177** ('56) 917. — Coelum **24** ('56) 185f. — J. geophysic. Res. **61** ('56) 309. — Nordisk astron. Tidsskr. **1956,** 11. — Observatory **76** ('56) 40. — Populär astron. Tidskr. **37** ('56) 80. — Publ. astron. Soc. Pacific **68** ('56) 282. — Science and Culture **21** ('56) 481–91. — Sky and Telescope **15** ('56) 306.

Gedenkheft Science and Culture **22** ('56) Nr. 4.

Teilsammlung Collected scientific papers of Meghnad Saha (S. Chatterjee) (New Delhi '69) 13+414 S. (m. Bildn.).

HZ. Science and Culture **1**('35/36) — **21**('55/56).

W. A textbook of heat (m. B. N. Srivastava) (Allahabad '31) 15+771 S.; ab 2. Aufl. u.d.T.: A treatise on heat (including kinetic theory of gases, thermodynamics and recent advances in statistical thermodynamics) [2](Allahabad–Calcutta '35) 12+815 S.; [3]('50, London '51) 12+935 S.; [4](Allahabad–New York '58) 12+975 S.; [5](Allahabad '65) 813 S.; gekürzte Ausgabe u.d.T.: Textbook of heat for junior students (m. B. N. Srivastava) . . ., [12](Calcutta '67) 8+361 S. — A treatise on modern physics; atoms, molecules and nuclei (m. N. K. Saha) **1** (Allahabad–Calcutta '34) 12+856 S.; **2** ('35) 340 S. — Basic principles of organization of scientific research. Address at the Symposium on post-war organization of scientific research in India, Sept. 27 and 28, 1943 (Calcutta '44) 16 S. — My experiences in Soviet Russia (Calcutta '47) 6+87 S.

Bull. Acad. Sci. unit. Prov. Agra and Oudh, Allahabad, India On the colours of inorganic salts [6]): **1** ('31/32) 1–11. — On the absorption spectra of saturated halides of multivalent elements [7]): 19–25. — On the interpretation of x-ray term values [25]): 119–34. — Address at the anniversary meeting held on January 13, 1933, **2** ('32/33) (17)–(30). — On the β-ray activity of radioactive bodies [10]): **3** ('33/34) 257–68.

Proc. nation. Acad. Sci., India A critical review of the present theories of the active modification of nitrogen [12]): **6** ('36) 120–27. — A new model demountable vacuum furnace [27]): 212–16. — Vote of thanks to Sir John Russell: (99). — Vote of thanks to Pandit Jawaharlal Nehru, chairman of the 7th Annual meeting of the National Academy of Science, India, 1938 [13]): **7.**1937 ('37/38) (13)f. — Opening address: **8** ('38) Spec. Nr.: Symposium on problems of power supply in India, 1–14.

Bull. Astron. Observat. Harvard College A stratosphere solar observatory: Nr. **905** ('37) 1–7.

Calcutta med. J. Application of isotopes in medical problems [21]): **48** ('51) 81–91, 117–26.

C. R. Réunion, Commiss. mixte Ionosphère Determination of the electron concentration and the collision frequency in the ionospheric layers from polarization patterns of the O and X waves: **4.**1954 ('55) 211–.

Current Sci. Verification of the phenomenon of partial absorption of soft x-rays: **1** ('33) 231f.

Indian J. Physics and Proc. indian Assoc. Cultivat. Sci. The origin of mass in neutrons and protons: **10** ('36/37) 141–53. — The mission of the physicist in national life: **11** ('37) Nr. 4, Suppl., 15 S. — The propagation and the total reflection of electromagnetic waves in the ionosphere [11]): **13** ('39) 1–12. — Capture of electrons by positive ions while passing through gases [2]): **19** ('45) 121–35. — Wave-treatment of propagation of electromagnetic waves in the ionosphere [1]): 159–66. — On the propagation of electromagnetic waves through the upper atmosphere [1])[8]): **21** ('47) 181–98. — On the conditions of escape of micro-waves of radio-frequency range from the sun [1])[8]): 199–.

J. asiat. Soc., Calcutta, Letters Different methods of date recording in ancient and medieval India, and the origin of the Saka era: **19** ('53) Nr. 1, 1–24.

J. Calendar Reform India's calendar confusions: **22** ('53) 108–14.

J. indian chem. Soc. Spectroscopy in the service of chemistry: P. C. Ray Commemor. Vol. ('33) 293–307.

J. roy. astron. Soc. Canada India's calendar confusions: **47** ('53) 97–105.

Modern Rev. [Calcutta] Damodar flood 1935: **58** ('35) 527–. — All India radio, its defects and how to remedy them: **62** ('37) 683–89. — The philosophy of industrialization: **64** ('38) 145–49.

Nature [London] Complex x-ray characteristic spectra [3])[14]): **129** ('32) 435. — A suggested explanation of β-ray activity [10]): **132** ('33) 747; **133** ('34) 99. — Inner conversion in x-ray spectra [14]): 377. — "A treatment of modern physics": **138** ('36) 464f. — Molecules in interstellar space?: **139** ('37) 840. — The solar corona: **149** ('42) 524f. — Science in social and international planning, with special reference to India: **155** ('45) 221–24. — A physical theory of the solar corona: **156** ('45) 649–. — Nuclear energetics and β-activity [20]): **158** ('46) 6–9. — Conditions of escape of radio-frequency energy from the sun and the stars: 549. — Origin of radio-waves from the sun and the stars: 717f. — Occurrence of stripped nuclei of neon in primary cosmic rays: **167** ('51) 476f. — Suggested reform of the Indian calendar [u. a.]): **169** ('52) 961f. — Fuel in India: **177** ('56) 923f.

Physical Rev. Note on Dirac's theory of magnetic poles: (2) **75** ('49) 1968.

Proc. nation. Inst. Sci. India The upper atmosphere: **1** ('35) 217–41. — Experimental determination of the electron affinity of chlorine [27]): **3** ('37) 287–96. — On propagation of electromagnetic waves through the atmosphere [18]): 360–69. — The problem of Indian rivers: **4** ('38) 23–51. — On the propagation of electromagnetic waves through the earth's atmosphere, 1 [18])[11]): 53–67. — On the ionization of the upper atmosphere [18]): 319–36. — Annual address of the National Institute of Sciences of India, 1: General: **5** ('39) 21–24; ~ 2: Solar control of the atmosphere: 24–41. — Structure of atomic nuclei [26])[15]): **6** ('40) 45–63. — On a physical theory of the solar corona: **8** ('42) 99–126. — Basic principles of organization of scientific research: **10** ('44) 9–16. — The age of rocks and minerals [16]): **12** ('46) 47–58. — Vertical propagation of electromagnetic waves in the ionosphere [1])[8]): **17** ('51) 205–26.

Proc. physic. Soc. A physical theory of the solar corona: **57** ('45) 271–86.

Proc. roy. Soc. London, Ser. A On the action of ultra-violet sunlight upon the upper atmosphere: **160** ('37) 155–73.

Science and Culture Science and Culture: **1** ('35/36) 1–. — Ultimate constituents of matter: 12–19. — The great Quetta earthquake: 63–. — A common script for India: 117–. — The march towards absolute zero: 132–34. — On the existence of free magnetic poles: 156. — The Carnegie Educational Trusts: 215–. — Electricity – its use for the public and for industries: 303–. — The Carnegie Institution of Washington: 330–. — The fiftieth birthday of Niels Bohr: 337f. — Public supply of electricity in India: 367–. — Sir U.N. Brahmachari: 407–. — Archaeological excavations in India: 439–. — Spectra of comets: 476. — The Indian Institute of Sciences, Bangalore: 523–. — Conference on nuclear physics [9]): **2** ('36/37) 133–38. — Can electrons enter the nucleus?: 273. — Irrigation research in India: 281–. — Professor P. Debye [5]): 302–04. — Industries and scientific research: 413–. — Problems of industrial development in India: 529–. — On the national supply of electricity: **3** ('37/38) 65–. — Indian national reconstruction and the Soviet example: 185–. — Lord Rutherford of Nelson † [10]): 300–06. — Indian Science Congress Association, 1914–38: 307–. Minor planets: 312–. — Need for a Power Research and Investigation Board in India: 405–. — The intelligent man's guide to the production and economics of electrical power [27]): 506–10, 574–78. — Symposium on India's power supply: 594–. — Fight of Oxford municipality against Lord Meston and others: 602–. — The next 25 years of science in India: **4** ('38/39) 1–. — Records of the Royal Society of London: 91–. — Review of the Rockefeller Foundation for 1937: 99–. — Congress President on national reconstruction: 137–. — Technical assistance to Indian industry by the Government of India: 147–. — Symposium on weather prediction: 160–. — On a national scheme of education: 199–. — Industrial India: 365–. — The age of Mahabharata: 482–. — Solar control of the atmosphere: 545–50. — Need of calendar reform: 601–. — The reformed calendars and the Gregorian calendar: 603–. —

Bitte Anmerkung auf Seite 4201 beachten!

National planning in Sweden: 669–. — The Indus Valley 5000 years ago: **5** ('39/40) 6–, 89–. — Centenary of decipherment of the Brahmi and Kharosthi alphabets: 148–. — James Princep: 153–. — The war comes: 265–. — Work of the Archaeological Survey of India: 377–, 451–. — The fourfold ruin of India: 499–. — National Research Council for India: 571–. — Scientific research in national planning: 639–. — Wanted a national fuel policy: **6** ('40/41) 61–. — Physics in aid and medicine [24]): 110–. — On the use of science and scientists: 191–. — Right thinking: 311–. — Science in war: 489–. — Need for a school of glass technology in India: 555–. — Sir Shah Md. Suleiman: 644–. — Uranium fusion: 694–. — Science teaching in schools: **7** ('41/42) 61–. — Rabindra Nath Tagore: 123–. — A common language for India: 173–. — The mystery of the solar corona solved: 247–. — Sir M. Visveswaraya: 274–. — Automobile industry in India: 465–. — The late Prof. W. Nernst: 518–. — The late Sir William Henry Bragg: 544–. — Civilizations in transition: **8** ('42/43) 2–. — The late Rai Bahadur R. P. Chanda: 65–. — Science and war effort in Great Britain and India: 95–. — Twenty-five years of the Soviet Union: 145–. — Oil and invisible imperialism [23]): 150–. — Gauripati Chatterjee: 163–. — The renaissance of China: 195–. — Technological revolution in industry – how the Russians did it: 398–. — Industrial research and Indian industries: 465–. — Proposal for reform of the Government Organization for Scientific and Industrial Research: **9** ('43/44) 1–. — University College of Science, Calcutta: 19–. — Flood: 95–. — Shakespeare on astrology: 142–. — Basic principles of organizations of scientific research: 173–. — Prof. Hill on the organization of scientific research: 308–. — Post war educational development in India: 405–. — Training of the Tennessee River [19]): 418–. — Famines, royal commissions and commercial commissions: 509–. — Department of Planning and Development: **10** ('44/45) 7–. — Planning for the Damodar Valley [19]): 20–. — India's need for power development: 61–. — Principles of regional planning: 177–. — Some constitutional hindrances to development of India's natural resources: 455–. — Development of resources and Indian constitution: **11** ('45/46) 1–. — The 220th anniversary of the U.S.S.R. Academy of Sciences: 49–. — Institutions under the U.S.S.R. Academy of Sciences [23]): 55–. — The story of the atomic bomb [16]): 111–. — Industrial research: 119–. — The logic of the atom bomb: 212–. — Britain's part in the evolution of atom bomb: 214–. — Planning or muddling: 275–. — Sir U. N. Brahmachari†: 447–. — Royal Asiatic Society of Bengal: 451–. — Nuclear energetics and β-radioactivity [20]): 510. — The Damodar Valley reclamation scheme: 513–. — The atom bomb: 645–. — Our national crisis: **12** ('46/47) 235–. — Patterns of planning in different countries: 297–. — Association of Scientific Workers (India): 323–. — Multi-purpose development of Indian rivers: **13** ('47/48) 3–. — Industrial utilization of atomic power in India: 86–, 134–. — National Research Council: 123–. — Release of atomic energy: 167–. — Problems of independent India: 358–, 471–. — Department of Scientific Research, 1 and 2: **14** ('48/49) 41–. — University Grants Committee: 215–. — National Planning Commission: **16** ('50/51) 2–. — Five year plan: **17** ('51/52) 51–. — Education in India: **18** ('52/53) 1–, 53–. — Reform of the Indian calendar: 57–, 109–. — Need for a central geophysical institute: 103–, 355–. — Rethinking our future: 399–, 449–, 557–. — The industrial policy of the Planning Commission: 452–. — Technical autonomy in industrialization: **19** ('53/54) 471–. — The thermonuclear weapon [16]): 575–. — The solar eclipse of June 30, 1954: **20** ('54/55) 2–. — Sir Lewis L. Fermor†: 28–. — The World Calendar Plan: 108–. — Atomic energy in India: 205–. — Future of atomic energy in India: 208–21. — The University Grants Commission Bill, 1954: 409–. — Draft Second Five-year Plan: 575–. — Technological evolution – the basis for economic freedom: 578–. — Atomic weapons, disarmaments and peaceful uses of atomic energy: **21** ('55/56) 66–. — The Report of the Disarmaments and Atomic Weapons Commission of the World Peace Assembly, Helsinki: 70–. — The Atomic Energy Conference at Moscow: 76 . List of papers presented at the Geneva Conference: 113–. — End of an unscientific era: 117–. — Observer's note on physics and reactor sessions of Geneva Conference [17])[22]): 129–. — Ninth Session of the International Astronomical Union, Dublin, Ireland: 183–. — Reports of the States Reorganization Commission: 223. — The Nobel Prize awards in physics, 1955, 1 [4])[2]): 363–; ~ 2 [28]): 513–. — Institute of Nuclear Physics: 586–.

Trans. nation. Inst. Sci. India On nuclear energetics and β-activity [20]): **2** ('39/47) 193–. — Measurement of geological time in India; the age of rocks and minerals [16]): 273–.

Mit: [1]) B. K. Banerjea; [2]) D. Basu; [3]) S. Bhargava; [4]) A. Bose; [5]) D. M. Bose; [6]) S. C. Deb; [7]) A. K. Dutta (Datta); [8]) U. C. Guha; [9]) P. L. Kapur; [10]) D. S. Kothari; [11]) K. B. Mathur; [12]) L. S. Mathur; [13]) H. R. Mehra; [14]) J. B. Mukerji(e); [15]) K. C. Mukherji; [16]) B. D. Nag Chaudhury (Nagchowdhury); [17]) A. P. Patra; [18]) R. N. Rai; [19]) K. Ray; [20]) A. K. Saha; [21]) B. B. Sen; [22]) S. K. Sen; [23]) S. N. Sen; [24]) P. K. Sen Chaudhury; [25]) R. S. Sharma; [26]) S. C. Sirkar; [27]) A. N. Tandon; [28]) M. L. Chaudhuri.

VI **SAHÁNEK,** Josef. Physik (Hochfrequenztechn.). — 1927–30 Assist., '29 Dr. habil., '30–34 Privatdoz., '34–38 außerord. Prof., Masaryk-Univ., Brno; '38–39 Prof.,

Techn. Hochsch. Košice; '39–40 Prof., Tschech. Techn. Hochsch. Brno.
*1896, Febr. 18, Praha;
†1942, März 23, KZ Mauthausen.

Nekr. *R. Košt'ál, La vie et l'œuvre du prof. Josef Sahánek: Spisy vydávané přírod. Fak. Masarykovy Univ., Brno **384** ('57) 189–203 [tschech. m. russ. u. französ. Zusammenfassg.] (m. Bildn. u. Schr.verz.). — *J. Velíšek, Čas. Pěst. Mat. a Fysiky **71** ('46) D17–D22 (m. Bildn. vor S. D1).

Zur Biogr. *V. Truneček, Contribution in the high-frequency physics of J. Sahánek, in: Universitas Brunensis 1919–1969 (Brno '69) 224–26.

W. Vznik světla v plynech (Praha '41) 11 S. (Cesta k vědění, 9). — Televise (Praha '41) 117 S. (~ 14).

Bezpečnostní Služba Das Auffinden versteckter Gegenstände mit Hilfe eines elektromagnetischen Feldes: **8** ('38) [tschech.].

Physikalische Z. Die Erzeugung Hertzscher Wellen mittels Dioden: **33** ('32) 693–703.

Rozhledy mat.-přírod. Elektrische Doppelschichten: **13** ('34) 9–14, 56–59 [tschech.].

Spirála Fortschritte der Radioelektrizität: **2** ('37) 382–428. — Elektrische Erscheinungen bei —270 °C: **3** ('38) 37–43. — Das Wesen des Tonfilms: 243–49. — Bildtelegraphie: 328–39. — Das Wesen des Fernsehens: 435–44. — Fortschritte des Fernsehens: 581–92. — — Alle Arbeiten tschech.

Spisy vydávané přírod. Fak. Masarykovy Univ., Brno Emission des ondes hertziennes par des diodes: **158** ('32) 20 S. [tschech. m. französ. Zusammenfassg.]. — Die Erzeugung von ungedämpften ultrakurzen Hertzschen Wellen mittels elektromagnetischer Elektronenresonanzbremse: **246** ('37) 1–12 [tschech. m. deutscher Zusammenfassg.].

Věda a Život Die Entstehung des Lichtes in Gasen: **1** ('35) 79–86. — Elektronenstrahlen: 135–39. — Photoelektrische Zellen: 416–20. — Fernsehen: 534–39. — Materie und Energie: **2** ('36) 270–75. — Experimentelle Untersuchung des Atombaus: 404–14. — — Alle Arbeiten tschech.

Výroční Zpráva moravské přírod. Spol. Fortschritte in der Elektronik: **1938**, 17–30 [tschech.].

Ferner Vorlesungsskripten: "Radioelektrina" [für Studienjahr 1931/32] und "Výboje v plynech" [für Studienjahr 1932/33].

VI **SAILLARD,** Emile. Zuckertechnol. — 1893–1934 Prof., Ecole Nation. des Industries Agricoles, Douai; 1899–1937 Dir. du Labor., Comité Central des Fabricants de Sucre de France; Chargé de Conférences, Conservatoire Nation. des Arts et Métiers, Paris; Vice-Prés., Commiss. Int. d'Unificat. des Méthodes d'Analyse du Sucre; Secrétaire gén., Commiss. des Graines et Betteraves, Ministère de l'Agric. — '13 Médaille d'or (Soc. d'Encouragem. pour l'Industrie Nation.); '22 Officier de la Légion d'Honneur; '25 Commandeur du Mérite Agricole; Officier de l'Ordre de Léopold (Belgique).
*1865, Rochejean, Doubs;
†1937, Febr. 2, Paris.

Nekr. Bull. Assoc. Chimistes **54** ('37) 245. — C. R. hebd. Séances Acad. Agric. France **23** ('37) 167–70.

W. La remolacha y fabricación del azúcar de remolacha (Barcelona '34) 762 S. (= Übersetzung von: La betterave et sucrerie des betteraves, siehe VI).

Bull. Assoc. Chimistes Sucrerie, Distillerie et Industries agric. France et Colonies Les feuilles de betteraves et les résidus de l'industrie sucrière: **51** ('34) 98–108.

Bull. techn. et chim., Comité centr. Fabricants Sucre France Essais de solubilité sur quelques corps intéressant la fabrication: No. **21** ('32) 647–. — La râpure de betteraves: 651–. — Le procédé Téatini: 652–. — Le procédé Téatini. Le degré d'alcalinité optimum en dernière carbonatation. Table de concordance. Les matières dextrogyres: 654–. — Les mélasses de 1930–31 et le raffinose: 657–. — Les mélasses de 1930–31: 669–. — Nos essais sur les variétés de betteraves en 1931: 673. — Les sulfites et les sulfates des produits de sucrerie (masses-cuites, égouts, mélasses) et la catalyse: 673–. — Les mélasses françaises et les mélasses allemandes. Nos essais culturaux de 1931. Les mélasses de canne et les fourrages mélassés: 675–. — L'Exposition du sucre à Amsterdam, du 10 au 26 avril 1931: 680–. — Essais culturaux du Laboratoire du Comité Central sur 14 variétés de betteraves sucrières en 1930: 683–. — La betterave à sucre de 1930 et des années précédentes: 701–. — Teneur en azote des betteraves de 1931 (Semaine du 14 au 21 septembre 1931). Densité et pureté apparente sur 24 échantillons de la dernière semaine de septembre 1931: 705–. — Une réunion, à Bruxelles, au sujet de la betterave à sucre: **707**–. — Quelques observations sur les betteraves et le travail de fabrication (Campagne actuelle 1931–32): 715–. — Rapport présenté à la réunion de Bruxelles, le 5 octobre 1931: 718–. — Les réunions internationales de Bruxelles (4 et 5 janvier 1932): 729–. — Variation de poids et de richesse des betteraves. Chaudières à vapeur: 733–. — Les essais sur la prédéfécation à l'Institut de Sucrerie de Berlin. La méthode de Mitscherlich: No. **22** ('32) 769–. — Le dosage de l'acide sulfureux dans les mélasses:

774–. — Epuration et chauffages: 782–. — La mouche de la betterave: 784–, 817–. — Mélasses de la campagne 1931–32: 789–. — La matière sèche réelle: 794–. — Essais culturaux du Laboratoire du Comité Central sur 13 variétés de betteraves sucrières en 1931: 795–. — Volume occupé par le marc et le précipité plombique (betteraves, jus de pression, mélasses): 813–. — La Commission Internationale d'Unification des Méthodes d'Analyse du Sucre et des Produits Sucrés: 818–. — Les betteraves riches en sucre sont pauvres en soude et riches en potasse: 836–. — Le coefficient de jus: 837–. — A propos des rendements de la betterave à sucre (Lettre de M. Willcox): 846–. — — Zahlreiche Arbeiten in Nos. **23** ('33)–**25** ('34) [im einzelnen nicht nachgewiesen]. — — L'histoire de la betterave (beta) comme plante de culture: No. **26** ('35) 1123–. — Le sucre extractible de la betterave et les essais culturaux: 1124–. — La betterave et les matières minérales: 1128–. — Betterave. Fabrication. Papier à cigarettes: 1130–. — M. le Dr. Prinsen-Gerligs et son 70e anniversaire: 1132–. — L'échelle de graduation du saccharimètre français: 1133–. — La maladie du cœur. Quotients salins. Vapeur surchauffée: 1134f. — La diffusion continue de Tirlemont et le travail à la sucrerie de Guignicourt (Aisne): 1136–. — Le travail à la sucrerie de Rethel (Ardennes): 1139–. — Quelques observations sur la composition des jus de diffusion et les pertes de fabrication: 1141–. — Grosses betteraves: 1142. — Le travail à la sucrerie de Villeron (Seine-et-Oise): 1142–. — Le malaxeur Werkspoor à la sucrerie de Dompierre (Somme): 1144–. — La défécation des jus de betterave vers 1865: 1146–. — Conclusions de la 5e Assemblée de l'Institut International de Recherches Betteravières (I.I.R.B.) tenue à Bruxelles les 7, 8 et 9 janvier 1935: 1147–. — La diffusion continue R.T.M. à la râperie de Baron (Seine-et-Oise): 1149–. — Le sucre fourrage (Réponse à quelques questions): 1152–. — Conductibilité électrique des produits de sucrerie (jus, mélasse, vinasse): No. **27** ('35) 1155–, 1161–. — Maladie du cœur de la betterave: 1162–. — Quotient salin des jus en France et à l'étranger: 1164–. — Commission Internationale d'Unification des Méthodes d'Analyse du Sucre: Méthodes Saillard, Ofner, Tynon et Lane, Brühns [1]): 1166–. — Sucre ajouté dans les ballons de digestion: 1178–, 1181–. — Procédé Périer et Possoz: 1193–. — Analyse des betteraves en 1935: 1196–. — Sucre, cendres, azote, dans les betteraves sucrières et fourragères: 1198–. — Campagne et mélasses de 1934–35: 1199–. — Azote des betteraves et des mélasses: 1203–. — Maladie du cœur de la betterave en Irlande: 1215–. — Méthode de sélection et inversion Clerget (rectifications): 1216–. — Académie d'Agriculture: 1217–. — Hugo de Vries: 1224–. — Commission des Graines de Betteraves du Ministère de l'Agriculture: 1236–. — — Arbeiten in No. **28** ('36) [im einzelnen nicht nachgewiesen]. — — Emploi du "Collactivit" [1]): No. **29** ('38). — Observations concernant une communication de M. F. W. Zerban (Londres 1936) sur la méthode Clerget par double polarisation neutre: ibid.

Chimie et Industrie Les mélasses de canne et les fourrages mélassés: **27** ('32) 1442.

Circulaire hebd., Comité centr. Fabricants Sucre France, Suppl. Résumés des publications françaises relatives à l'analyse des produits du sucre de la betterave: Nos. **2237/38** ('32), **2243** ('32). — Détermination du dioxyde du soufre en mélasses: Nos. **2241** ('32), **2244** ('32). — La campagne 1932–1933: No. **2276** ('32) 2 S. — Le travail des masses cuites: campagne 1931–1932: 8 S. — La diffusion continue de la raffinerie Tirlemontoise: No. **2282** ('32) 4 S. — Eaux de retour (azote et sucre), mélasses (azote): No. **2293** ('33) 8 S.; Teneur en azote des eaux de retour et des mélasses 1932–1933: No. **2294** ('33) 4 S. — Détermination des cendres par les conductibilités électriques: No. **2296** ('33) 4 S. — Détermination des cendres de jus de betteraves par la mesure des conductibilités électriques: No. **2306** ('33) 2 S. — Essais culturaux du laboratoire du Comité Central par 13 variétés de betteraves sucrières en 1932: **2307** ('33) 17 S. — Chlorination des eaux résiduaires de sucrerie: No. **2308** ('33). — Détermination des cendres de mélasses et de vinasses de mélasses de betteraves par la conductivité électrique: No. **2311** ('33) 4 S. — Le pouvoir rotatoire du non-sucre des mélasses de betteraves déféquées avant et après l'inversion: No. **2320** ('33) 4 S. — La détermination des cendres des jus de betteraves par la mesure des conductibilités électriques [1]): No. **2335** ('33) 4 S. — Hommage international à Rillieux: No. **2341** ('34) 2 S. — L'analyse commerciale des mélasses: 3 S. — Le travail de la fabrication à la sucrerie de Ham; visites à la sucrerie de Nangis: No. **2343** ('34) 6 S. — Le travail de fabrication à la sucrerie de Rethel: No. **2344** ('34) 3 S. — Le travail de fabrication à la sucrerie de Port Salut Verberie, Oise: No. **2346** ('34) 3 S. — Mélasses de la campagne 1933–1934: No. **2355** ('34) 6 S. — Le tarphomètre Courrière à la sucrerie de Corbehem, Pas de Calais [1]): No. **2360** ('34) 8 S. — Le tarphomètre Courrière: No. **2364** ('34) 2 S.

C. R. hebd. Séances Acad. Agric. France L'emploi des substances toxiques en agriculture: **21** ('35) 422–26. — Sur la désinfection des graines de betterave: 427–34. — L'azote des betteraves et des mélasses avant et après la guerre: 1222–35.

C. R. hebd. Séances Acad. Sci., Paris La détermination des cendres des jus de betteraves par la mesure des conductibilités électriques [1]): **196** ('33) 1335–37. — La détermination des cendres de mélasses par la conductibilité électrique [1]): 2026–28. — Détermination des cendres dans les betteraves sucrières par

[1]) Bitte Anmerkung auf Seite 4201 beachten!

la mesure des conductibilités électriques [1]): **200** ('35) 775–77.

Facts Sugar Heart rot of beet: **30** ('35) 148.

International Sugar. J. Control of pan boiling by the electrical conductivity method [3])[2])[4]): **35** ('33) 69f. [ ]. — Conductivity control of vacuum-pan [sugar] boiling: **36** ('34) 480 [ ].

J. Fabricants Sucre Détermination des cendres dans les betteraves sucrières par la mesure des conductibilités électriques [1]): **76** ('35) 220f. — L'azote des betteraves sucrières et des mélasses: 943–46, 979–82. — Die Methode der doppelten Polarisation zur Bestimmung der Saccharose und des Clerget-Divisors: **77** ('36) 151–55, 284–87 [französ.].

Publ. Inst. belge Amélioration. Betterave L'azote des betteraves et des mélasses: **4** ('36) 251–66.

Revue Agriculteurs France Les feuilles de betteraves et les résidus de l'industrie sucrière: **66** ('34) 34–36, 66–69.

Sucrerie belge Quelques postes de travail dans la fabrique de sucre: **54** ('35) 283–89, 301–06.

Zbl. Zuckerindustrie Internationale Kommission zur Vereinbarung von Untersuchungsverfahren für Zucker und zuckerhaltige Stoffe: **40** ('32) 633.

Mit: [1]) R. Saunier; [2]) O. Spengler; [3]) F. Tödt; [4]) J. Wigand.

IV–VI **ST. JOHN,** Charles Edward. Astron., Solarphysik. — 1897–99 Assist. Prof., 1899–1908 Prof., '06–08 Dean of the College of Arts and Sci., Oberlin College, Oberlin, Ohio; '08–30 Astronomer, '29–35 Research Assoc., Mount Wilson Observat. of the Carnegie Instn. of Washington, Pasadena, Cal.; '22–32 Pres. of the Commiss. on Standards of Wave-Lengths and Tables of Solar Spectra and '24–34 Pres. of the Commiss. on Solar Physics, Int. Astron. Union; Pres. of the Committee on Relationships between Solar and Terrestrial Phenomena, Int. Research Council; '30–33 Pres., University Club of Pasadena. — '31 Hon. Sc.D. (Oberlin College).

*1857, März 15, Allen, Mich.;
†1935, Apr. 26, Pasadena, Cal.

Nekr. *C. G. Abbot, Astrophysical J. **82** ('35) 273–83 (m. Bildn. u. Schr.verz.). — *W. S. Adams, Biographical Mem., Nation. Acad. Sci. USA **18** ('38) 285–304 (m. Bildn., Faks. u. Schr.verz.). — *H. D. Babcock, Publ. astron. Soc. Pacific **47** ('35) 114–20 (m. Bildn.). — *F. W. D., Monthly Notices roy. astron. Soc. **96** ('36) 300–02. — *A. Joy, Popular Astron. **43** ('35) 610–17. — Nature [London] **136** ('35) 12f.

S. 3rd Report, Commission Appointed to Further the Study of Solar and Terrestrial Relationships (London '32) 116–22: Variability of solar rotation. — Actes du 8e Congrès international de philosophie, Prague 1934, **5** (Praha '36) 532–35: The displacement of solar lines and general relativity.

Publ. astron. Soc. Pacific Observational basis of general relativity: **44** ('32) 277–95.

Trans. int. astron. Union Report of Commission on Solar Physics: **4** ('33) 34–57.

V,VI **SAINTE-LAGUË,** Jean André. Math. — 1938– Prof., Conservat. Nation. des Arts et Métiers, Paris. (⊠)

*1882, Apr. 20, St. Martin-Curton, Lot et Garonne;
†1950.

S. C.R. 2e Congrès international de récréation mathématique, Paris 1937 (Bruxelles '37) 29–37: Les formes géométriques dans la nature. — Les grands courants de la pensée mathématique (F. Le Lionnais) ([Paris] '48) 130–45: Voyage dans la quatrième dimension.

W. Etude des trajectoires et des qualités aérodynamiques d'un avion par l'emploi d'un appareil cinématographique de bord (m. A. Magnan) (Paris '32) 99 S. (Publications scientifiques et techniques du Ministère de l'Air, Service des recherches de l'aéronautique, 9). — Sur la distribution des vitesses aérodynamiques autour d'un avion en vol (m. A. Magnan) (Paris '32) 55 S. (~ 12). — Probabilités et morphologie (Paris '32) 31 S. (Actualités scientifiques et industrielles, 36. Exposés de morphologie dynamique et de mécanique du mouvement, 2). — Le vol au point fixe (m. A. Magnan) (Paris '33) 32 S. (~60. ≈4). — Cours d'algèbre et d'analyse à l'usage des élèves des classes de mathématiques spéciales et des candidats aux grandes écoles (m. G. Iliovici), **1**: Introduction; Equations algébriques; Fonctions; Calcul différentiel (Paris '33) 526 S.; **2**: Séries; Calcul intégral; Calcul numérique; Problèmes ('33) 557 S. — Mathématiques appliquées, à l'usage des ingénieurs, des élèves-ingénieurs et des étudiants des facultés des sciences, 1: Calcul intégral; 2: Calcul numérique; Deux cents problèmes résolus (m. G. Iliovici) (Paris '33) 8 + 240 S. — La règle à calcul. Introduction. Historique. Fabrication. Choix d'une règle. Mode d'emploi (Paris '34) 36 S. (Bibliothèque de l'enseignement scientifique, 4). — Avec des nombres et des lignes (Récréations mathématiques) (Paris '37) 11 + 358 S.; [2]('42) 8 + 358 S.; [3](46) 358 S. — Chaire de mathématiques (en vue des applications). Conservatoire national des arts et métiers (o. O. '37) 60 S. — Du connu à l'inconnu (Paris '40)

26 S. (Les conférences du Palais de la Découverte, 4 août 1940); erweiterte Ausgabe als Buch: (Paris '41) (L'avenir de la science, 13). — La bombe atomique et ses répercussions dans le monde (Paris '45) 24 S. ("Les Echos"). — De l'énergie atomique au socialisme distributif (m. E. S. Schreiber) (Paris '46) 31 S. (~). — Les mathématiques et la vie (Alençon '47) 23 S. (Les conférences du Palais de la Découverte, 22 juin 1941). — Les symétries dans la nature (Alençon '47) 20 S. (~ 26 juin 1943). — Avec des droites et des plans (Alençon '48) 23 S. (~ 9 décembre 1944). — La topologie (Alençon '49) 23 S. (~ 30 avril 1949). — Algèbre, analyse et géométrie analytique (Paris '47) 449+10 S. — Algèbre (m. A. Bourrée) (Paris '48) 256 S., ('54) 257 S. — Le monde des formes (Paris '48) 358 S. — Géométrie descriptive et géométrie cotée, à l'usage des élèves de la classe de mathématiques et des candidats aux écoles (Paris '48) 272 S.; [2]('52) 208 S. — L'utilisation pratique des mathématiques, **1**: Calculs numériques et graphiques (m. H. Masson) (Paris '49) 344 S. — De l'homme au robot (Paris '53) 312 S.

Annales Sci. natur., Zool. De quelques méthodes en morphologie [1]): (10) **16** ('33) 361–63.

C. R. hebd. Séances Acad. Sci., Paris Sur le vol par battement au point fixe [1]): **194** ('32) 2082–84. — Analyse de la sustentation dans le vol stationnaire de la volucelle [1]): **196** ('33) 1171 f. — Contribution à l'étude du mécanisme du vol chez les insectes [1])[2]): 1835–37.

Revue métapsych. Naissance, vie et mort de l'univers: **1935**, 305–25. — Naissance, vie et mort de l'humanité: **1936**, 299–329. — De la recherche de certaines facultés médiumniques: **1939**, 90–94.

Sphinx [Bruxelles] Les formes géométriques dans la nature: **8** ('38) 129–33.

Mit: [1]) A. Magnan; [2]) C. Magnan.

VI **ŠAJN,** Grigorij Abramovič. Astron., Astrophysik. — 1925–44 Wiss. Arbeitsgruppenleiter, Observat. Simeiz, Krym (= Zweigstelle d. Hauptobservat. Pulkovo), '41–43 evakuiert zum Astrophysikal. Observat. Abastumani, Grusin. SSR; '43–44 stellvertr. Dir. d. Astron. Hauptobservat., '44–52 Dir. d. Astrophysikal. Observat. auf der Krym u. dort '50–56 Leiter d. Abteilung f. Spektroskopie d. Sterne, Akad. Wiss. UdSSR; '51 Prof. — '46 Dr. h.c. (Københavns Univ.). — '45, '53 Leninorden, '50 Stalinpreis I. Kl. (UdSSR); '48 Preis (Akad. Wiss. UdSSR). (☒)

*1892, Apr. 19 (7), Odessa;
†1956, Aug. 4, Moskva.

Bitte Anmerkung auf Seite 4201 beachten!

Zur Biogr. *V. A. Ambarcumjan, Neues vom Weltall: Novyj Mir **1950**, Nr. 5, 266–68 [russ.]. — *P. P. Dobronravin, Schwerer Kohlenstoff in der Atmosphäre von Sternen: Nauka i Žizn' **1950**, Nr. 4, 26–28 [russ.] (m. Bildn.); Ein schweres Kohlenstoffisotop in der Atmosphäre von Sternen: Priroda [SSSR] **1950**, Nr. 10, 3–8 [russ.]. — *V. V. Šepel', Usp. fizič. Nauk **41** ('50) 123. — Vestn. Akad. Nauk SSSR **1939**, Nr. 2/3, S. 197 (m. Bildn.).

Nekr. *P. P. Dobronravin, Peremennye Zvezdy **11** ('58) 321–24. — *S. B. Pikel'ner, Astronomičeskij Cirk. Nr. **172** ('56) 1 f.; Istoriko-astron. Issledovanija **3** ('57) 551–607 (m. Bildn. u. Schr.verz.). — Astronomičeskij Kalendar' **61**.1958 ('57) Peremennaja čast', S. 288. — Astronomičeskij Ž. **33** ('56) 465–68 (m. Bildn.). — Coelum **25** ('57) 123. — Izvest. krymsk. astrofizič. Observat. **17** ('57) 3–10 (m. Bildn.). — Kratkij astron. Kalendar' **1958** ('57) 97 f. — Monthly Notices roy. astron. Soc. **117** ('57) 248. — Observatory **76** ('56) 205. — Populär astron. Tidskr. **38** ('57) 80. — Publ. astron. Soc. Pacific **68** ('56) 561. — Říše Hvězd **38** ('57) 64. — Vestn. Akad. Nauk SSSR **1956**, Nr. 10, S. 84. — Vopr. Kosmogonii **5** ('57) 3–5 (m. Bildn.).

Zum 10. Todestag Vestn. Akad. Nauk SSSR **1966**, Nr. 11, S. 94.

Zur Biobibliogr. Grigorij Abramovič Šajn [Biogr. v. *P. P. Dobronravin, Bibliogr. v. *O. V. Isakova] (Moskva '60) 70 S. (m. Bildn. u. Faks.) (Materialy k biobibliografii učenych SSSR, Serija astronomii, 2).

S. Nauka v SSSR za pjatnadcat' let, 1917–1932: Astronomija [15 Jahre Wissenschaft in der UdSSR, 1917–1932: Astronomie] (A. A. Kančeev) (Moskva–Leningrad '32) 69–78: Sternspektroskopie [russ.]. — Kurs astrofiziki i zvezdnoj astronomii [Lehrbuch der Astrophysik und der Stellarastronomie] **1** (Leningrad '34) 111–95: Astrospektroskopie [russ.]; **2** (Moskva–Leningrad '36) 231–54: Absolute Helligkeiten und Massen der Sterne [~]; 255–314: Doppelsterne [~]. — Jubilejnaja sessija Akademii nauk SSSR 15 ijunja–3 ijulja 1945 [Jubiläumssitzung der Akademie der Wissenschaften der UdSSR anläßlich des 220jährigen Bestehens, 15. 6.–3. 7. 1945] **2** (Moskva–Leningrad '47) 65–74: Die Natur des Emissionsspektrums langperiodischer Veränderlicher [russ.]. — Kurs astrofiziki i zvezdnoj astronomii [Lehrbuch der Astrophysik und der Stellarastronomie] (A. A. Michajlov) **1** (Moskva–Leningrad '51) 301–15: Die Vermessung von Spektrogrammen und deren Reduktion zwecks Bestimmung der Radialgeschwindigkeiten von Sternen [russ.]; 316–23: Wellenlängensysteme von Spektrallinien, die bei der Bestimmung von Radialgeschwindigkeiten verwendet werden [~]; 324–30: Systematische und zufällige Fehler bei der Bestimmung von Radialgeschwindigkeiten [~]; 331–34: Radialgeschwindigkeitskataloge [~]. — Abhandlungen aus der sowjetischen Astronomie und Astrophysik, Folge **2** (Berlin '51) (27. Beiheft zur „Sowjetwissenschaft") 7–13: Konzentrationsverhältnis der Isotope ^{13}C und ^{12}C in Sternatmosphären [4]); 15–25: Banden des schweren Cyanmoleküls $^{13}C^{14}N$ in den Spektren der Kohlenstoffsterne (Das rote System $^2\Pi$–$^2\Sigma$) [4]); Folge **3** (Berlin '53) (43. Beiheft ~) 125–49: Einige Resultate der Untersuchung heller galaktischer Nebel [4]). — Pamjati Sergeja Ivanoviča Vavilova [Sergej Ivanovič Vavilov zum Gedenken] (Moskva '52) 157–71: Isotope in der Atmosphäre von Sternen [russ.] [4]). — Trudy II Soveščanija po voprosam kosmogonii [Arbeiten der 2. Konferenz über Fragen der Kosmogonie], 1952 (Moskva '53) 179–89: Ansprache [russ.]. — Trudy IV Soveščanija po voprosam kosmogonii, 1954 g. Nestacionarnye zvezdy [Arbeiten der 4. Kosmogonie-Konferenz, 1954: Physische Veränderliche] (Moskva '55) 220–28: Über die Veränderlichkeit heißer Sterne und über diffuse Gasnebel [russ.]. — Trudy V Soveščanija po voprosam kosmogonii, 1955 g. Radioastronomija [Arbeiten der 5. Kosmogonie-Konferenz, 1955: Radioastronomie] (Moskva '56) 523–34: Magnetfeld und diffuse Materie [russ.]. — Gas dynamics of cosmic clouds, Symposium, Cambridge 1953 (Amsterdam '55) (International Astronomical Union symposium ser., 2) 37 f.: Certain peculiar structures in interstellar clouds. — Comparison of the large-scale structure of the galactic system with that of other stellar systems (N. G. Roman) (London '58) (~ 5): On the role of diffuse emission nebulae in galaxies; russ. u. engl. in: K simposiumu po sravneniju obščej struktury našej Galaktiki so strukturoj drugich galaktik (K IX s-ezdu Meždunarodnogo astronomičeskogo sojuza, Dublin 1955) (Moskva '55) 64–78. — Electromagnetic phenomena in cosmical physics (B. Lehnert) (London '58) (~ 6): On the magnetic fields in interstellar space and in nebulae. — Vistas in astronomy (A. Beer) **2** (London–NewYork '56) (J. atmospher. and terrestr. Physics, Spec. Suppl. 4) 1066–69: On the groups of diffuse emission nebulae. — Bol'šaja sovetskaja ėnciklopedija [Große Sowjetenzyklopädie] **43** ²(Moskva '56) 384 f.: Gas- und Staubnebel [russ.]. — Jadernye processy v zvezdach [Les processus nucléaires dans les astres. Communications présentées au 5ᵉ Colloque international d'astrophysique, Liège 1953) (A. G. Masevič) (Moskva '57) 305–08: Das Isotop ^{13}C in Sternspektren [4]) [russ.]. — Nestacionarnye zvezdy. Soveščanie [Physisch veränderliche Sterne. Konferenz], Bjurakan 1956 (Erevan '57) 88 f.: Über das Magnetfeld des Milchstraßensystems [russ.].

W. Nekotorye rezul'taty issledovanija diffuznych gazovych tumannostej i ich otnošenie k kosmogonii. Doklad na VIII s-ezde Meždunarodnogo Astronomičeskogo Sojuza [Alcuni risultati dello studio sulle nebulosità diffuse gassose e la loro relazione alla cosmogonia. Relazione fatta all'VIII Congresso dell'Unione Astronomica Internazionale] Roma 1952 (Moskva '52) 31 S. [auch italien. u. französ.]. — Atlas diffuznych gazovych tumannostej [Atlas diffuser Gasnebel] (m. V. F. Gaze) (Moskva '52) 7+42 S.

Acta astron. sinica Diffuse Gasnebel [4]): **2** ('54) Nr. 1, 63–74 [chines.].

Astronomičeskij Cirk. Arbeitsergebnisse und Entwicklungsperspektiven der sowjetischen Astrophysik: Nr. **19** ('43) 4 f. [russ.]. — Destruction of the Simeis Observatory: Nr. **35** ('44) 11 f. — Die Nebel in Perseus–Taurus und das Magnetfeld: Nr. **160** ('55) 7–9 [russ.].

Astronomičeskij Ž. On the faint white stars in low galactic latitudes [2]): **13** ('36) 1–7 [m. russ. Zusammenfassg.]. — Space reddening and the distribution of brightness in the Milky Way: **14** ('37) 293–300 [~]. — Über Programm und Methodik spektroskopischer Koronabeobachtungen: **18** ('41) 105–12 [russ.]. — Neue Nebel bei η Geminorum [4]): **28** ('51) 77 f. [~]. — Über den Zusammenhang zwischen der faserigen Struktur der Nebel und ihrer Bewegung [4]): **30** ('53) 125–29 [~]. — Die Nebel im Gebiet von γ Cygni und ζ Persei als Details der Spiralstruktur der Galaxis [4]): 130–34 [~]. — Diffuse Nebel mit einer Konzentration von Materie an der Peripherie und ihre Interpretation [4]): 135–42 [~]. — Über die Massen der hellsten Emissionsobjekte in den außergalaktischen Nebeln M 33, M 101 und NGC 6822 [4]): 481–86 [~]. — Einige Ergebnisse von Untersuchungen über das Vorhandensein von Staub und Gas in diffusen Nebeln [4])[8]): **31** ('54) 105–11 [~]. — Über die Gruppen der Emissionsnebel: 217–23 [~]. — Über die wahrscheinlichen Bewegungen in den Emissionsnebeln [4]): 305–11 [~]. — Der Nebel IC 443 und die Radiostrahlungsquelle in den Zwillingen [4]): 409–12 [~]. — Diffuse nebulae and interstellar magnetic field: **32** ('55) 110–17 [russ. m. engl. Zusammenfassg.]. — Identification of some radio sources of large extent with optical objects [11]): 118–23 [~]. — Das Symposium "Feste Teilchen in astronomischen Objekten", Liège 1954: 198–200 [russ.]. — On the non-stability and the disintegration of diffuse emission nebulae: 209–14 [russ. m. engl. Zusammenfassg.]. — On the magnetic fields in the interstellar space and in the nebulae: 381–94 [~]. — The measurement of the polarization of the Crab Nebulae [8])[5]): 395–400 [~]. — The nebulae and the magnetic field (some additional data): 489–91 [~]. — On the association of hot stars with the emission nebulae: 492–97 [~]. — On the action of the interstellar magnetic field on the motion of diffuse matter: **33** ('56) 210–15 [~]. — Some questions in the problem "The nebulae and magnetic field": 305–14 [~]. — The polarization of the light of stars, the magnetic field and the spiral structure of the

Bitte Anmerkung auf Seite 4201 beachten!

galaxy in Sagittarius: 469–73 [~]. — The orientation to the galactic equator of the general magnetic field of the galaxy in the solar vicinity: **34** ('57) 3–7 [~].

L'Astronomie (BSAF) Le cinquantenaire de l'Observatoire Yerkes (1897–1947): **62** ('48) 88–90.

Astronomische Nachr. Photographische Aufnahmen von kleinen Planeten in Simeiz [7])[10]): **245** ('32) 223–26.

Astrophysical J. The absorption continuum in the violet region of the spectra of carbon stars [12]): **106** ('47) 86–91.

Bjul., Abastumansk. astrofizič. Observat. The occurrence of carbon isotopes in the spectra of N type stars: Nr. **6** ('42) 1–16. — Some physical characteristics of the atmospheres of supergiants cB_5–cA_3: Nr. **7** ('43) 83–98.

Bull. Acad. Sci. Georg. SSR The K-term and the hypothesis of outward motion of matter: **4** ('43) Nr. 2, 123–29.

Cirkuljary glavn. astron. Observat. v Pulkove Preliminary orbit of the spectroscopic binary HR 7874: Nr. **1** ('32) 15f. — A giant with large radial velocity: Nr. **2** ('32) 10. — Sixteen new and five suspected spectroscopic binaries: 11f. — Two new $B9_e$ stars: Nr. 6 ('33) 18–21. — On some tests of the rotation in spectroscopic binaries: Nr. **7** ('33) 8–10. — The orbit of HD 198391: 16–19. — Four double stars whose components have a common radial velocity: 20f. — On the study of the motion of the galactic clouds: 35–39. — The orbit of the spectroscopic binary HD 196362: Nr. **8** ('33) 16–21. — The large velocity of V CorB and the character of hydrogen lines in its spectrum: Nr. **10** ('34) 12–14. — Note on the intensity decrement of Balmer lines in gaseous nebulae: Nr. **11** ('34) 8–11. — On the companion of Rigel: Nr. **12** ('34) 7–9. — On the study of the spectra of extragalactic nebulae: 10–13. — On the intensity distribution in the spectrum of Saturn and its ring: Nr. **13** ('35) 9–16. — Note on two Be stars: 26. — On the intensity ratio K/H in late type spectra: Nr. **18** ('36) 3–8. — The orbit of the spectroscopic binary HR 6290 [6]): Nr. **19** ('36) 11–15. — Four new spectroscopic binaries: 17. — The spectroscopic orbit of HD 5638: Nr. **21** ('37) 31–34. — The spectroscopic orbit of HD 110326: 35–38. — On the spectrophotometric study of spectroscopic binaries: Nr. **22/23** ('37) 3–12. — A spectroscopic binary with very high eccentricity: **25** ('39) 26–30 [m. russ. Zusammenfassg.]. — A star of the $B7_e$ type with variable hydrogen lines: 31 [~]. — On the systematic displacements of lines in the spectrum of Rigel: Nr. **26/27** ('39) 5–14 [~]. — Spectroscopic orbit of HD 194495: 74–78 [~]. — A new spectroscopic binary with double lines: 79 [~]. — Integrated spectrum of the Milky Way [3]): **28** ('39/40) 5–18 [~].

Dokl. Akad. Nauk SSSR Über die Ergebnisse der Beobachtungen des Koronaspektrums am 19. Juni 1936 in Omsk: **28** ('40) 779–83. — Kohlenstoff-Isotope in den Spektren von N-Sternen: **35** ('42) 99–102 [vgl. auch: Astronomičeskij Ž. **18** ('41) Nr. 2, 165–67]. — Methoden der Untersuchung von Veränderungen der Emissionslinien im Spektrum des Nachthimmels: 152–56. — FeII-Emissionslinien in den Spektren langperiodischer Veränderlicher: **42** ('44) 254–57. — Systematische Bewegung in den Atmosphären weißer Überriesen: **44** ('44) 56–62. — Wasserstoff-Emissionslinien in den Spektren langperiodischer Veränderlicher: 293–96. — Über das System der Wellenlängen in Sternspektren: **45** ('44) 57–60. — Bestimmung der Radialgeschwindigkeiten von Sternen mit Hilfe einer prismatischen Kamera [10]): 338–42. — Über die Intensität der Emissionslinien im Koronaspektrum: **58** ('47) 767–70. — Die Banden des $^{13}C^{14}N$-Moleküls in den Spektren der Kohlenstoffsterne (rotes System $^2\Pi$-$^2\Sigma$) [4]): **68** ('49) 661–64. — Neue Nebel bei η Geminorum [4]): **78** ('51) 37f. — Über eine spezielle Klasse diffuser Gasnebel [4]): 431–33. — Über die vorherrschende Orientierung der Fasern und anderer Struktureinzelheiten in den Gasnebeln [4]): **82** ('52) 857–60. — Über die Struktur und Massen einiger heller Gasnebel [4]): **83** ('52) 47–50. — Ein neues System dünnfaseriger Nebel im Sternbild Auriga [4]): **85** ('52) 53f. — Erforschung der Turbulenz im Orion-Nebel aus der Fluktuation der Helligkeit [8]): **90** ('53) 741–44. — Über die Systeme der Emissionsnebel: **93** ('53) 993–96. — Der Nebel IC 443 und die neue Radiostrahlungsquelle in den Zwillingen [4]): **96** ('54) 713–15. — Über die Bewegungen in den diffusen Emissionsnebeln [4]): 945–48. — Über die Emissionsnebel in den Galaxien [4]): 1129–32. — Diffuse Nebel und interstellares Magnetfeld: **101** ('55) 437–40. — — Alle Arbeiten russ.

Gazette astron. Destruction de l'Observatoire de Siméis (Crimée): **29** ('47) Nr. 329/31, 42f.

Izvest. Akad. Nauk Kazachsk. SSR Einige Ergebnisse der Untersuchung leuchtender galaktischer Nebel [4]): Nr. **90** ('50) Ser. astrobotan. Nr. 1/2, 25–36 [russ.].

Izvest. Akad. Nauk SSSR, Ser. fizič. Natur des Emissionsspektrums langperiodischer Veränderlicher: **9** ('45) 161–66 [russ.]. — Eine Bemerkung über Sternassoziationen: **14** ('50) 25f. [~]. — Über eine Besonderheit einiger möglicherweise mit Magnetfeldern verbundener Gasnebel [4]): **17** ('53) 114–18 [~].

Izvest. glavn. astron. Observat. v Pulkove On the effect of dispersion on the intensity of spectral lines and the relation between central and total absorption: **13** ('34) Nr. 4 (= Nr. 115), 1–12 [m. russ. Zusammenfassg.]. — The motion of the Coma

Bitte Anmerkung auf Seite 4201 beachten!

Berenices cluster: **16** ('38) Nr. 2 (= Nr. 131), 1–35 [~].

Izvest. krymsk. astrofizič. Observat. H-, FeII- und FeI-Emissionslinien in den Spektren langperiodischer Veränderlicher: **1** ('47) 5–19. — Radialgeschwindigkeiten von 131 Sternen schwächer als 6.75: 44–58. — Effekt der Konvergenzgrenze und der Schwanzbanden in den Spektren von Kohlenstoffsternen [4]): 74–82. — Ergebnisse der Beobachtung des Koronaspektrums am 19. Juni 1936: 102–15. — Bahnen der Komponenten des spektroskopischen Doppelsterns HD 85217 [9]): **2** ('48) 44–50. — Untersuchung des Spektrums von Kohlenstoffsternen [4]): 51–97. — Banden des schweren Cyanmoleküls in den Spektren von Kohlenstoffsternen (violettes System $^2\Pi$-$^2\Sigma$) [4]): 131–33. — G. N. Neujmin, 1885–1946: 136–38. — Über die Zentren der Wasserstofflinien in den Spektren von Sternen früher Spektralklassen: **3** ('48) 46–50. — Über die Intensität der Emissionslinien im Koronaspektrum: 64–68. — Differentielle und systematische Linienverschiebung in den Spektren weißer Überriesen [10]): **4** ('49) 49–77. — Die Bahn des spektroskopischen Doppelsterns HR 4536: 148–51. — Die Banden des schweren Cyanmoleküls $^{13}C^{14}N$ in den Spektren von Kohlenstoffsternen (rotes System $^2\Pi$-$^2\Sigma$) [4]): **5** ('50) 24–33. — Elemente der vorläufigen Bahn der Komponenten des spektroskopischen Doppelsterns HD 121648: 105–08. — Einige Ergebnisse der Untersuchung leuchtender galaktischer Nebel [4]): **6** ('51) 3–28. — Die Zentralintensitäten der starken Absorptionslinien in Sternspektren: **7** ('51) 67–86. — Über eine besondere Klasse diffuser Gasnebel [4]): 87–92. — Zweites Verzeichnis diffuser Nebel [4]): 93–98. — Radialgeschwindigkeiten von 73 Sternen: 124–29. — Über die vorzugsweise Orientierung der Fasern und anderer Strukturdetails in Gasnebeln [4]): **8** ('52) 3–16. — Zwei neue Fasernebel bei o^2 und o^1 Cygni [4]): 17f. — Struktur und Masse der diffusen Gasnebel NGC 6523, 6618 und 2237 [4]): 80–92. — Über die Massen gasförmiger Objekte in einigen außergalaktischen Nebeln [4]): **9** ('52) 13–24. — Dritte Liste diffuser Emissionsnebel [4]): 52–67. — Ein neues System dünnfaseriger Nebel im Sternbild Auriga [4]): 123–25. — V. A. Al'bickij, 1891–1952: **10** ('53) 3–7. — Der Charakter der Turbulenz im interstellaren Medium [8]): 97–103. — Über die Beziehung zwischen diffusen Gasnebeln und heißen Sternen [4]): 152–68. — Ein neuer Nebel beim novaähnlichen Veränderlichen FU Orionis [4]): 207. — Über einen neuen Nebel bei σ Scorpii [4]): 208f. — Zweite Liste peripherer, diffuser Nebel [4]): 210–12. — Die diffusen Emissionsnebel in M 33: **11** ('54) 3–7. — Über das Vorkommen diffuser Materie in den planetarischen Nebeln außerhalb der HII-Zone [4]): 18–21. — Helligkeitsfluktuationen im Orionnebel als mögliche Folge von Turbulenz [8]): 22–33. — Vierte Liste diffuser Emissionsnebel [4]): 39–41. — Über das Vorkommen von Staub und Gas in den diffusen Nebeln [4])[8]): **12** ('54) 64–87. — Vera Fedorovna Gaze, 1899–1954: **13** ('55) 3–7. — Über die Instabilität und den Zerfall von diffusen Emissionsnebeln: **15** ('55) 3–10. — Katalog von Emissionsnebeln [4]): 11–30; **16** ('56) 172. — Bemerkung über das System der Fasernebel in Auriga ($5^h\,33^m+28°$): **16** ('56) 171. — Über die Magnetfelder im interstellaren Raum und in diffusen Nebeln: 181–83. — — Alle Arbeiten russ.

Izvest. krymsk. pedagog. Inst. im. Frunze E. F. Skvorcov, 1882–1952: **20** ('54) 203–06 [russ.].

Mémoires Soc. roy. Sci. Liège The isotope ^{13}C in stellar spectra [4]): (4) **14** ('54) 397–401. — On the presence of dust and gas in the bright diffuse nebulae [4])[8]): **15** ('55) 441–52.

Mirovedenie Die Rotation der Sterne: **23** ('34) Nr. 1, 23–34 [russ.]. — Über die Untersuchung der Bewegungen in der Sonnenkorona: **25** ('36) Nr. 3, 56–60. — Die Sonnenfinsternis am 19. Juni 1936: Nr. 6, 23–27.

Monthly Notices roy. astron. Soc. The radial velocities of 343 stars [1]): **92** ('31/32) 771–79. — On the effect of the total line and band absorption in stellar spectra: **94** ('33/34) 642–62.

Observatory The occurrence of carbon isotopes in the spectra of N type stars: **64** ('42) 255–59.

Priroda [SSSR] Untersuchung der Gas-Staub-Nebel und des interstellaren Mediums: **1953**, Nr. 2, 47f. [russ.]. — Die diffusen Gasnebel [4]): Nr. 3, 19–26 [~].

Sovetskij Krym Das Observatorium in Simeiz: **1946**, Nr. 3, 109–13 [russ.].

Trans. int. astron. Union Supplément au rapport de la Commission des spectres stellaires: **8**.1952 ('54) 436f. — Quelques résultats des recherches sur les nébuleuses gazeuses diffuses et leurs rapports avec la cosmogonie [4]): 693–702. — Note on the variable or new nebulae possibly connected with FU Orionis, AE Aurigae and Nova Aurigae 1891 [4]): 852.

Trudy glavn. astron. Observat. v Pulkove Radial velocities of 343 stars [1]): (2) **43** ('33) 68 S.

Trudy Inst. Istorii Estestvoznanija i Techn. Lebedev und die Astrophysik: **28** ('59) 66–78 [russ.].

Usp. astron. Nauk Bestimmung der Radialgeschwindigkeiten von Sternen und Nebeln und Beobachtungsergebnisse für die letzten zehn Jahre: **4** ('35) 22–45 [russ.].

Usp. fizič. Nauk Konzentrationsverhältnis der Isotope ^{13}C und ^{12}C in Sternatmosphären [4]): **43** ('51) 3–10 [russ.].

Z. Astrophysik Der Charakter der Spektrallinien und die Rotation der Sterne: **6** ('33) 176–92. — Die

Bitte Anmerkung auf Seite 4201 beachten!

Absorption im Raum und die Farbe der in diffuse Nebel eingehüllten Sterne: **8** ('34) 168–78. — Über die Emissionslinien des Wasserstoffs in den Spektren langperiodischer Veränderlicher: **10** ('35) 73–85. — On the luminosity, spectrum and colour of B and A stars: **13** ('36/37) 132–48.

Mit: [1]) V. A. Al'bickij; [2]) V. A. Ambarcumjan; [3]) P. P. Dobronravin; [4]) V. F. Gaze (= W. F. oder V. Th. Hase); [5]) R. N. Ichsanov; [6]) O. A. Mel'nikov; [7]) G. N. Neujmin; [8]) S. B. Pikel'ner; [9]) D. Popper; [10]) P. F. Šajn; [11]) I. S. Šklovskij; [12]) O. Struve.

VI **SAKELLARIOS,** Euklides. Chem. (org.). — 1931– Privat-Doz., Univ. Athēnai; '48– ord. Prof. u. Dir. d. Labor. f. Chem. Techn., Nation. Techn. Hochsch., Athēnai. (⊠)
*1894, Sept. 17, Kastella, Peiraievs [Piräus].

Chemische Ber. Über die partielle Verseifung des Pyrogalloltribenzolsulfonats und über einige Äther-Ester des Pyrogallols [1])[3]): **94** ('61) 2544–46.

Helvetica chim. Acta Phthalimidsynthesen mit Hilfe von p-Toluolsulfonsäure-estern: **29** ('46) 1675–84.

J. amer. chem. Soc. Purification of N-(hydroxymethyl)phthalimide through a molecular compound with pyridine: **70** ('48) 2822.

Praktika Akad. Athēnōn Über zwei neue pharmakologisch wirksame Bestandteile von Ecballium elaterium A. Rich (Curcubitaceae) [2]): **23** ('48) 142–48 [griech.].

Mit: [1]) I. Kambouris; [2]) G. Logaras; [3]) J. Sakellarios.

V,VI **SAKELLARIOU,** Nilos (Neilos). Math., Mech. — 1918–28 Außerord. Prof., '28– ord. Prof., '28–36 Dekan d. math. u. physikal. Fak., Univ. Athēnai; '28–35 Prof., '35– Dir. d. Handelshochsch. Athēnai; Vorsitzender, Griech. Math. Ges. — Orden des Goldenen Phönix. (⊠)
*1882, Jan. 2, Hagios Petros, Arkadia; †1955, März.

S. Proc. International congress of mathematicians, Amsterdam 1954, **2** (Amsterdam '54) 249f.: On the normal rectilinear congruence along lines of curvature.

W. Stoicheia analytikēs geōmetrias [Elemente der analytischen Geometrie] **1** [2](Athēnai '32); **2** [2]('35). — Peri tēs exelixeōs tōn mathēmatikōn en Helladi apo tēs idryseōs tou Ethnikou Panepistēmiou [Biographisches über die Mathematiker in Griechenland seit Gründung der Nationaluniversität] (Athēnai '37) 50 S. — Stoicheia theōrētikēs geōmetrias [Elemente der theoretischen Geometrie] **1** (Athēnai '50) 224 S.; **2** ('50) 208 S.; **3** ('50) 208 S.

Annales Soc. polon. Math. Sur le calcul des variations: **10** ('32) 76–93.

Atti reale Accad. nazion. Lincei, Rend. Sur le calcul des variations: (6) **15** ('32) 209–14.

Bull. math. Soc. roumaine Sci. Über das Variationsrechnungsproblem in Parameterdarstellung im n-dimensionalen Riemannschen Raum: **40** ('38) 171–74.

Bull. Soc. math. Grèce Über einige Flächen zweiter Ordnung und Kegel zweiter Klasse: **14** ('33) 16–22. — Die bildende Bedeutung der Mathematik: 47–60. — Über projektive Abbildung von zwei n-dimensionalen Räumen: **16** ('35) 14–28. — Die Mathematik in Griechenland von 1830–1930. Historische Übersicht: 60–75. — Über ein allgemeines Verfahren zur Bestimmung der Prämien der Sozialversicherung. Seine Anwendung auf das Gesetz 6298 der Griechischen Sozialversicherung: 121–39 [m. französ. Zusammenfassg.]. — Das Parameterproblem der Variationsrechnung im n-dimensionalen Riemannschen Raum: **18** ('38) 63–77. — Geschichtliche Betrachtung der projektiven Geometrie: 123–41. — Über die nichteuklidische Geometrie von Riemann: **20** ('40) 155–89. — Über einige Probleme der Variationsrechnung: **21** ('41) 53–57; **22** ('46) 155–67. — On the foundations of the mathematical science: **23** ('48) 153–80 [m. engl. Zusammenfassg.]. — Some observations on geodesic lines and curvatura integra: **25** ('51) 120–29 [~]. — Constantin Carathéodory†: **26** ('52) 1–13. — Über Strahlensysteme, deren abwickelbare Flächen eine Fläche unter geodätischen Linien und ihren geodätischen Parallelen schneiden: 69–74. — Spherocentrical lines of different classes of a given curve: **29** ('54) 25–33 [m. engl. Zusammenfassg.]. — — Alle Arbeiten griech.

Mathematics Mag. On a group of contact transformations: **22** ('48) 13–18.

Monatsh. Math. u. Physik Zur Variationsrechnung: **48** ('39) 314–21.

Praktika Akad. Athēnōn Sur une formule générale de l'assurance sociale et son application à la loi 6298 de l'Assurance Sociale Grecque: **10** ('35) 399–406 [griech. m. französ. Zusammenfassg.]. — Invariants of simultaneous contact transformations: **23** ('48) 47–51 [griech.]. — Relation between the principal radii of curvature and the unit normal of a surface: **28**.1953 ('54) 392–95 [~]. — Spherical images of different types of a given surface: **29**.1954 ('55) 380–82 [~].

VI **SAKS,** Stanisław. Math. — 1922–39 Assist., Techn. Hochsch. Warszawa; '27–39

Bitte Anmerkung auf Seite 4201 beachten!

Privat-Doz., Univ. Warszawa; '39–42 Prof., Univ. Lwow.

*1897, Dez. 30, Kalisz;

†1942, Nov. 23, Warszawa (?) [durch Gestapo ermordet].

Zur Biogr. *K. Kuratowski, Pół wieku matematyki polskiej 1920–1970 (Warszawa '73) (Omega, 247) 88–90 (m. Bildn. nach S. 16).

W. Théorie de l'intégrale, avec une note de S. Banach (Warszawa '33) 7+290 S. (Monografje matematyczne, 2); 2. Aufl. engl.: Theory of the integral ²(Warszawa–Lwow–NewYork '37) 6+347 S. (~ 7), Neudrucke: (New York '47) 6+347 S., ('64) 15+343 S. — Funkcje analityczne; wykłady uniwersyteckie (m. A. Zygmund) (Warszawa '38) 6+431 S. (~ 10), ²(Warszawa–Wrocław '48) 11+431 S., ³(Warszawa '59) 431 S.; engl.: Analytic functions (Warszawa–Wrocław '52) 8+451 S. (~ 28), ²(Warszawa '65, New York '66) 9+508 S., ³(Amsterdam–Warszawa '71) 14+504 S.

Acta Sci. math. [Szeged] On subharmonic functions: **5** ('32) 187–93.

Annali R. Scuola norm. sup., Pisa On functions of rectangles and their application to analytic functions [3]): (2) **3** ('34) 27–32.

Annals Math. On the surfaces without tangent planes: **34** ('33) 114–24. — On a theorem of Hahn-Steinhaus [2]): 595–601.

Bull. amer. math. Soc. Note on defining properties of harmonic functions: **38** ('32) 380–82.

Duke math. J. Integration in abstract metric spaces: **4** ('38) 408–11.

Fundamenta Math. [Warszawa] On the functions of Besicovitch in the space of continuous functions: **19** ('32) 211–19. — Remark on the differentiability of the Lebesgue indefinite integral: **22** ('34) 257–61. — On the strong derivatives of functions of intervals: **25** ('35) 235–52. — Sur la dérivation des fonctions dans des ensembles dénombrables [1]): 264–66. — Sur quelques propriétés métriques d'ensembles: **26** ('36) 234–40. — On derivatives of functions of rectangles: **27** ('36) 72–76. — Sur un théorème de M. Roger: 151f.

J. London math. Soc. On the generalized derivatives: **7** ('32) 247–51.

Matematičeskij Sborn. Sur un théorème de P. Novikoff: (N.S.) **7** ('40) 373–78 [m. russ. Zusammenfassg.]. — On the operators of Blaschke and Privaloff for subharmonic functions: **9** ('41) 451–56 [~].

Trans. amer. math. Soc. On some functionals: **35** ('33) 549–56, 965–70; ~ 2: **41** ('37) 160–70.

Mit: [1]) S. Eilenberg; [2]) J. D. Tamarkin; [3]) A. Zygmund.

Bitte Anmerkung auf Seite 4201 beachten!

VI **SAKURADA,** Ichirô. Makromolekularchem. — 1926–35 Instructor → Assist. Prof., '31 D.Eng., '35–67 Prof., '67 Prof. emer., Kyoto Univ., Kyoto; '67–74 Prof., Doshisha Univ., Kyoto; '67–76 Head of Osaka Labor., Japan Atomic Energy Research Inst. — '66 Dr. rer. nat. h.c. (Univ. Mainz). — '77 Order of Cultural Merits (Prime Minister of Japan).

*1904, Jan. 1, Kyoto.

Bildn. Kagaku to Kôgyô **21** ('68) 569.

Zum 70. Geb.tag *S. Okamura, *W. Kern, Makromolekulare Chem. **175** ('74) 1 (m. Bildn.).

Zur Biogr. *S. Okamura, Kagaku to Kôgyô **31** ('78) 136.

MH. Gôsei sen'i [Synthetische Textilfasern] (Tokyo '64).

HZ. Jushi Kako [Resin finishing and application] **1** ('52)–**13** ('64) → Kôbunshi Kako [Polymer application] **14** ('65)–**29** ('80).

S. Isotopes in research. Proc. 2nd International conference on the peaceful uses of atomic energy, Geneva 1958, **20** (Geneva '59) 176–85: Effects of γ-radiation on polymer reactions [104])[171])[168])[169])[84])[174])[31]). — Large radiation sources in industry. Proc. Conference on application of large radiation sources in industry and especially to chemical processes, Warsaw 1959, **1** (Wien '60) 447–58: Radiation-induced graft copolymerization of polyvinyl alcohol [103])[65]) [m. französ., russ. u. span. Zusammenfassg.].

W. Kôbunshi kagaku gairon [Grundriß der Makromolekularchemie] (Kyoto '48) 303 S. — Gôseibutsu no kagaku [Chemie der Synthesefasern] (Tokyo '49) 358 S.

Annual Rep. japan. atomic Energy Res. Inst. Effect of electron irradiation on the tensile properties of cellulose fibers [103]): Nr. **5018** ('68) 1–4. — Graft copolymerization of polyesters initiated by irradiation, 1: Grafting of vinyl pyridine onto the polyethyleneterephthalate fiber [103])[130])[59]): 5–14; ~ 2: Grafting of acid monomers onto the polyethyleneterephthalate fiber [103])[130])[59]): 15–21. — Effect of irradiation on polyvinyl alcohol acylated by capronic acid [59])[103]): 22–24. — Visco-elastic properties of graft copolymers of polyvinyl acetate with methyl methacrylate [130])[103]): 25–30. — Grafting of acrylonitrile onto pulverulent polyvinyl chloride and the preparation of the fiber from the grafted copolymer [103])[44]): Nr. **5026** ('70) 35–41. — Radiation-induced graft copolymerization onto polyethers, 4: Grafting of acrylic acid onto polyethyleneterephthalate fibers after previous impregnation [103]): 46–51. — Grafting of acrylic acid onto polyester fibers without a catalyst [192])[103]): 73–79. — Radiation effect on the mechanical properties of cellulose [103]): Nr. **5027** ('71) 22–25. — Spinning dope from a mixture of polyvinyl chloride and polyacrylonitrile [103]): 32–34. — Effect of grafting reaction products of polyvinyl chloride and the compatibility of blend of its component homopolymers [160])[103]): 35–41. — — Alle Arbeiten japan. m. engl. Zusammenfassg.

Ber. dtsch. chem. Ges. Viskosität von Acetylcellulose-Lösungen in Abhängigkeit von Faser-Reinigung und Acetylierungsbedingungen, 3 [20]): **64** ('31) 1174–83. — Zur Kenntnis der Staudingerschen Beziehung zwischen Viskosität und Molekulargewicht bei Cellulose-Präparaten [20]): 1183–92. — Vergleich der Viskositätseigenschaften von synthetischen und natürlichen hochpolymeren Verbindungen: **67** ('34) 1045–51. — Vergleich der Viskositätseigenschaften von synthetischen und natürlichen hochpolymeren Verbindungen (Bemerkung zu Abhandlungen von H. Staudinger über den Aufbau der Hochmolekularen und über das Viskositätsgesetz): **68** ('35) 998–1000.

Buletinul Inst. politehn. Iaşi Grafting onto cellulose by the pre-irradiation technique [103])[59]): (N.S.) **16** ('70) 2/273–2/278 [m. rumän. Zusammenfassg.].

Bull. Engng. Res. Inst., Kyoto Univ. Grundlegende Untersuchungen über die synthetische Faser: **12** ('57) 71– [japan.]. — Untersuchungen auf dem Gebiet der synthetischen Faser: **16** ('59) 101– [~].

Bull. Inst. chem. Res., Kyoto Univ. Crystal structure of polyvinyl alcohol [6])[102]): **23** ('50) 78f. — Synthetic fiber vinylon: Commem. Vol. Silver Jubilee ('51) 84–91. — Chemical reactions of polyvinyl compounds [111]): **24** ('51) 91. — Low formalization of polyvinyl alcohol fiber [86]): 94. — Miscibility of aqueous solution of polyvinyl alcohol and polyacrylic acid or its salt [52]): **25** ('51) 76. — Polymerization of dipeptide derivatives [95])[144]): 76f. — x-Ray studies on the reaction between polyvinyl alcohol and boric acid [102]): **26** ('51) 94. — x-Ray studies on the reaction between polyvinyl alcohol and Congo red [102]): 95. — The viscosity of the deformed rodlike macromolecule in solution [96]): 95f. — x-Ray studies of the reaction between polyvinyl alcohol and borax [102]): **28** ('52) 78. — Deformalization of vinylon. Estimation of the degree of polymerization of vinylon [86]): 78. — Formalization and the strength of vinylon filament yarn [79]): 79. — Statistical mechanics of the anisotropic swelling of crystalline polymers [96]): **31** ('53) 141f. — Flexibility of the cellulose molecules in dilute solution [96]): 227. — Copolymers of vinyl chloride and vinyl acetate with an x-ray counter [96]): 426. — Effects of γ-ray irradiation on polymers, 1: Effects of γ-ray irradiation on elongated filaments of low- and high-density polyethylenes [146])[54]): **37** ('59) 353–60; ~ 2: Effect of γ-ray irradiation on mechanical properties of filaments of low-density polyethylene [146])[54]): 361–67; ~ 3: Effects of γ-rays on mechanical properties of filaments of high-density polyethylene [146])[54]): 368–91. — Effects of cobalt-60 γ-radiation on poly(vinyl alcohol), 3: Effects of γ-radiation on water-swollen films and aqueous solutions [30]): **39** ('61) 99–111. — Effects of γ-ray irradiation on filaments of isotactic polypropylene [54]): 226–35. — Effects of γ-radiation on a polymer in solution, 1: Poly(vinyl acetate) [30]): **40** ('62) 1–15; ~ 2: Poly(vinyl methyl ether) [30]): 16–24; ~ 3: Poly(vinyl alcohol) partially acetalized with glyoxylic acid [30]): 25–35; ~ 4: Cross-linking and degradation of poly(acrylic acid) in aqueous solution [30]): **41** ('63) 103–13; ~ 5: Intra-molecular cross-linking of poly(acrylic acid) in dilute aqueous solution [30]): 114–22; ~ 6: Radiation protection and promotion in aqueous solutions of poly(vinyl alcohol) [30]): 123–30; ~ 7: Effects of degree of polymerization on cross-linking of poly(vinyl alcohol) in aqueous solutions [30]): **42** ('64) 22–31; ~ 8: Radiation effects on poly(vinyl alcohol) in aqueous solutions below critical concentration for gel formations [30]): 32–41; ~ 9: A turbidimetric study of solutions of poly(vinyl alcohol) irradiated below the critical concentration for gel formation [30]): **44** ('66) 66–73. — Estimation of molecular weight distribution of polystyrene standard samples by diffusion method [27]): **41** ('63) 179–89. — Elastic moduli of crystal lattices of polymers [38])[85]): **42** ('64) 77–92. — Estimation of particle size of synthetic latices by turbidity measurements [27])[131]): 145–52. — Hydrolysis of polymeric esters with long-chain alkyl- and alkylbenzenesulfonic acids [111])[105]): **43** ('65) 149–55. — Hydrolysis of polymeric esters with polymeric sulfonic acids [111])[105]): **44** ('66) 135–49. — Experimental determination of the elastic moduli of polymer crystals in the direction perpendicular to the chain axis [44])[85])[153]): 168–82. — Radiation-induced graft copolymerization of methyl methacrylate onto poly(vinyl alcohol) film in the presence of chain-transfer agents [30])[158]): **45** ('67) 1–11. — Radiation-induced graft copolymerization of styrene onto poly(vinyl alcohol) in the presence of carbon tetrachloride [30])[158])[25]): **46** ('68) 13–22. — Radiation-induced vapor-phase grafting of methyl methacrylate onto poly(vinyl alcohol) [30])[94]): **49** ('71) 1–5. — The mutual irradiation grafting of styrene onto poly(vinyl alcohol) and the characterization of the graft copolymer [30])[25]): 6–13. — Chemical structure of cellulose-styrene graft copolymer [30])[94]): **50** ('72) 20–26. — Elastic moduli of isotactic poly(4-methyl-l-pentene) crystals [44])[85])[122])[118]): **52** ('74) 308–17. — Solvent effects on the radiation graft copolymerizations onto poly(vinyl alcohol) [30])[25]): 318–31. — Radiation-induced impregnation grafting of acrylic acid onto polyester fibers [103])[120]): 425–35.

Bull. Inst. physic. and chem. Res. [Tokyo] Über die Assoziation und Molekularpolarisation, 1 [132]): **12** ('33) 224–34; [~ 2:] Die Größe des Dipolmoments der assoziierten Moleküle und die Gültigkeit des

Bitte Anmerkung auf Seite 4201 beachten!

Massenwirkungsgesetzes bei der Assoziation: 663–77; ~ 3: Assoziation von Chlorbenzolen in Benzollösung: **13** ('34) 833–42; ~ 5: Über die gleichzeitige Entstehung der Zweier- und Dreierkomplexe bei der Dipolassoziation: **14** ('35) 1120–26. — Ein Beispiel der Ringfaserstruktur [29]): **12** ('33) 709–17. — Röntgenographische Untersuchungen über die natürlichen und regenerierten Seiden [29]): 718–21. — Zur Kolloidchemie der Reisstärke und der Reiskochung, 1 [29]): 761–70; ~ 3 [57])[29]): **14** ('35) 361–73; ~ 4 [57])[71]): 1127–43; ~ 5 [29]): 1144–49; ~ 6.7.8 [57])[71]): **15** ('36) 787–99. — Eindringen des Wassers in das Kristallgitter der Cellulose [29]): **14** ('35) 171–76. — Über das Eindringen von Pyridin und Methanol in das Gitter der Cellulose [29]): 300–02. — Röntgenographische Untersuchung der kristallwasserhaltigen Cellulose, 1 [29]): **15** ('36) 960–66; ~ 2 [29]): 1117–21. — Über die Bildung der kristallwasserhaltigen Cellulose bei der Zersetzung von Kalium- bzw. Lithiumcellulose durch Wasser [29])[71]): **15** ('36) 967–72. — Ausweitung des Gitters der Hydratcellulose durch Adsorption des Wassers [29]): 973–80. — Röntgenographische Untersuchung von Zersetzungsprodukten der Komplexverbindung der Cellulose und von Umfällungsprodukten aus Cellulose-Lösungen [29]): 1122–26. — Über die Verschiedenheit zwischen Wassercellulose, Natroncellulose III' und Natroncellulose IV [29]): 1127–34. — Über den Vergleich der Einwirkung von Alkalilauge auf Wasser- und Hydratcellulose [29])[71]): 1135–41. — Übt Micell-Oberflächen-Reaktion irgendeinen Einfluß auf die Gitterstruktur des nicht reagierten Anteils aus? [,1] [29]): 1142–47; ~ 2 [29]): **16** ('37) 228–31. — Über die Trocknung der Alkalicellulosen [29]): **15** ('36) 1148–53. — Über die reziproke Umwandlung der natürlichen und der Hydratcellulose, 1 [29]): **16** ('37) 232–36. — Bildung der Natroncellulose IV aus der Natroncellulose I [71]): 895–900. — Bildung der Natroncellulose IV aus der Wassercellulose [71]): 901–05. — Röntgenographische Untersuchung über die Einwirkung der Natriumsulfid-Lösungen auf Cellulose [71]): 1437–41. — Wasserstoffionen- bzw. Hydroxylionen-Bindungsvermögen von Wassercellulose, Hydratcellulose und natürlicher Cellulose [165]): 1442–46. — Röntgenographische Untersuchungen der synthetischen hochmolekularen Verbindungen, 8: Über die Behandlung des Polyvinylalkohols bei höherer Temperatur [29]): **21** ('42) 1077–83; ~ 9: Über die Röntgendiagramme des Polystyrols und Polyvinylacetats bei höherer Temperatur [29])[138])[161]): 1084–97. — — Alle Arbeiten japan. Deutsche Referate dieser Arbeiten in: Abstracts Rikwagaku-kenkyu-jo Ihō **6** ('33) 10, 39f., 43f., 47; **7** ('34) 46; **8** ('35) 13f., 20f., 27, 66f.; **9** ('36) 42, 51f., 58f.; **10** ('37) 22, 51, 69f.; **15** ('42) 57f. — — Möglicherweise weitere Arbeiten.

Cellulose Chem. and Technol. [Bucureşti] Grafting of vinyl monomers onto cellulose [103])[30]): **6** ('72) 35–48 [m. deutscher Zusammenfassg.]. — Degradation of cellulose by γ-ray irradiation [44])[103])[190]): **9** ('75) 503–11 [~].

Cellulose Industry [Tokyo] Röntgenographische Untersuchung von Pergament und Pergamyn [29]): **9** ('33) 15f. []. — Eine Methode zur Bestimmung der Lösefähigkeit organischer Flüssigkeiten für Celluloseester [53]): 27–33 [deutsch], 238–46 [japan.]. — Röntgenographische Untersuchung von pflanzlichen und imitierten Pergamentpapieren [29]): 109–15 []. — Viskositätsmessung für die Charakterisierung von Cellulosepräparaten: **10** ('34) 41–44 [deutsch], 197–203 [japan.]. — Auflösung der Cellulosederivate in organischen Flüssigkeiten und polare Eigenschaften der Substanzen [132]): 44–46 [deutsch], 203–10 [japan.].

Cellulosechemie Charakterisierung von Cellulosepräparaten auf Grund von Lösbarkeitsunterschieden: **13** ('32) 153–55. — Über die Kinetik der Cellulosereaktionen: **15** ('34) 3–8, 17–20. — Veränderung der Viskositätseigenschaften der Cellulose [63]): **17** ('36) 130–36.

Chemical Industry [Tokyo] Radioaktivität und die Herstellung von Hochpolymeren: **6** ('55) 818–21 [japan.]. — Modification of synthetic fibers: **19** ('68) 1096–100 [japan. m. engl. Zusammenfassg.].

Doitai to Hoshasen Radiation-induced graft copolymerization onto polyvinyl alcohol, 1: Graft copolymerization of styrene onto polyvinyl alcohol induced by the γ-radiation [103])[65]): **2** ('59) 296–305; ~ 2: Graft copolymerization of methyl methacrylate onto polyvinyl alcohol induced by the γ-radiation [103])[65]): 306–15; ~ 3: Graft copolymerization of acrylonitrile, vinyl acetate, and other vinyl monomers onto polyvinyl alcohol induced by γ-radiation [103])[65]): 316–21; ~ 10: Graft copolymerization of vinyl monomers onto polyvinyl alcohol fibers and some mechanical properties of grafted fibers [103])[185]): **4** ('61) 363–74; ~ 11: Graft copolymerization of styrene onto dried polyvinyl alcohol films in styrene–methanol solutions at elevated temperatures induced by the γ-radiation [103])[65]): 375–82. — Study on irradiation of high polymers at high temperatures, 2: Effect of oxygen and of temperature on gelation in irradiated polyvinyl alcohol at elevated temperatures [103])[180]): **4** ('61) 134–42; ~ 3: Study on gelation of non-plasticized polyvinyl chloride containing polyfunctional monomers under the action of irradiation [103])[188]): 143–51. — Radiation-induced graft copolymerization, 2: Grafting of styrene onto previously irradiated viscose rayon [103])[184]): 240–47. — — Alle Arbeiten japan., vermutlich m. engl. Zusammenfassg.

Dyeing Industry [Tokyo] Neue Kunstfasern: **6** ('58) 429–34 [japan.]. — Die Faser: **10** ('62) 385–91 [~].

International J. Radiat. Physics and Chem. Preparation of hydrogels by radiation technique [30])[187])[25])[182]): **9** ('77) 633–45.

Bitte Anmerkung auf Seite 4201 beachten!

J. appl. Polymer Sci. Radiation-induced polymerization of styrene at high dose rates [189)103)]: **21** ('77) 2683–93. — Radiation-induced polymerization of water saturated styrene in a wide range of dose rate [189)103)]: **22** ('78) 3311–25.

J. chem. Soc. Japan, Industr. Chem. Sect. Röntgenstrahlen und Feinstruktur von Hochpolymeren: **59** ('56) 741–46 [japan.]. — Structure of polyvinyl alcohol from polydivinyl butyral [111)93)13)32)]: **68** ('65) 847–51 [japan. m. engl. Zusammenfassg.].

J. japan. biochem. Soc. Hochpolymerchemie von Polysacchariden: **21** ('49) 166–71 [japan.].

J. japan. Petroleum Inst. Der gegenwärtige Stand und die Perspektiven des Kunstfasergebiets: **6** ('63) 545–48 [japan.].

J. macromol. Sci., A Ionic polymerization under an electric field, 5: Cationic polymerization of styrene catalyzed by boron trifluoride etherate [34)19)]: **1** ('67) 1039–58 [m. französ. u. deutscher Zusammenfassg.].

J. physic. Chem. Living anionic polymerization under an electric field [34)23)68)]: **71** ('67) 3711f. — Ionic polymerization under an electric field, 12: Living anionic polymerization of styrene in the binary mixtures of benzene and tetrahydrofuran [34)23)68)]: **72** ('68) 4543–49.

J. Polymer Sci. Vapor pressures of polymer solutions, 1: Apparatus for measurement and results on poly(vinyl acetate) solutions [84)157)]: **35** ('59) 489–95 [m. französ. u. deutscher Zusammenfassg.]; ~ 2: Vapor pressures of poly(vinyl alcohol)–water system [84)10)]: 497–505. — Phase equilibria in ternary systems containing a solvent, a linear polymer, and a cross-linked polymer [84)1)]: 507–17 [m. französ. u. deutscher Zusammenfassg.]. — Stereospecific polymerization of isobutyl vinyl ether in homogeneous cationic systems [104)21)]: **39** ('59) 507–22 [~]. — Experimental determination of the elastic modulus of crystalline regions in oriented polymers [96)38)]: **57** ('62) 651–60 [~].

J. Polymer Sci., A Dilute solution properties of partly urethanized polyvinyl alcohol [84)116)]: **2** ('64) 3545–56 [m. französ. u. deutscher Zusammenfassg.].

J. Polymer Sci., A1 Ionic polymerization under an electric field, 3: Cationic polymerizations of α-methylstyrene and styrene [34)140)19)]: **4** ('66) 2801–18 [m. französ. u. deutscher Zusammenfassg.]; ~ 7: Cationic polymerization of α-methylstyrene catalyzed by boron trifluoride etherate in 1,2-dichloroethane under an electric field [140)34)]: **6** ('68) 1463–73.

J. Polymer Sci., Polymer Chem. Edit. Emulsifying effect of graft copolymer for the homopolymer [30)25)]: **11** ('73) 27–40. — Effect of graft copolymer on demixing of immiscible polymers in solution [25)30)]: 41–53. — Chemical structure of poly(ethylene terephthalate)–styrene and nylon–styrene graft copolymers prepared by radiation techniques [30)49)]: 2329–42. — Formation and flocculation of graft copolymer micelles [25)30)]: **12** ('74) 323–35. — Reaction of poly(vinyl alcohol) with potassium persulfate and graft copolymerization [30)94)]: 1829–39. — Estimation of the purity of graft copolymers by thin-layer chromatography [25)30)]: **13** ('75) 755–60. — Reaction of poly(vinyl alcohol) with pentavalent vanadium ion [30)94)152)49)]: **14** ('76) 2251–61. — Reaction of poly(vinyl alcohol) with tetravalent ceric ion [30)94)42)]: **15** ('77) 451–60.

J. Polymer Sci., Polymer Physics Edit. Elastic modulus of poly(isobutylene oxide) crystals parallel to the chain axis [44)122)85)]: **12** ('74) 1457–63. — Crystallite size determination of nylon 6 by Wallner's method [44)]: 1491–97.

J. Polymer Sci., C Radiation-induced graft copolymerization onto cellulose and poly(vinyl alcohol) fibers with binary mixtures of comonomers [103)18)54)]: Nr. **4** ('63) 1233–49 [m. französ. u. deutscher Zusammenfassg.]. — Elastic moduli of the crystal lattices of polymers [38)85)]: Nr. **15** ('66) 75–91 [~]. — Relation between the polymer conformation and the elastic modulus of the crystalline region of polymer [44)]: Nr. **31** ('70) 57–76.

J. Polymer Sci., Polymer Symposia Some problems in radiation grafting to cellulose fibers [103)44)]: Nr. **37** ('72) 1–25. — Chemical structure of cellulose–styrene graft copolymers [30)94)]: 265–75.

J. Soc. chem. Industry, Japan Alle Arbeiten, die im "Supplemental Binding" (siehe nächste Zeitschrift) enthalten sind, in den entsprechenden Bänden ungekürzt in japanischer Sprache. — — Ferner: Das Spinnen synthetischer hochmolekularer Verbindungen, 1: Das Trockenspinnen von Polymethylmethacrylat [33)81)]: **46** ('43) 1199–201 [japan.]. — Beurteilung des Polymerisationsgrades aus der Viskosität der Lösungen hochmolekularer Verbindungen [70)75)4)]: **47** ('44) 133–40 [~]. — Benetzbarkeit hochmolekularer Substanzen durch Wasser [132)]: **49** ('46) [~].

J. Soc. chem. Industry, Japan; Suppl. Binding Eine neue Methode zur Charakterisierung von Cellulose-Präparaten durch Lösbarkeitsunterschied: **34** ('31) 426Bf. — Zur Kenntnis des Lösungsvorganges von Cellulosexanthogenat in Wasser: 427B. — Über die Quellung von Acetylcellulose [129)]: 490B–493B. — Bemerkung zur Arbeit von K. Atsuki und Mitarbeitern über „Die Viskosität der Celluloseester und Acetylcellulose": **35** ('32) 78Bf., 444Bf. — Über die Kinetik der Acetylierung von Cellulosefasern, 1: 123B–126B; ~ 2: 283B–287B; ~ 3: **36** ('33) 280B–282B; ~ 4: Kinetik der Acetylierung der mittels der Essigsäure gequollenen Ramie im Faserverband und das Röntgendiagramm der Triacetylcellulose [123)]: **37** ('34) 599B–603B; ~ 5.6: Der Einfluß des Lösungsmittels und der Schwefelsäurekonzentration auf die Acetylierungsgeschwindigkeit in Faserbündeln und ein Vergleich der katalytischen Wirkung von Schwefelsäure und Perchlorsäure [77]): **39** ('36) 91B–94B. — Untersuchungen über Viskose, 41: Über die Bildung und Auflösung des Cellulose-Xanthogenates [33]): **35** ('32) 127B–130B; ~ 54.55: Vergleich der Einflüsse der Cellulose-Vorbehandlung und Alterung der Alkalicellulose auf die Viskosität der Viskose und ihre Veränderung während der Reifung [123]): **37** ('34) 765B–768B; ~ 56: Über die Veränderung der Viskosität und des Xanthogenierungsgrades während der Reifung [123]): **38** ('35) 14Bf.; ~ 57: Viskositätsmessung an verdünnten Viskoselösungen [123]): 15Bf. — Über die fraktionierte Auflösung der acetonlöslichen Acetylcellulose [132]): **35** ('32) 249B–253B. — Lösungskurve der Nitrocellulose [132]): 253B–256B. — Über die Kinetik der Nitrierung der Cellulosefasern [123]): 287B–290B. — Über die Viskosität lyophiler Kolloide, 1.2: 445B–453B. — Über Quellung und Auflösung von Celluloseestern: 500B–503B. — Röntgenographische Untersuchung des Konnjakumannans [,2] [29]): **36** ('33) 90B–92B; ~ 3: Orientierung der Micelle beim Dehnen, Ausfrieren und Trocknen [29]): 662B. — Löst sich Acetylcellulose molekular in organischen Flüssigkeiten? [67]): 92Bf. — Der Reaktionsverlauf bei der Jodzahlbestimmung von Cellulosepräparaten: 279Bf. — Theoretische Betrachtung der Kinetik der Cellulosereaktion: 299B–303B. — Über die Verkupferungsgeschwindigkeit von Cellulosefasern [121]): 304B–306B. — Zur Kenntnis des Reaktionsverlaufs bei der Nitrierung von Cellulosefasern [123]): 306B. — Über die primäre, sekundäre und tertiäre Acetylcellulose [16]): 400B–403B. — Löslichkeit und Solvatation von Glucosepentaacetat und Cellobioseoktaacetat in organischen Flüssigkeiten [132]): 495B. — Einfluß der Teilchenform und des spezifischen Volumens auf die Viskosität lyophiler Kolloide: 619Bf. — Einfluß der elektrischen Ladung auf die Viskosität hydrophiler Kolloide [89]): 620Bf. — Über die Quellung und Auflösung von Benzylcellulose in organischen Flüssigkeiten [53]): 656B–659B. — Spontane Orientierung der Micelle in den nichtgestreckten Acetyl- und Nitrocellulosefilmen [29]): 659B–661B. — Darstellung der Triacetylcellulose im Faserverband [33]): **37** ('34) 53B–55B. — Dielektrische Untersuchungen über die Cellulosederivate in organischen Flüssigkeiten, 1: Das Dipolmoment und die Solvatation von Glucosepentacetat und Cellobioseoktacetat [67]): 331B–334B; ~ 2: Das Dipolmoment des Celluloseacetats und seine Solvatation [67]): 334B–337B; ~ 3.4 [67]): **38** ('35) 18B; ~ 5.6.7 [67]): 389B; ~ 8: Über die Temperaturabhängigkeit des Dipolmoments von Cellulose-, Cellobiose- bzw. Glucoseacetat [67]): **40** ('37) 425B; ~ 9: Über den Vergleich der dielektrischen Eigenschaften der Triacetylstärke und Triacetylcellulose [67]): 425B; ~ 10: Dielektrische Untersuchung der Benzollösung der Tribenzylcellulose [67]): 425B; ~ 11: Dielektrische Untersuchung der Benzollösung der Tripalmitylcellulose [67]): 426B; ~ 12.13.14: Dielektrische Untersuchungen der Aceton-, Aceton–Hexan- und Äthylacetatlösungen der verschiedenen Nitrocellulosen und des Cellits [67]): 460B; ~ 15.16 [67]): **43** ('40) 171B. — Über das spezifische Volumen und den Form- und Ladungsfaktor der Kolloidteilchen der Nitro- und Acetylcellulose: **37** ('34) 468B–470B. — Über die Teilchenform des Kautschuks in Kolloidlösung [137]): 470B–473B. — Über die Viskositätseigenschaften von synthetischen hochpolymeren Verbindungen: 473Bf. — Über die fraktionierte Auflösung des Cellulosedextrin-acetats und der faserförmigen Triacetylcellulose [132]): 485B. — Viskosimetrische Untersuchung der Cellulosedextrin-acetat- und Triacetylcelluloselösungen [132]): 486B. — Vergleich der Viskosität von Triacetylcellulose und acetonlöslicher Acetylcellulose [132]): 487Bf. — Die Beziehung zwischen der Lösefähigkeit organischer Flüssigkeiten und der Viskosität von Celluloseesterlösungen [123]): 603B. — Über Diacetylcellulose (vorläufige Mitteilung) [55]): 604Bf. — Über die Acetylierung der Alkalicellulose mit Essigsäureanhydrid [28]): 679B–682B. — Löslichkeit von Cellobioseoktacetat in binären organischen Flüssigkeiten [132]): 682B–685B. — Untersuchung über die Thixotropie der Lösung von Cellulosederivaten, 1: Thixotropie der Chloroformlösung der Triacetylcellulosen von verschiedenen Abbaugraden nach dem Zusatz von Nichtlösungsmitteln [132])[67]): **38** ('35) 16B–18B. — Diffusiometrische Untersuchung hochmolekularer Verbindungen und verwandter Stoffe, 1: Diffusionsversuche mit Glucose- und Cellobioseacetat und mit Hydrochinon in organischen Flüssigkeiten [132]): 241B–245B; ~ 2: Berechnung der Molekülgröße von Glucose- und Cellobioseacetat und Hydrochinon [132]): 245Bf.; ~ 3: Diffusionsversuche mit Glucose- und Cellobioseacetat und Hydrochinon in Nitrocelluloselösung [132]): 246B–248B; ~ 4: Diffusion des Stäbchenmoleküls [132]): 728B–730B; ~ 5: Theorie der Diffusion von gemischter Substanz [132]): **39** ('36) 333B; ~ 6: Diffusionsversuche an künstlichen Gemischen [132]): 333B–335B; ~ 7: Diffusionsversuche an Cellulosedextrinacetat [132]): 335Bf.; ~ 8: Diffusionsversuche an sekundärer Acetylcellulose [132]): 336Bf.; ~ 9: Berechnung der Teilchen- und Molekülgröße aus den Diffusionsdaten [132]): 337Bf. — Viskosimetrische Untersuchung der Benzollösungen von Äthyl- und Benzylcellulose [67]): **38** ('35) 436B–438B. — Röntgenographische Untersuchung an festen Paraffinen des Fushun-Schieferöls, 1: Methode der Aufnahme [29])[147])[71]): 670Bf.; ~ 2 [29])[147])[71]): 671B–674B; ~ 3: Feinfraktionierung durch fraktionierte Kristallisation [29])[147])[71]): 674B–677B; ~ 4: Vergleich der mittleren Molekulargewichte, erhalten nach der kryoskopischen und der röntgenographischen Methode [29])[147])[71]): 677Bf. — Über die Herstellung der löslichen Acetylstärke [33]): **39** ('36) 48B–

Bitte Anmerkung auf Seite 4201 beachten!

50B. — Die Beziehung zwischen der Lösefähigkeit von organischen Lösungsmitteln und den mechanischen Eigenschaften von Celluloseesterfilmen [154]): 50Bf. — Geschwindigkeit der Nitrierung von Cellulosefasern mit Säuregemischen von verschiedener Zusammensetzung [89])[83]): 51Bf. — Fraktionierte Auflösung der sekundären Acetylcellulose und viskosimetrische Untersuchung ihrer Lösung [132]): 316B. — Elektrokinetische Untersuchungen über die Organosole der hochpolymeren Naturstoffe [132]): 316B. — Struktur und elastische Eigenschaften des Seidenfibroins [71]): **40** ('37) 58Bf. — Röntgendiagramme der regenerierten Seiden [71]): 59B. — Untersuchung über die faserförmige, acetonlösliche Acetylcellulose, 1: Röntgendiagramm und mechanische Eigenschaften der Filme [154]): 60Bf. — Röntgenographische Untersuchung über die Einwirkung von Aceton und Essigsäure auf Acetylcellulose [71]): 61B–63B. — Über den Einfluß der Temperatur und der Menge des Essigsäureanhydrids auf die Geschwindigkeit der Acetylierung der Cellulose im Faserverband [143]): 77B–79B. — Über den Einfluß der äußeren Beschaffenheit und der Vorbehandlung der Fasern auf die Acetylierungsgeschwindigkeit im Faserverband [143]): 79Bf. — Zur Kenntnis des Lösungsvorgangs der Cellulosederivate [132]): 119Bf. — Die Drei-Schichtenmethode der Diffusion [132]): 120Bf. — Diffusiometrische und viskosimetrische Untersuchungen an Nitrocellulose in verschiedenen Lösungsmitteln [132]): 121Bf. — Untersuchung der Cellulosederivate durch Bestimmung des scheinbaren spezifischen Volumens der gequollenen Cellulose [104]): 424Bf. — Vergleich des Quellungsgrades der Wasser- und der Hydratcellulose [104]): **41** ('38) 70Bf. — Vergleich des Xanthogenierungsgrades von natürlicher Cellulose und Wassercellulose [104]): 71B. — Über die Acetylierung der Cellulose im Faserverband durch Zweistufenvorbehandlung [132]): 71Bf. — Über die Bildung von primärer aceton- und chloroformlöslicher Acetylcellulose [132]): 72Bf. — Diffusionsversuche an verdünnten Lösungen von Cellit [132]): 73B. — Über die Chloroform- und Acetonlöslichkeit teilweise acetylierter Cellulosefasern [81]): 381Bf. — Röntgenographische Untersuchungen über die Acetylierung der Cellulose im Faserverband [29])[71]): 383Bf. — Über die alkalische Verseifung der faserförmigen Triacetylcellulose und die Acetonlöslichkeit des Verseifungsproduktes [148]): 384B. — Über die Herstellung der faserförmigen acetonlöslichen Acetylcellulose [81]): 385Bf. — Untersuchungen über die Herstellung von Kunstfasern auf Eiweißbasis in Japan: **42** ('39) 191Bf. — Über den Vergleich der Festigkeitseigenschaften der Ramie und Nitroramie [48]): 225Bf. — Über die Festigkeitseigenschaften der Natrium-Cellulose I, der Wasser-Cellulose und der Hydratcellulose [48]): 227B. — Herstellung der faserförmigen Triacetylcellulose, 1.2 [148])[81]): 252B. — Heterogene Verseifung der faserförmigen Triacetylcellulose durch Säure und Acetonlöslichkeit der teilweise verseiften Produkte [148])[81]): 254Bf. — Über das Trockenspinnen der Acetatfaser, 1.2 [149]): **43** ('40) 155Bf. — Untersuchung über die Herstellung von Nylon, 1.2 [24]): 348Bf. — Über die Einwirkung von Adipinsäurechlorid auf Acetylcellulose [75]): 349Bf. — Acetylierung der Cellulose unter Anwendung der Sulfoessigsäure als Katalysator [132]): **44** ('41) 86Bf. — Herstellung primärer, acetonlöslicher Acetylcellulose in Faserform [132])[81]): 958B–961B. — Die Kinetik des Abbaus von makromolekularen linearen Molekülen, 1: Theoretische Gleichungen [104])[51]): **45** ('42) 415B. — Physikalisch-chemische Untersuchungen der Reaktionen von Hochpolymeren [100])[80]): 450Bf.

J. Soc. org. synthet. Chem., Japan Polyvinylacetat-Harze: **7** ('49) 130–33 []. — Veränderung der Eigenschaften von Vinylon: **14** ('56) 427–33 [japan.].

J. Soc. Textile and Cellulose Industry, Japan Coupling of silk fibroin with diazonium salt [95]): **6** ('50) 251–53. — Coupling of L-tyrosine and silk fibroin with diazonium salts [134])[95]): **7** ('51) 218–21. — Preparation of acetate rayon by acetylation of viscose rayon with acetic anhydride vapor, 1: Displacement of water contained in rayon with acetic anhydride vapor [111])[126]): 330–33; ~ 2: Acetylation with acetylic anhydride [111])[126]): 333–36; ~ 3: Secondary pretreatment with acetic acid [111])[126]): **8** ('52) 138–40; ~ 4: Secondary pretreatment with benzene or ethylene dichloride [111])[126]): 140–42; ~ 5: Acetylation of loosely packed fibers with a current of acetic anhydride vapor [126])[111]): **9** ('53) 273–76; ~ 6: Acetylation of loose lap of fibers [126])[111]): 276–79; ~ 7: Concentration of acetic anhydride for the acetylation [111])[81]): 494–96; ~ 8: Recovery of acetic anhydride and acetic acid from the acetylated fibers [82]): 496f.; ~ 9: Possibility of pretreatment with a liquid other than water [82]): 498–500; ~ 10: Preliminary experiments of using salts as the catalyst [111]): 567–69; ~ 11: Acetylation with salt catalysts [111]): 570–72; ~ 12: Acetylation with zinc sulfate, zinc chloride, or sodium acetate catalyst [111])[82]): **10** ('54) 545–48; ~ 13: Acetylation with acid catalysts other than sulfuric acid [111]): 548f.; ~ 14: Some properties of the acetylated fibers [111])[126])[82]): 550–53; ~ 15: Penetration of catalyst solution into the fibers [111]): 597–600; ~ 16: Replacement of liquid contained in the fibers with various vapors [111]): 600–03; ~ 17: Initial rate of acetylation [111]): **11** ('55) 54–56; ~ 18: Rate equations of the acetylation [111]): 56–60; ~ 19: Mechanism of acetylation with sulfuric acid catalyst [111]): 60–62; ~ 20: Acetylation after pretreatment with caustic soda [111]): 112–15; ~ 21: Mechanism of acetylation with salt catalysts [111]): 115–19; ~ 22: Reacetylation rate, solubility and water absorption of partially acetylated fibers [111])[82]): **12** ('56) 855–60. — Studies on the methods of recovery of the elastic properties of vinylon, 4: Elasticity of polyvinyl alcohol fibers after acetalization with various aldehydes [79][139][115][163]: **11** ('55) 526–30. — On the perspectives of the development of synthetic fibers: **12** ('56) 144f. — Acetylation of cotton with acetic anhydride vapor, 1: Acetylation with sulfuric or perchloric acid catalyst [111]): **13** ('57) 13–16; ~ 2: Acetylation with salt catalysts and the properties of acetylated fibers [111]): 67–72; ~ 3: Acetylation of cotton and ramie yarns [111][155]: 72–75. — Liquid-phase fibrous acetylation of cellulose, 1: Acetylation of viscose rayon with sulfuric acid catalyst [111]): 194–99; ~ 2: Acetylation of viscose rayon with perchloric acid catalyst [111]): 199–201; ~ 3: Fibrous acetylation of viscose rayon after displacement of imbibed water with solvent vapor [111][82]: 293–97; ~ 4: Acetylation of cotton yarn with sulfuric acid catalyst [111]): 297–301; ~ 5: Acetylation of cotton yarn with perchloric acid catalyst [111]): 301–04; ~ 6: Fibrous acetylation of cotton yarn with acetic acid diluent [111]): 365–67; ~ 7: Properties of acetylated cotton yarn [111]): 367–70; ~ 8: Acetylation of ramie yarn [111][155]: 431–34; ~ 9: Acetylation of cellulose fibers without imbibition liquid [111][175]: 434–39; ~ 10: Composition of acetylation solution absorbed by fibers [111][54]: **14** ('58) 807–10; ~ 11: Effect of alkali pretreatment on the acetylation rate of natural cellulose fibers [111][54]: 810–13; ~ 12: The effect of alkali pretreatment on the acetylation rate of natural cellulose fibers [111][54]: 896–900; ~ 13: Acetylation of hydrolyzed viscose rayons [111][140]: 900–04. — Comparison of x-ray diffraction intensities of a real fiber and a random structure [96]): 671–74. — Effect of cobalt 60 γ-radiation on the physical properties of polyvinyl alcohol fibers [79][50][176][110][139]: 948–52. — Study on graft copolymerization onto cotton, 1: Grafting of styrene onto cotton by pre-irradiation with electron beams [103][54]: **18** ('62) 687–93; ~ 2: Effect of solvent on the grafting of styrene onto cotton [103][54]: 693–98; ~ 3: Graft copolymerization onto dyed cotton fabric with pre-irradiation technique [54]): 698–700; ~ 4: Graft copolymerization of styrene onto cotton fabric with imbibed water induced by γ-radiation [111]): 834–38; ~ 5: The roles of imbibed water in the fabric and of the grafted polystyrene in graft copolymerization of styrene onto cotton fabric [111]): 838–42; ~ 6: Graft copolymerization of styrene to dry cotton fabric induced by γ-radiation [111]): 919–24; ~ 7: Graft copolymerization of styrene onto various celluloses by a simultaneous technique with γ-rays [111]): 924–29; ~ 8: Graft copolymerization of styrene onto cotton impregnated with solutions of catalysts [111]): **19** ('63) 217–21; ~ 9: Graft copolymerization of styrene onto dry cotton impregnated with catalysts [111]): 221–24; ~ 10.11.12: Graft copolymerization of styrene emulsions containing nonionic, cationic or anionic emulsifiers onto cotton impregnated with catalysts [111]): **20** ('64) 392–97; ~ 13: Graft copolymerization of styrene onto viscose fibers impregnated with catalysts [111][114]: 454–58; ~ 14: Graft copolymerization of vinyl acetate onto cellulose fibers impregnated with catalysts [111][114]: 458–63; ~ 15: Graft copolymerization of vinyl acetate emulsion onto cellulose fibers impregnated with catalysts [111]): 463–66. — Studies on the mechanism of hydrolysis of cellulose fibers, 1: Glucose yield and weight losses [111][140]: **19** ('63) 346–51; ~ 2: Solubility in alkali and level off degree of polymerization [111][140]: 351–55. — Graft copolymerization of styrene to polyvinyl alcohol fibers impregnated with catalysts [111]): **20** ('64) 548–54. — Graft copolymerization of vinyl acetate to polyvinyl alcohol fibers impregnated with catalysts [111]): 555–59. — Graft copolymerization of styrene and vinyl acetate onto nylon fabric imbibing catalysts [111][114]: 613–16. — — Alle [?] Arbeiten japan. m. engl. Zusammenfassg.

J. Soc. Fiber Sci. and Technol., Japan Graft copolymerization of styrene and vinyl acetate onto polyvinyl chloride fibers impregnated with catalysts [111]): **21** ('65) 131–35. — Graft copolymerization of styrene and vinyl acetate onto polyester fibers impregnated with catalysts [111][114]: 136–40. — Graft copolymerization of acrylonitrile onto various fibers impregnated with catalysts [111]): 141–46. — The synthetic fiber "Vinylon": **30** ('74) P-62. — Modification of polyvinyl chloride fiber by radiation grafting of acrylic acid [44][103]: **33** ('77) T12–T19. — Grafting of acryl amide onto polyvinyl chloride fiber induced by radiation [44][103]: Nr. 10, 34–40. — Grafting of calcium acrylate onto polyvinyl chloride fiber induced by radiation [44][103]: 40–44. — Zu meinen Forschungen über Fasern: **34** ('78) Nr. 5, 2–4. — — Alle Arbeiten japan., meist m. engl. Zusammenfassg.

J. Textile Machinery Soc. Japan Die allgemeine Richtung in der Kunstfaserforschung: **15** ('62) 484–90 [japan.]. — Entwicklungstendenzen auf dem Kunstfasergebiet in Japan: **23** ('70) 687–93 [~].

JAERI-M Repoto Radiation-induced cross-linking and degradation of polyacryl amide [103][190]: **M 6260** ('75) 27–30. — Polymerization of vinyl monomers by electron beams [103][189][183]: 31–40. — Modification of polymers [181][103][44][190]: 47–60. — Polymerization of vinyl monomers by high dose rate electron beams, 1: Polymerization of moderately dried and water-saturated styrene [183][103][189]: **M6702** ('76) 34–39; ~ 2: Polymerization of methyl methacrylate [103][183][189]: 39–41; ~ 3: Polymerization of isobutyl vinyl ether [103][183][189]: 42–44. — Preparation of cross-linked hydrogel membranes by radiation technique [30][187][25][182]: 48–51. — Modification of polymers, 1: Radiation-induced grafting of acrylic acid onto polyvinyl chloride fiber; some kinetic features of the grafting [103][44][186]: 52–54; ~ 2: Radiation-induced grafting of calcium acrylate onto polyvinyl chloride fiber [103][44]: 55–57; ~ 3: Radiation-induced grafting of acryl amide onto polyvinyl chloride [103][44]: 57–59.

Bitte Anmerkung auf Seite 4201 beachten!

Japan chem. Fibers Monthly Die Zukunft der Chemiefasern: **26** ('73) 10–14 [japan.].

Jushi Kako Neue hochmolekulare Stoffe: **7** ('58) 114–19. — Polyurethane: 194f. — Anwendung von Bestrahlung in der Chemie: 262–67. — Reaktionen freier Radikale: 316f. — Wirkung von Strahlung auf Cellulose: 364f. — Einige Probleme der Kautschukforschung: 443f. — Eine synthetische Polysulfonfaser: 482f. — Das Färben von Polypropylenfasern: 528f. — Polyvinylacetat mit verzweigter Struktur: 592f. — Entwicklungstendenzen der Kunstfaserproduktion: **8** ('59) 22f. — Fluorhaltige Polymere: 72f. — Stereospezifische Polymerisation von Monomeren aromatischer Vinylverbindungen: 128f. — Forschungsarbeiten auf dem Gebiet des Polyvinylchlorids: 278f. — Oberflächenaktive Stoffe, die bei der Produktion von Viskosefasern verwendet werden: 328f. — Die Produktion nichtgewebter Stoffe: 548f. — Schaumkunststoffe: 608f. — Kristallines Polyvinylchlorid, hergestellt durch Radikalpolymerisation bei hoher Temperatur: **9** ('60) 186f. — Entwicklungsrichtungen für die synthetische Faser: 292–96. — Die Polyamid-Kunstfaser: **10** ('61) 73f. — — Alle Arbeiten japan. — — Vermutlich zahlreiche weitere Aufsätze in dieser Zeitschrift.

Kôbunshi Kako Vinylon aus stereoregulärem Polyvinylalkohol: **13** ('64) 558f. — Polymere mit Lactonringen in den Seitenketten: **16** ('67) 126f. — Wärmebeständige Polyamidfasern: 528f. — Neue Kunstfasern: 582f. — Stoßfestes Polystyrol: **17** ('68) 750f. — Veredelung von Baumwolle mit Polymeren: **19** ('70) 192f. — Die Kunstfaserindustrie: 252f. — Über die Vitrifikationstemperatur von Polymeren: 312f. — Kunstfasern aus Polymeren auf Kohlenwasserstoffbasis: **20** ('71) 60f. — Blumen der Makromolekularchemie, die in den letzten 20 Jahren blühten: **21** ('72) 131–36. — Empfindlichkeit von Polyäthylenterephthalat-Pfropfkopolymeren gegenüber alkalischen Medien: 204f. — Ein hydrophiles Polymeres – das makromolekulare Nylon-4: 328f. — Adamantan und seine Polymere: 382–84. — Noch etwas über natürliche Polymere: 436f. — Der Elastizitätsmodul von Fasern: 682f. — Pfropfkopolymerisation des Acryl-Monomeren auf Baumwolle: 746f. — Was versteht man unter der maximalen Festigkeit von Fasern?: **22** ('73) 68f. — Beziehung zwischen Reißfestigkeit und Querschnittfläche eines Makromoleküls: 242f. — Über Polypivalolacton: 290f. — Die Zukunft der Gummiindustrie: 350f. — Toxische Gase, die durch erhitzte Polymere entwickelt werden: **23** ('74) 128f. — Polyurethan–Vinyl-Mischpolymerisate: 234f. — Die Kristallstruktur von Polyacrylnitril: 322f. — Ein Polyäthylenfaden mit hohem Elastizitätsmodul: 366f. — Gegenseitig sich durchdringende Polymernetze auf der Basis zweier verschiedener Polymere: 406f. — Über die Chemie: 478f. — Das Spinnen von Fasern aus Mischungen von Polyvinylchlorid und anderen Polymeren: 516f. — Herstellung von Klebstoffen durch Strahlungspolymerisation: **24** ('75) 48f. — Die Chemie der Zukunft: 88f. — Die Erfindung von Nylon und von Polyäthylen: 208f. — Die Modifizierung von Fasereigenschaften durch Pfropfkopolymerisation: 246f. — Zwei Typen anorganischer Polymerer: 356f. — Die Toxizität des Vinylchlorid-Monomeren: 392f. — Die Geschichte der Entwicklung der Produktion und der Anwendung synthetischer Süßstoffe: **25** ('76) 74f. — Die Immobilisierung von Fermenten mit Hilfe von Polyvinylalkohol: 176f. — Polyvinylchlorid, gefüllt mit einem Produkt der Propfkopolymerisation des Monomeren mit Stärke: 238f. — Flüssige Membranen und ihre Anwendung: 270f. — Granulierte Cellulose und ihre Anwendung: 336f. — Hohle Kunstfasern aus synthetischen Polymeren: 380f. — Verwendung des Polyvinylacetats als Basis für Kaugummi: **26** ('77) 56f. — Die Verglasungstemperatur von Nylon: 112f. — Untersuchungen auf dem Cellulosegebiet: 166f. — Die Nutzung von Start-, Ketten- und Kettenabbruchsreaktion für die Synthese von Polymeren: 218f. — Kunstfasern aus Polyestern: 266f. — Pfropfkopolymerisation von Vinylmonomeren und Kohle: 356f. — Die Rohstoffbasis der organischen Synthese in der Zukunft: **27** ('78) 2f. — Ein kleines internationales Symposium über Cellulose: 240f. — Polymere und die Entstehung des Lebens auf der Erde: 280f. — 150 Jahre organische Synthese: 372f. — Vernetzung und Pfropfung von Polyäthylen: 464. — Zukünftige Quellen organischer Rohstoffe: **28** ('79) 2–4. — Blockpolymerisation des Vinylchlorids: 56–58. — Polyäthylenfasern: 106–08. — Verglasungstemperatur der Cellulose und die Eigenschaften des Papiers: 220–22. — — Alle Arbeiten japan. — — Vermutlich zahlreiche weitere Aufsätze in dieser Zeitschrift.

Kagaku [Kyoto] Prof. Gen'itsu Kita† [62] [58] [97] [15]: **7** ('52) 434–41. — Thermische Bearbeitung der Vinylon-Faser: **10** ('55) 52f. — Einführung zum Symposium über die Chemie der Naturfasern: **12** ('57) 51. — Dr. H. Staudingers Arbeiten über das Viskositätsgesetz: 264–68. — Die Faserchemie in Japan: **14** ('59) 745–49. — Propfung einer synthetischen Faser auf eine natürliche. Durch Strahlung bewirkte Propfkopolymerisation von Styrol auf Baumwollgewebe: **15** ('60) 828–32. — Verfahren zur Untersuchung der Röntgenogramme von Hochpolymeren: **27** ('72) 393–98. — Untersuchung der chemischen Reaktionen der Cellulose mit Hilfe von Röntgenstrahlen: 478–83. — Die Erfindung des Vinylons: 657–63. — Kunstfasern: 758–64. — — Alle Arbeiten japan.

Kagaku Hyôron Statistische Untersuchungen über das Molekulargewicht organischer Verbindungen [81]: **3** ('37) 71–73. — Organische Katalysatoren: 433-44. — Proteinkunstfasern: **5** ('39) 39–45. — Das gegenwärtige Kunstfaserproblem und die wissenschaftlichen Forschungen: 350–60. — Viren, Makromoleküle: **6** ('40) 147–52. — — Alle Arbeiten japan.

Kagaku Keizai Die Industrie der synthetischen Fasern in einem neuen Stadium der Entwicklung. Tendenzen zum Ersatz des Rohmaterials für Synthesefasern: **8** ('61) Nr. 5, 2–7 [japan.].

Kagaku to Kôgyô [Tokyo] Verwendung von Strahlungen hoher Energien in der chemischen Technologie: **11** ('58) 955–58 [japan.]. — Radiochemistry of high polymers: **12** ('59) 690–95 [japan. m. engl. Zusammenfassg.].

Kagaku Kyoiku Untersuchungen auf dem Gebiet der Herstellung und industriellen Produktion einer Faser aus Polyvinylalkohol: **26** ('78) 443–48 [japan.].

Kagaku no Ryôiki Eine Übersicht über die Chemie der Hochpolymeren: **4** ('50) 116–24 [japan.]. — Nobelpreisträger: Die Arbeiten Prof. Staudingers auf dem Gebiet der Polymerchemie: **8** ('54) 102f. [~]. — Textilchemie: **10** ('56) 340–47 [~].

Kami-pa Gikyoshi Papiermasse aus der Sicht des Makromolekularchemikers: **21** ('67) 525–37 [japan.].

Kôbunshi Die Zukunft des Vinylons: **12** ('63) 468–70 [japan.]. — Einige grundlegende Gesichtspunkte der Polymer-Reaktionen: **17** ('68) 21–26 [~]. — Besonderheiten der Polymer-Reaktionen: 207–13 [~]. — Die Entwicklung der Makromolekularchemie: **20** ('71) 167–76 [~].

Kôbunshi Kagaku Depolymerization of polyvinyl alcohol during butyral formation [108]): **1** ('44) 113–15. — Depolymerization of polyvinyl acetate during deacetylation with alkali [8]): **2** ('45) 143–50. — Partial saponification of polyvinyl acetate [27]): 151–54. — The termination mechanism of chain polymerization: 165–72. — Some observations on the polymerization of styrene [173]): 247–51. — Estimation of the degree of polymerization of high polymers from their intrinsic viscosity, 4: Estimation of the degree of polymerization of polymethyl methacrylate: 253–60; ~ 5: Calculation of the intrinsic viscosity of benzene solutions of polystyrene: 260–68; ~ 6: Calculation of the intrinsic viscosity of polyisobutene: 268–71. — Tests on sample fabrics of "Gosei Ichigo", a synthetic fiber from polyvinyl alcohol [50]): **3** ('46) 1–5. — Studies on paraffins from the standpoint of chemistry of high polymers, 1: Relation between molecular weight and viscosity of solution [84]): 91–95; ~ 2: Relation between the densities of liquid and solid paraffins and the molecular weights [84]): 95–103; ~ 3: Melting point and solubility of paraffins [84]): 103–09; ~ 4: Relation between melt viscosity and molecular weight [84]): 109–16; ~ 5: Relation between molecular weight and viscosity of molten isoparaffins [84]): 116–20; ~ 6: Density of polyisobutene [111]): **5** ('48) 233–35; ~ 7: The intrinsic viscosity of polyisobutene [111]): 236–41; ~ 8: Melt viscosity of polyisobutene and its molecular weight [111]): 242–47; ~ 9: Melt viscosity and molecular weight of polyethylene [84]): 262–65. — Introduction to the chemistry of high polymers: 1–9. — Comparison of viscometric properties of straight- and branched-chain molecules [84]): 161–65. — Electrical conductivity of polyvinyl alcohol [27]) [132]): 183–89. — Synthesis of natural proteins and regularity of the molecular weights: 259–61. — Viscosity of binary mixtures of high polymers, 1: Binary mixtures of homologous series of polyisobutene [111]): **6** ('49) 83–92; ~ 2: Binary mixtures of homologous series of normal paraffins [111]): 93–98; ~ 3: Binary systems of normal paraffins and polyisobutene [111]): 98–104. — Acetylation of polyvinyl alcohol [66]): 419–22. — Pilot-plant manufacture of the synthetic fiber "Vinylon" [50]): 423–30. — Preparation of polyvinyl acetoacetal [108]): 464–67. — Formalization of polyvinyl alcohol [9])[108]): **7** ('50) 14–18. — Comparison of viscometric properties of various high-molecular hydrocarbon solutions which have equal intrinsic viscosities [84]): 48–56. — Bulk and solution polymerization of vinyl acetate [33]): 211–21. — Thioglycolic acid ester of polyvinyl alcohol [66]): 255–57. — Copolymerization of methyl acrylate and vinyl acetate [164]): 334–39. — Viscosity of dilute solutions of polyvinyl acetate in single solvents and binary mixtures [166]): 346–49. — The composition and structure of copolymers from vinyl acetate and methyl acrylate [52]): **8** ('51) 142–49. — Diffusion of high polymers, 1: Average diffusion constant of polydisperse system [27]): 361–74; ~ 2: The method for the determination of the distribution of polydisperse system by means of diffusion experiment [27]): 374–81; ~ 3: Diffusion experiment with polyvinyl alcohol [27]): **9** ('52) 64–74; ~ 4: Diffusion of polyvinyl acetate [27]): **10** ('53) 76–85; ~ 5: Method of determination of number- and weight-average molecular weights by diffusion [27]): 85–94; ~ 6: Determination of number- and weight-average molecular weight of polyvinyl acetate and polyvinyl alcohol by diffusion experiment [27]): 94–102; ~ 7: Errors and the correction of the calculation of molecular-weight distribution of high polymers by diffusion measurements [27]): **12** ('55) 460–69; ~ 8: Estimation of molecular-weight distribution of polyvinyl acetate by diffusion measurements [27]): 469–78. — Formalization in the manufacture of vinylon, 1: Influence of various factors on the reaction velocity [87]): **8** ('51) 476–79; ~ 2: Relation of formalization degree and the resistance against hot water [87]): 480–84; ~ 3: Formalization in the bath consisting of hydrochloric acid – sodium chloride [87]): 484–86; ~ 4: Formalization by dilute formalization bath [87]): 534–37; ~ 5: Two-stage formalization [87]): 537–39; ~ 6: Influence of the temperature of heat-treatment

Bitte Anmerkung auf Seite 4201 beachten!

on the formalization [87]): 539–42; ~ 7: Formalization in the gas phase [111]): 9 ('52) 20–23; ~ 8: Formalization in the gas phase in a closed vessel [111]): 23–26; ~ 9: The liquid contained in fiber in formalization in the gas phase [111]): 82–85; ~ 10: Influence of flow velocity on the formalization in flowing gas [111]): 85–88; ~ 11: Comparison of formalization in still gas and in flowing gas [111]): 88–91. — x-Ray studies on the reactions between polyvinyl alcohol and alkali [101]): 9 ('52) 13–18. — Aging of polyvinyl gels, 1: x-Ray and dilatometric examinations and hardness tests [124])[22]): **10** ('53) 1–7; ~ 2: Variation of swelling properties in water; influence of aging on the swelling properties of gel in water and the resistance against hot water [124])[22]): 7–13. — Rheological studies of a concentrated solution of polyvinyl alcohol, 1: Dependence of apparent viscosity on shear and the age of solution [124]): 197–201; ~ 2: Discussion of flow equations [124]): 202–06; ~ 3: Influence of the concentration and temperature of solution on flow [124]): 206–10. — Specific gravity of polyvinyl alcohol and its derivatives [124])[22]): 277–82. — Isomerism in high polymers, 1: Randomly and selectively substituted molecule [166]): 306–10; ~ 2: Swelling of films from randomly and selectively formalized polyvinyl alcohol in water [166]): 310–14; ~ 3: Swelling of films from randomly and selectively formalized polyvinyl alcohol in pyridine and acetic acid [166]): 315–19. — Viscosity formula of slightly bent fiber molecules [96]): 365–70. — Permeation of low polymer through membranes [84])[136]): 522–29. — Molecular-weight distribution and degree of branching for polyvinyl acetates obtained under various conditions of polymerization [84]): **11** ('54) 110–16. — Allyl polymerization, 1: Polymerization of allyl acetate [134]): 255–60; ~ 2: Kinetics of polymerization of allyl acetate [134]): 260–65; ~ 3: Effective chain transfer [134]): 266–70; ~ 4: Polymerization and copolymerization of allyl chloride [134]): 286–90; ~ 5: Polymerization and copolymerization of allyl chloroacetate [134]): 291–94; ~ 6: Polymerization and copolymerization of allyl benzoate [134]): 295–99; ~ 7: Copolymerization of vinyl acetate and allyl acetate [134]): 344–48; ~ 8: Polymerization of allyl ethers [134]): 348–53; ~ 9: Polymerization of allyl acetate in halogenated hydrocarbons [134]): 353–57; ~ 10: Polymerization and copolymerization of allyl laurate [134])[69]): **12** ('55) 362–67; ~ 11: Polymerization of allyl acetate catalyzed with 2,2′-azodiisobutyronitrile [134]): **13** ('56) 25–30; ~ 13: Solution polymerization of allyl acetate [134]): **14** ('57) 156–61. — Thermodynamics of the swelling of crystalline high polymers [96]): **11** ('54) 472–76. — Thermodynamic studies of partially acetylated polyvinyl alcohol, 1: Osmotic pressure and viscosity of partially acetylated polyvinyl alcohol in aqueous solution [84])[136]): **12** ('55) 15–21; ~ 2: Melting of partially acetylated polyvinyl alcohol [84])[136]): 21–26. — Solubility of partially acetylated polyvinyl alcohol films in binary mixtures of water and methanol [111])[128]): 27–31. — Estimation of crystallinity of polyvinyl alcohol fibers by an x-ray spectrograph with a Geiger counter, 1: Preparation of specimens which have different crystallinity but the same orientation of crystalline regions [96])[79]): 302–06; ~ 2: Calculation of crystallinity from intensity curves [96])[79]): 307–11; ~ 3: Effect of formalization on the crystallinity of polyvinyl alcohol fibers [96])[79]): 311–15. — x-Ray estimation of crystallinity of polyvinyl alcohol films with a counter [96]): 483–87. — Swelling of polyvinyl alcohol, 1: Relation between crystallinity and swelling of polyvinyl alcohol with various degrees of polymerization [96])[124]): 506–10; ~ 2: Behaviour of the crystalline region during swelling [96])[124]): 510–13; ~ 3: Change of crystallinity during drying after swelling [96])[124]): 514–17; ~ 4: Influence of the conditions of film preparation and heat-treatment on the swelling and crystallinity of polyvinyl alcohol films [96])[124]): 517–21; ~ 5: Influence of the removal of soluble parts on the effect of heat-treatment of polyvinyl alcohol films [124]): **14** ('57) 92–96; ~ 6: Swelling of films prepared from water-soluble and -insoluble parts of polyvinyl alcohol films [124]): 96–100; ~ 7: Influence of the residual acetyl groups on the swelling of polyvinyl alcohol films [124]): 139–45; ~ 8: Swelling of perfectly deesterified polyvinyl alcohol films having various degrees of polymerization [124]): 145–50; ~ 9: Swelling of films prepared from mixtures of two kinds of polyvinyl alcohols with different degrees of polymerization [124]): 235–38. — Composition distribution of partially saponified polyvinyl acetates [111])[119]): **13** ('56) 348–54. — Saponification of polymethyl acrylate, 1: Influence of solvents on the rate of saponification [111])[14]): 355–61; ~ 2: Influences of the saponification temperature and the catalyst concentration [111])[14]): 361–68; ~ 3: Influence of polymerization degrees and acid saponification [111])[14]): 408–14. — Resaponification rate and solubility of partially saponified polyvinyl acetates [111])[41]): 403–07. — Kinetics of saponification of polyvinyl acetate [111]): 441–48. — Modified polyvinyl alcohol, 1: Solubility and swelling of vinyl and allyl alcohol copolymer films in water [134]): 449–54; ~ 2: Solubility and swelling of vinyl and isopropenyl alcohol copolymer films in water [134]): 497–502; ~ 3: Stability of vinyl and allyl alcohol copolymer solution [134]): 502–06. — Phase equilibrium of partially acetylated polyvinyl alcohols [111])[39]): **14** ('57) 41–48. — Preparation of glyoxylic acid-partial acetals of polyvinyl alcohol and their viscosity behavior as polyelectrolytes [84])[35]): 259–64. — Residual acyl groups in polyvinyl alcohol, 1: The determination of acyl groups, and their content in relation to the conditions of preparation [166]): 284–90; ~ 2: Relation between the acyl group and chain transfer [166]): 339–44. — Vapor pressure of polymer solution, 1: Apparatus and some results on polyvinyl acetate solutions [84])[157]): 333–

Bitte Anmerkung auf Seite 4201 beachten!

38; ~ 2: Vapor pressure of the polyvinyl alcohol – water system [84][10]: **15** ('58) 543–49. — Phase equilibria in systems containing polymers, 3: Swelling equilibria of polyvinyl acetate in binary mixtures containing water as one component [84][78]: **14** ('57) 412–18; ~ 4: Swelling equilibria of polyvinyl alcohol in binary mixtures containing water as one component [84][78]: 460–71; ~ 5: Phase equilibria in ternary system acetone – water – polyvinyl acetate [84][172]: 596–601. — Solution of vinyl copolymer, 1: Osmotic pressure and viscosity of vinyl acetate – vinyl chloride copolymer solutions [84][125]: 561–65; ~ 2: Specific volume of vinyl acetate – vinyl chloride copolymer solution in cyclohexanone [84][125]: 566–73. — Second-order transition temperature of polyvinyl alcohol, 1: Influence of water on the second-order transition temperature of polyvinyl alcohol [124]: 574–77; ~ 2: Influence of heating rate and polymerization degrees on the second-order transition temperature of polyvinyl alcohol [124]: 577–81. — Electrophoresis of polyelectrolytes, 1: Electrophoresis of polyvinyl alcohol [27]: 624–35; ~ 2: Adsorptive binding of ions by polyvinyl alcohol [27]: **15** ('58) 75–82; ~ 3: Polyvinyl alcohol partially acetalized with glyoxylic acid [34][27]: 339–47; ~ 4: Determination of the homogeneity of the electrophoretic mobility by the momentum method [34][27]: **16** ('59) 104–07; ~ 5: Electrophoresis of two-component systems and boundary anomalies [34][27]: 165–72. — Potentiometric titration of polyelectrolytes [27][34]: **15** ('58) 175–80. — Turbidity of aqueous solutions of polyvinyl alcohol of low degree of polymerization [27]: 200–08. — x-Ray studies on the reaction between polyvinyl alcohol and boric acid [102]: 491–96. — x-Ray studies on the reaction between polyvinyl alcohol and borax [102]: 497–501. — x-Ray studies on the reaction between polyvinyl alcohol and iodine [102]: 559–63. — x-Ray studies on the reaction between polyvinyl alcohol and Congo red [102]: 671–76. — x-Ray studies on low- and high-density polyethylenes, 1: Determination of the crystallinity with x-ray counter [96][54]: 728–34; ~ 2: Determination of the intensity of small angle scattering with the x-ray counter [96][140]: 771–77. — Gelation of concentrated aqueous solutions of polyvinyl alcohol [73]: 735–39. — Polyvinyl acetate prepared by solution polymerization in butyraldehyde, and polyvinyl alcohol derived from it [95][46]: 797–803. — Dilute solution polymerization of vinyl acetate, 1: Polymerization in ethanol [5]: 804–10. — Synthesis of cross-linked polyvinyl alcohol partially acetalized with glyoxylic acid [84][125]: **16** ('59) 86–89. — Studies on the intermolecular acetal formation of polyvinyl alcohol having aldehyde groups at the ends, 1: Reaction of polyvinyl alcohol having aldehyde groups at the ends in acidified aqueous solution [73]: 90–94. — Diffusion of partially acetylated polyvinyl alcohol [27]: 108–14. — Polyvinyl alcohol obtained from hydrolysis of polyvinyl trifluoroacetate [38][95]: 115–19. — Properties of the solutions of copolyelectrolytes composed of vinyl alcohol and acrylic acid units [84][125]: 363–68. — Diffusion of polyelectrolytes, 1: Diffusion of polyvinyl alcohol partially acetalized with glyoxylic acid in water [27]: 395–401. — Oxidation of polyvinyl alcohol by hydrogen peroxide [73]: 565–70. — Behaviour of polyvinyl alcohol at high temperatures: 1: On the wide angle diffraction of x-rays [96][107]: 587–92; ~ 2: On the small angle scattering of x-rays [96]: 593–96. — On the viscosity of dilute solutions of polyelectrolytes [,1] [34]: 616–20; ~ 2 [34]: **17** ('60) 146–50. — Oxidation of polyvinyl alcohol by potassium permanganate [73]: **16** ('59) 633–36. — Determination of the degree of crystallinity and of the long period of polypropylene fibers with an x-ray counter [96]: 673–77. — Change of the degree of crystallinity of regenerated cellulose by air drying [96][141]: 678–81. — Determination of the intensity of small angle x-ray scattering of the regenerated cellulose gel with an x-ray counter, 1: Measurement of crystallite size of the regenerated cellulose primary gel [96]: 731–33; ~ 2: Change of crystallite size by air drying [96]: 733–36. — Small-angle x-ray scattering of polyvinyl alcohol, 1: Measurement of the long-period of polyvinyl alcohol fibers produced under various conditions of heat-treatment [96]: **17** ('60) 13–17; ~ 2: Change in long-period spacing of polyvinyl alcohol fibers by swelling [96]: 17f.; ~ 3: Measurement of long-period spacing of polyvinyl alcohol fibers of various degrees of elongation [96][107]: 18–20. — Small-angle x-ray scattering of high tenacity rayon and ramie [96][141]: 21–23. — Kinetics of esterification of polyvinyl alcohol with monochloracetic acid [111][26][14]: 83–86. — Saponification of low-molecular weight esters as the model of polyvinyl acetate [111][43]: 87–94. — Kinetics of saponification of vinyl acetate – methyl acrylate copolymers [111][36]: 115–19. — Polymer surfactants, 1: Solution polymerization of vinyl acetate in higher alcohols [95][61][37]: 120–25. — The extension of polyvinyl benzoate in theta solvent [111][60]: 227–30. — Chemical studies on the effect of radiation on polyvinyl alcohol, 1: The end groups formed by the γ-irradiation of water-swollen polyvinyl alcohol [73]: 268–72; ~ 2: End groups formed in polyvinyl alcohol by γ-irradiation in air [73]: 689–93; ~ 3: End groups formed in polyvinyl alcohol by γ-irradiation in vacuo [73]: 693–97. — Oxidation of polyvinyl alcohol by potassium dichromate [73]: **18** ('61) 252–56. — Oxidation of polyvinyl alcohol by ozone [73]: 257–61. — The swelling of cross-linked polyacrylic acid [12][111]: 262–66. — Effect of branching on the extension of polyvinyl acetate in theta solvents [177][111]: 346–50. — Effect of γ-ray irradiation on mechanical properties of polyvinyl alcohol and acetalized polyvinyl alcohol films [146][54]: 396–400. — Radiation-induced graft copolymerization of styrene onto nylon-6 [103][142]: 550–56. — Polymerization of vinyl acetate in methanol initiated by

Bitte Anmerkung auf Seite 4201 beachten!

azodiisobutyronitrile, 1: Experimental results [111][17]: 694–99; ~ 2: Kinetic consideration [111][17]: **19** ('62) 593–97. — Experimental determination of the elastic modulus of crystalline regions in oriented polymers, 1: Polyethylene and polyvinyl alcohol [96][38]: 285–92; ~ 2: Isotactic polypropylene and polyoxymethylene [96][38]: 292–99; ~ 3: Polyethylene terephthalate, polyvinylidene chloride, and cellulose [96][38]: 300–06; ~ 4: Isotactic polystyrene [38][85]: **21** ('64) 206–09; ~ 5: Polytetrafluoroethylene [85][44][153]: **23** ('66) 335–37; ~ 6: Isotactic poly(vinyl tert.-butyl ether) [85][44][153]: 338–43; ~ 7: Polyoxyethylene [85][44][153]: 651–54; ~ 8: Polytetrahydrofuran [85][44][153]: 655–57; ~ 9: Isotactic polybutene-1 [85][44][153]: 696–99; ~ 10: Polyethyleneoxybenzoate [85][44][153]: **26** ('69) 561–65; ~ 11: Polyethyleneterephthalate and its copolymers [44]: 817–22. — Potentiometric titration behaviour of polyacrylic acids prepared by aqueous solution polymerization with a free radical initiator [111][109][93]: **19** ('62) 620–26. — The effects of branching on the solution behaviour of polyelectrolytes [111][177]: 663–66. — Potentiometric titration behaviour of saponification products of polymethyl methacrylate with different steric configuration, and of polymethacrylic acid obtained by aqueous solution polymerization using a radical initiator [111][99]: 704–06. — The effect of the distribution of ionic groups along the polymer chains on the solution properties of polyelectrolytes [111][12][135]: **20** ('63) 81–85. — Degradation of polyvinyl alcohol by hydrochloric acid [73]: 349–52. — Cross-linking of polyvinyl alcohol by treatment with hydrochloric acid [73]: 353–56. — Potentiometric titrations of polyacrylic and polymethacrylic acid samples obtained by polymerization in bulk or organic solvents with radical initiators [111][93][40]: 456–60. — Radical polymerization of tetrahydrofurfuryl acrylate [95][98]: 481–85. — Simultaneous deacetylation and formalization of polyvinyl acetate [111][113][90]: 486–90. — Suspension polymerization of vinyl acetate with α,α'-azobisisobutyronitrile as a catalyst [111][156]: 491–96. — The distribution of compositions of copolymers obtained at a given monomer composition [111]: 653–56. — Experimental determination of elastic moduli of the crystalline regions in the direction perpendicular to the chain axis in oriented polymers, 2: Isotactic polypropylene [38][85]: **21** ('64) 197–202; ~ 3: Polyoxymethylene [38][85]: 202–05; ~ 4: Polyoxyethylene [44][85][153]: **26** ('69) 556–60; ~ 5: Polyethylene terephthalate and its copolymers [44][85][153]: 823–32; ~ 6: Nylon 6 (α form) [44][85]: 833–40; ~ 7: Nylon 6 (γ form) [44][85]: **27** ('70) 492–97; ~ 8: Isotactic polybutene-1 [44][118]: **28** ('71) 395–98. — Saponification of polyvinyl acetates prepared by various procedures [111][117][93]: **21** ('64) 241–45. — Polymerization of methacrylic anhydride [40][111]: 270–73. — Intramolecular reactions of polyvinyl alcohol prepared by various procedures [111][117]: 289–94. — Radical polymerization of tetrahydrofurfuryl methacrylate [95][98]: 295–99. — Saponification reaction of polymethyl acrylates prepared by various methods of radical polymerization [111][40][76]: 426–30. — Effect of polymer concentration on the rate of acetalization of polyvinyl alcohol and on the rate of saponification of partially acetylated polyvinyl alcohol [111][165][105]: 517–20. — Maximum conversions of acetalization of polyvinyl alcohol with aldehydes containing sulfonic acid group [111][105]: 564–67. — Effects of sodium chloride on acetalization of polyvinyl alcohol in water [111][165]: 620–24. — Ring-opening copolymerization of tetrahydrofurfuryl acrylate and methacrylate [95][98]: **22** ('65) 69–78. — Radical polymerization of 2-allyloxyethyl acrylate [95][167]: 166–71. — Hydrolysis of esters with polymer sulfonic acids, 1: Hydrolysis of linear aliphatic monoesters with polystyrene sulfonic acid [111][106][151]: 696–701; ~ 2: Hydrolysis of various aliphatic esters with polystyrene sulfonic acid [106][151][111]: 701–05; ~ 3: Hydrolysis of aliphatic esters with various polymer sulfonic acids [111][106][151]: 706–11; ~ 4: Hydrolysis of aromatic esters with polymer sulfonic acids [106][111]: 711–16; ~ 5: Hydrolysis of ethyl aminobenzoates with polymer sulfonic acids [111][106][151]: 804–07; ~ 6: Kinetics of the hydrolysis of ethyl aminobenzoates [106][111]: 808–12; ~ 7: Effect of structures of polystyrenesulfonic acids on the catalysis of the hydrolysis of ethyl aminobenzoates [111][106]: **23** ('66) 849–52; ~ 8: Hydrolysis of ethyl anthranilate with poly(vinyl butyral sulfonic acid) [106][111]: 853–58; ~ 9: Hydrolysis of esters with various aromatic polymer sulfonic acids [106][105][111]: **24** ('67) 87–90; ~ 10: Hydrolysis of esters with cross-linked poly(styrenesulfonic acids) [106][170][111]: 130–38. — Radical polymerization of 3-chloromethyl-3-allyloxymethyloxetane [95][98]: **23** ('66) 172–76. — Radical copolymerizations of 3-chloromethyl-3-allyloxymethyloxetane with some vinyl monomers [95][98]: 224[oder 234?]–38. — Hydrolysis of polymeric esters with polymeric sulfonic acids, 1: Hydrolysis of partially acetylated polyvinyl alcohol with polystyrene sulfonic acid [105]: 735–41; ~ 2: Hydrolysis of partially acetylated polyvinyl alcohol with various polymeric sulfonic acids [105][111]: 741–48; ~ 3: Hydrolysis of partially acetylated products of modified polyvinyl alcohols and starches with polymeric sulfonic acids [105][111]: 748–53; ~ 4: Hydrolysis of vinyl acetate – N-vinyl pyrrolidone copolymers [111][105]: **24** ('67) 570–76; ~ 5: Hydrolysis copolymers of acrylamide and N-acetylmethylolacrylamide [105][111]: 618–24. — Hydrolysis of polymeric esters with long-chained alkyl and alkylbenzene sulfonic acids [111][105]: **23** ('66) 842–48. — Ring-opening polymerization of 3-(chloromethyl)-3-(allyloxymethyl)oxetane [95][98]: **24** ('67) 139–44. — Ionic polymerization in an electric field, 4: Cationic polymerization of isobutyl vinyl ether [34][178]: 145–51; ~ 8: Cationic polymerization of indene catalyzed by boron trifluoride etherate [34][19][88]: **25** ('68) 41–48. — Acetalization of polyvinyl

Bitte Anmerkung auf Seite 4201 beachten!

alcohol in the presence of low-molecular- and high-molecular-weight sulfonic acids [105])[111]): **24** ('67) 341–47. — Saponification of poly(allyl acetate) [105]) [179])[111]): 505–11. — Autocatalytic reactions of polymers containing sulfonic acid groups [111])[105]): **25** ('68) 325–36. — — Alle Arbeiten japan., oft m. engl. Zusammenfassg.

Kolloid-Z. Löst sich Acetylcellulose molekular in organischen Flüssigkeiten? [67]): **61** ('32) 50–54. — Solvatation von Glucosepentaacetat- und Cellobioseoktaacetatmolekülen in organischen Flüssigkeiten [132]): **63** ('33) 169–75. — Beziehungen zwischen den verschiedenen Viskositätsformeln für lyophile Kolloide: 311–15. — Einfluß der Teilchenform und des spezifischen Volumens auf die Viskosität lyophiler Kolloide: **64** ('33) 195–200. — Über den Einfluß der elektrischen Ladung auf die Viskosität hydrophiler Kolloide [89]): **66** ('34) 62–67. — Die Beziehung zwischen der Lösefähigkeit organischer Flüssigkeiten und der Viskosität von Celluloseesterlösungen [123]): **68** ('34) 300–05. — Dielektrische Untersuchungen über Lösung, Quellung und Thixotropie der Triacetylcellulose in Chloroform und Chloroform–Benzol [67]): **71** ('35) 94–100. — Dielektrische Untersuchungen der benzolischen Lösungen der Äthyl- und Benzylcellulose [67]): **72** ('35) 320–25. — Über die intramizellare Quellung der Cellulose durch Wasser [29]): **77** ('36) 346–51. — Untersuchungen der Molekülverbindungen der Cellulose durch Bestimmung des scheinbaren spezifischen Volumens und röntgenographische Ermittlung des kristallographischen Elementarkörpers der gequollenen Cellulose [104]): **81** ('37) 199–208. — Über ein einfaches Überlauf-Viskosimeter und seine Verwendung bei der Bestimmung von Lösefähigkeiten organischer Flüssigkeiten für Celluloseester [112]): 208–12. — Vergleich der dielektrischen Eigenschaften von Triacetylstärke und Triacetylcellulose und die dielektrischen Eigenschaften der Benzollösungen der Tribenzyl- und Palmitylcellulose [67]): **82** ('38) 67–72. — Über die Temperaturabhängigkeit des Dipolmoments von Cellulose-, Cellobiose- bzw. Glucoseacetat [67]): 72–75. — Dielektrische Untersuchungen der Acetonlösungen der Nitro- und Acetylcellulose [67]): 194–203. — Genügt eine einzige Konstante für die Darstellung der Konzentrationsabhängigkeit der Viskosität von hochpolymeren Verbindungen?: 345–50. — Fasern aus Polyvinylalkohol: **139** ('54) 155–63. — Conformation of polymethyl methacrylate stereochemical isomers in non-interacting media [84]) [166])[85]): **186** ('62) 41–50.

Kyoto Daigaku Nippon Kagaku Sen'i Kenkyusho Koenshu Elasticity of vinylon and acetalization [79]): **12** ('55) 76–86 []. — The properties of scission products of polyvinyl acetate by periodic acid oxidation [134]): **14** ('57) 37–51 []. — Vinylon, 1: Application of polyvinyl alcohol dialdehyde [79])[56]): **15** ('58) 17–24 []; ~ 2: Treatment with bis(hydroxymethyl)-ethyleneurea [79])[56]): 24–30 []. — γ-Ray radiation equipment for 200 curies of cobalt-60 [104])[31]): 145–66 []. — Treatment of cellulose for the lowering of swelling [111]): **16** ('59) 63–120 [].

Macromolecules Ionic polymerization under an electronic field, 10: Cationic copolymerization of styrene with indene or α-methylstyrene catalyzed with boron trifluoride etherate under an electric field [34]) [19])[88]): **1** ('68) 265–70.

Makromolekulare Chem. Über die Viskosität von Polyelektrolytlösungen [34]): **40** ('60) 126–39 [m. engl. Zusammenfassg.]. — Potentiometrische Untersuchungen von Polyelektrolyten [111]): **61** ('63) 1–13 [~]. — Chemical structure of radiation-induced graft copolymers of methyl methacrylate on polyvinyl alcohol [73])[64]): **69** ('63) 115–24 [m. deutscher Zusammenfassg.]. — Elastic moduli of polymer crystals for the chain axial direction [38])[85]): **75** ('64) 1–10 [~]. — Die kationische Polymerisation von p-Methoxystyrol unter elektrischer Hochspannung [34])[2]): **82** ('65) 284–88. — Temperature variation of unperturbed chain dimension of stereoregular polyvinyl alcohols from thermoelasticity measurements in diluents [84])[116]): **87** ('65) 103–18 [m. deutscher Zusammenfassg.]. — Homogeneous hydrolysis of esters with polymer sulfonic acids [111]) [106])[151]): **91** ('66) 243–63 [~]. — Ionic polymerization under an electric field, 1: Cationic polymerization of p-methoxystyrene [34])[2]): **95** ('66) 1–21 [~]; ~ 2: Radiation-induced polymerization of styrene [34]) [47]): **97** ('66) 17–30 [~]; ~ 11: Field effect and catalyst strength [34])[19])[3]): **117** ('68) 180–89 [~]. — True and apparent graft [30])[25]): **139** ('70) 171–81 [~]. — Chemical structure of polyvinyl alcohol – methyl methacrylate graft copolymers prepared by various methods [30])[191])[94])[25]): 183–96 [~]. — Crystal structure of poly(isobutylene oxide) [44]): **148** ('71) 261–69 [~]. — Determination of the elastic modulus of polyamide crystals along the chain axis by x-ray diffraction, 1: The α-form nylon-6 [44]): **179** ('78) 209–17.

Memoirs Fac. Engng., Kyoto Univ. Kinetics of polymerization of allyl compounds [134]): **17** ('55) 212–19. — Potentiometric titrations of a polyelectrolyte [27])[34]): **19** ('57) 402–07. — Electrophoresis of polyelectrolytes, 1: Electrophoretic study of polyvinyl alcohol [27]): 408–17; ~ 2: Electrophoretic study of polyvinyl alcohol partially acetalized with glyoxylic acid [34])[27]): 417–25. — Effects of cobalt-60 radiation on polyvinyl alcohol, 1: Effects of γ-radiation on solid polyvinyl alcohol films [84])[1]): **21** ('59) 84–93; ~ 2: Effects of γ-radiation on water-swollen polyvinyl alcohol films [84])[1]): 94–102. — Viscosity of dilute solutions of polyelectrolytes [34]): 322–30.

Naturwissenschaften Über die Ermittlung der Moleküllänge der langgestreckten niedermolekularen Substanzen aus der spezifischen Viskosität der Lösung: **25** ('37) 523. — Über die Ermittlung der Teil-

Bitte Anmerkung auf Seite 4201 beachten!

chenlänge der hochpolymeren Verbindungen aus der spezifischen Viskosität der Lösung: 523f. — Über die Existenz einer vierten Modifikation der Cellulose [29]): **28** ('40) 577f.

Nikkakyo Geppo Grundlagen der Technologie der Vinylon-Produktion: **21** ('68) 127–31 [japan.].

Nippon Aisotopu Kaigi Hôbunshû Effect of γ-radiation on polymer reactions, 1 [104])[31]): **2** ('58) 125–31 []. — Behaviour of various celluloses at graft copolymerization by irradiation [102])[54])[18]): **4**.1961 ('62) 474–81 [].

Nippon Hoshasen Kobunshi Kenkyu Kyokai Nenpo Polyoxymethylene, 1: Small-angle x-ray studies on polyoxymethylene fibers [130]): **6** ('64/65) 23–38; ~ 2: Small-angle x-ray studies on polyoxymethylene obtained by radiation-induced polymerization of trioxane and formaldehyde [130]): 39–43; ~ 3: Radiation effects on polyoxymethylene fibers [130])[54])[159]): 45–55; ~ 4: Graft copolymerization of styrene onto polyoxymethylene [54])[159]): **7** ('65/66) 41–45; ~ 5: Degradation of styrene grafted polyoxymethylene [54])[162])[159]): 47–53. — Radiation-induced graft copolymerization to polyvinyl chloride, 3: Heat shrinkage of acrylonitrile-grafted polyvinyl chloride fiber [103]): **6** ('64/65) 57–65. — Catalytic graft copolymerization onto polyvinyl chloride [54])[11]): 67–74. — Some problems on the grafting of fibers: **7** ('65/66) 17–23 [engl.]. — Small-angle x-ray studies on polyethylene obtained by gas-phase polymerization of ethylene [130]): 25–32. — Oxygen uptake during the irradiation of polymers in air [54]): 33–40. — Oxygen uptake during irradiation and post-irradiation graft copolymerization of styrene onto polyvinyl alcohol [54]): **8** ('66/67) 11–18. — Properties of styrene-grafted cellulose [54])[103]): 19–30. — Effect of benzalization and benzoylation on irradiation damage of polyvinyl alcohol films [59])[54]): 43–50. — — Alle Arbeiten (außer **7** ('65/66) 17) japan., meist m. engl. Zusammenfassg.

Nippon Kagaku Zasshi Polymerization of vinyl chloride in urea complex by γ-ray irradiation [92]): **80** ('59) 307f., A23 [japan. m. engl. Zusammenfassg.].

Nuclear Engng. [Tokyo] Probleme der Radiochemie der Polymere: **8** ('62) Nr. 6, 50–54 [japan.]. — Probleme der Anwendung der Energie radioaktiver Strahlung in der Chemie: **9** ('63) Nr. 5, 6–10 [~].

Papierfabrikant Über die Festigkeitseigenschaften der Cellulosederivate: **36** ('38) Techn.-wiss. Teil, 252–57.

Polymer [London] [Ionic polymerization under an electric field, 6:] Ionic polymerizations of α-methylstyrene catalyzed by iodine in an electric field [34])[140]): **8** ('67) 625–31.

Pure and appl. Chem. Fundamental aspects of polymer reactions: **16** ('68) 263–83.

Bitte Anmerkung auf Seite 4201 beachten!

Rayon World [Osaka] Measurement of the hardness of fibers, 1 [150]): **7** ('39) Nr. 11, 2–10 [].

Ricerca sci. Relation between crystallinity and swelling of polyvinyl alcohol [96])[124]): **25** ('55) Suppl. A, 715–29 [m. italien., deutscher u. französ. Zusammenfassg.].

Scientific Papers Inst. physic. and chem. Res. [Tokyo] Röntgenographische Untersuchung des Cellulose-Xanthogenates [29]): **17** ('31) 294–96. — Röntgenographische Untersuchungen über die natürlichen und regenerierten Seiden [29]): **21** ('33) 266–69. — Röntgenographische Untersuchung des Konnjakumannans [29]): 287–301. — Die Orientierung der Micelle in ungedehnten Agarfilmen [29]): **23** ('33/34) 162f. — Röntgendiagramm von Ringfaserstruktur und Orientierung der Micelle in Filmen [29]): **24** ('34) 193–210. — Gitterausweitung der Hydratcellulose durch adsorptive Bindung des Wassers [29]): **34** ('37/38) 1164–73. — Röntgenographische Untersuchungen der synthetischen hochmolekularen Verbindungen in Faserform [29]): **39** ('41) 78–88. — Röntgenographische Untersuchungen der synthetischen Polyamide [29]): **40** ('42) 125–41.

Sen'i no Kenkyu Neue Möglichkeiten synthetischer Fasern: **5** ('59) Nr. 1, 1–9 [japan.].

Teijin Times Verbesserung der Qualität von Kunstseide. Über Pfropfpolymerisate: **30** ('60) Nr. 2, 2–7 [japan.]. — Eine neue synthetische Faser: Nr. 6, 2–7 [~]. — Über die Verbesserung der Kunstfaserqualität: **31** ('61) Nr. 1, 4–10 [~]. — Richtungen der Erforschung neuer Kunstfasern: **32** ('62) Nr. 6, 2–6 [~]. — Entwicklungstendenzen auf dem Kunstfasergebiet: **33** ('63) Nr. 1, 14–18 [~].

Textil-Rdsch. Textilfasern aus Polyvinylalkohol: **11** ('56) 451–58.

Textile Japan Synthetic fiber industry in Japan: **1963**, 44–47.

Z. physik. Chem., Abt. A Über die Diffusion von heterodispersen Stoffen [132]): **179** ('37) 227–34. — Die Reaktionskinetik der Fadenmoleküle in Lösung, 1: Alkalische Verseifung des Polyvinylacetats [67]): **184** ('39) 268–72. — Über den Abbau langer kettenförmiger Moleküle [104]): **187** ('40) 289–96.

Z. physik. Chem., Abt. B Faserröntgendiagramm von Glucomannan[,1] [29]): **21** ('33) 18–24. — Die Größe des Dipolmoments der assoziierten Moleküle und die Gültigkeit des Massenwirkungsgesetzes bei der Assoziation: **24** ('34) 437–44. — Über die gleichzeitige Entstehung der Zweier- und Dreierkomplexe bei der Dipolassoziation: **29** ('35) 104–11. — Über die Viskosität der Lösungen von Fadenmolekülen: **38** ('37) 407–23. — Dielektrische Untersuchungen an Lösungen von Fadenmolekülen [67]): **43** ('39) 245–56.

Mit: 1) H. Aoki; 2) T. Ashida; 3) S.-X. Chen; 4) T. Chiba; 5) K.-F. Chou; 6) —; 7) —; 8) M. Fujikawa; 9) N. Fujimoto; 10) H. Fujiwara; 11) K. Fujiwara; 12) K. Fukami; 13) K. Fukita; 14) S. Fukui; 15) J. Furukawa; 16) T. Furukawa; 17) K. Hashimoto; 18) S. Hatakeyama; 19) Y. Hayashi; 20) K. Hess; 21) T. Higashimura; 22) K. Hirabayashi; 23) H. Hirohara; 24) I. Hizawa; 25) F. Horii; 26) K. Hosoi; 27) M. Hosono; 28) T. Hurukawa; 29) K. Hutino; 30) Y. Ikada; 31) H. Inagaki; 32) K. Inoue; 33) R. Inoue; 34) N. Ise; 35) S. Ishida; 36) S. Ishiguro; 37) T. Ishizuka; 38) T. Ito; 39) Y. Ito; 40) T. Iwagaki; 41) M. Iwaki; 42) H. Iwata; 43) M. Kagau; 44) K. Kaji; 45) —; 46) A. Kato; 47) S. Kawabata; 48) S. Kawada; 49) T. Kawahara; 50) H. Kawakami; 51) S. Kawasaki; 52) K. Kawashima; 53) I. Kido; 54) F. Kimura; 55) T. Kitabatake; 56) T. Kitamaru; 57) T. Kitano; 58) S. Kodama; 59) K. Kohdera; 60) S. Kokuryo; 61) H. Konishi; 62) M. Kotake; 63) A. Kotera; 64) Y. Kubota; 65) E. Kugo; 66) K. Kuroyanagi; 67) S. Lee; 68) T. Makino; 69) H. Mata; 70) J. Matsuda; 71) Y. Matsushita; 72) —; 73) S. Matsuzawa; 74) —; 75) S. Matumoto; 76) Y. Mikuzu; 77) M. Miyaguti; 78) K. Miyamichi; 79) N. Mori; 80) S. Morikawa; 81) T. Morita; 82) K. Nagai; 83) H. Nakahara; 84) A. Nakajima; 85) K. Nakamae; 86) N. Nakamura; 87) S. Nakamura; 88) M. Nakao; 89) T. Nakashima; 90) Y. Nakazawa; 91) —; 92) K. Nambu; 93) J. Nishino; 94) Y. Nishizaki; 95) K. Noma; 96) Y. Nukus(h)ina; 97) R. Oda; 98) Y. Ofuji; 99) O. Ohara; 100) K. Ohashi; 101) A. Okada; 102) N. Okada; 103) T. Okada; 104) S. Okamura; 105) Y. Omura; 106) T. Ono; 107) Z. Orito (Orido); 108) T. Osugi; 109) Y. Osumi; 110) N. Ota; 111) Y. Sakaguchi; 112) N. Saito; 113) K. Saito; 114) Y. Sakai; 115) K. Sakurai; 116) K. Shibatani; 117) Z. Shiiki; 118) E. Shikata; 119) S. Shima; 120) Y. Shimano; 121) Y. Shinoda; 122) T. Shintaku; 123) M. Shojino; 124) Y. Sone; 125) H. Sotobayashi; 126) K. Suzue; 127) —; 128) N. Suzuki; 129) S. Suzuki; 130) Y. Suzuki; 131) S. Tamamura; 132) M. Taniguchi; 133) —; 134) G. Takahashi; 135) K. Takashima; 136) H. Takita (Takida); 137) K. Tanaka; 138) M. Tanaka; 139) T. Tanaka; 140) Y. Tanaka; 141) H. Tanzawa; 142) S. Torikai; 143) Y. Tokuno; 144) T. Tsuchida; 145) — ; 146) W. Tsuji; 147) S. Tsuneoka; 148) I. Tukahara; 149) M. Turuta; 150) I. Tuziwa; 151) T. Ueda; 152) Y. Uyama; 153) S. Wadano; 154) I. Watanabe; 155) H. Yamaguchi; 156) K. Yamaguchi; 157) H. Yamakawa; 158) T. Yamaoka; 159) M. Yamauchi; 160) K. Yamazaki; 161) S. Yasui; 162) S. Yasuo; 163) O. Yasutake; 164) M. Yoshida; 165) S. Yoshida; 166) O. Yoshizaki; 167) R. Yosomiya; 168) S. Futami; 169) T. Iwasaki; 170) N. Kuwabara; 171) T. Manabe; 172) A. Ogawa; 173) S. Ohara; 174) K. Ohdan; 175) T. Ota; 176) H. Sato; 177) S. Tsuchiya; 178) S. Hori; 179) A. Omori; 180) H. Abe; 181) M. Gotoda; 182) M. Hatada; 183) K. Hayashi; 184) Y. Hayashibe; 185) S. Kitamura; 186) C. K. Lee; 187) T. Mita; 188) N. Sera; 189) J. Takezaki; 190) A. Tsuchiya; 191) H. Uehara.

IV–VI **SAKURAI,** Joji. Chem. (physikal.). — 1881–82 Instructor, 1882–1919 Prof., '01– Univ. Councillor, '07–19 Dean of the Fac. of Sci., '12–13 Acting Pres., '19 Prof. Emer., Imperial Univ. of Tokyo; 1883–85, 1903–04, '09–10, '12, '15 Pres., Tokyo Chemical Soc.; '17 Coestablisher of the Inst. of Physical and Chem. Research, Tokyo; '23, '28 Vice-Pres., Int. Chemical Union; '25–39 Pres., National Research Council of Japan; '26–39 Pres., Imperial Acad. of Japan; '33– Chairman of the Board of Directors, Japanese Soc. for the Promotion of Scientific Research; '37– Vice-Pres., Int. Council of Scientific Unions. — '16 Order of the First Class of the Sacred Treasure, '20 Peer, '26 Privy Councillor, '29 Grand Cordon of the Rising Sun (Throne of Japan).

*1858, Aug. 18, Kanazawa (Prov. Kaga); †1939, Jan. 28, Tokyo.

Nekr. *F. G. Donnan, Nature [London] **144** ('39) 234f. (m. Bildn. u. Faks.). — *M. Stopes, ibid. S. 471. — *K. Matubara, J. amer. chem. Soc. **61** ('39) 476–82. — *Y. Osaka, Proc. imp. Acad., Tokyo **15** ('39) VII–X; Kagaku [Tokyo] **9** ('39) 111f. — *Y. Shibata, ibid. 113f. — Chemistry and Industry **17** ('39) 149. — Industrial and Engng. Chem., News Edit. **17** ('39) 207.

Zur Biogr. [?] Omoide no kazukazu (Tokyo '40) 11+353 S. (m. Bildn.).

VI **ŠALAMON,** Bedřich. Geogr. (math.), Geophysik, Geod., Kartogr. — Stud. 1898–1902 Techn. Hochsch. u. Karls-Univ. Praha; '01–03 Assist., Techn. Hochsch. Brno; '03–25 Oberschullehrer, Mladá Boleslav ('03–10) u. Praha ('10–25); '22 RTDr., Techn. Hochsch. Praha; '19–22 Lektor Kartogr., '22–25 Privatdoz., '25–31 außerord. Prof., '31–57 ord. Prof., '33–50 Dir. d. Geophysikal. Inst., '39–40 Dekan d. naturwiss. Fak., '53–57 Leiter d. Lehrstuhls f. Kartogr. u. Physikal. Geogr., Karls-Univ. Praha; '35–45 Leiter d. staatl. Kartensammlung, Praha. — '28 Chevalier de la Légion d'Honneur (France); '55 Banner d. Arbeit (ČSR); '65 Silberne Plakette (Tschechoslowak. Akad. Wiss.).

*1880, Juli 16, Praha; †1967, Juli 26, Praha.

Zum 60. Geb.tag *K. Kuchař, Sborn. českoslov. Společnosti zeměpisné **46** ('40/41) 3–5 [tschech. m. deutscher Zusammenfassg.] (m. Bildn.).

Zum 70. Geb.tag *O. Čepek, Sborn. českoslov. Společnosti zeměpisné **55** ('50) 133f. [tschech. m. russ. u. engl. Zusammenfassg.] (m. Bildn.). — *K. Kuchař, Kartografický Přehled **5** ('50) 114. — *J. Pícha, Meteorologické Zprávy **4** ('50) 2. — *J. Vaněk, Vesmír **29** ('50) 19f. — *L. Zapletal, Věstn. SIA **18** ('50) 64. — *A. Zátopek, Čas. Pěst. Mat. **76** ('51) 66f.; Lidové Noviny **1950**, 14. Juli, S. 6.

Zur Biogr. *V. Häufler, Dějiny geografie na Universitě Karlově 1348–1967. Geschichte der Geogra-

Bitte Anmerkung auf Seite 4201 beachten!

phie an der Karls-Universität (Praha '67) 245–47. — *L. Mucha, Prof. Dr. B. Šalamon mit dem "Banner der Arbeit" ausgezeichnet: Zeměpis ve Škole **2** ('55) 359 [tschech.].

Zum 75. Geb.tag Festgabe: Geofysikální Sborn. **1955** ('56); darin Würdigung durch *A. Zátopek: 11–13 [tschech. m. russ. u. engl. Zusammenfassg.] (m. Bildn.). — *J. Kašpar, Prof. Dr. B. Šalamon – Kartograph und Geodät: Sborn. československ. Společnosti zeměpisné **61** ('56) 20–25 [tschech.]. — *A. Zátopek, Prof. Dr. B. Šalamon – Geophysiker: ibid. 25–28 [tschech.]. — *L. Mucha, Lidé a Země **4** ('55) 242.

Zum 80. Geb.tag Festgabe: Studia geophysica et geodaet. [Praha] **4** ('60) Nr. 3; darin Würdigung durch *K. Kuchař: 310f. [engl.] (m. Bildn.). — *R. Koubek, Meteorologické Zprávy **13** ('60) 53.

Nekr. *V. Häufler, Lidé a Země **16** ('67) 381.

Zum 90. Geb.tag *L. Mucha, Sborn. československ. Společnosti zeměpisné **76** ('71) 203–06 (m. Schr.-verz.).

HZ. (Redakt.) Geofysikální Sborn. **1953** ('54).

MH. Mélanges de géographie offerts par ses collègues et amis de l'étranger à M. Václav Švambera, Directeur de l'Institut de Géographie de l'Université Charles IV, à Prague, à l'occasion de son soixante-dixième anniversaire (Praha '36). — (Mitredakt.) *Brunclík-*Machát, Zeměpisný atlas pro školy střední, ústavy učitelské a školy odborné [6](Praha-Smichov '37), [7]('38); daraus: Soubor map (Praha '48), ('49). — Monumenta cartographica Bohemiae (Praha '38). — Školní zeměpisný atlas (Praha '50), [2]('52), [3]('53), [4]('55), [5]('56), [6]('57), [7]('58); auch 7 slowak. Auflagen (Praha '50–58). — (Mitbearb.) Politicko-hospodářský atlas světa, **1–14** (Praha '50–56).

S. Sbornik II Sjezdu československých geografů. C. R. IIe Congrès des géographes tchécoslovaques. Bratislava 1933 (Bratislava '33) (Zeměpisné prace, Travaux géographiques tchèques, 6) 111–14: Die bisherige Arbeit des Staatlichen Geophysikalischen Instituts und sein Arbeitsprogramm für die Zukunft [tschech.]. — Sbornik III Sjezdu československých geografů. C. R. IIIe Congrès des géographes tchécoslovaques. Plzeň 1935 (Praha '36) (~ 16) 25–34: Die Abbildungsmethode für fundamentale amtliche Karten [tschech.]; 80–88: Einige Bemerkungen zu orographischen Problemen [~]. — Hanzlíkův sborník. K 70. narozeninám (Praha '52) 116–29: Die Abhängigkeit der mittleren jährlichen Niederschlagsmengen von der geographischen Lage der Orte [tschech.].

W. (Karte) Československá Republika. Mapa pravděpodobných magnetických isogon normálních pro polovinu roku 1933, 1:2500000 (m. R. Běhounek) (Praha '33). — (Karte) Československá Republika. Mapa isogon pro epochu 1938.5, 1:3000000 (m. R. Běhounek) (Praha '38).

Geofysikální Sborn. Dr. Václav Láska, 1862–1943: **1953** ('54) 9–16 [tschech. m. russ. u. engl. Zusammenfassg.].

Kartografický Přehled Kartographie und Geographie: **1** ('46) 1–3, 41–45, 105–09. — Abhängigkeit der mittleren jährlichen Niederschlagsmengen von der geographischen Lage der Orte: **4** ('49) 10–19. — Das Skalarfeld auf geomagnetischen Karten untersucht auf Grund der Eigenschaften seiner Interpolationsfläche: **6** ('52) 13–25, 92–130. — Einige morphometrische Charakteristika von Landschaftsreliefs: **7** ('53) 5–12, 73–77. — Diskussion über die orographische Aufteilung der Tschechoslowakei: **11** ('57) 138–41. — — Alle Arbeiten tschech.

Sborn. československ. Společnosti zeměpisné Ein Verzeichnis alter Karten unserer Landesteile [2]): **39** ('33) 77f. [tschech.]. — Leben und Werk von Prof. V. Švambera: **42** ('36) 1–6 [~]. — Ein geographischer Atlas für höhere Schulen, Lehrerbildungsanstalten und Fachschulen [1]): **43** ('37) 127f. [~]. — Prof. Dr. Stanislav Hanzlík zum 60. Geburtstag: **44** ('38) 101f. [~].

Zeměměřičský Věstn. Ziele und Methoden kartometrischer Studien an alten Landkarten: **24** ('36) 117–21 [tschech.].

Mit: [1]) K. Kuchař; [2]) V. Švambera.

VI **SALANT,** Edward Oliver. Physik. — Stud. 1918–22 Columbia College, New York, '22–24 Univ. College, London, '24–27 Johns Hopkins Univ., Baltimore, Md.; '28 Ph.D., Univ. of London; '29–31 Assist. Prof., '31–47 Assoc. Prof., '49–65 [?] Adjunct Prof., New York Univ., New York; '41–47 Senior Scientist, Appl. Physics Labor., Johns Hopkins Univ., Baltimore, Md.; '47–65 Senior Physicist, '72– Guest Senior Physicist, Brookhaven Nation. Labor., Upton, Long Island, N.Y.; '65–72 Prof., Vanderbilt Univ., Nashville, Tenn. — '45 Officer of the Order of British Empire.

*1900, Apr. 24, New York;
†1978, Sept. 13, Remsenburg, N.Y.

Nekr. Vanderbilt Alumnus **1979**, Winter-Nr., S. 31.

S. Conférence internationale sur les particules élémentaires, Aix-en-Provence 1961, **1** (Saclay '62) 69–72: One-pion exchange in p-p collisions at 2 BeV [14])[36])[42]); 265–67: Evidence for a π–π resonance [36])[42]). — XII Meždunarodnaja konferencija po fizike vysokich ėnergij. XII International conference on high energy physics. Dubna 1964, 1

(Moskva '66) 532–36: Production at $\bar{N}^{*--}$, ϱ^0 and ω^0 [2,21,42,19,13,16,29,52]; 697f.: Production of hyperons and antihyperons in antiproton–neutron interactions [2,21,42,19,13,16,29,52].

J. chem. Physics Modified scattering by crystalline HCl and HBr [8]: **2** ('34) 317–19.

Nuclear Physics Pion spectra from the reaction $p + p \rightarrow \pi^{\pm}$ + anything at 28.5 GeV [44,18,34,24,30,28]: **B 41** ('72) 317–35. — Evidence for two-cluster formation in one-, two-, three- and four-pion production 28 GeV/c p–p and p–d collisions [7,18,34,44,49,50,24,30]: **B 48** ('72) 13–28.

Physical Rev. Isotope effects in polyatomic molecules [43]: (2) **39** ('32) 161. — Theory of vibrational isotope effects in polyatomic molecules[,1] [43]: **42** ('32) 812–22; Vibrational isotope effects in polyatomic molecules, 2 [43]: **43** ('33) 581f. — Modified scattering by crystalline hydrogen halides [8]: 590. — Vibration–rotation bands of hydrogen fluoride [25]: **46** ('34) 318. — Overtone absorption bands of gaseous HF [25]: **48** ('35) 945–48. — Absorption of slow neutrons of different energies by B, Co and Mn [23,55]: **55** ('39) 111f. — Interaction of fast neutrons with protons [41,48]: 984f. — The absorption of resonance neutrons by boron, chlorine, cobalt and manganese [23]: **59** ('41) 154–62. — Tracks in emulsions at 100,000 feet [22,12]: **74** ('48) 694. — Energetic events in emulsions at high altitude [22]: **76** ('49) 859f. — Photo-disintegrafion of rhodium [11,22,27]: **77** ('50) 290f. — Latitude effects for stars, 1: Production rates and prong distributions [22,15,45]: **79** ('50) 184; ~ 2: Shower particles [22,15,45]: 184f. — Total cross sections for 14 MeV neutrons [37,46,54]: **87** ('52) 11–20. — T-tracks in nuclear emulsions [4]: **88** ('52) 954f. — Artificially produced negative heavy meson [22]: **93** ('54) 902f. — K-particle production by protons of 2.2 and 3.0 BeV [20,53]: **94** ('54) 1794. — Tau meson produced by 3.0 BeV protons [20,53]: **95** ('54) 1699f. — Capture of negative K mesons [22]: **98** ('55) 218f. — Heavy mesons produced by 2.2- and 3.0 BeV protons [20,53]: **99** ('55) 229–41. — Further observations of negative K mesons [22]: 338f. — Disintegrations produced in nuclear emulsions by 1.5 BeV negative pions [20,53,33,35,40,10,47]: **101** ('56) 1127–30. — Interactions of negative K mesons [22]: **102** ('56) 502–15. — Yields of K^+ and K^- mesons produced by 1.7- to 3 BeV protons [22,56]: **112** ('58) 1311–18. — p–p Interactions at 2 BeV, 1: Single-pion production [14,36,42]: **125** ('62) 2082–90; ~ 2: Multiple-pion production [36,42]: 2091–101. — π^--p Interactions at 905, 960 and 1100 MeV [36,42,1,32]: **132** ('63) 1819–30. — Observation of the reaction $\bar{p} + d \rightarrow \Lambda + \Sigma^- + \bar{\Xi}^+$ [2,21,42,13,16,29,52]: **134** ('64) B1339f. — Anti-isobar production in $\bar{p}n$ interactions [2,21,42,13,16,29,52]: **139** ('65) B1420–B1427. — Single and multiple pion production in π^+n and π^-p interactions at 1.7 GeV/c [2,14,19,21,42]: **157** ('67) 1263–78. — Comparison of isobar production in pp and $\bar{p}n$ interactions at 2.8 GeV/c [2,5,9,14,17,21]: **162** ('67) 1320–22.

Physical Rev., D Double-pion production reactions in pn collisions at 2.8 GeV/c [2,5,6,14,17,31]: (3) **2** ('70) 463–82. — Comparison of the reactions $pp \rightarrow \pi^{\pm}$ + anything at 28.5 GeV/c and at about 1000 GeV/c, and comments on scaling [18,34,44,30]: **6** ('72) 2698–700.

Physical Rev. Letters Single pion production in 0.96 BeV π^-–p interactions [36,1]: **5** ('60) 161–63. — Pion production branching ratios through the 900 MeV resonance [32,36,42]: **6** ('61) 192f. — π–π Resonance in π^-–p interactions at 1.25 BeV [42,36]: **7** ('61) 192–95, 472. — One-pion exchange in p–p collisions at 2 BeV [14,36,42]: 196–98. — Three-pion mass distributions and the η-meson [36,42]: **8** ('62) 329–32. — Departures from one-pion exchange in 1.25 BeV π^-–p interactions [36,42]: **9** ('62) 170–73. — Evidence for a two-pion decay mode of the ω meson [14,42]: **10** ('63) 457–60. — Spin of the $Y_0^*(1405)$ [13,16,26,29,52,2,19,21,42]: **15** ('65) 224–28. — Evidence for production of an N*(1400) and $\bar{N}$*(1400) in the reaction $\bar{p}p(n) \rightarrow \bar{p}p\pi^+\pi^-(n)$ at 2.8 GeV/c [2,5,6,9,14,17,21]: **22** ('69) 43–46. — Some gross features of single-particle spectra at energies above 10^4 GeV and comparisons with data at 28.5 GeV [28,34,18]: **27** ('71) 1745–48; **28** ('72) 70.

Physics Letters, B Evidence for an $n\pi^-\pi^-$ enhancement at a mass of 1.627 GeV/c^2 in $K^-d \rightarrow P_s\pi^+\pi^-\pi^-n\bar{K}^0$ at 4.91 GeV/c [38,3,49,50,51]: **33** ('70) 533–35. — Properties of the inclusive pion spectrum from pp collisions: 28.5 GeV/c to about 10^3 GeV/c [34,24,30,18,44]: **38** ('72) 55–59.

Reviews modern Physics Pion-pion interactions and pion production branching ratios at the third resonance [36,42,32]: **33** ('61) 435f.

U.S. Atomic Energy Commiss. Energetic stars at different latitudes [15,22,45]: **AECU-824** ('–). — Total cross sections of carbon and hydrogen for 14-MeV neutrons [37,54]: **AECU-1622** ('51).

Mit: 1) F. Ayer; 2) T. C. Bacon; 3) R. E. Berg; 4) M. Blau; 5) F. M. Bomse; 6) T. B. Borak; 7) W. Burdett; 8) D. Callihan; 9) T. B. Cochran; 10) J. Crussard; 11) N. W. Curtis; 12) E. M. Dollmann; 13) A. Engler; 14) W. J. Fickinger; 15) C. B. Fisk; 16) H. E. Fisk; 17) E. R. Goza; 18) J. Hanlon; 19) D. G. Hill; 20) R. D. Hill; 21) H. W. K. Hopkins; 22) J. Hornbostel; 23) W. J. Horvath; 24) R. R. Kinsey; 25) D. E. Kirkpatrick; 26) R. W. Kraemer; 27) D. W. Lee; 28) L. von Lindern; 29) C. M. Meltzer; 30) T. W. Morris; 31) E. J. Moses; 32) B. A. Munir; 33) L. S. Osborne; 34) R. S. Panvini; 35) A. Pevsner; 36) E. Pickup; 37) H. L. Poss; 38) R. R. Price; 39) —; 40) D. M. Ritson; 41) R. B. Roberts; 42) D. K. Robinson; 43) J. E. Rosenthal; 44) W. H. Sims; 45) J. E. Smith; 46) G. A. Snow; 47) W. D. Walker; 48) P. Wang; 49) J. W. Waters; 50) M. S. Webster; 51) A. Weinberg; 52) J. B. Westgard; 53) M. Widgoff; 54) L. C. L. Yuan; 55) H. I. Zagor; 56) G. T. Zorn.

Bitte Anmerkung auf Seite 4201 beachten!

VI **SĂLCEANU,** Constantin. Physik. — 1921–45 Assist., Univ. Bucureşti; '45–50 Prof., Techn. Hochsch. Timişoara; '50–66 Prof., Univ. Timişoara. — '64 Orden d. Arbeit 3. Kl. (Volksrepubl. Rumänien). *1896, Sept. 16, Bucureşti.

Zur Biogr. *D. Moroianu, *I. M. Ştefan, Pasiunea ştiinţei. Oameni şi momente din istoria contemporană a ştiinţei şi tehnicii româneşti (Bucureşti '68) 83–88.

W. Propriétés magnéto-optiques des substances organiques rendus liquides par fusion (Paris '32) 120 S. (Thèse). — Laboratorul de fizică, 1 (Bucureşti '35) 127 S. — Optica şi structura atomului, 1 (Timişoara '54) 284 S., [2]('56) 420 S.; 2 ('54) 394 S. — Curs de mecanică fizică (Timişoara '55) 386 S. — Fizică generală. Mecanică, Acustică (Bucureşti '65) 340 S. — Căldură şi termodinamică (Bucureşti '68) 308 S.

Acustica La vitesse du son dans les liquides par une méthode de résonance: **21** ('69) 86–96 [m. deutscher u. engl. Zusammenfassg.]. — Beitrag zur Bestimmung der Eigen-Frequenzen bei selbsterregten Schwingungen [14]): **22** ('69/70) 171–76 [m. engl. u. französ. Zusammenfassg.].

Analele Univ. Timişoara, Ser. Şti. mat.-fizice Etude expérimentale des rideaux liquides en liaison avec la tension superficielle du liquide: **1** ('63) 269–76 [rumän. m. russ. u. französ. Zusammenfassg.]. — Variation avec la température de la tension superficielle des solutions non-électrolytiques: 277–80 [~]. — Sur la viscosité dynamique des macromolécules en liaison avec leurs temps de relaxation [20]): **3** ('65) 257–62 [~]. — Recherches expérimentales concernant la détermination de la viscosité des solutions binaires de quelques substances organiques: 263–69 [~]. — La vitesse du son dans l'air saturé de vapeurs de diverses substances organiques: 271–74 [~]. — Recherches expérimentales sur une nouvelle constante visco-élastique des métaux tirés en fils: **4** ('66) 291–97 [~]; **5** ('67) 281–88 [~]. — Sur la mesure de la tension superficielle de quelques solutions binaires: 289–93 [~]. — L'étude comparative du phénomène d'association et de dissociation moléculaire dans les mélanges eau – acide acétique: 295–98 [~]. — Considérations théoriques concernant une nouvelle constante visco-élastique du frottement interne des solides étirés en fils [1]): 299–302 [~]. — Sur la variation de la vitesse du son avec la température dans l'eau distillé [18]): **6** ('68) 285–87 [m. rumän. Zusammenfassg.]. — Sur la liaison entre la vitesse du son et la tension superficielle des solutions aqueuses [18]): 289–91 [~]. — Vitesse du son dans les solutions aqueuses d'électrolytes [18]): 293–96 [~].

Bitte Anmerkung auf Seite 4201 beachten!

Buletinul bilunar, Soc. Fizică România Die mathematische Theorie der dielektrischen Polarisation in Hertzschen Wellen (Langevin-Debye) im Zusammenhang mit der Molekularstruktur: Nr. **51** ('32) 1–8 [rumän.]. — Die magnetische Rotationspolarisation an geschmolzenen organischen Verbindungen im Zusammenhang mit der Theorie des Molekülbaus von de Mallemann: Nr. **53** ('33) 1–4 [~].

Buletinul Soc. române Fizică Propriétés électriques des hydrocarbures liquides [10]): **35** ('33) 103–17. — Cellule pour la mesure d'absorption aux diverses températures: 129–31. — Susceptibilité magnétique des liquides organiques. Applications à la loi d'additivité [10]): **36** ('34) 77–81. — Photométrie des nébuleuses et des amas d'étoiles. Eclat de l'amas M.13 [17]): 191–200.

Bull. Sect. sci., Acad. roumaine Anisotropie magnétique de la molécule de naphtalène: **16** ('33/34) 5–7. — Méthode et dispositif expérimental pour la mesure des indices de réfraction des substances à l'état fondu: 8–12. — L'invariant de rotation magnétique pour quelques substances organiques rendues liquides par fusion: 13–15. — Mesure du pouvoir rotatoire magnétique sur quelques substances organiques fondues: 16–19. — Le calcul de la constante de Verdet Λ, en fonction des réfractivités atomiques, pour quelques substances organiques rendues liquides par fusion: 20–23. — Vérification de la loi de dispersion rotatoire magnétique pour quelques substances organiques rendues liquides par fusion: 24–26. — Etude expérimentale du coefficient de frottement de la chute des corps tombant sur un plan incliné: Méthode pour la détermination d'une valeur approchée pour l'intensité de la gravitation: 227–30. — La rotation électromagnétique du champ de polarisation de la lumière dans les solutions des corps organiques [10]): 231–37. — La polarisation molaire du nitrobenzène. L'influence de la concentration des dissolutions du nitrobenzène dans quelques corps non-polaires: 238–43. — Eine neue Methode zur Bestimmung der Dichte der ungesättigten Dämpfe von Flüssigkeiten: **23** ('40/41) 420–23. — Etude expérimentale de la force électromotrice produite par l'échappement des vapeurs d'eau d'une chaudière à pression [13])[16]): 503–14. — Résonance acoustique des solides en barres. Nouvelle possibilité pour déterminer la vitesse du son dans les solides [3]): **24** ('41/42) 8–14. — Vitesse du son dans les liquides, 1: 466–72; ~ 2: 473–78. — Potentiels d'expansion des vapeurs de liquides [9]): **26** ('43) 11–24. — Influence de différentes radiations sur la conductibilité calorique des gaz et des vapeurs [9]): 100–19.

C. R. hebd. Séances Acad. Sci., Paris Variation avec la température de la biréfringence magnétique de quelques dérivés aromatiques rendus liquides par fusion: **194** ('32) 270–73. — Sur la variation de la constante de température de la biréfringence magnétique et de la constante d'Havelock pour quelques substances organiques fondues: 863–65. — Influence des substitutions sur la rotation et la biréfringence magnétique des dérivés du naphtalène: comparaison des dispersions de rotation et de biréfringence magnétique: 1227–29. — Influence de la température sur la dispersion rotatoire naturelle et magnétique de trois pinènes: 2136–38. — Etude photométrique de l'éclat de l'amas d'étoiles M.13 [17]): **199** ('34) 1020–22. — Susceptibilité magnétique des liquides organiques: applications à la loi d'additivité [10]): **200** ('35) 120–23. — Mesure de la vitesse du son dans les liquides par une méthode de résonance: **205** ('37) 1219–21. — Détermination des positions de résonance des liquides dans des tubes, par voie de déviation galvanométrique [12]): **206** ('38) 329f. — Spectres de résonance acoustique des liquides [12]): 502–04. — Dispositif expérimental pour la mesure de la vitesse du son dans les liquides, par une méthode de résonance. Mesure de la vitesse du son dans le mercure: **207** ('38) 1184–86. — La vitesse du son dans les mélanges binaires des liquides, par une méthode de résonance: **208** ('39) 83–85. — Nouvelle méthode pour la détermination de la tension superficielle des liquides, basée sur la pesée des gouttes tombantes [15]): 1278–80. — Nouvelle méthode pour la détermination de la viscosité des liquides: 1797–99. — La tension superficielle des solutions équimoléculaires [15]): 1989–91. — Recherches sur les propriétés élastiques des métaux à l'aide des deux pendules en résonance d'Oberbeck: **224** ('47) 1756–58. — Applications à la mesure du coefficient de rigidité des métaux de la méthode des pendules de résonance: 1810f. — Oscillations de deux pendules de résonance [2]): **225** ('47) 102–04. — Sur le couplage de deux pendules de résonance [7]): **226** ('48) 874–76. — Sur quelques expériences faites avec deux pendules de résonance [7]): 992–94. — Expériences concernant l'homogénéité élastique des métaux [7]): 1422–24. — Nouvelle méthode pour la mesure de la viscosité des métaux: 1798–800. — Champ magnétique produit par la rotation d'une masse gravitationnelle douée d'une charge électrique de volume: **227** ('48) 624–26. — La pression interne des liquides: **241** ('55) 366–68. — La viscosité des fils métalliques: 734–36. — Photographies des spectres de résonance des liquides: 1032f. — Variation avec la température de la viscosité des fils métalliques: 1384–86. — Viscosité et frottement intérieur dans les fils métalliques: 1554f. — Etude expérimentale du traînage élastique dans les fils métalliques [21]): **242** ('56) 2285–87. — Sur la conductibilité thermique des gaz et des vapeurs [6]): **243** ('56) 237–39. — Sur la variation avec la température de la vitesse du son dans l'eau: **245** ('57) 1371–74. — Un viscosimètre à vide pour les fils métalliques: 1505f., 2571. — L'étude expérimentale des rideaux liquides par rapport à la tension superficielle: 1713–15. — Gouttes de liquide tombant dans un champ électrique: **246** ('58) 1198–200. — Correction de viscosité apportée à la vitesse du son mesurée par une méthode de résonance [21]): 2589–91. — Influence de l'épaisseur des parois d'un tube de résonance sur la vitesse du son dans les liquides [21]): **247** ('58) 812–14. — Résonance acoustique des solutions aqueuses: 917–19. — Vitesse du son dans les mélanges eau–acétone, mesurée par une méthode de résonance [21]): **248** ('59) 1935–37. — Influence de la nature des parois d'un tube de résonance acoustique pour déterminer la vitesse du son dans les liquides [21]): **249** ('59) 2509f. — Variation avec la température de la vitesse du son dans les barres métalliques [11]): 2731–33. — Sur la définition du facteur d'amortissement d'une impulsion sonore non périodique [21]): **251** ('60) 1615–17. — Sur la variation de la vitesse du son avec la température dans les barres d'acier [21]): **252** ('61) 2385f. — La vitesse du son dans les barres métalliques d'aluminium et de cuivre: 3021–23. — Sur la tension superficielle des solutions électrolytiques: **253** ('61) 862f. — Potentiel électrique de rupture des gouttes de liquides tombantes, formées à partir d'une même surface de détachement [5]): 1657f. — Variation avec la température de la tension superficielle des solutions non électrolytiques: **255** ('62) 846–48. — Sur le potentiel électrique obtenu par les gouttes de liquides tombant sous l'influence de la gravitation [22]): 1299–301. — Potentiel électrique obtenu par les gouttes tombantes des liquides [5]): **256** ('63) 142–44. — Goutte de liquide tombant dans un champ électrique: 410–12. — L'influence de la quantité des dipôles dans les mélanges liquides sur le potentiel électrique des gouttes tombantes: 3854f. — Vitesse du son dans les solutions aqueuses équimoléculaires et dans quelques liquides organiques: **257** ('63) 1595–98. — Sur la viscosité dynamique intrinsèque des macromolécules [20]): **261** ('65) 414–16. — Sur la détermination de la viscosité de solutions binaires de quelques substances organiques: 2643–46. — Sur la détermination de la viscosité des mélanges d'acétone et d'alcool éthylique dans l'eau: 4403–06.

C. R. hebd. Séances Acad. Sci., Paris, Sér. A et B Sur les propriétés visco-élastiques de métaux tirés en fils: **262** ('66) A704–A706. — Recherches expérimentales sur une nouvelle constante visco-élastique des métaux tirés en fils: B465–B467. — Sur la mesure de la tension superficielle de quelques solutions binaires non électrolytiques: **263** ('66) B724–B727. — Considérations théoriques concernant une nouvelle constante visco-élastique des solides étirés en fils [1]): **264** ('67) A524–A526. — Vitesse du son dans les solutions aqueuses d'électrolytes [18]): **266** ('68) B4–B7. — Sur la variation de la vitesse du son avec la température dans l'eau distillée [18]): B1473–B1475. — Variation avec la traction du frottement interne des fils métalliques [19]): **268** ('69) A613–A616. — Influence de la pulsation d'un champ magnétique

Bitte Anmerkung auf Seite 4201 beachten!

sur le frottement interne des couches minces ferromagnétiques [4]): **272** ('71) B17–B20. — Potentiels électriques produits par la détente de vapeurs saturantes: **278** ('74) B925–B927.

C. R. hebd. Séances Acad. Sci., Paris, Sér. C Sur la viscosité dynamique de quelques macromolécules, en liaison avec leurs propriétés viscoélastiques [20]): **262** ('66) 1489–92. — Etude comparative du phénomène d'association et de dissociation moléculaire dans les mélanges eau - acide acétique: **264** ('67) 252–54. — Sur la liaison entre la vitesse du son et la tension superficielle des solutions aqueuses [18]): **267** ('68) 189–91.

C. R. Séances Acad. (Inst.) Sci. Roumanie Nouveau procédé pour la détermination de la tension superficielle par la méthode des gouttes: **1** ('36/37) 87–92. — Sur la constante de Verdet et l'indice de réfraction déduits par application de la loi d'additivité aux solutions et aux mélanges des corps organiques [10]): 163–66. — Eine neue, auf dem Gewicht fallender Tropfen beruhende Methode zur Bestimmung der Oberflächenspannung von Flüssigkeiten [15]): **3** ('39) 294–303. — La tension superficielle des solutions équimoléculaires [15]): 416–18. — Nouvelle méthode pour la détermination de la viscosité des liquides: 419–21. — La vitesse du son dans les liquides par une méthode de résonance: **4** ('40) 15–22. — Sur une nouvelle relation d'invariant entre la tension superficielle et le coefficient de compressibilité des liquides: 237–40. — Nouveau montage à quartz piézoélectrique pour la mesure de la constante diélectrique [3]): 241–47. — La tension superficielle des solutions aqueuses [8]): 248–54. — L'applicabilité de la loi de Newton, pour calculer la vitesse du son dans les liquides: **6** ('42) 82–85. — Le calcul du coefficient de compressibilité des liquides à l'aide d'une méthode de résonance: 86–89. — La vitesse du son dans les solutions aqueuses de sels métalliques: 89–92. — La vitesse du son dans les solutions aqueuses de résorcine et d'acide tannique: 92–96.

Lucrările ști. Inst. pedagog. Timișoara Experimentelle Untersuchung an Flüssigkeitstropfen, welche in ein elektrisches Feld fallen: **1958** ('59) 169–71 [rumän. m. deutscher u. russ. Zusammenfassg.]. — L'influence de l'épaisseur des parois d'un tube de résonance servant à la mesure de la vitesse du son dans les liquides: **1959** ('60) 169–72 [rumän. m. russ. u. französ. Zusammenfassg.]. — La vitesse du son dans les mélanges eau–acétone, mesurée à l'aide d'une méthode de résonance [21]): 173–75 [~]. — Particules élémentaires dans la physique nucléaire: **1960** ('61) 189–205 [~]. — L'influence de la nature du mur d'un tube de résonance acoustique pour la détermination de vitesse du son dans de liquides [21]): 207–09 [~]. — L'effet Mössbauer: **1961** ('62) 181–87 [~]. — La vitesse du son dans les barres d'aluminium et de cuivre: 189–91 [~]. — Sur la tension superficielle des solutions électrolytiques: 193–95 [~]. — Sur la définition du facteur d'amortissement d'une impulsion sonore non périodique [21]): 197–200 [~].

Studii și Cercetări ști., Acad. Republ. popul. romîne, Timișoara, Ser. 1 La mesure de la viscosité des fils métalliques par une méthode de résonance [21]): **2** ('55) 59–63 [rumän. m. russ. u. französ. Zusammenfassg.]. — Nouvelles recherches sur la viscosité des fils métalliques: 65–73 [~]. — Etude expérimentale du traînage élastique sur les fils métalliques [21]): 75–86 [~]. — La pression interne des liquides: 87–90 [~].

Studii și Cercetări ști., Acad. Republ. popul. romîne, Timișoara, Ști. chim. Sur la variation de la vitesse du son dans l'eau par rapport de la température: **5** ('58) 31–34 [rumän. m. russ. u. französ. Zusammenfassg.].

Studii și Cercetări ști., Acad. Republ. popul. romîne, Timișoara, Ști. tehn. Charge électrique obtenue par l'expansion de liquides sous pression: **5** ('58) Nr. 3/4, 75–78 [rumän. m. russ. u. französ. Zusammenfassg.]. — Un viscosimètre à vide pour les fils métalliques: 79–81 [~].

Z. Physik Magnetisch neutrale Lösungen: **108** ('38) 439–43.

Z. physik. Chem., Abt. A Neue Beziehungen zwischen der Oberflächenspannung und dem Kompressibilitätskoeffizienten von Flüssigkeiten: **187** ('40) 170–74.

Z. physik. u. chem. Unterricht Ein neues Verfahren zur Bestimmung der Dichte ungesättigter Dämpfe von Flüssigkeiten: **55** ('42) 14–16. — Ein neues Dampfkalorimeter: 138–41.

Mit: [1]) O. Aczel; [2]) S. Adam; [3]) G. Andriescu; [4]) C. Anghel; [5]) O. Biräu; [6]) S. Bojin; [7]) M. Borneas; [8]) O. Creșneaç; [9]) M. Georgescu; [10]) D. Gheorghiu; [11]) E. Huschitt; [12]) C. Istraty; [13]) A. Ivănescu; [14]) H. J. Klepp; [15]) H. McCormick; [16]) G. Nitzescu; [17]) C. Popovici; [18]) C. Tudose; [19]) S. Varga; [20]) C. Velceanu; [21]) M. Zăgănescu; [22]) S. Zeno.

VI **SAL'DAU, Petr Jakovlevič.** Chem. (anorg., physik.). — 1918–62 Prof., '38–62 Leiter d. Lehrstuhls f. Analyt. Chem., Berg-Inst. Petrograd → Leningrad; '35 Dr. d. chem. Wiss. — Orden „Ehrenzeichen", Rotbannerorden, Leninorden (UdSSR).

*1879, Jan. 23 (11), Mazkarkli, Koknese, Lettland;

†1962, Apr. 6, Leningrad.

W. Metod èlektroprovodnosti pri vysokich temperaturach i primenenie ego dlja issledovanija metalličeskich splavov [Die Methode der Leitfähigkeitsmessung bei hohen Temperaturen und ihre Anwendung zur Erforschung metallurgischer Legierungen] (Moskva–Leningrad '52) 207 S.

Izvest. Akad. Nauk SSSR, Metally Über das magnesiumreiche Gebiet des Zustandsdiagramms Mg-Y-Zn [14])[1]): **1968**, Nr. 6, 191–94 [russ.].

Izvest. Akad. Nauk SSSR, Ser. chim. Diagramme des équilibres dans le système magnésium–lithium[10]): **1936**, 349–62 [russ. m. französ. Zusammenfassg.]. — Diagramme des équilibres dans le système aluminium–lithium [10]): **1937**, 631–40 [~]. — A physico-chemical investigation of the nature of the reactions which take place in kaolin when heated at porcelaine glazing temperature 1350–1400° [15])[7]): **1940**, 71–80 [russ. m. engl. Zusammenfassg.].

Izvest. Inst. fiziko-chim. Analiza Die Kurve der Löslichkeit des Kupfers in Aluminium im festen Zustand [3]): **6** ('33) 69–77 [russ.]. — Über die Gründe des Nichtübereinstimmens der Untersuchungsergebnisse hinsichtlich der Löslichkeit des Kupfers in Aluminium im festen Zustand bei den verschiedenen Autoren: 77–79 [~]. — Die Löslichkeit von Silicium in Aluminium im festen Zustand bei verschiedenen Temperaturen [5]): 81–89 [~]. — Die Löslichkeit von Aluminium in Magnesium im festen Zustand in Abhängigkeit von der Temperatur [13]): **7** ('35) 21–30 [~]. — Die Löslichkeit der Verbindung $MgZn_2$ in Aluminium im festen Zustand bei verschiedenen Temperaturen [13]): 31–38 [].

Izvest. Sekt. fiziko-chim. Analiza Alterungserscheinungen bei Al–$MgZn_2$-Legierungen [13]): **11** ('38) 27–36 [russ.]. — Ternäre feste Lösungen von Kupfer und Beryllium in Aluminium [4]): **16** ('46) Nr. 2, 251–74 [~]. — Löslichkeit von Zink und Cer in Magnesium im festen Zustand [8]): 295–306 [~]. — Über das Zustandsdiagramm des Systems Aluminium–Magnesium–Zink: **19** ('49) 487–97 [~].

J. Inst. Metals Solubility of aluminium in magnesium in the solid state at different temperatures [13]): **48** ('32) 221–25.

Keramičeskij Sborn. Physikalisch-chemische Untersuchung der im Kaolin beim Erhitzen im Gebiet der Porzellanbrenntemperatur (1350–1400°) sich vollziehenden Reaktionen [15])[7]): **1939**, Nr. 4, 24–44 [russ.].

Legkie Metally Die Löslichkeit von Silicium in Aluminium im festen Zustand bei verschiedenen Temperaturen [5]): **1** ('32) Nr. 9, 12–19 [russ.].

Metallurg Löslichkeit von Magnesium in Aluminium im festen Zustand bei verschiedenen Temperaturen [11]): **9** ('34) Nr. 4, 67–70 [russ.].

Novosti Techn. Elektroden für Zündkerzen [9])[13])[2]): **1937**, Nr. 16, 2f. [russ.].

Z. anorg. u. allg. Chem. Löslichkeit der chemischen Verbindung $MgZn_2$ in Aluminium im festen Zustand bei verschiedenen Temperaturen [13]): **213** ('33) 377–82. — Gleichgewichtsdiagramm des Systems Magnesium–Lithium [10]): **224** ('35) 388–98.

Ž. obščej Chim. Physikalisch-chemische Untersuchung von zink- und lithiumhaltigen Aluminiumlegierungen [4]): **13** ('43) 643–60 [russ.].

Zap. leningr. gornogo Inst. Das Schmelzdiagramm des ternären Systems ZrO_2–MgO–Al_2O_3 [15]): **22** ('48) 59–70. — Physikalisch-chemische Untersuchung des ternären Systems ZrO_2–MgO–CaO [1]): **24** ('50) 139–51. — Physikalisch-chemische Untersuchung des Systems Cr_2O_3–MgO [12]): 153. — Physikalisch-chemische Untersuchung des Systems Cr_2O_3–ZrO_2 [12]): 167–74. — Nikolaj Semenovič Kurnakov – der Begründer der physikalisch-chemischen Analyse (Zum 10. Todestag): **26** ('52) Nr. 2, 3–16. — Physikalisch-chemische Untersuchung des ternären Systems MgO–Cr_2O_3–ZrO_2 [6]): **32** ('56) 285–312. — Physikalisch-chemische Untersuchung des Systems Cr_2O_3–SiO_2 im Zuge der Arbeit an der Entwicklung neuer feuerfester Materialien [12]): 313–16. — — Alle Arbeiten russ.

Mit: [1]) S. K. Afanas'ev; [2]) N. V. Ageev; [3]) N. G. Anisimov; [4]) T. A. Badaeva; [5]) M. V. Danilovič; [6]) R. Ja. Épštejn; [7]) É. L. Klibinskaja; [8]) A. M. Korol'kov; [9]) B. Lakutin; [10]) F. I. Šamraj; [11]) L. N. Sergeev; [12]) V. F. Smačnaja; [13]) M. I. Zamotorin; [14]) B. N. Zaseljan; [15]) N. A. Žirnova.

V,VI **SALET,** Pierre Roger Gabriel. Astron. — 1899–1906 Elève-Astronome → Assist., '06–12 Aide-Astronome, '12–27 Astronome adjoint, '27–36 Astronome titulaire, Observat. de Paris; Chef du Service d'Astrophysique de Paris.
*1875, Nov. 10, Paris;
†1936, Nov. 20, Paris.

Nekr. *J. Bosler, L'Astronomie (BSAF) **51** ('37) 32f., 459–62 (m. Bildn.); auch als Separatdruck u. d. T.: Pierre Salet (1875–1936) ([Paris '37?]) 12 S. (m. Bildn. u. Schr.verz.).

L'Astronomie (BSAF) A quelle distance nous paraissent les astres?: **46** ('32) 92f. — L'astrologie et le calcul des probabilités: **47** ('33) 36–38. — Les pyramides d'Egypte et la géométrie: **48** ('34) 576–79.

Bull. astron. [Paris] Sur une méthode d'observation des éclipses totales de Soleil: **7** ('32) 173–76. — Sur la mesure de la vitesse de la lumière par l'observation de vitesses radiales stellaires [1]): **8** ('34) 385–402.

C. R. hebd. Séances Acad. Sci., Paris Mesure de la vitesse de la lumière venant des étoiles: **198** ('34) 904f. — Sur la vitesse de la lumière déduite des mesures de vitesses radiales stellaires: **200** ('35) 1014f. — Sur l'énergie cinétique des étoiles: **202** ('36) 1261f.

J. Observateurs Remarques sur la limitation du champ magnétique solaire: **15** ('32) 33–35. — La distribution des facules solaires et le calcul des

Bitte Anmerkung auf Seite 4201 beachten!

probabilités: **16** ('33) 213f. — Sur la méthode du prisme à réversion pour l'observation des étoiles doubles: **19** ('36) 14–16. — Remarques sur la polarisation de la surface de Jupiter: 17f.

Revue gén. Sci. pures et appl. Quelle est la nature du sol de la Lune?: **46** ('35) 341–44.

Mit: [1]) H. Camichel.

VI **SALKIND,** Jul. → VI **ZAL'KIND,** Julij Sigizmundovič

VI **SALLES,** Edouard. Physik, Geophysik. — Jusqu'à la retraite en 1935 Physicien-adjoint, Inst. de Physique du Globe, Univ. de Paris. — Officier de l'Instruction Publique; '10 Prix Saintour (Acad. Sci. Paris).
*1875, Apr. 24, Paris;
†1959, Apr. 12, Paris.

Nekr. C. R., Comité nation. franç. Géod. et Géophys. **1959**, S. 23.

S. Traité de climatologie biologique et médicale (M. Piéry) **1** (Paris '34) 82–89: Radioactivité de l'atmosphère.

Annales Inst. Physique Globe Univ. Paris Sur les phénomènes électriques terrestres à l'Observatoire du Val-Joyeux (d'après 12 années d'observations). Champ électrique. Conductibilité. Ionisation [3])[4])[2])[1]): **17** ('39) 49–56. — Observation du champ électrique de l'atmosphère à l'Observatoire de Chambon-la-Forêt pendant l'année 1938: **18** ('40) 41–47. — Mesures de la conductibilité électrique de l'atmosphère à l'Observatoire de Chambon-la-Forêt pendant l'année 1938: 48.

C. R. hebd. Séances Acad. Sci., Paris Sur la valeur du champ électrique de l'atmosphère aux latitudes élevées: **195** ('32) 68f.

Météorologie La conductibilité électrique et l'ionisation de l'atmosphère: **1932**, 236–58. — Les noyaux de condensation: **1936**, 349–67. — Appareil destiné à l'enregistrement de la conductibilité électrique de l'air: **1937**, 48–52. — Les noyaux de condensation dans l'atmosphère, leur nature: **1943**, 23–26. — Remarques sur la teneur de l'air en noyaux de condensation dans la Campagne: **1948**, Okt.–Dez., Notes et correspondance.

Revue gén. Electr. Modes de mesure de la conductibilité électrique et de l'ionisation de l'air: **33** ('33) 779–88.

Revue sci. Les noyaux de condensation: **78** ('40) 77–84.

Sciences [Paris] L'électricité atmosphérique: **67** ('40) 59–65.

Mit [1]) P. Charczenko; [2]) G. Gibault; [3]) C. Maurain; [4]) Salles-Homery.

292*

IV–VI **SALTYKOV,** Nikola[j Nikolaevič]. Math. — 1921–54 Prof., Univ. Beograd.
*1872, Mai 25, Vyšnij-Voloček, Gouv. Tver' (→ Kalinin);
†1961, Sept. 28, Beograd.

Nekr. *T. Pejović, Vesn. Druš. Matematičara i Fizičara Narodne Republ. Srbije **13** ('61) 281–84 (m. Bildn.). — *M. Tomić, Glasn., Srpska Akad. Nauka i Umetnosti **13**.1961 ('63) 69f. (m. Bildn. u. Faks.).

S. Actes du Congrès interbalcanique de mathématiciens, Athènes 1934 (Paris '35) 69–78: Les progrès et les problèmes actuels de la théorie des équations aux dérivées partielles du premier ordre à une fonction inconnue. — Prvi [=1.] Kongres matematičara i fizičara FNRJ, Beograd 1949, **2** (Beograd '51) 23–31: Problèmes actuels de la théorie moderne d'équations aux dérivées partielles du premier ordre à une fonction inconnue [serbokroat. m. französ. Zusammenfassg.]. — Calcutta Mathematical Society. Golden jubilee commemoration volume 1958/1959, **2** (Calcutta '63) 287–316: Sur origine et évolution d'équations aux dérivées partielles du premier ordre à une fonction inconnue.

W. Méthodes modernes d'intégration des équations aux dérivées partielles du premier ordre à une fonction inconnue (Paris '35) 66 S. (Mémorial des sciences mathématiques, 70). — Les progrès et les problèmes actuels de la théorie des équations aux dérivées partielles (Paris '37) 10 S. — Metoda integraljenja parcijalnih jednačina prvog reda sa jednom nepoznatom funkcijom (Beograd '47) 15+749 S. (Srpska Akademija Nauka, Posebno izdanje 139). — Analitička geometrija **1** (Beograd '47) 272 S.; **2** ('49) 13+316 S. — Teorija parcijalnih jednačina drugog reda (Beograd '52) 121 S. — Teorija parcijalnih jednačina prvog reda sa jednom nepoznatom funkcijom. Osnovne metode integraljenja parcijalnih jednačina prvog reda (Beograd '53) 162 S.

Bull. Acad. Sci. math. et natur., Acad. roy. serbe, Sér. A Théorie des équations linéaires aux dérivées partielles du second ordre à une fonction inconnue: **2** ('35) 117–38. — Applications des transformations de contact à l'intégration des équations aux dérivées partielles: **3** ('36) 41–68. — Structure d'un système normal d'équations aux dérivées partielles du premier ordre aux intégrales donnés des caractéristiques: 161–69. — Théorie de transformations tangentielles: **4** ('38) 61–69. — Correction de la solution donnée par Descartes au problème de Pappus: **5** ('39) 71–74. — Forme canonique des groupes fonctionnels: 75–87. — Invariants des équations linéaires aux dérivées partielles du second ordre: 109–19. — Etude sur les intégrales de S. Lie des équations aux dérivées partielles du premier ordre à une fonction inconnue: 121–37. — Méthodes immédiates d'intégration d'équations aux dérivées partielles: **6** ('39) 71–90. — Méthodes immédiates d'intégration d'équations aux dérivées partielles du second ordre: 215–46. — Transformations tangentielles linéaires: **7** ('41) 71–87. — Etude sur les intégrales singulières des équations différentielles: 89–134. — Equations aux dérivées partielles du premier ordre intégrables par séparation des variables: 135–59. — Equations aux dérivées partielles d'ordre supérieur réductibles aux celles du premier ordre: 161–90.

Bull. Acad. serbe Sci. Généralisation par S. Lie de la théorie du dernier multiplicateur: (N.S.) **5** ('52) 1–9. — Invariants différentiels des groupes fonctionnels d'intégrales: 11–28. — Note sur l'intégration des équations linéaires aux dérivées partielles du premier ordre admettant les transformations infinitésimales: 29–35. — Problèmes d'intégration des équations aux différentielles totales: 89–100. — Méthodes d'intégration des équations aux dérivées partielles du second ordre à une fonction inconnue: 101–22. — Théories analytiques et géométriques des équations aux dérivées partielles du premier ordre: 127f. — Ordre d'un système d'équations différentielles ordinaires de la forme générale: 141–48. — Domaine d'existence des intégrales d'un système d'équations aux dérivées partielles d'ordres supérieurs au premier: 149–56. — Fonctions caractéristiques des équations aux dérivées partielles du second ordre: **10** ('56) 1–18. — Problèmes d'intégration d'équations linéaires: 49–87.

Bull. astron. [Paris] Sur les équations fondamentales du problème des n corps: (2) **8** ('36) 473–80. — Application de la théorie des groupes fonctionnels au problème des trois corps: **15** ('50) 293–305.

Bull. Cl. Sci., Acad. roy. Belgique Sur l'intégration des équations aux dérivées partielles du second ordre: (5) **18** ('32) 810–19. — Forme générale des équations différentielles de dynamique, à deux paramètres, intégrables par séparation des variables: **32** ('46) 576–87. — Recherches sur l'ordre d'un système d'équations différentielles ordinaires: **37** ('51) 213–26.

Bull. Sci. math. Etude bibliographique de la seconde partie du mémoire inédit de Charpit: (2) **61** ('37) 55–64. — "La Géométrie" de Descartes. 300e anniversaire de géométrie analytique: **62** ('38) 83–96, 110–23. — L'œuvre de Jacobi dans le domaine des équations aux dérivées partielles du premier ordre: **63** ('39) 213–28.

Bull. Soc. math. France Problèmes modernes d'intégration des équations aux dérivées partielles du premier ordre à une fonction inconnue: **68** ('40) 134–57. — Systèmes d'équations aux différentielles totales complètement et non complètement intégrables: **75** ('47) 27–30.

Bitte Anmerkung auf Seite 4201 beachten!

Čas. Pěst. Mat. a Fysiky Notes sur la méthode de Legendre pour intégrer les équations linéaires aux dérivées partielles de second ordre: **64** ('35) 166–68. — Intégration des équations linéaires aux dérivées partielles de second ordre: 168f. — Histoire et évolution des mathématiques: 255f.

C. R. hebd. Séances Acad. Sci., Paris Sur l'intégrale complète des équations aux dérivées partielles du second ordre: **195** ('32) 525–27. — Groupes fonctionnels semi-gauches, incomplets: **197** ('33) 1023–25. — Transformation canonique d'équations de Lagrange sur le mouvement de plusieurs corps: **198** ('34) 444f. — Invariants canoniques d'un groupe fonctionnel: **208** ('39) 1861–63. — Equations aux dérivées partielles et invariants canoniques d'un groupe fonctionnel: 2047–49. — Géneralisation des théorèmes de Jacobi et de Poisson: **222** ('46) 127f. — Intégration des équations aux différentielles totales linéaires à coefficients constants: **225** ('47) 520f. — Problèmes d'intégration d'équations aux différentielles totales: **228** ('49) 1913–15. — Equations aux dérivées partielles intégrables par séparation des variables: **242** ('56) 2090–93.

Enseignement math. Histoire et évolution des mathématiques: **33** ('34) 214–20. — Méthodes immédiates d'intégration d'équations aux dérivées partielles du second ordre: **38** ('39/40) 132–59.

Glas srpske (kraljevske) Akad. (Nauka) Theorie der linearen partiellen Differentialgleichungen zweiter Ordnung mit einer unbekannten Funktion: **165** ('35) 3–44. — Anwendungen von Berührungstransformationen auf die Integration partieller Differentialgleichungen: **170** ('36) 113–15. — Struktur eines normalen Systems von Differentialgleichungen erster Ordnung mit gegebenen Integralen der Charakteristiken: **173** ('36) 145–58. — Theorie der Tangentialtransformationen: **175** ('37) 265–88. — Die Korrektur von Descartes zur Lösung des Papposschen Problems: **178** ('39) 129–35. — Verallgemeinerte Liesche Theorie des letzten Multiplikators: **198** ('50) 1–16. — Differentialinvarianten funktioneller Gruppen von Integralen: 17–35. — Charakteristische Funktionen partieller Differentialgleichungen zweiter Ordnung: 37–52. — Beitrag zum Problem der Integration linearer partieller Differentialgleichungen erster Ordnung mit einer Gruppe infinitesimaler Transformationen: 53–62. — Allgemeine Theorie der totalen Differentialgleichungen, die linear in den Parametern sind: 63–86. — Probleme der Integration von totalen Differentialgleichungen: 87–104. — Integrationsmethoden der partiellen Differentialgleichungen zweiter Ordnung mit einer unbekannten Funktion: 105–27. — Théories analytiques et géométriques, des équations aux dérivées partielles du premier ordre: **206** ('53) 1f. [m. französ. Zusammenfassg.]. — Ordre d'un système d'équations différentielles ordinaires de la forme générale: 17–29 [~]. — Domaine d'existence d'intégrales des équations aux dérivées partielles d'ordres supérieurs au premier: 31–38 [~]. — Contribution à l'étude du domaine d'existence des intégrales des équations aux dérivées partielles d'ordre supérieur: **221** ('56) 27–37 [~]. — Problème d'intégration d'équations différentielles linéaires: 75–119 [~]. — — Alle Arbeiten serb.

Glas, Srpska Akad. Nauka Note sur la théorie des caractéristiques d'équations aux dérivées partielles du premier ordre: **232** ('58) 9–19 [serb. mit französ. Zusammenfassg.].

Isis Souvenirs concernant le géomètre yougoslave Marinus Ghetaldi, conservés à Doubrovnik, en Dalmatie: **29** ('38) 20–23.

J. Math. pures et appl. Le théorème de A. M. Liapounoff sur la stabilité des solutions d'équations différentielles: (9) **36** ('57) 229–34. — Recherches sur l'intégrabilité d'équations aux dérivées partielles du second ordre de Monge-Ampère: **38** ('59) 365–89.

Matematički Vesn. Die wissenschaftliche Tätigkeit des Prof. Dr. M. Petrović: **1939**, Nr. 5/6, 1–8 [serb.].

Mémoires, Acad. roy. Belgique, Cl. Sci., Collect. in -8° Etude sur l'évolution des méthodes modernes d'intégration des équations aux dérivées partielles du premier ordre: (2) **13** ('34) No. 6, 35 S.

Nastava Mat. i Fizike u sredn. Školi Das Problem der Reform des mathematischen Unterrichts in der höheren Schule: **2** ('53) 1–10 [serb.]. — Archimède et Descartes créateurs des méthodes mathématiques: **3** ('54) 65–77 [serb. m. französ. Zusammenfassg.].

Publ. math. Univ. Belgrade Intégration des équations aux dérivées partielles du premier ordre par les éléments intégrables: **1** ('32) 134–44. — Equations aux dérivées partielles du second ordre intégrables par un système de Charpit: **2** ('33) 66–81. — Equations aux dérivées partielles du second ordre à n variables indépendantes intégrables par un système de Charpit: **3** ('34) 161–66. — Note sur l'intégrabilité d'équations linéaires aux dérivées partielles du second ordre: **4** ('35) 225–32. — Etude sur l'application des transformations de contact à l'intégration d'équations différentielles: **5** ('36) 133–56. — Démonstration d'existence des intégrales d'équations aux dérivées partielles du premier ordre à une fonction inconnue: **6/7** ('38) 189–96.

Publ. Inst. math., Acad. serbe Sci. Application des invariants différentiels à l'intégration des équations aux dérivées partielles du premier ordre à une fonction inconnue: **1** ('47) 21–48. — Méthode de d'Alembert pour intégrer les équations différentielles ordinaires linéaires à coefficients constants: **2** ('48) 190–204 [m. serb. Zusammenfassg.]. — Théorie générale des équations aux différentielles totales linéaires par rapport aux variables paramétriques: **3** ('50) 143–67.

Bitte Anmerkung auf Seite 4201 beachten!

Publ. Observat. astron. Univ. Belgrade, Mém. Note sur les équations jacobiennes du problème des trois corps: **3** ('36) 1–4.

Vesn. Druš. Matematičara i Fizičara Narodne Republ. Srbije La vie et l'œuvre de Elie Cartan: **4** ('52) Nr. 3/4, 59–64 [serb. m. französ. Zusammenfassg.]. — Equations aux dérivées partielles du premier ordre intégrables par séparation des variables et généralisation sur l'équation de Schrödinger [,1]: **7** ('55) 137–52 [m. serb. Zusammenfassg.]; ~ 2: **8** ('56) 89–110 [~]. — Bedingungen für die Korrelation und die Unverträglichkeit von partiellen Differentialgleichungen und den ihnen entsprechenden Integralen: **9** ('57) 3–16 [russ. m. serb. Zusammenfassg.]. — Intégration des équations aux dérivées partielles du premier ordre: 197–214. — Sur les problèmes d'intégration des équations aux dérivées partielles du second ordre: **14** ('62) 3–16.

Zap. russk. naučn. Inst. v Bělgradě Methoden von Monge-Ampère zur Integration partieller Differentialgleichungen zweiter Ordnung und ihre Verallgemeinerung: **6** ('32) 1–34 [russ.]. — Leben und wissenschaftliches Werk des Verdienten Professors D. F. Selivanov: 239–50 [~].

Zbornik Radova, Srpska Akad. Nauka Henri Poincaré (1854–1912): **43** ('55) 1–13 [serb. m. französ. Zusammenfassg.].

IV–VI **SALVADORI**, Roberto Oreste Maria. Chem. — 1896–99 Assist., Univ. di Padova; 1900–02 Prof., R. Ist. Tecnico di Sassari, Sardegna; '03–38 Prof., R. Ist. Tecnico "Galileo Galilei", Firenze; Prof. incar., Univ. di Firenze; Pres. della Sezione Toscana, Soc. Chimica Italiana.
*1873, Jan. 2, Mantua;
†1940, Jan. 1, Firenze.

Nekr. *G. Barini Banchi, Chimica e Industria **22** ('40) 41 (m. Bildn.).

W. Tavola numerale atomica (Firenze '32). — Merceologia generale: principi teorici, 1: Le proprietà delle cose; 2: Concetto merceologico dell'energia (Firenze '33) 233 S. — Nozioni di chimica (generale, inorganica, organica). Nuova edizione rifatta per i licei, gli istituti magistrali e gli istituti tecnici commerciali (Firenze '33) 8+285 S. — Elementi di chimica [13](Firenze '39) 4+468 S.

Chimica Industria, Agric., Biol., Realizzaz. corporat. L'espressione rh come indice della ossidoreduzione: **15** ('39) 319–21.

Giorn. Chim. industr. ed appl. Analisi dispersometrica applicata ai pigmenti: **13** ('32) 515–19.

Olii minerali, Olii e Grassi, Colori e Vernici Analisi dispersometrica applicata ai pigmenti vernici: **12** ('32) Nr. 1, 13–16.

VI **SAMDAHL,** Bjarne. Pharm. — 1920–24 Assist., '26–31 Oberassist., '31–32 Doz., '32–66 Prof., Univ. Oslo; '27–29 Sekretär d. Norweg. Chem. Ges., Oslo. — '59 Dr. h.c. (Univ. de Paris). — '31 Øwre-Goldmedaille (Norweg. Akad. Wiss.); '66 Ritter 1. Kl. d. St.Olav-Ordens (Norwegen).
*1896, Nov. 13, Trondheim;
†1969, Okt. 7, Oslo.

Zur Biogr. Universitetet i Oslo 1911–1961, 1 (Oslo '62) 690f.

Zum 70. Geb.tag Festschrift: Meddelelser norsk. farm. Selsk. **28** ('66) Nr. 10/11 (m. Bildn.).

Nekr. *A. Nordal, Årbok, Norske Vid.-Akad. Oslo **1970** ('71) 81–84 (m. Bildn. u. Faks.).

Annales pharm. franç. Anesthésiques locaux, dérivés du p-cymène [4])[11]): **12** ('54) 125–32. — Anesthésiques locaux, dérivés du p-cymène et du mésitylène [12])[13]): **23** ('65) 355–62. — Anesthésiques locaux, dérivés du p-cymène et du cumène [5]): **24** ('66) 539–46. — Antiseptiques surfactifs, dérivés du p-cymène [13])[5]): **25** ('67) 655–63.

Årbok, Norske Vid.-Akad. Oslo Prof. Axel Jermstad†: **1958** ('59) 87–90.

Bull. Soc. chim. France Sur quelques esters d'aminoalcools avec l'acide acridine-9-carboxylique [15]): (5) **2** ('35) 2008–16. — Anesthésiques locaux dérivés des acides benzoylbenzoïques [2]): **5** ('38) 1573–80. — Sulfonamides stéréoisomériques [,1]: N_1-phényl-éthyl-acétylsulfanilamides racémique, dextrogyre et lévogyre [1]): **16** ('49) 461–63; ~ 2: N_1-p-aminophényl-éthyl-acétylsulfanilamide racémique, N_1-β-phényl-isopropyl-sulfanilamides racémique, dextrogyre et lévogyre [1]): **18** ('51) 94–97.

C. R. hebd. Séances Acad. Sci., Paris N_1-phényl-éthyl-acétylsulfanilamides racémique, dextrogyre et lévogyre [1]): **228** ('49) 1894–96. — Sulfonamides stéréoisomériques: N_1-(p-sec.-butoxybenzoyl)-sulfanilamides racémique, dextrogyre et lévogyre [7]): **242** ('56) 1903–05. — Sulfamides stéréoisomériques radioactifs: N_1-phényl-éthyl-acétylsulfanilamides dextrogyre et lévogyre avec ^{35}S [8]): 2367–69. — Anesthésiques locaux dérivés du p-cymène diéthylaminoacétylcarvacrylméthylamine [9]): 2843–45. — Sulfamides stéréoisomériques: N_1-éthyl-méthyl-acétylsulfanilamides racémique et lévogyre [10]): **245** ('57) 1017f.

Dansk Tidsskr. Farm. Cymol als Ausgangssubstanz für die Herstellung von Drogen: **20** ('46) 183–97 [dän.].

Bitte Anmerkung auf Seite 4201 beachten!

J. Pharm. et Chim. Condensation de la cyclopentanone avec des aldéhydesphénols [6]): (8) **19** ('34) 573–78.

Meddelelser norsk. farm. Selsk. Untersuchungen über das Durchdringungsvermögen des Senfgases [3]): **2** ('40) 76–88. — Richtlinien für die Analyse kampfstoffhaltiger Materialien: 138–48. — Von 2-Äthoxy-9-äthanol-aminoacridin abgeleitete Lokalanästhetika [16]): 185–93. — Über den Einfluß von zersetztem Äther auf Alkaloidbestimmungen [,1] [18]): **3** ('41) 177–81; Die zersetzende Wirkung von Ätherperoxid bei der Analyse von Alkaloiden und anderen organischen Basen, 2: Bestimmung der Alkaloide eines Nux-vomica-Auszugs [14]): **20** ('58) 167–76 [m. französ. Zusammenfassg.]; ~ 3: Bestimmung der Alkaloide in einem Belladonna-Auszug [14]): **21** ('59) 1–8 [~]. — Nachweis von Kampfstoffen in Nahrungsmitteln und Trinkwasser, 1: Arsin [3]): **4** ('42) 109–26. — Prüfung der Reaktionen von Alkaloidsalzen in wäßrigen Lösungen [3]): 141–56. — Ein schneller Methanolnachweis: **6** ('44) 71–81. — D.D.T. und moderne Insektizide: **9** ('47) 155–63. — Moderne chemotherapeutische Tuberkulosemittel: **14** ('52) 105–18. — Anesthésiques locaux, dérivés du p-cymène [4])[11]): **17** ('55) 226–33 [französ.]. — — Alle Arbeiten [außer **17** ('55) 226] norweg.

Naturen Kampfstoff und Gasschutz: **62** ('38) 129–40 [norweg.].

Norges Apotekerforen. Tidsskr. Kurze Übersicht über die chemische Kriegführung unter besonderer Berücksichtigung der Aufgaben des Apothekers für den Schutz der Zivilbevölkerung: **44** ('36) 71–75, 131–33, 145–49, 177f. [norweg.]. — Das neue Lebensmittelgesetz und die Pharmazie: **45** ('37) 126–28 [~]. — Die Reinigung von Äther: **49** ('41) 173–75 [~].

Norsk farm. Tidsskr. Die Toxizität alter Anisöl-Proben: **40** ('32) 66–68 [norweg.]. — Über die Aufbewahrung von Acidum hydrocyanatum: 82f. [~]. — Kristallausscheidung aus Syrup. N.A.F.: **42** ('34) 85f. [~]. — Reinheitsprüfung von Tetrachloräthylen [17]): **46** ('38) 31–37, 46–49 [~]. — Eine Übersicht über die Chemie der Sulfonamidpräparate: **49** ('41) 225–28, 243–50 [~].

Quarterly J. Pharm. and Pharmacol. Toxicity of old samples of anise oil: **5** ('32) 588.

Veneficus [Oslo] Die heutigen sozialen Aufgaben der Pharmazie: **4** ('38) 195–99 [norweg.]. — Über den Wirkungsmechanismus der Sulfonamidpräparate: **8** ('42) 65–70 [~].

Mit: [1]) B. Berg; [2]) T. Christiansen; [3]) T. Edwin; [4]) G. Gjerstad; [5]) J. H. Glendrange; [6]) B. Hansen; [7]) E. Hoff; [8]) A. Kjelberg; [9]) L.-V. Oppedal; [10]) A. Paulsen; [11]) E. Rydström; [12]) O. Solli; [13]) Y. Staalesen; [14]) E. H. Vihovde; [15]) C. F. Weider; [16]) P. Finholt; [17]) H. Gausåker; [18]) B. Heibek.

VI **SAMEC,** Maks (Max). Chem. (org., Kolloidchem.). — 1919–45 Ord. Prof. u. Dir. d. Chem. Inst., Univ. Ljubljana; '46 Beauftragter f. Planung u. Bau, '49–59 Dir., '59–64 wiss. Berater, Chem. Inst. "Boris Kidrič" der Slowen. Akad. d. Wiss. u. Künste, Ljubljana; Präs. d. Slowen. Chemikervereins; Präs. d. Union d. Chemikervereine d. Republiken Jugoslawiens; '62–64 Sekretär d. Klasse d. math., physik. u. techn. Wiss., Slowen. Akad. d. Wiss. u. Künste. — Medaille (Univ. de Nancy); August-Wilhelm-von-Hofmann-Medaille (Ges. Deutscher Chemiker); '38 Laura-R.-Leonard-Preis (Deutsche Kolloid-Ges.); '49 Preis der Gesamtstaatl. Plankommiss., '49 Orden d. Arbeit I. Kl. (Föderat. Volksrepubl. Jugoslawien); '50 Prešeren-Preis; '54 O.-Saare-Medaille (Arbeitsgemeinschaft Getreideforschung e. V., Detmold); '62 Großoffizier d. jugoslaw. Ordens f. Verdienste in Forschung u. Erfindung.

*1881, Juni 27, Kamnik, Dravska Banovina;
†1964, Juli 1, Ljubljana.

Zur Biogr. *Z. Kržišnik, In der Werkstatt eines slowenischen Forschers: Ljudska Tehn. **2** ('51) 121–23 [slowen.] (m. Bildn.). — *S. Tarman, Der Vater der modernen Kolloidchemie: Obzornik **1969**, 865–67 [slowen.]. — Letopis slovenske Akad. Znanosti in Umetnosti: 3.1948/49 ('50) 188–98 (m. Bildn. u. Schr.verz.).

Zum 50jähr. Arbeitsjubil. *R. Kavčič, Vestn. slovensk. kem. Druš. **1** ('54) 83–86 (m. Bildn. u. Schr.verz.). — *H. Erbring, M. Samec und die Kolloidchemie: ibid. 101f. — Ibid. 221f.

Zum 80. Geb.tag *V. Bartol, Naši Razgledi **10** ('61) 305. — *R. Kavčič, Vestn. slovensk. kem. Druš. **8** ('61) 29f. (m. Bildn.). — *M. Rebek, Österreichische Chemiker-Ztg. **62** ('63) 216f. (m. Bildn.). — *M. Ulmann, Ernährungsforschung **6** ('61) 204–12; Kolloid-Z. **176** ('61) 97f. (m. Bildn.); Stärke **13** ('61) 195f.

Nekr. *D. Hadži, Letopis slovenske Akad. Znanosti in Umetnosti **15**.1964 ('65) 60f. — *A. Kuhelj, Naši Razgledi **13** ('64) 273. — *R. Modic, Vestn. slovensk. kem. Druš. **11** ('64) 5. — *M. Rebek, Österreichische Chemiker-Ztg. **65** ('64) 357–59; in: Naši znameniti tehniki (Ljubljana '66) 173–76. — Deutsche Apotheker-Ztg. **104** ('64) 1152. — Gospodarski Koledar **13** ('65). — Nachr. Chem. u. Techn. **12** ('64) 314. — Nova Proizvodnja **15** ('64) Nr. 6, S. 1.

Bitte Anmerkung auf Seite 4201 beachten!

S. Colloid chemistry, theoretical and applied (J. Alexander) **4** (New York '32): Colloid chemistry of cellulose (59 S.); A summary of the colloid chemistry of starches (20 S.). — Atti I° Congresso internazionale di elettro-radiobiologia, Venezia 1934, **1** (Bologna '34) (Archivio internazionale di radiobiologia, 2) 653–68: Die Einwirkung ultravioletter Strahlen auf Kohlenhydrate. — C. R. V° Congrès international technique et chimique des industries agricoles, Scheveningue 1937, **2** (Naarden '37) 214–49: Methodik der Viskositätsmessungen von Stärkekleistern und Stärkelösungen [3]). — C. R. 18° Congrès de chimie industrielle, Nancy 1938 (Paris '38) 472–77: Sur les différences physico-chimiques et enzymatiques qu'on peut observer parmi les substances amylacées qui diffèrent entre elles par la coloration par l'iode. — Zbornik Zimske pomoči, 1944 (N. Velikonja) (Ljubljana '44): Über die Stärkearten in verschiedenen Pflanzen [slowen.]. — Relazioni. IX Congresso internazionale industrie agrarie, Roma 1952 (Roma '52): Ester of starch (36 S.). — Proc. Symposium on the nature of coal, Jealgara, India, 1959 (Ranchi '59) 308f.: Production of metallurgical coke from non-coking coals [].

W. Die neuere Entwicklung der Kolloidchemie der Stärke (m. M. Blinc) (Dresden–Leipzig '41) 16+543 S. (Handbuch der Kolloidwissenschaft in Einzeldarstellungen, 8); Neudruck: (Ann Arbor, Mich. '44) 146 S. — Kemične študije (m. F. Ferlan u. A. Pajk) (Ljubljana '47) 84 S. [m. engl. Zusammenfassungen]. — (Neubearb.) *J. von Wiesner, Die Rohstoffe des Pflanzenreichs, **6**: Stärke (M. Blinc) [5](Lehre '66) 11+192 S.

Acta chim. Acad. Sci. hungar. Emulsionen: **23** ('60) 561–70 [m. engl. u. russ. Zusammenfassg.].

Arhiv za Hemiju i Farmaciju Einige technisch wichtige Eigenschaften der Stärke als Ausdruck ihrer Konstitution: **8** ('34) 17–22 [kroat. m. deutscher Zusammenfassg.].

Atti reale Accad. Italia, Rend. Defosforizzazione dell'amido di patate con la fosfatasi cerebrale: (7) **3** ('41) 128–31.

Ber. dtsch. chem. Ges. Zur Frage nach einer strukturellen Verschiedenheit jodcolorimetrisch differenzierter Stärkesubstanzen: **73A** ('40) 85–92. — Über die Hydrolyse von Abbauprodukten der Stärke durch den Bacillus macerans und sein Enzym [7]): **75** ('42) 1758–60.

Brennstoff-Chem. Über das Verkoken nichtbakkender Kohlen [16])[20]): **35** ('54) 44–47.

Bull. int. Acad. yougosl. Sci. et Beaux-Arts Die Verschiedenheit der Amylo- und Erythrosubstanzen als Ausdruck ihrer verschiedenen Molkohäsion: **32** ('39) 3 S. [kroat. in: Rad jugoslav. Akad. Znanosti i Umjetnosti **261** ('38) 132–36].

Bull. sci., Conseil Acad. RPF Yougoslavie Investigations on various substances having coking properties [16)37)]: **1** ('53) 14f. — Investigations on the mechanism of the coking process at the addition of certain chemical compounds to non-coking coal [37)]: 15. — Eine Modifikation der Retortenverkokung und eine Apparatur zur Bestimmung des Abriebes des so gewonnenen Kokses [26)41)]: 72f. — Über Wasserstoffbindungen in der Stärke: 81. — Verschiedenheiten zwischen Mustern der Raša-Kohle aus verschiedenen Flözen [26)]: **2** ('54/55) 12. — Entschwefelung von Koks aus der Kohle von Raša: 46.

Cereal Chem. Soluble amylo-phosphoric acids and the nature of the paste-forming starch fractions [53)]: **13** ('36) 592–601.

Chemické Listy Vědu a Průmysl Reaktion der Stärke mit verdünnter Lauge [43)]: **26** ('32) 451–54 [slowen.].

Chemiker-Ztg. Die Stärke: **63** ('39) 353–57.

Ergebn. Enzymforsch. Die Struktur der Stärke und enzymatische Vorgänge an Stärkesubstanzen: **9** ('43) 89–130.

Food Manufacture Starches – a scientific study of their characteristics: **10** ('35) 318–20.

Gazz. chim. ital. Cause delle diversità dell'idrolisi acida delle sostanze amidacee [10)]: **72** ('42) 145–50.

Getreide u. Mehl Viskosimetrie von Lösungen einiger Acetylamylosen: **6** ('56) 33f., 42–44.

Glasn. hemiskog Druš. Kraljevine Jugoslavije Die Reaktion der Stärke mit sehr verdünnter Lauge: **4** ('33) 71–78 [slowen. m. deutscher Zusammenfassg.]. — Auftreten eines Trisaccharids bei der Hydrolyse der Erythroamylosen durch Pankreasamylase [21)]: **5** ('34) 25–30 [~].

Glasn. hemiskog Druš. [Beograd] Der Weg zum metallurgischen Koks Jugoslawiens: **21** ('56) 325–30 [].

Helvetica chim. Acta Phosphor-, Stickstoff- und Siliciumgehalt der Stärkefraktionen: **15** ('32) 43–47.

Hoppe-Seyler's Z. physiol. Chem. Über enzymatische Amylolyse, 4: Über die Wirkung von β-Amylase auf einige Stärkesubstanzen [54)]: **236** ('35) 103–18; ~ 5: Über die Wirkung von α-Malzamylase auf einige Stärkesubstanzen: **248** ('37) 117–28; ~ 6: Die Jodfarbe dephosphorylierter Kartoffelstärke [48)28)]: **242** ('36) 165–68; ~ 7: Enzymatische Dephosphorylierung von Weizenstärke [48)28)]: **250** ('37) 192–96; ~ 8: Anfangsphase der α-diastatischen Stärkehydrolyse [11)]: **259** ('39) 204–12; ~ 10: Die Natur der Teilchen der Erythroamylose und ihrer höheren α-diastatischen Dextrine [25)]: **267** ('41) 243–50. — Die Natur der Teilchen von Amylose und von den höheren α-diastatischen Dextrinen [39)]: **263** ('40) 17–24. — Über die stärkespaltende und ringschließende Wirkung des Enzyms von "Bacillus macerans" [3)]: **282** ('47) 149–52. — Alkalilabilität von durch γ-Strahlen veränderten Stärkepräparaten [18)]: **322** ('60) 1–3.

Industries aliment. et agric. Modifikation der Stärke unter dem Einfluß strahlender Energie: **79** ('62) 1073–81 [französ.].

J. appl. Polymer Sci. Some properties of γ-irradiated starches and their electrodialytic separation: **3** ('60) 224–26.

J. Polymer Sci. Des études physico-chimiques les plus récentes sur l'amidon: **23** ('57) 801–07 [m. deutscher u. engl. Zusammenfassg.]. — Einfluß verschiedener Strahlen auf Stärke [24)42)]: **30** ('58) 545–50. — NMR study of amylose [52)5)]: **56** ('62) Nr. 163, S21–S23.

J. Soc. chem. Industry, Trans. Some technically important properties of starch in connexion with its constitution: **52** ('33) 389–91.

Kemijski Zbornik Change in molecular structure in the enzymic degradation of starch: **1951**, 7–9 [].

Kolloid-Beih. Studien über Pflanzenkolloide, 31: Zur Bestimmung der mittleren Teilchengröße einiger Stärkesubstanzen und Stärkederivate [22)26)38)]: **37** ('32) 91–118; ~ 32: Über Quellstärke [3)]: **38** ('33) 40–47; ~ 33: Veränderung der Stärke durch oxydative Einführung saurer Gruppen [3)]: 48–56; ~ 35: Lösungszustand der Iso-Hexosane [22)]: **39** ('34) 259–64; ~ 36: Bereitung und Dispersitätsgrad von Erythrokörpern aus Kartoffelstärke [22)]: 421–37; ~ 37: Die Teilchengröße der Amylose und ihrer Desaggregationsprodukte beim Acetylieren, bei der Hitzespaltung und beim Altern [22)]: 438–63; ~ 38: Über Röstdextrine [14)]: 464–68; ~ 40: Über die Reaktion der Stärke mit Eiweißkörpern [12)]: **40** ('34) 449–57; ~ 41: Zur Kenntnis des Isolichenins [29)33)]: **41** ('35) 355–64; ~ 42: Einfluß von Kristalloiden auf die Zustandsform der Amylosen unter besonderer Berücksichtigung der Spinnbarkeit [2)]: **43** ('36) 272–86; ~ 43: Einfluß von Chlordioxid auf den Chemismus der Kartoffel- und Weizenstärke [47)]: 287–94; ~ 44: Lösliche Stärke aus Amylosen [49)]: **46** ('37) 134–42; ~ 45: Die Alkalilabilität als Charakteristik der Stärkesubstanzen [46)]: **47** ('38) 91–99; ~ 46: Die Alterung der Stärkelösungen, betrachtet vom kolloidchemischen, enzymatischen und röntgenspektrographischen Standpunkt [19)8)21)]: **49** ('39) 455–70. — Die neueren Ergebnisse der Stärkeforschung, 1: Die Bestandteile des Stärkekornes [3)]: **47** ('38) 371–472; ~ 2: Abbau der Stärke [3)]: **49** ('39) 75–314; ~ 3: Die Konstitution der Stärke: **51** ('40) 359–492; ~ 4: Röntgenspektrum der Stärke [3)]: **52** ('40) 57–86; ~ 5: Synthese der Stärke: **53** ('41) 453–62; ~ 6: Der Aufbau des Stärkekorns: **54**

Bitte Anmerkung auf Seite 4201 beachten!

('42/43) 147–76; ~ 7: Die physikalischen Eigenschaften der Stärkekörner: 177–224; ~ 8: Das Stärkekorn und Wasser: 435–83.

Kolloid-Z. Osmose und Diffusion einiger Pflanzenkolloide (Stärkesubstanzen, Ligninsulfosäure, Humate) [22][32]: **59** ('32) 266–78. — Studien über Pflanzenkolloide, 34: Die Teilchengröße oxydierter Stärke, bestimmt auf osmotischem und auf chemischem Wege: **64** ('33) 321–23; ~ 39: Das Fadenziehen der Stärkelösungen [6]: **67** ('34) 258–64; ~ 47: Säurehydrolyse jodkolorimetrisch differenzierter Stärkesubstanzen [10]: **101** ('42) 123–26; ~ 50: Versuche zum Nachweis der Strömungsdoppelbrechung von Stärkesubstanzen [34]: **109** ('44) 96–99. — Die Quellstärken [3]: **77** ('36) 134–40. — Kolloidchemie im Dienste der Stärkeforschung: **85** ('38) 247–51. — Die kolloidchemischen und physikochemischen Eigenschaften der Stärkelösungen als Wegweiser organischer Strukturforschung: **92** ('40) 1–8. — Elektrodialyse und Elektrophorese in der Stärkeforschung [30][35]: **94** ('41) 350–58. — Grundlagen für eine Kolloidchemie der Amylosen: **100** ('42) 106–10. — Die Stärkeforschung im Rückblick und Ausblick: **124** ('51) 135–41.

Kolloidnyj Ž. Kolloidität und Zustandsform von Stärke: **8** ('46) 359–65 [russ.].

Monatsh. Chem. Veränderungen der Molekülgestalt bei chemischen Umsetzungen der Stärkesubstanzen: **81** ('50) 195–97.

Nova Proizvodnja Chemistry of starch: **2** ('51/52) 155–61 [slowen. m. engl. Zusammenfassg.]. — Erzeugung modifizierter Stärkearten für die Papier- und Textilindustrie mittels Gammastrahlen: **11** ('60) 277–79 [slowen. m. serbokroat., engl., französ., deutscher u. italien. Zusammenfassg.].

Österreichische (Wiener) Chemiker-Ztg. Zur Kenntnis des Kartoffelamylopektins [35][36][44][50]: **44** ('41) 154–60. — Studien über Pflanzenkolloide, 48: Über die Bedeutung der nicht polysaccharidischen Begleitstoffe für die kolloide Zustandsform des Kartoffel- und Maisamylopektins [50]: **46** ('43) 25–31; ~ 49: Ein Vergleich des Kartoffel- und Maisamylopektins (Wasserbildung, Viskosität, Jodfarbe, diastatischer Abbau) [50]: **47** ('44) 96–. — Über die Veredelung der Stärke: **56** ('55) 66–71. — Abbauversuche an Stärke ohne Reaktionspartner und ihre papiertechnologischen Aspekte: **63** ('62) 12–17.

Papierfabrikant Der Aufbau der Stärke und ihre technisch wichtigen Eigenschaften: **36** ('38) Techn. wiss. Teil, 495–97.

Progres [Ljubljana] Leider gehen die Assistenten fort [Bericht über das Chemische Institut "Boris Kidrič"]: **3** ('58) Nr. 3, S. 37 [serbokroat.].

Rad hrvatske Akad. Znanosti i Umjetnosti Chemische Hydrolyse von Amylo- und Erythro-Substanzen (Amyloamylosen, Erythroamylosen, Erythrogranulosen und Meyers Amylodextrin): **274** ('42) 209–17 [kroat.].

Razprave, Slovenska Akad. Znanosti in Umetnosti, Razred mat., fizik. in tehn. Vede, Ser. A Viscometric characteristics of acetyl-amyloses and their products of decomposition [22]: **2** ('51) 7–28. — Physicochemical characteristics of synovial exudates [4][23]: **3** ('51) 7–37. — Studies on Yugoslavic coals, 1: General characteristic of the coal of Raša [37][51]: 67–74. — Determination of the total sulphur in coal by the Rothe method [45]: **5** ('53) 45–51. — Determination of the ash in high-sulphur coals and cokes [15][45]: 55–72. — — Alle Arbeiten slowen. m. engl. Zusammenfassg.

Recueil Trav. chim. Pays-Bas Amorphe Stärkespectra [19]: **56** ('37) 776f. — Versuche zur Charakterisierung der Elektrolyteinflüsse auf Amylosen mit Hilfe des Aktivitätskoeffizienten: **65** ('46) 614f.

Roczn. Chem. Die Phosphorsäure in der Kartoffelstärke: **13** ('33) 607–17 [].

Stärke Über Wasserstoffbindungen in der Stärke: **5** ('53) 105–08. — Die Retrogradation der Stärke im Ultrarotspektrum: **6** ('54) 87–90. — Neuere Beobachtungen über zeitliche Veränderungen von Stärkelösungen: **7** ('55) 131–36. — Neuere Beiträge zum Problem der Alterungserscheinungen von Stärke-Wasser-Systemen: **8** ('56) 107–09. — Der Einfluß einiger Stärkearten auf die mechanischen Eigenschaften von Papier [27]: **9** ('57) 125–31. — Veränderung der Kartoffelstärke unter dem Einfluß ionisierender Strahlen, 1: **10** ('58) 76–79; ~ 2: Lösliche Stärke erhalten durch γ-Strahlen: **11** ('59) 285–88; ~ 3: Weizen- und Maisstärke: **12** ('60) 99–102. — Der Einfluß von γ-Strahlen und Ultraschall auf Stärke: 165–69. — Fünfzig Jahre Stärkeforschung: **13** ('61) 105–14. — Vergleichender Abbau verschiedener Stärken durch γ-Strahlen, Elektronenstrahlen und Ultraschall: 283–92. — Verzuckerung von Stärken aus verschiedenen Maissorten und ihr physikochemisches Verhalten, 1: Waxy-Maize und High-Amylose-Maize: **14** ('62) 307–09. — Wirkung der Neutronenstrahlung auf Stärke (Radioaktive Stärke): **15** ('63) 83–85. — Beeinflussung von Stärkesubstanzen durch Ultraschall: 243–45 . — Elektronen-Spin-Resonanz gamma-bestrahlter Stärkesubstanzen [52]: 245f. — Strahleninduzierte freie Radikale in deuterierten und nicht deuterierten Stärkefraktionen [52][17][1]: **16** ('64) 181–83.

Tehnološki Pregled Studien über die Veredelung der Kohlen aus der Dravska Banovina mit besonderer Bezugnahme auf die Gewinnung von metallurgischem Koks: **1** ('33) 85–91 [serbokroat.].

Trans. Faraday Soc. Colloidal ions of starch: **31** ('35) 395–411.

Bitte Anmerkung auf Seite 4201 beachten!

Vestn. slovensk. kem. Druš. Die kolloiden Zustandsänderungen der Stärke betrachtet vom Standpunkt der Wasserstoffbindungen: **1** ('54) 3–7 [slowen. m. deutscher Zusammenfassg.]. — Amylasen des Mucor mucedo [23]): 163–73 [~]. — Die Kohle in einzelnen Flözen des Reviers Raša [10])[18]): **2** ('55) 83–94 [~].

Z. ges. Getreide-, Mühlen- u. Bäckereiwesen Der heutige Stand der Amylopektintheorie: **20** ('33) 4–8. — Der Aufbau der Stärkekörner: **21** ('34) 111–18.

Z. physik. Chem., Abt. A Abhandlungen zur physikalischen Chemie der Stärke und der Brotbereitung, 8: Inwieweit bestehen Verkleistern und Retrogradieren bei den mit nativer Stärke verwandten Substanzen? [19])[9]): **158** ('32) 321–36; ~ 11: Zur Einteilung der Stärkearten in Gruppen nach dem Röntgenspektrum und nach den Eigenschaften des Amylopektins [19])[21]): **163** ('33) 291–311; ~ 28: Amorphe Spektra der Stärke [19]): **180** ('37) 436–46; ~ 32: Änderung der Malzresistenz und des Röntgenspektrums beim Altern der Brotkrume [19]): **184** ('39) 123–26.

Z. Spiritusindustrie Beiträge zum Problem der Ergiebigkeit von Stärke: **59** ('36) 215f., 223f. — Beiträge zum Chemismus des Stärkekornes: **63** ('40) 169.

Z. Volksernährung Die Stärke: **9** ('34) 275–77, 294f.

Zbornik prirodoslovn. Druš. Kolloidale Eigenschaften und chemische Reaktion als Ausdruck der Molkohäsion: **1** ('39) 14–16 [slowen.].

Življenje in Tehn. Über einheimische Koksherstellung: **3** ('52) 279 [slowen.].

Ferner einige interne Publikationen für das Chemische Institut "Boris Kidrič", Ljubljana: "Veränderungen von Stärkesubstanzen unter dem Einfluß der Strahlenenergie" ('62) 54 S. (Publikation XIII/6); "Kolloidchemische Eigenschaften von Maisstärke verschiedener Provenienz und ihre Verzuckerung" ('63) 26 S. (~ XIII/14); "Studie über das Modifizieren von Cerealstärken durch physikalische Eingriffe" ('64) 22 S. (~ XIII/60). — Einige weitere Artikel in Zeitschriften in slowen. Sprache.

Mit: [1]) J. Adamič; [2]) P. Benkovič; [3]) M. Blinc; [4]) B. Brecelj; [5]) M. Brenman; [6]) B. Budanko; [7]) F. Černigoj; [8]) Z. Čanić; [9]) J. C. Derksen; [10]) M. Dermelj; [11]) P. Dolar; [12]) A. Durjava; [13]) —; [14]) M. Förster; [15]) A. Gasparini; [16]) D. Hadži; [17]) K. Herak; [18]) S. Jenčič; [19]) J. R. Katz; [20]) R. Kavčič; [21]) R. Klemen; [22]) L. Knop; [23]) J. Komar; [24]) I. Kosovinc; [25]) M. Labernik; [26]) B. Lavrenčič; [27]) Dj. Maširević; [28]) K. Mayer; [29]) K. Morel; [30]) C. Nučič; [31]) —; [32]) Z. Panković; [33]) M. Perpar; [34]) A. Peterlin; [35]) V. Pirkmajer; [36]) J. Počkar; [37]) B. Popović; [38]) S. Premrl; [39]) R. Rakuša; [40]) —; [41]) M. Reisner; [42]) H. Reuschl; [43]) S. Sazonov; [44]) T. Sernec; [45]) Š. Skledar; [46]) B. Škerl; [47]) F. Ulm; [48]) E. Waldschmidt-Leitz; [49]) M. Zakrajšek; [50]) L. Žagar; [51]) G. u. R. Bernjak; [52]) R. Blinc; [53]) M. Dorrer; [54]) R. Modic.

Bitte Anmerkung auf Seite 4201 beachten!

VI **SAMESHIMA** (Samejima), Jitsusaburo. Chem. (physik.). — 1916–21 Instructor, '23–51 Prof., '25 D.Sc., '39–51 Dir. of the Chem. Inst., '51 Prof. Emer., Tokyo Imp. Univ. → Univ. of Tokyo; '21–22 Assist. Prof., '22–23 Prof., Tohoku Imp. Univ., Sendai; '51–54 Prof., Saitama Univ., Urawa, Saitama Prefecture; '35–36, '55–56 Pres., Chem. Soc. of Japan. — '38 Sakurai Prize (Chem. Soc. of Japan); '44 Order of the Sacred Treasure, 2nd Class, '65 Silver Cup with Chrysanthemum Crest (Japan Governm.); '52 Academy Prize (Japan Academy).

*1890, Juli 3, Osaka, Japan;
†1973, Tokyo.

Zum 60. Geb.tag *T. Nemura, Bull. chem. Soc. Japan **23** ('50) 69 (m. Bildn.).

Zur Bibliogr. J. History Sci., Japan **1979**, Nr. 9/10.

HZ. Review physic. Chem. Japan **13** ('39)–**19** ('45).

W. Koshitsugaku [Kolloidwissenschaft] (Tokyo '34) 762 S. — Kagaku tsūron [Einführung in die Chemie] (Tokyo '38) 293+16 S.

Bull. chem. Soc. Japan Sorption of gases by silica gel: **7** ('32) 133–35. — Sorption velocity of gas by porous solid: 177–88. — Sorption of gas by mineral, 4: Zeolites and bentonite [2]): **9** ('34) 27–41; ~ 5 [7]): **10** ('35) 485–90; ~ 6 [7]): 490–94. — The fusion curves of the systems bromine - chloroform, bromine - carbon tetrachloride and chloroform - carbon tetrachloride [3]): **9** ('34) 260–62. — Studies of monomolecular films by the ripple method, 1 [10]): **11** ('36) 539–46; ~ 2 [10]): 547–52. — Studies on the oiliness of liquids, 1: Measurements of the static friction coefficients [5])[1]): 659–66; ~ 2: Friction coefficients of the films of mono- and polymolecular layers [1]): 791–96; ~ 3: Measurements of the kinetic friction coefficients [6]): **12** ('37) 96–103; ~ 4: Measurements of the static friction coefficients by the method of inclination [12]): 127–32.

J. chem. Soc. Japan Velocity of sorption of vapor by solid: **53** ('32) 1129–34. — Preparation of heavy metal colloids by use of the coal-gas flame: **54** ('33) 695–98. — The action of tap water on aluminium [10]): **56** ('35) 1353–58. — Gas sorption by catalysts containing activators: **61** ('40) 799–802. — Stability of liquid films [,1] [9])[11]): **63** ('42) 691–96; ~ 2: Experiments on the life of single bubbles [8]): **64** ('43) 360–64. — — Alle Arbeiten japan.

Kagaku [Tokyo] Oiliness of liquids [5]): **4** ('34) 240f. [japan.].

Nippon Gakujutsu Kyôkai Hôkoku Sorption of gas by mineral: **10** ('35) 673–76 [japan.]. — Oiliness of liquids: **13** ('38) 557–61 [~].

Proc. imp. Acad., Tokyo The surface vapor pressure and the heat of surface vaporisation: **10** ('34) 155–58.

Review physic. Chem. Japan The friction coefficients of liquids [1])[4]): **14** ('40) 55–67.

Einige weitere Beiträge in japanischen Zeitschriften und Sammelwerken in japanischer Sprache.

Mit: [1]) H. Akamatu; [2]) H. Hemmi; [3]) T. Hiramatsu; [4]) T. Isemura; [5]) M. Kidokoro; [6]) M. Miyake; [7]) N. Morita; [8]) T. Nakagawa; [9]) M. Nakamuta; [10]) T. Sasaki; [11]) R. Terada; [12]) Y. Tsubuku.

VI **SAMMARTINO,** Ubaldo. Chem. (klin. u. physiol.), Pharmakol. — 1912 Laurea in Med., '16–40 [?] Assist. → Prof. Libero Doc., Univ. di Roma; '35–36 Prof. incar., Univ. di Modena; '37[?]– Prof. straord. e Dir. dell'Ist. di Farmacol. e Farmacognosia, Univ. di Ferrara; '38[?]– Prof. incar. → Prof. ord. e Dir. dell'Ist. di Farmacol., Univ. di Perugia. — — Weitere Daten nicht bekannt. (⊠).

*1887, Juni 11, Camporeale, Trapani.

Schriftenverzeichnis Annuario R. Univ. Modena **1935/36**, 179–84.

Archives ital. Biol. La catalase dans le développement embryonnaire. Fécondation et activité de catalase des œufs de Salmo irideus, d'Esox lucius, de Barbus plebeius: (N.S.) **33** ('35) 131–48. — Activité de catalase dans les premières phases embryonnaires des œufs de Salmo irideus et d'Esox lucius: **34** ('36) 21–29. — Activité de catalase pendant la période de croissance des embryons de Salmo irideus et d'Esox lucius: 121–29.

Archivio Farmacol. sperim. e Sci. affini Sull'azione fisiologica delle acque minerali, 2: Azione delle acque ipotoniche sulla diuresi: **54** ('32) 81–95; ~ 3: Azione delle acque ipotoniche sull'equilibrio acido–base: **55** ('33) 53–68. — Sugli animali a midollo spinale accorciato: 219–31. — Ricerche sulla tossicità dell'alcool metilico, 1: Azione comparata dell'alcool metilico, dell'aldeide formica, dell'acido formico sul cuore isolato di rana: **56** ('33) 311–19; ~ 2: Azione comparata dell'alcool metilico, dell'aldeide formica, dell'acido formico sui vasi del treno posteriore della rana: 320–26; ~ 3: Dose minima letale lontana per via endovenosa dell'alcool metilico, dell'aldeide formica, dell'acido formico e sintomatologia relativa: 351–63; ~ 4: Riassunto critico delle ricerche in argomento ed interpretazione più razionale del modo di agire dell'alcool metilico: 364–71. — Sul comportamento degli isomeri della colesterina nel rachitismo sperimentale [,1]: 343–50; ~ 2: Esiste un'azione farmacologica dell'isocolesterina sui ratti a dieta carenzata?: **61** ('36) 88–96. — Sull'azione farmacologica dell'acido tannico, 1: L'azione coagulante dell'acido tannico sulle proteine dell'albume d'uovo: **58** ('34) 131–41; ~ 2: Sui farmaci atti a modificare l'azione coagulante dell'acido tannico sulle proteine dell'albume di uovo: **59** ('35) 1–28; ~ 3: Tossicità immediata dell'acido tannico introdotto nell'organismo per via endovenosa e lesioni anatomo-patologiche degli organi: **61** ('36) 1–12; ~ 4: Azione dell'acido tannico sul cuore, sulla pressione, sulla circolazione periferica e sul respiro: 45–59; ~ 5: Curva della fatica muscolare del gastrocnemio di rana trattato con acido tannico: 143–49; ~ 6: La dose minima letale lontana per via endovenosa: 156–59; ~ 7: Azione dell'acido tannico sulla diuresi da soluzioni ipertoniche di cloruro sodico: **63** ('37) 81–113; ~ 8: Azione dell'acido tannico sulla diuresi da iniezioni endovenose di acqua distillata: 117–60. — La catalasi nello sviluppo embrionale, 1: Fecondazione e attività di catalasi delle uova di Salmo irideus, Esox lucius, Barbus plebeius: **59** ('35) 49–85; ~ 2: Attività di catalasi nelle prime fasi embrionali delle uova di Salmo irideus e Esox lucius: **60** ('35) 342–52; ~ 3: Attività di catalasi nel periodo di accrescimento degli embrioni di Salmo irideus e Esox lucius: 372–85. — Osservazioni su ratti tenuti a talune diete sintetiche: 395–400. — Sull'azione farmacologica e farmacoterapica del lievito fresco, 1: Azione del lievito sull'indacanemia: **61** ('36) 13–23; ~ 2: Influenza del lievito sulla glicemia: 24–33. — Azione dei metalli sul ricambio dei glucidi, 1: Influenza dei cationi alcalini e alcalino-terrosi sulla glicemia: 209–36. — Influenza del fattore diffusore ("fattore R") sull'assorbimento dei farmaci, 1: Azione del fattore R sulla velocità di assorbimento della stricnina per via sotto-cutanea ed endomuscolare: **64** ('37) 53–74; ~ 2: Azione del fattore sulla velocità di assorbimento della stricnina per via endoperitoneale: 89–96. — Modificazioni tissurali da Mogral: **67** ('39) 89–101. — Influenza del Mogral sul decorso della tubercolosi sperimentale delle cavie: 137–45. — Azione tossica generale della Acocanthera oubaio: **78** ('48) 147–51. — Azione tossica generale della Acocanthera oubaio dopo cinque anni di invecchiamento: 152–54.

Boll. Soc. ital. Biol. sperim. L'azione coagulante dell'acido tannico sulle proteine dell'albume d'uovo: **9** ('34) Nr. 9. — Azione dei nitroderivati del fenolo e del naftolo sulla catalasi del sangue e sulla respirazione intracellulare, 1: Influenza del 2,4-dinitrofenolo, 2,5-dinitrofenolo e 2,6-dinitrofenolo sulla catalasi del sangue [1]): **27** ('51) 825–28; ~ 2: Influenza del 2,4,5-trinitrofenolo e del 2,4,6-trinitrofenolo sulla catalasi del sangue [1]): 828–30; ~ 3: Influenza del 2,4-dinitro-1-naftolo e del 1,6-dinitro-

2-naftolo sulla catalasi del sangue [1]): 831–33; ~ 4: Influenza del 2,4-dinitrofenolo, del 2,5-dinitrofenolo e del 2,6-dinitrofenolo sulla respirazione intracellulare studiata con il metodo di Warburg [1]): 987–89; ~ 5: Influenza del 2,4-dinitro-1-naftolo e dell'1,6-dinitro-2-naftolo sulla respirazione intracellulare studiata con il metodo di Warburg [1]): 990f.; ~ 6: Influenza dell'ortonitrofenolo, del metanitrofenolo e del paranitrofenolo sulla catalasi del sangue [1]): 1255–58.

Nouvelles Arch. ital. Biol. Influence du facteur de diffusion ("Facteur R") sur l'absorption de substances pharmacologiques, 1: Action du facteur R sur la vitesse d'absorption de la strychnine par voie sous-cutanée et par voie endomusculaire: **1** ('38) 1–24.

Ricerca sci. Sul contenuto in carotene delle arancie italiane: **10** ('39) 884f.

Mit: [1]) A. Amici.

IV–VI **SAMPSON,** Ralph Allen. Math., Astron. — 1910–37 Astronomer Royal for Scotland and Dir. of the Royal Observat. on the Blackford Hill; '10–37 Prof., Univ. of Edinburgh; '15–17 Pres., Roy. Astron. Soc. London; '15–18, '33–36 Vice-Pres., '23–33 General Secretary, Roy. Soc. Edinburgh; '32–33 Pres., Univ. of Durham Philosophical Soc. — '04 Hon. D.Sc. (Univ. of Durham); '28 Hon. LL.D. (Univ. of Glasgow). — '15 Hopkins Prize (Cambridge Philosophical Soc.); '21 Keith Prize (Roy. Soc. Edinburgh); '28 Gold Medal (Roy. Astron. Soc. London).

*1866, Juni 25, Skull, County Cork, Ireland;
†1939, Nov. 7, Bath.

Zur Biogr. University Edinburgh J. **9** ('37/38) 39f. (m. Bildn.).

Nekr. *W. Bragg, Proc. roy. Soc. London, Ser. A **173** ('39) 298. — *W. M. H. Greaves, Monthly Notices roy. astron. Soc. **100** ('39/40) 258–63; Proc. roy. Soc. Edinburgh **60**.1939/40 ('41) 405–07. — *W. M. Smart, Nature [London] **144** ('39) 930f. — *E. T. Whittaker, Obituary Notices Fellows roy. Soc. London **3** ('39/41) 221–26 (m. Bildn. u. Faks.). — Nordisk astron. Tidsskr. **21** ('40) 35. — Observatory **62** ('39) 335; **63** ('40) 105–08. — Populär astron. Tidskr. **21** ('40) 80. — Popular Astron. **47** ('39) 578. — Science [USA] **90** ('39) 460. — University Edinburgh J. **10** ('39/40) 225f.

S. Encyclopaedia Britannica; a new survey of universal knowledge **22** (Chicago, Ill.–London–Toronto '57) 224–28: Time measurement [2]) [auch in früheren Auflagen].

Isis John Louis Emil Dreyer (1852–1926) [1]): **21** ('34) 131–34. — John Knight Fotheringham (1874–1936): **27** ('37) 485–92.

Monthly Notices roy. astron. Soc. The concept of time: **94** ('33/34) 603–30.

Nature [London] Physical science and philosophy: **139** ('37) 1006f.

Proc. roy. Soc. Edinburgh Studies in clocks and time-keeping, 5: The suspended chronometer: **56** ('35/36) 13–25; ~ 6: The arc equation: **57** ('36/37) 55–63.

Mit: [1]) F. E. Brasch; [2]) G. M. Clemence.

Bitte Anmerkung auf Seite 4201 beachten!

VI **SÁNCHEZ,** Juan A. Chem. (analyt.), Pharmakol. — Prof. Química analítica de Medicamentos, Univ. Nacion. de Buenos Aires. — — Weitere Daten nicht bekannt. (⊠)

[Geburtsdatum nicht bekannt];
†1953 [?].

Nekr. *A. von der Becke, Revista Asoc. bioquím. argentina **18**.1953 ('54) 323–28 (m. Bildn.). — *A. Novelli, Beiträge von Dr. J. A. Sánchez zur funktionellen analytischen Chemie: ibid. 329–34 [span.]. — *F. Cignoli, In memoriam: ibid. 335–37 [~]. — *R. C. D'Alessio de Carnevale Bonino, Anekdoten und Erinnerungen: ibid. 338–53 [~] (m. Bildn.).

Schriftenverzeichnis Revista Asoc. bioquím. argentina **18**.1953 ('54) 372–84.

W. Investigaciones analíticas de química funcional orgánica **1.2.3** (Buenos Aires '37/38). — Curso de química analítica funcional de medicamentos orgánicos [2 Bände?] [2](Buenos Aires '41–); [3]('55). — Química de las sulfanilamidas [2](Buenos Aires '44) 71 S.

Actas y Trabajos, Congr. nacion. Med. [Argentina] Neue Methode zur Bestimmung des Pilocarpins und seiner Salze: **5**.1934, 7 ([?]) 408 [span.].

Anales Asoc. quim. argentina Neue Methode zur Bestimmung des Pilocarpins und seiner Salze: **24** ('36) 18B [span.].

Anales real Acad. Farm. Funktionelle chemische Untersuchung des Vitamins B_1 (Thiamin): **13** ('47) 377–95 [span.].

Analyst Vanillin and hydrochloric acid reaction for yohimbine: **64** ('39) 688. — Action of barium hypobromite on leucine: 692.

Annaes Soc. Pharm. e Chim. São Paulo Neue Farbreaktion von Morphin und seinen Derivaten. Kritische Studie: **3** ('38) 152–57 [].

Annales Chim. analyt. et Chim. appl. Une nouvelle réaction pour reconnaitre les amines cycliques primaires et son application aux médicaments: **14** ('32) 152–54. — Nouvelle réaction pour caractériser la novocaïne et nouveaux procédés pour doser la novocaïne et la stovaïne: **16** ('34) 249–52. — Nouvelle méthode pour le dosage de la pilocarpine et de ses sels: **17** ('35) 122f. — Nouvelle réaction colorée sensible de l'urée: **18** ('36) 65f.

Boletín Soc. quím. Perú Zwei neue Farbreaktionen der Methylxanthine: **9** ('43) 197–202 [span.]. — Die Chemie der razemischen Benzoate des 2-Methyl-1-piperidinpropanols (Metycains): **11** ('45) 97–101 [~].

Farmacia y Quím. Analytische Untersuchung der funktionellen Gruppen des Sulfadiazins im Vergleich mit Sulfamerazin: **1** ('45) 160–67 [span.].

J. Pharm. et Chim. D'une nouvelle réaction chromatique de la quinine, la quinidine et la cupréine et de son application au dosage de la quinine: (8) **21** ('35) 24–32. — Microdosage colorimétrique de la morphine dans l'opium et ses préparations: teinture et laudanum de Sydenham et dans le sirop de chlorhydrate de morphine: 366–76. — Etude chimique fonctionnelle de l'éphédrine. Nouveau procédé pour son dosage: **22** ('35) 489–96. — Dosage colorimétrique de l'urée. Nouvelle méthode pour sa détermination dans le sang, le liquide céphalorachidien et les tissus: **23** ('36) 188f. — D'une nouvelle réaction colorée des hexoses et leurs polymères et son application au dosage colorimétrique du glucose dans le sang: 377–87. — Nouvelle demi-microméthode pour le dosage du carbone dans les composés organiques: **24** ('36) 297–310. — Nouvelles réactions colorées différentielles des glucosides cardiotoniques: Digitoxine, Strophanthine K, Ouabaïne et Digitaline allemande: 549–58. — Etude chimique fonctionnelle de la morphine. Nouvelle réaction colorée de la morphine et de ses dérivés pseudoliques; son étude critique: **25** ('37) 346–51. — Halurorganimétrie. Nouvelle méthode pour le dosage des halogènes dans les substances organiques: **27** ('38) 5–18. — Contribution à l'étude analytique fonctionnelle des acides nucléiniques. Deux méthodes colorimétriques de dosage et nouvelles réactions de l'auteur pour l'acide nucléinique de la levure: **29** ('39) 529–44.

Annales pharm. franç. Trois réactions colorées d'identification de la plasmoquine et des ses sels, 1: **6** ('48) 495–501; Etude comparative de nos trois réactions de la plasmoquine, 2: Application à d'autres composés analogues dérivés de l'oxyaminoquinoléine et de l'acridine: **7** ('49) 183–89.

Monitor Farm. y Terapeut. Kolorimetrische Bestimmung von Harnstoff: **42** ('36) 77–81 [span.]. — Bestimmung von Nitrit und Nitrat in Trinkwasser: **56** ('50) 61–63 [~]. — Eine Farbreaktion von p-Aminosalicylsäure: **58** ('52) 359–61 [~].

Revista Asoc. bioquím. argentina Neue Farbreaktion der Hexosen und ihrer Polymeren sowie ihre Anwendung zur kolorimetrischen Bestimmung der Glucose im Blut: **1** ('36) 11–14 [span.]. — Neue Farbreaktion des Verfassers zur Unterscheidung der Herzglycoside: Digitoxin, Strophanthin K, Ouabain und deutsches Digitalin: **2** ('37) 29–36 [~]. — Herzglycoside, 1: **5** ('40) 6–10 [~]. — Neue kolorimetrische Methode zur Bestimmung der Sulfanilamide in biologischen Flüssigkeiten: **8** ('42) 5–16 [~]. — Zwei neue Farbreaktionen der Methylxanthine und ihre Anwendung zu deren kolorimetrischer Bestimmung: **9** ('43) 3–8 [~]. — Neue Farbreaktionen des Glycerins, des Glycerinphosphats und ihrer Derivate: **10** ('44) 63f. [~]. — Einige funktionelle Reaktionen des Cardiazols: **11** ('44) 249–52 [~]. — Analytische Untersuchung des Sulfamerazins im Vergleich zu Sulfadiazin: **12** ('45) 67–78 [~]. — Zwei neue Mikromethoden zur Bestimmung von Vitamin B_1: **14** ('47) 35–41 [~]. — Luis Rossi†: **15** ('48/51) 15f. [~]. — Reconocimiento de los grupos N-metilo en las bases xánticas, al estado de metanal [1]): 61–71. — Leben und Werk von Prof. Georges Denigès: 182–88 [span.]. — Prof. Dr. Georges Denigès† [2]): 313–15 [~]. — Nuevo método para valorar colorimetricamente los nitritos y los nitratos en las aquas potables: **16** ('49/51) 3–10. — Nuevo método colorimétrico para el dosaje del ácido p-aminosalicílico y su aplicación a líquidos biológicos: 399–404. — Nueva reacción cromática funcional del ácido p-aminosalicílico: **17** ('52) 51–54. — Die funktionelle Untersuchung von Isonicotinhydrazid: 321–23 [span.]. — Neue Methode zur Bestimmung von Isonicotinhydrazid durch Titration mit Silbernitrat: 324–26 [~]. — Novalgin, sein funktionelles qualitatives und quantitatives Verhalten [1]): **18** ('54) 363–71 [~].

Revista Centro Estudiantes Farm. y Bioquím. Estudio químico funcional de la efedrina: **21** ('32) 160–66. — Eine neue Reaktion für den Nachweis primärer zyklischer Amine und ihre Anwendung auf Arzneimittel: **22** ('32/33) 31–33 [span.]. — Acerca de una nueva reacción y de un nuevo procedimiento para investigar y dosar la novocaína: 49–51. — Nuevo procedimiento para el dosaje de la estovaína: 155f. — Nuevo método para el valoración de la pilocarpina y de sus sales: **24** ('34) 48–51. — Dosaje colorimétrico de la urea: **25** ('35) 364–72. — Einführung in das Studium der Morphinalkaloide: **26** ('36) 593–602 [span.].

Revista farm. [Buenos Aires] Reaktionen von Acetyldemethyldihydrothebain-Hydrochlorid (Acedicon): **79** ('37) 451–60 [span.].

Bitte Anmerkung auf Seite 4201 beachten!

Semana méd. Acerca de una nueva reacción y de un nuevo procedimiento para investigar y dosar la novocaína: **39**II ('32) 807f. — Estudio químico funcional de la efedrina. Nuevo procedimiento para su valoración: 1183–85. — Nuevo procedimiento para el dosaje de la estovaína: **40**II ('33) 1419f. — Acerca de una nueva reacción cromática de la digitoxina, gitoxina y gitalina y su aplicación al dosaje colorimétrico de dichos glucósidos digitálicos: **41**II ('34) 399–402. — Acerca de una nueva reacción cromática de la quinina, quinidina y cupreína y de su aplicación al dosaje de la quinina: 688–91. — Nuevo método para la valoración de la pilocarpina y de sus sales: 897f. — Microdosaje colorimétrico de la morfina en el opio y sus preparados, y en el jarabe de clorhidrato de morfina: **42**I ('35) 191–95. — Dosaje colorimétrico de la urea; nuevo método para su determinación en la sangre, el líquido céfaloraquídeo y en los tejidos: **42**II ('35) 503–07. — Nueva reacción cromática de las exosas y sus polímeros y su aplicación al dosaje colorimétrico de la glucosa en la sangre: 914–17. — Nuevas reacciones cromáticas del autor, diferenciales de los glucósidos cardiotónicos: digitoxina, estrofantina k, uabaína y digitalina alemana: **43**II ('36) 151–54. — Nuevo semimicrométodo para la valoración del carbono en los compuestos orgánicos: 360–65. — Nuevas reacciones cromáticas de los alcaloides morfólicos: 425f. — Nuevo método de dosaje colorimétrico del dilaudid (clorhidrato de dihidromorfinona), aplicable al dicodid (clorhidrato de dihidrocodeinona) y al eucodal (clorhidrato de dihidro-oxicodeinona): 713f. — Eine kolorimetrische Methode zur Bestimmung von Sulfonamiden in biologischen Flüssigkeiten: **49**I ('42) 481–87 [span.]. — Die Zusammensetzung des Matestrauchs und der hohe Steringehalt seiner Blätter: 726–30 [~]. — Eine neue Methode zur Procainbestimmung: **49**II ('42) 653–55 [~]. — Neue Methoden der Kennzeichnung und Identifizierung der wichtigsten in der Therapie verwendeten Sulfonamide: **50**I ('43) 739–53 [~]. — Identifizierung und kolorimetrische Bestimmung des Coramins: **51**I ('44) 1269–73 [~]. — Drei Farbreaktionen zur Identifizierung des Plasmochins und seiner Salze [,1]: **56**II ('49) 995–99 [~]; Vergleichende Untersuchung unserer drei Plasmochinreaktionen, 2: Anwendung auf andere analoge Derivate des Oxyaminochinolins und des Acridins: **57**I ('50) 219–23 [~]. — Geschichte und Bedeutung des Studiums der funktionellen organischen analytischen Chemie bei der Ausbildung an der Universität [1]): **58** ('51) 509–13 [~].

Mit: [1]) R. C. D'Alessio de Carnevale Bonino; [2]) F. Tayeau; [3]) M. Juan.

VI **De SANCTIS,** Pietro Maria Biagio Giovanni Adolfo. Math. — 1908–36 Segretario, Pontificia Accad. dei Nuovi Lincei, Roma. — Numerose decorazioni papali, italiane e straniere.
*1867, Febr. 3, Roma;
†1957, Jan. 15, Roma.

Zur Biogr. Annuario pontificia Accad. Sci. 1.1936/37 ('37) 15–18 (m. Bildn., Faks. u. Schr.-verz.).

IV–VI **SAND,** Henry Julius Salomon. Chem. (anorg., Elektrochem.). — 1914–21 Senior Lecturer, '21–38 Recognized Teacher and Head of the Departm. of Inorganic and Physical Chem., Sir John Cass Technical Inst., London.
*1873, Dez. 7, Dundee;
†1944, Okt. 18, Nottingham.

Nekr. *J. G. Fife, J. chem. Soc., London **1945**, 75. — *A. L. Lindsey, Nature [London] **154** ('44) 696f.

W. Electrochemistry and electrochemical analysis; a theoretical and practical treatise for students and analysts, **1**: Electrochemical theory (London–Glasgow '39, NewYork '40) 133 S.; **2**: Gravimetric electrolytic analysis and electrolytic Marsh tests ('40, '41) 149 S.; **3**: Electrical methods applied to titration, moisture determination and pH measurement ('41, '42) 118 S.; Neuaufl.: **1–3** (London–Glasgow '43).

Analyst Simplifications in the method of separation of metals by graded potential [1]): **59** ('34) 328–35. — Electrolytic analysis of certain alloys of antimony, copper and tin [1]): 335–38. — The application of controlled potential to microchemical electrolytic analysis [1]): **60** ('35) 739–43.

Electrical Rev. Chemical analysis, 1: Polarographic theory and procedure: **131** ('42) 297–300; ~ 2: Titration procedure and gravimetric separation: 328–30.

Metallurgia [Manchester] Microelectrolytic methods of chemical analysis: **30** ('44) 107–09.

Nature [London] The sign and symbol of heat of reaction: **140** ('37) 809f.

Mit: [1]) A. J. Lindsey.

VI **ŠANDERA,** Karel. Chem. (physikal.); Lebensmitteltechnol. (Zuckerforschung). — 1925–31 Adjunkt, '31–40 Leiter d. physikal.-chem. Abtlg., '40–45 stellvertr. Dir., '45–58 Dir., Forschungsinst. f. d. Zuckerindustrie, Praha; '47–52 Doz., '52–59 Prof., '52–53 Prodekan u. '53–54 Dekan d. Fak. f. Lebensmitteltechnol., '55–57 Prorek-

Bitte Anmerkung auf Seite 4201 beachten!

tor f. Forschung, Chem.-Technol. Hochsch. Praha; '55 Dr. d. chem. Wiss., Tschechoslowak. Akad. Wiss.; '45–48 Generalsekretär, '49–52 Ratsmitgl., Masaryk-Akad. d. Arbeit, Praha. — '48 Zivilverdienstorden (Volksrepubl. Bulgarien); '54 Orden der Arbeit (ČSR).

*1903, Jan. 25, Mohelno, Mähren;
†1959, Juli 8, Praha.

Zum 50. Geb.tag Listy cukrovarnické **69** ('53) 4f.

Nekr. *F. Čůta, Věstn. Českoslov. Akad. Věd **68** ('59) 623–37 (m. Schr.verz.). — *G. Janiček, Chemické Listy **53** ('59) 1298f. — *J. Vašátko, Chemické Zvesti **13** ('59) 495–97 (m. Schr.verz.). — Listy cukrovarnické **75** ('59) 169–71 (m. Bildn.). — *R. Bretschneider, ibid. 193–200 (m. Schr.verz.). — *M. Z. Chelemski, ibid. 201f. — Sborn. vysoké Školy chem.-technol. v Praze, Oddíl Fak. potravin. Technol. **4** II ('60) 5. — Sucrerie belge **79** ('59/60) 82. — Z. Zuckerindustrie **9** ('59) 473 (m. Bildn.). — Zucker **12** ('59) 495.

H. O úkolech potravinářské mikrobiologie. Sborník statí z konference pořádané Československou vědeckou technickou společností pro potravinářský průmysl ve dnech 11.–13. prosince 1956 v Praze (Praha '57) (Knižnice Vědeckých technických společnosti pri ČSAV, 43).

MH. (Mitbearb.) Závady při výrobě cukru; boj za produkci a zpracování cukrovky bez poruch a ztrát (Praha '56). — Potravinářský kalendář 1961 (Praha '60).

MHZ. Sborn. vysoké Školy chem.-technol. v Praze, Oddíl Fak. anorg. a org. Technol. **1** ('57)–3 ('59). — Sborn. vysoké Školy chem.-technol. v Praze, Oddíl Fak. potravin. Technol. **1** ('57)–3 ('59). — Sborn. vysoké Školy chem.-technol. v Praze, Oddíl Fak. Technol. Paliv a Vody **1** ('57)–3 ('59).

S. Proc. 4th Congress of the International Society of Sugar Cane Technologists, San Juan, Puerto Rico, 1932 (San Juan, P. R. '32) Bull. Nr. 62: Contributions to the study of crystallization of sucrose. — 4e Congrès international technique et chimique des industries agricoles, Bruxelles 1935, **1** (Bruxelles '35) Q 2 D: Application de la conductométrie aux analyses de produits agricoles (6 S.); Q 6 C: L'évaporation sous pression avec et sans dernier corps régulateur (4 S.); **2** ('35) 69–80: Le dosage conductométrique des cendres du jus de betteraves [27])[20]). — *W. Böttger, Physikalische Methoden der analytischen Chemie, **2** (Leipzig '36) 55–98, [2]('49) 65–119: Angewandte Konduktometrie. — C. R. 5e Congrès international technique et chimique des industries agricoles, Schéveningue 1937, **1** ('s Gravenhage '37) 578–84: Die Kristallisation des Zuckers in der Fabrik; Kornbildung durch Animpfen []. — Tovární výroba cukru řepového a jiných uhlohydrátů, **2**: Zpracování řepy v cukrovaru (K. Andrlík, V. Konn) (Praha '40) (Chemická technologie II, 2.3) 1101–93: Verkochen der Füllmassen in der Rohzuckerfabrik [tschech.]. — Az 1. Mezőgazdasági és élelmiszeripari nemzetközi tudományos kongresszus Elöadásai, Budapest 1954 (Budapest '55) 104–23: Neue physikalisch-chemische Verfahren in der Biologie und in der Lebensmitteltechnik [ungar. m. deutscher Zusammenfassg. S. 366–69] [5]). — Sborník cukrovarnicko-řepařské konference v Praze 1955, **2** (Praha '57) 724–54: Die technologische Qualität der Zuckerrübe [tschech.] [5]); 917–25: Zentrale und örtliche Summierungs- und Registrierungskontrolle [~] [5]). — Základy cukrovarnictví, **2**: Výroba surového cukru a vedlejších produktů (Praha '57) 128–222: Rohzuckerfabrikate [tschech.] [14]); [**1** und **3** siehe unten bei **W.**]. — C. R. 22e Congrès d'hiver de l'Institut International de Recherches Betteravières, Bruxelles 1959 (Tirlemont '59) 14e Communication: Les résultats des essais avec la graine de la betterave [auch engl.] [5]).

W. Surovárenské cukroviny. Technologie, kontrola, tepelná technika a teorie sváření (Praha '35) 136 S. — Výpočty a znázorňování v keramice (m. R. Bárta) (Praha '37) 128 S. (Masarykova akademie práce, Spisy odborné, 46). — (Bearb.) Oleje a tuky v cukrovarnictví (Praha '40) 73 S. — (Bearb.) Cukrovarnictví 1942 v přednáškách (Praha '43) 176 S. — Polarisační přístroje v analytické, tovární a vědecké laboratoři (Praha '45) 71 S. — Konduktometrie (Praha '49) 74 S. (Chemická technologie, VI: Technické rozbory, 1,4). — Kontrola cukrovarnické výroby, **1**: Tepelné hospodářství (m. anderen) (Praha '51) 251 S. (Knižnice potravinářského průmyslu, 30. Skupina cukrovarnických příruček, 1). — Cukrovarnické výpočty (m. J. Pucherna) (Praha '51) 168 S. (~ 35, ≈ 2). — Ochrana sklizené řepy (m. M. Drachovská u. a.) (Praha '51) 167 S. (~ 37, ≈ 3). — Potravinářské tabulky. Všeobecné a cukrovarnické tabulky (m. M. Drachovská, J. Hrubíšek) (Praha–Brno '52) 865 S. (~ 46). — Ochranou cukrovky k větši výtěžnosti cukru. Instrukce k ochraně, sklizené cukrovky na rok 1953 (m. M. Drachovská u. a.) (Praha '53) 128 S. — Základy cukrovarnictví, **1**: Výroba cukru v poli (m. M. Drachovská-Šimanová, V. Stehlík u. a.) (Praha '55) 241 S.; **2**: [siehe oben bei **S.**]; **3**: Cukrovarnická energetika a výpočty (m. K. Číž, V. Sázavský) (Praha '61) 274 S. — Konduktometrie (m. M. Drachovská) (Praha '57) 341 S. — Řepařsko-cukrovarnické pokusnictví a thematika, **1** (m. M. Drachovská-Šimanová, V. Žák) (Praha '58) 276 S. — Fysiologie cukrovky (m. M. Drachovská) (Praha '59) 480 S. (Práce ČSAV, Sekce biologicko-lékařská, Studie a prameny, 33). — Analytika cukrů. Metodické základy a laboratorní příručka (m. V. Sázavsky) (Praha

Bitte Anmerkung auf Seite 4201 beachten!

'59) 533 S. — Rukověť potravinářské analytiky (m. G. Janíček, B. Hampl) (Brno '62) 740 S.

Bull. Assoc. Chimistes Emploi du Collactivit dans la fabrication du sucre: **54** ('37) 400–12.

Československá Biol. Konduktometrische Charakteristik von Hefesuspensionen [5]): **4** ('55) 542–49 [tschech.].

Chemické Listy Vědu a Průmysl Die Octaacetylsaccharose: **33** ('39) 139–41. — Automatische konduktometrische Titration: **34** ('40) 79–81. — Die Konduktometrie in der Analyse organischer Verbindungen: **42** ('48) 90–92. — — Alle Arbeiten tschech.

Chemické Zvesti Qualität und Verarbeitung der Zuckerrübe [5]): **9** ('55) 108–28 [tschech.].

Chemický Obzor Anwendung der Konduktometrie in der technischen Chemie: **7** ('32) 173–75. — Analyse organischer Flüssigkeiten mit Hilfe der konduktometrischen Methode: 268–71. — A rapid conductometric method for the detection of chemical preparation of cacao powder [16]): **8** ('33) 49–52 [m. engl. Zusammenfassg.]. — Offizielle Einführung eines neuen Hundertpunktes von Keilpolarimetern und seine Bedeutung für die Analytik und für wissenschaftliche Messungen: 244f. — Künstliche Radioaktivität: **9** ('34) 146f. — Die Aufgaben des Chemieingenieurs im Betriebsluftschutz: **13** ('38) 208–11. — Selbsttätige Verfolgung der chemischen Reaktionen: **14** ('39) 89f. — Die elektrische Leitfähigkeit der Suspensionen von gesunden und beschädigten Hefen: 111–15. — Konduktometrische Bestimmung des Salzgehaltes in Mineralwässern: 150–52. — Industrielle Wärmewirtschaft: **15** ('40) 39–42. — Aus der Laboratoriumspraxis: Sicherungsventil beim Absaugen von Sedimenten: **16** ('41) 55. — Rübenzucker in den Problemen der Wissenschaft, der Technologie und der Wirtschaft: 86–91. — Konduktometrie bei der Wasseranalyse: **17** ('42) 21–23. — Die Zuckerkampagne 1942: 224f. — Interessantes bei der Zuckerfabrikation: **18** ('43) 141f. — Die Saccharose-Inversion in der chemischen Produktion: 178–81. — Qualitative Reaktionen an Metallen in feuchter Luft: **19** ('44) 57–59. — Nutsche zur Probenentnahme: **20** ('45) 42f. — Trocknungsglühlampe im chemischen Laboratorium: 162–65. — Die tschechoslowakische Zuckerindustrie nach dem zweiten Weltkrieg: **22** ('47) 171–75. — — Alle Arbeiten tschech.

Chemiker-Ztg. Eine einfache Chinhydronelektrode: **57** ('33) 303.

Chimie et Industrie L'analyse des substances organiques liquides par la méthode conductométrique: **29** ('33) No. spéc. 6 bis, 231–34. — Cristallisation du sucre de betterave: 1147–50.

Collection czechoslov. chem. Commun. Conductometric determination of soluble ash: **11** ('39) 569–72.

Gazeta cukrownicza Abhängigkeit der Zuckerproduktion vom Rübenertrag und vom Zuckergehalt der Rüben [5]): **59** ('57) 147–49 [poln.].

Industria saccarifera ital. Entità, importanza e controllo delle perdite biologiche della produzione dello zucchero [5]): **52** ('59) 180–96. — Basi statistiche, biologiche e chimico-fisiche della valutazione della bietola di zucchero [5]): **53** ('60) 139–52, 241–56.

International Sugar J. Determining supersaturation in pan-boiling control: **38** ('36) 271. — Analysis and evaluation of refined sugars: **39** ('36/37) 38S–40S. — Dissolution time of pressed and cast refined sugars [14]): 113. — Use of "Collactivit" in the sugar industry: 235f. — Deposits on the steam side of the heating bodies of [sugar-factory] evaporators: 236. — Measuring flow through a layer of sugar crystals [14]): 280. — Influence of warming and storage on solubility of tablet sugar [14]): 358. — Affinability test of raw sugar by crystal classification [14]): 359.

Listy cukrovarnické Tschechische Fassung aller Arbeiten, die unter "Z. Zuckerindustrie čecho-slovak. Republ." bzw. "Z. Zuckerindustrie Böhmen und Mähren" zitiert sind. — — Ferner: Die Bedeutung der Affinierbarkeit der Rohzucker für die Zukkerfabrik und für die Raffinerie: **50** ('31/32) 120–22. — Bemerkung zu einer Arbeit von J. Šána: Entfärbung von Zuckerfabrikslösungen mit Aktivkohle unter Zusatz von Filtrationsstoffen: 564. — Physikalisch-chemische Kontrollmethoden in der Zuckerindustrie: **52** ('33/34) 74f. — Kohlenkosten, Wasser und Isolation in der Zuckerindustrie: 338–40. — Gegenwartsprobleme der Zuckerkochung: 371–74. — Aktuelle Probleme der Konduktometrie in der Zuckerfabrik: **53** ('34/35) 65–67. — Die Verhinderung der Inkrustierung: 381–83. — Das Problem der Denaturierung von Rohzucker: 383–85. — Sudmeisterlehrgänge und Wärmebilanz der Zuckerfabrik: 397f. — Durch den Markt gegebene Probleme der Zucker- und Melasseproduktion: **54** ('35/36) 51–53. — Bericht über den Verlauf des 4. Internationalen Kongresses für technische Chemie der Landwirtschaftsindustrie [31]): 187. — Bericht über den 2. Sudmeisterlehrgang für fortgeschrittene technische Beamte in Němčice n. H., 10.–14. 11. 1935: 188. — Scheinbare Dampfeinsparungen in der Zuckerfabrik (Bemerkungen zu einem Aufsatz von J. Smékal) [21]): 381–83. — Bericht über den Vortragskursus für technische Beamte in Prag 1936 [26]): 383f. — Zukkerhaltige Futtermittel: 433–35. — Bericht über den 9. Internationalen Kongreß für Standardmethoden der Zuckeranalyse in London 1936 [31]): **55** ('36/37) 22–24, 32. — Bericht über den 3. Sudmeisterlehrgang für technische Beamte der Zuckerfabriken in Němčice, 11.–15. 11. 1936: 135f. — Wiederkehr der

Bitte Anmerkung auf Seite 4201 beachten!

normalen Nachproduktarbeit?: **56** ('37/38) 69f. — Bericht über den Verlauf der Kampagne 1938/39 in der Tschechoslowakei, 2: Filtration, Verdampfung, Verkochen, Kristallisation sowie Wärme- und Erzeugungsbilanz: **57** ('38/39) 202–16 [m. deutscher Zusammenfassg.]. — Die Klassifizierung von Puderzucker: 263–65 [~]. — Kautschukdichtungen in der Zuckerindustrie [14]): **58** ('39/40) 21–26 [~]. — Die konduktometrische Überwachung der Reifung von Nachproduktfüllmassen [14]): 41–45, 247–51 [~]. — Filtrationszellulose in der Zuckerindustrie [14]): 61–65. — Die Denaturierung des Rohfutterzuckers in den Jahren 1938 und 1939: 83–86. — Affinierbarkeit und Klassifizierung nach der Korngröße bei Rohzuckern aus der Kampagne 1939/40 [14]): 139–43 [m. deutscher Zusammenfassg.]. — Bedeutung der Konzentration des Diffusions- und Dünnsaftes für die Wärmewirtschaft und die Kontrolle der Zuckerfabrik [,1]: 151–57 [~]. — Die Kampagne 1939/40 in Böhmen und Mähren. Filtration, Verdampfung, Verkochen, Kristallisation, Wärme- und Erzeugungsbilanz: 185–98 [~]. — Ausbeute und Kristallgehalt in Raffineriefüllmassen: 211–18 [~]. — Eine Preßnutsche für die Füllmassen: 218f. [~]. — Wärmeersparnis in der Praxis in Zahlen: 293–96. — Die Haltbarkeit der Affinade bei der Beförderung und Lagerung: 321–24 [m. deutscher Zusammenfassg.]. — Der Zucker im Lager, die relative Luftfeuchtigkeit und der Taupunkt: **59** ('40/41) 185f. — Korrektionstabelle für die auf 17,5 °C statt auf 20 °C geeichten Dichtemesser: **61** ('42/43) 7f. — Der Wärmeinhalt des Wasserdampfes: 36. — Eine Orientierungsanalyse von Aktivkohle: 85f. — Die Zuverlässigkeit der Kampagnenstatistik: **62** ('45/46) 16–20. — Die technische Vorbereitung der Kampagne: 27–30. — Filtrationsgewebe in der Kampagne 1943/44: 47–53. — Verderb der Melasse durch Selbstzersetzung: 57–59. — Widerstandsfähigkeit und Festigkeit von Papiersackgeweben [2]): 65–72. — Einheitliche Maße und Gewichte in der Zuckerindustrie: 87f. — Die Kampagne 1944/45 in Böhmen und Mähren. Filtration, Verdampfung, Verkochen, Kristallisation, Wärme- und Erzeugungsbilanz: 186–94. — Zwischen zwei Kampagnen: **63** ('46/47) 46–48, 128–31. — Die Klassifizierung des Korns des Raffinadekristalls [2]): 51f. — Die Lagerung der Kohle in Zuckerfabriken: 113–15. — Der Zucker in der menschlichen Ernährung: 115f. — Rendement und Ausbeute: 141f. — Die diesjährige Vorbereitung der Kampagne und die Minderung von Verlusten: **64** ('47/48) 46f. — Die tschechoslowakischen Zuckerfabriken vom technischen Gesichtspunkt: 110f., Diskussion: 118f. — 25 Jahre Forschungsinstitut für die tschechoslowakische Zuckerindustrie, ein halbes Jahrhundert systematische Forschung auf dem Gebiet der Zuckerindustrie [12]): **65** ('48/49) 18–20. — Die Ursachen einer Explosion in einer Verdampfanlage nach der Kampagne [5])[21]): **66** ('49/50) 118–20. — Die Glutaminsäure, 2: Bedeutung und Produktionsmöglichkeiten in der Zuckerindustrie: 199f. — Die Veränderungen der technologischen Qualität der Rübe beim Lagern [5]): **67** ('51) 119–24. — Die technologische Qualität der Zuckerrübe, die Zusammensetzung des Dicksaftes und die Melassegewinnung: **68** ('52) 83–88. — Die Bedeutung des Regierungsdokuments über die Rübe vom 11. 3. 1952 für die diesjährige Kampagne [5])[23]): 185–87. — Diesjährige Probleme des Schutzes der geernteten Zuckerrüben [5])[23]): 187–89. — Der Schutz der geernteten Zuckerrüben: 243–45. — Übersicht über die Überwachungsmöglichkeiten in der Zuckerindustrie: **69** ('53) 155f. — Bestimmung der Farbe von Raffinaden [14]): 196–98. — Kontrolle der Arbeit in der Zuckerfabrik durch Berechnungen [14]): 224f. — Forschung und Praxis auf dem Gebiet der Rübenzukkerfabrik [5])[32]): **70** ('54) 2–5. — Die Berechnung der Weißzucker- und Melasseausbeute entsprechend der Analyse [5]): 6–9. — Oberfläche, Form und Größe der Zuckerrübe [29]): 32f. — Die Gewinnung von kohlensaurem Futterkalk in Zuckerfabriken: 57–59. — Die optimale Alkalität der Endsaturation: 81–83. — Diskussion der Qualitätskennziffer bei der Zuckerrübe [5]): 149–52. — Bestimmung der Wasserzugabe zu Nachproduktfüllmassen: 174–76 [m. deutscher u. russ. Zusammenfassg.]. — Erzeugung von Zukkerrohmasse mit hohem Rendement [3]): 203–05. — Das Atmen der geernteten Zuckerrüben [5]): **71** ('55) 27–29. — Konduktometrische Überwachung der Saftdiffusion: 32–34. — Zugabe von Aktivstoffen zu den Nachproduktfüllmassen [14]): 37–40. — Klassifizierung des Grades des Befalls der Zuckerrübe durch die Cercosporiose gemäß der elektrischen Leitfähigkeit und den Ablaugen [5]): 65–67. — Die Auslaugung des Zuckers aus der Zuckerrübe [5]): 166–69. — Der Einfluß der Erntezeit auf den Zukkerrübenertrag. Bemerkungen zu den Ertragsschätzungen [5]): 183–85. — MB-Faktor zur Unterscheidung der Zuckerrüben, Halbzuckerrüben und Futterrüben [5]): 209. — Tschechoslowakische Melassen aus den Kampagnen 1953 und 1954, 3: Der Begriff "normale" Melassen [14])[8])[7]): 261–65. — MB-Faktor zur Charakterisierung des Reifegrades, der Entwicklung der Rübe und zur Bewertung einzelner Teile der Rübenwurzel [5]): **72** ('56) 29–31. — Konduktometrischer Nachweis vergärbarer Zucker [5]): 173–75. — Die Beziehung zwischen der Erzeugung von Weißzucker, Zuckerrübe und Zuckergehalt [5]): 199–201. — Technologische Qualität kranker Zuckerrüben [5]): 221–24. — Aschenkoeffizient der Melasse [14]): 243–46. — Technologische Rübenqualität in Abhängigkeit von Boden- und klimatischen Bedingungen [5]): **73** ('57) 55–58. — Der 250. Jahrestag der Gründung der Tschechischen Technischen Hochschule in Prag: 77f. — Morphologie der Zuckerrübe, die Qualität der Rübenschnitzel und die Diffusion [5]): 79–84 [m. deutscher Zusammenfassg.]. — Produktion von Diffusionssaft [30])[4])[5]): 145–54. — Beurteilung von Zukkerrübenfeldversuchen [5]): 283–85. — Die Kapazität der Diffusionsbatterie: **73** ('57) Beilage "Informační služba", S. 39. — Biologische und technologische Voraussetzungen für die Erzeugung und die Qualität der Melasse, 1: Technologische Wege zur Erniedrigung der Produktionskosten und zur Erhöhung der Qualität [14]): **74** ('58) 15–18; ~ 2: Biologische und technologische Einflüsse auf die Produktion der Melasse [5]): 19–21. — Das Austrocknen der Zuckerrübe [5]): 29–35. — Zuckerrendement und Affinationsausbeute [14]): 35–38. — Tschechoslowakisch-sowjetische Zusammenarbeit in der Zuckerindustrie: 241. — Diffusionsraum und Verdampfungsfläche: **74** ('58) Beilage "Informační služba", S. 8. — Internationale Zusammenarbeit beim Schutz der geernteten Rübe [5]): **75** ('59) 75–78. — Zuckerverluste in der Melasse und Zusammensetzung der Zuckerrübe [5]): 79f. — Zusammenhänge zwischen der Trockensubstanz und der Digestion des Rübenbreies [22]): 80f. — Auflösung von Nachprodukten [22])[24]): 81f. — — Alle Arbeiten tschech.

Neumannův cukrovarnický Kalendař Kurzer Auszug aus den Gesetzen und Verordnungen der ČSR über den Betriebsluftschutz in Zuckerfabriken: **1938**, 628–34 [tschech.].

Preslia [Praha] Neue physikalisch-chemische Methoden in der Biologie: Konduktometrie [5]): **27** ('55) 354–67 [tschech. m. deutscher u. russ. Zusammenfassg.]. — Anwendung konduktometrischer Verfahren in der Phytopathologie [5]): **30** ('58) 357–.

Průmysl Výživy Charakteristik der Zuckerfabrikskampagne 1949/50: **1** ('50) 92 [tschech.].

Průmysl Potravin Aussichten und Problematik der Forschung in der tschechoslowakischen Zuckerindustrie: **2** ('51) 74–77. — Technische und sensorische Methoden der Qualitätskontrolle. Objektive und subjektive Prüfungen in der Lebensmittelindustrie: 176–78. — Mechanisierung im Rübenbau und in der Zuckerindustrie [5]): **3** ('52) 60–63. — Wege und Möglichkeiten des sowjetischen Lebensmittelforschungswesens: 154–56. — Mikrobiologische Verluste bei der Zuckerfabriksdiffusion: 486f. — Abhängigkeit der Kampagneergebnisse von der Landwirtschaft: **4** ('53) 105–08. — Organisationsprinzipien als Voraussetzungen für die Erfolge der sowjetischen Lebensmittelforschung: 253–55. — Sowjetische Erfahrungen helfen unserer Forschung: **5** ('54) 482f. — 10 Jahre Lebensmittelfachschulwesen: **6** ('55) 233–35. — Der 25. Jahrestag der Gründung des Leningrader Technologischen Instituts für Lebensmittelindustrie, der Hochschule für Lebensmittelindustrie in Leningrad: **7** ('56) 337f. — Die Einführung der Biologie in die Lebensmittelindustrie [6]): **10** ('59) 227–30. — — Alle Arbeiten tschech.

Przemysł spożywczy Die Anwendung der Membrankonduktometrie in der Biologie [5]): **12** ('58) 367–72, 395–98 [poln.].

Bitte Anmerkung auf Seite 4201 beachten!

Sborn. českoslov. Akad. zemědělsk. Věd, Rostlinna Výroba Eine Laboratoriumsmethode zur Unterscheidung des "jarowisierten" und des normalen Zuckerrübensamens [5]): (N.S.) **4** ('58) 571–76 [tschech.]. — Membrankonduktometrie in der Phytopathologie [5]): **5** ('59) 365–72 [].

Sborn. vysoké Školy chem.-technol. v Praze, Oddíl Fak. potravin. Technol. Topographische Diagnostik und bevorzugte Adsorption in der Lebensmittelindustrie [5]): **1** ('57) 321–35. — Statistische, biologische und physikalisch-chemische Grundlagen der Bewertung der Zuckerrüben [5]): 337–72. — Membranleitfähigkeit in der Lebensmittelindustrie [5]): **2** ('58) 325–68. — — Alle Arbeiten tschech.

Za Socialistické Zemědělství Annahmebedingungen für die Rüben im Hinblick auf die Mechanisierung bei der Ernte und beim Transport [5]): **4** ('54) 707f. — Bemerkungen zur Mechanisierung der Zukkerrübenernte und zur Frage des Krautabköpfens nach dem sogenannten Pommritzer Verfahren [5]): 717f. — Neue Gesichtspunkte bei der Bewertung der Zuckerrübe [5]): **5** ('55) 917–21. — — Alle Arbeiten tschech.

Za Socialistickou Vědu a Techn. Aussichten der Zuckerindustrie in der ČSR [5]): **4** ('54) 465–67 [tschech.].

Věstn. české Akad. zemědělské Einfluß der Rübe auf die Kampagne 1942: **19** ('43) 350–52 [deutsch u. tschech.].

Za Vysokou Úrodu Möglichkeiten der Rübenannahme entsprechend der Qualität [5]): **10** ('54) 303 [tschech.].

Výživa Lidu Der Zucker in der menschlichen Ernährung: **1** ('46) 299f.

Z. analyt. Chem. Rasche Bestimmung von Schwefelsäure und Salzsäure nebeneinander mittels konduktometrischer Neutralisationsanalyse [25]): **117** ('39) 265–68.

Z. Zuckerindustrie česko-slovak. Republ. Der Einfluß von Melassezusatz auf den Verlauf der Scheidung des Diffusionssaftes: **56** ('31/32) 364–67. — Bericht über den Verlauf der Kampagne 1931/32 in der Tschechoslowakei, 2: Filtration, Verkochen, Kristallisation, Wärme- und Erzeugungsbilanzen: 376–82. — Bestimmung des Volumgewichtes der Saccharose [26]): 396–99. — Bericht über die Überprüfung der Rohzuckertypen der Prager Waren- und Effektenbörse: 417–21. — Überprüfung des optischen Drehungsvermögens der tschechoslowakischen Standardquarzplatten [19]): 473–80. — Mechanische Eigenschaften gegossener und gepreßter Raffinadeware [33]): 481–84. — Eine vereinfachte konduktometrische Methode zur Bestimmung der Affinierbarkeit von Rohzucker: 549–55. — Eine einfache Einrichtung zur Bestimmung der Trübung in den Säften und Lösungen der Zuckerfabrikation: 565–68. — Volumgewichte der tschechoslowakischen gegossenen und gepreßten Raffinadewaren [28]): 57 ('32/33) 9–11. — Bericht über den Verlauf des 8. Internationalen Kongresses zur Bestimmung einheitlicher Methoden der Zuckerfabriksanalytik [9]) [21])[31]): 33–36. — Die Beständigkeit des Drehvermögens von Kontrollquarzplatten: 41–44. — Vorschlag zur einheitlichen Bestimmung der Farbe in der Zuckerfabrikation: 44–48. — Bemerkungen zur Methodik der konduktometrischen Affinierbarkeitsbestimmung von Rohzucker [18]): 57–59. — Eine einfache Methode zur Unterscheidung von Raffinerie- und Rohzuckerfabriksmelasse: 65f. — Eine rasche refraktometrische Methode zur angenäherten Zukkerbestimmung im Saturationsschlamm [26]): 145–48. — Die (Bestimmung der) Löslichkeitsdauer gepreßter und gegossener tschechoslowakischer Raffinade [,1] [14]): 217–21; ~ 2 [14]): 60 ('35/36) 233–36, 241–47; ~ 3: Der Einfluß des Feuchtigkeitsgehalts, des Trocknens und des Erwärmens [14]): 61 ('36/37) 25–28; ~ 4: Der Einfluß des Erwärmens und des Lagerns auf die Löslichkeitsdauer von Würfeln [14]): 171–76; ~ 5: Einfluß des Trocknens der Würfelstangen auf die Lösungsgeschwindigkeit der Würfel und deren Änderung beim Lagern [14]): 62 ('37/38) 57–61. — Laboratoriumsprüfung der mechanischen Eigenschaften des Spodiums: 57 ('32/33) 221–24. — Schaumbildung von Zuckerlösungen [14]): 286–90. — Über die Entfärbung von Zuckerlösungen in der Polarimetrie mit aktiver Kohle: 293–99. — Technologischer Bericht über die Raffinade-Kampagne in der Tschechoslowakei 1931/32: 309–13. — Die Kristallisation des Rübenzuckers: 333–37. — Bemerkungen zum neuen Vergällungsverfahren für Rohzucker zu Futterzwecken: 363f. — Bericht über den Verlauf der Kampagne 1932/1933 in der Tschechoslowakischen Republik, 2: Filtration, Verkochen, Kristallisation, Wärme- und Erzeugungsbilanz: 437–44. — Konduktometrische Methode zur Bestimmung von Alkalien in Kalk und in Kalkmilch: 58 ('33/34) 17–19. — Nasse und trockene Klärung von Zuckerlösungen zur Polarisation: 49–56. — Die spezifische Wärme von Zuckerlösungen: 69–72. — Fabrikversuche über die Reinigung von Diffusionssaft unter Zugabe von Melasse: 109–11. — Wärmeleitfähigkeit des Zuckers [14]): 145–48. — Das Feuchtwerden von Raffinade. Die Hygroskopizität des Zuckers: 161–66. — Versuche über die Bestimmung des Entfärbungsvermögens von Spodium [14]): 177–84. — Bestimmung der Viskosität von Zuckersäften und Sirupen in absoluten Einheiten [17]): 188–91. — Der Schmelzpunkt des Zuckers [14]): 193–98. — Einfluß der physikalischen Eigenschaften des Sirups und der Zuckerkristalle auf die Ergebnisse des Schleuderns [14]): 305–09. — Anwendung des Mikroprojektors zur Bewertung von Raffinadekristallen [14]): 321–24. — Über die optimalen Eigenschaften des Maischsirups für die Affination ohne Deckmittel [26]): 324–28, 335f. — Laboratoriumsversuche mit Filtrierkieselgur für die Zuckerindustrie [1]): 329–34. — Vergleich der Ergebnisse der Laboratoriumsmethoden zur Bestimmung der Affinierbarkeit von Rohzuckern mit der Affination in der Fabrikpraxis [14]): 357–63. — Filtrierkieselgure in der Zuckerfabrikation. Fabrikversuche: 59 ('34/35) 17–20. — Konduktometrische Methode zur Unterscheidung der Zuckerrübe von Halbzucker- und Futterrübe [27]) [20]): 25–32, 33–36. — Bericht über den Verlauf der Kampagne 1933/34 in der Tschechoslowakischen Republik, 2: Filtration, Verkochen, Kristallisation, Wärme- und Erzeugungsbilanzen: 113–15, 121–27. — Die Affinierbarkeit der tschechoslowakischen Rohzucker aus den Kampagnen 1932/33 und 1933/34 [14])[15]): 142–44. — Analyse und Eigenschaften des trockenen basischen Bleiacetats: 177–82. — Denaturierung des Rohzuckers zu Futterzwecken: 191f. — Wärmeverluste in der Zuckerfabrik. Isolierungen und Aluminiumanstriche: 193–98, 201–04. — Der Schmelzpunkt des Zuckers. Der Einfluß der Bestimmungsmethode auf die Ergebnisse [14]): 204–08. — Bericht über die praktische Übung der technischen Beamten im Kochen der Rohzuckerfabriksfüllmassen während der Kampagne 1934/35: 231f. — Wärmetechnologische und rechnerische Kontrolle der Arbeit in einer Verdampfanlage [21]): 233–40. — Obligatorische konduktometrische Aschenbestimmung bei Handelsanalysen von Rohzucker: Die Erfahrungen der ersten Kampagne (1933): 241–47; ~: Erfahrungen aus der zweiten Kampagne (1934): 60 ('35/36) 65–70; ~: Erfahrungen aus der dritten Kampagne (1935): 249–53. — Messung und Probenahme an der Verdampfanlage [21]): 59 ('34/35) 249–53. — Bericht über den Verlauf der Kampagne 1934/35 in der Tschechoslowakischen Republik, 2: Filtration, Verdampfen, Kristallisation, Wärme- und Erzeugungsbilanz: 332–36, 337–43. — Die Bestimmung der Salze (Aschesubstanzen) in Dünn- und Dicksäften [20]): 345–51, 353–55. — Bericht über die 2. Überprüfung der Rübenzuckertypen der Prager Waren- und Effektenbörse: 60 ('35/36) 41–46. — Konduktometrische Bestimmung der Rübenasche, 1: Bestimmung der Umrechnungsfaktoren für den Digestionssaft [20])[27]): 73–80; ~ 2: Zuverlässigkeit, Abweichungen und Korrelation der Umrechnungsfaktoren [20])[27]): 61 ('36/37) 9–16, 17–21; ~ 3: Die Bestimmung des löslichen Anteils der Carbonatasche (der Alkalien) [20])[27]): 33–38. — Die konduktometrische Kontrolle der Füllmasseverkochung: 60 ('35/36) 145–50, 153–56. — Bestimmung der Übersättigung bei der Kontrolle des Verkochens von Zukkerfüllmassen, 1: 177–82; ~ 2: 225–30. — Bericht über den Verlauf der Kampagne 1935/36 in der Tschechoslowakischen Republik, 2: Filtration, Verdampfen, Verkochen, Kristallisation, Wärme- und Erzeugungsbilanz: 337–40, 341–48, 349–53. — Konduktometrische Verfolgung der Konzentrierung von Säften und Klären: 61 ('36/37) 1–7. — Ablagerungen an der Dampfseite von Heizkammern: 110–12. — Analytische und technologische Bedeutung der Messung des Durchflusses durch eine Zuckerkristallschicht [14]): 145–51. — Über die Verwendung von Kollaktivit in der Zuckerfabrikation: 185–91. — Die Affinierbarkeit und die Klassifizierung der Rohzuckerkristalle nach der Korngröße [14]): 217–22. — Ergebnisse vergleichender Bestimmungen von Lösungsgeschwindigkeiten von Würfeln: 276–79. — Die Affinierbarkeit des Rohzuckers im Laboratorium und in der Praxis [14]): 405–11. — Bericht über den Verlauf der Kampagne 1936/37 in der Tschechoslowakei: Filtration, Verdampfen, Verkochen, Kristallisation, Wärme- und Erzeugungsbilanz und Ausbeute: **62** ('37/38) 1–8, 9–15. — Versuche zur Herstellung zuckerhaltiger Futtermittel: 17–21. — Laboratoriumsprüfung von Filterhilfsstoffen [14]): 65–68. — Annähernde Bestimmung der Farbe von Zuckersäften und -lösungen mit Hilfe eines Satzes von Minerallösungen [14]): 105–09. — Die Registrierung des Verlaufs der Füllmasseverkochung: 113–19. — Die Frage der Preisbewertung des Zuckers in der Melasse und im Rohzucker [10]): 132–36. — Entzündlichkeit der Melasse. Eine Erörterung der Frage der Möglichkeit und der Gefahr der Verbrennung von Melasse [26]): 145–50. — Die Bestimmung der Löslichkeitsdauer von Würfeln (in einer Gruppe von 10 Stück): 153–58. — Die Struktur der Würfel und anderer Raffinadeprodukte [11]): 297–304. — Bericht über den Verlauf der Kampagne 1937/38 in der Tschechoslowakei: Filtration, Verdampfung, Verkochen, Kristallisation, Wärme- und Erzeugungsbilanz: 321–28, 329–35, 337–40. — Verdampfung des Saftes mit einem Zusatz von aktiver Kohle und Kollaktivit [26]): 409–16. — Konduktometrische Kontrolle der ersten Saturation: **63** ('38/39) 25–29. — Durchfluß durch Kieselgur- und Aktivkohleschichten [14]): 139–44. — Kontrolle der Zuckerfabriks-Refraktometer [14]): 155–57. — Registrierung der Dichte des Dicksaftes: 270f. — — Dieselben Arbeiten in tschechischer Sprache im gleichen oder vorhergehenden Jahrgang von: Listy cukrovarnické.

Z. Zuckerindustrie Böhmen und Mähren Durchflußgeschwindigkeit des Saftes durch den Verdampfer: **64** ('40/41) 123–29. — Bedeutung der Diffusionssaft- und Dünnsaftkonzentration für die Wärmewirtschaft und Kontrolle der Zuckerfabrik, 2: 129–32. — Vergleichsversuche mit Scheiblerschen Faltenbeuteln [21]): 182–85. — Konzentration, Ausbeute und Wärmewirtschaft: 195–202. — Die Kampagne 1940/41 in Böhmen und Mähren. Filtration, Verdampfung, Verkochen, Kristallisation, Wärme- und Erzeugungsbilanz: 221–28, 229–36. — Die Entnahme von Kohlemustern in Zuckerfabriken: **65** ('41/42) 48–50. — Mikrokonduktometrische Messungen bei der Zuckerrübenprüfung: 67–71. — Prüfverfahren für Kolloidgraphitschmiermittel: 128–30. — Affinierbarkeit und Siebanalyse der Rohzuckermuster aus der Kampagne 1940/41 [14]): 173–78. — Wärmewirtschaftliche Berechnungen in gemischten Betrieben [21]): 237–42. — Die Kampagne 1941/42 in Böhmen und Mähren. Filtration, Verdampfung, Verkochen, Kristallisation, Wärme- und Erzeugungsbilanz: 267–76; **66** ('42/43) 1–5. — Textilit- und Papiergewebe als Unterlagsfiltertücher für die Schlammpressen nach der ersten Saturation: 31–35. — Einfluß der Säuren und der Bisulfite auf die Ausreifung der Nachprodukte: 65–69. — Umrechnung der Farbe der Säfte und Zucker: 127–30. — Der Zusammenhang zwischen dem Decken und den Affinationsergebnissen [14]): 157–61. — Ausbeuten der Raffinadefüllmassen in den Jahren 1940–1942: 187–89. — Erfahrungen mit Papiergewebe als Unterlagsfiltertücher auf Schlammpressen nach der ersten Saturation in der Kampagne 1942: 197–200. — Die Kampagne 1942/43 in Böhmen und Mähren. Filtration, Verdampfung, Verkochen, Kristallisation, Wärme- und Erzeugungsbilanz: 255–68. — Normung der in der Zuckerindustrie benutzten Filtergewebe, 1: Mit leinenen und leinbaumwollenen Filtertüchern 1940/41 gemachte Erfahrungen: **67** ('43/44) 1–6; ∼ 2: Gemisch von Baumwolle mit Zellwolle und rein leinene Filtertücher für die Versuchskampagne 1942/43 [13]): 15–22. — Bestimmung anderer reduzierender Stoffe neben Invertzucker: 157–60. — Die Kampagne 1943/44 in Böhmen und Mähren. Filtration, Verdampfung, Verkochen, Kristallisation, Wärme- und Erzeugungsbilanz: 247–59. — — Dieselben Arbeiten in tschechischer Sprache im gleichen oder vorhergehenden Jahrgang von: Listy cukrovarnické [außer **66** ('42/43) 197–200, **67** ('43/44) 1–6 u. 15–22].

Zbl. Zuckerindustrie Versuche und Berechnungen an Verdampfanlagen: **43** ('35) 278. — Registrierung der Dichte des Dicksaftes: **47** ('39) 313f. — Affinierbarkeit und Klassifizierung nach der Korngröße bei Rohzuckern aus der Kampagne 1939/40 [14]): **48** ('40) 225f. — Erfahrungen mit der Verarbeitung der Säfte in der Betriebszeit 1939/40 in Böhmen und Mähren: 401–03. — Bedeutung der Konzentration des Diffusions- und Dünnsaftes für die Wärmewirtschaft und Kontrolle der Zuckerfabrik: 426–28.

Živa [Praha] Die Kontaktphotographie in der Biologie [5]): **6** ('58) 76–78 [tschech.].

Zpráva výzkumn. Ústavu Průmyslu cukrovarnick. Čechy a Moravu v Praze Klassifikation von Zuckermehlen: **43** ('40) 1–3. — Kautschukdichtungen in der Zuckerindustrie: 65–70. — Konduktometrische Kontrolle der Reifung von Nachproduktfüllmassen, 1 [14]): 73–78. — Filtriercellulose in der Zuckerindustrie [14]): 95–100. — Affinierbarkeit und Klassifizierung nach der Korngröße bei Rohzuckern aus der Kampagne 1939/40 [14]): 135–40. — Bedeutung der Konzentration des Diffusions- und Dünnsaftes für die Wärmewirtschaft und Kontrolle der Zuckerfabrik: 147–52. — Betriebszeit 1939/40 in Böhmen

Bitte Anmerkung auf Seite 4201 beachten!

und Mähren. Verdampfung, Verkochung, Kristallisation, Wärme- und Erzeugungsbilanz: 179–93. — — Alle [?] Arbeiten tschech. m. deutscher Zusammenfassg.

Ber. Forschungsinst. Zuckerindustrie Böhmen und Mähren Prag Die Kampagne 1941/42 in Böhmen und Mähren. Filtration, Verdampfen, Verkochen, Kristallisation, Wärme- und Erzeugungsbilanz: **45** ('42) 11–17. — Mikrokonduktometrische Messungen bei der Zuckerrübenprüfung: 19–23. — Affinierbarkeit und Siebanalyse der Rohzuckermuster aus der Kampagne 1940/41 [14]): 49–54. — Wärmewirtschaftliche Berechnungen in gemischten Betrieben [21]): 93–98.

Zucker Die optimale Alkalität der letzten Saturation: **9** ('56) 511–13.

Zuckererzeugung Tausende Tonnen Zucker können durch richtiges Einlagern gewonnen werden!: **2** ('58) 107. — Prognose bei der Zuckererzeugung [5]): 129–31, 156–58.

Einige weitere Beiträge in Sammelwerken. — Ferner Ergänzungen ('37) zu dem mit V. Sázavský verfaßten Buch: Cukrovarnická analytika ('30) (vgl. Pogg. Bd. VI). — Publikationen von Lehrgangs- und Kongreßvorträgen.

Mit: [1]) J. Brabec; [2]) J. Brejníkova; [3]) J. Buriánek; [4]) K. Číž; [5]) M. Drachovská[-Šimanová]; [6]) J. Frágner; [7]) M. Friml; [8]) Z. Frimlová; [9]) F. Herles; [10]) J. Jaskolski; [11]) J. Jech; [12]) R. Kopecký; [13]) J. Kroftová; [14]) A. Mirčev; [15]) C. V. Mocker; [16]) V. Novák; [17]) K. Pátek; [18]) J. Šámal; [19]) J. Šána; [20]) M. Šanderová; [21]) V. Sázavský; [22]) L. Schmidt; [23]) R. Sedlák; [24]) F. Šmejkal; [25]) E. Sommer; [26]) V. Staněk; [27]) V. Stehlík; [28]) C. J. Stříbrný; [29]) M. Švecová; [30]) V. Valter; [31]) J. Vondrák; [32]) J. Votova; [33]) B. Zimmermann.

VI **SANDERS,** Carl Heinrich Ludwig. Astron. — 1926–31 Hauptassist., Univ.-Observat. Leiden.
*1864, Aug. 29, Rotterdam;
†1937, Juli 18, Den Haag.

Zur Biogr. *W. de Sitter, Short history of the Observatory of the University at Leiden, 1633–1933 (Haarlem '33) S. 45 (m. Bildn. S. 33).

Nekr. *G. van Herk, Hemel en Dampkring **35** ('37) 269–71 (m. Bildn.).

Bull. astron. Inst. Netherlands Occasional measurement of the Kostinsky-effect: **8** ('37) 130.

VI **SANDO,** Charles Earl. Biochem., Agrochem. — Until 1916 Stud., '20 Ph.D., Univ. of Maryland, Baltimore, Md.; '17–24 Junior Biochemist and '24–27 Assoc. Biochemist at various offices of U.S. Bureau of Plant Industry; '27–43 Senior Biochemist, Phytochem. Sect. of Food Research Divis., U.S. Bureau of Chem. and Soils ('39–43 U.S. Bureau of Agric. Chem. and Engng.); '43–45 Principal Biochemist, Industrial Engng. Divis., U.S. Office of Economic Warfare → Foreign Economic Administrat.; '45–47 Principal Biochemist, U.S. Departm. of Commerce; '47–49 Chemist, U.S. Bureau of Agricultural and Industrial Chem.; '49–54 Techn. Advisor, '54– Assist. Chief, Biological Sciences Branch, Marketing Research Divis., U.S. Agricultural Marketing Service. (☒)
*1894, Febr. 18, Bernville, Pa.

W. Embedding specimens in methacrylate resins; a selected list of references with annotations (m. G. R. Fessenden) (Washington, D.C. '42) 9 S. (U.S. Bureau of Agricultural Chemistry and Engineering, ACE-174). — Chemical research in Guatemala on Cinchona succirubra bark (Washington, D.C. '44) 82 S. (U.S. Foreign Economic Administration, Bureau of Supplies).

Canner Color in tomato products [3]): **77** ('33) Nr. 20, 12f.

Fruit Products J. and American Vinegar Industry Color in tomato products [3]): **13** ('33) 81f., 90.

J. agric. Res. Progressive changes in the cuticle of apples during growth and storage [2]): **46** ('33) 403–12.

J. biol. Chemistry The plant coloring matter robinin: **94** ('31/32) 675–80. — Further studies on the wax-like coating of apples [2])[1]): **98** ('32) 103–07. — The melting point of naturally occurring n-nonacosane [2]): **101** ('33) 431. — A contribution to the chemistry of tomato pigments. The coloring matter in American red and purple tomatoes (Lycopersicum esculentum) [3]): **104** ('34) 407–14. — Petroleum ether- and ether-soluble constituents of cranberry pomace [2]): **105** ('34) 643–53. — Pigments of the Mendelian color types in maize. Chrysanthemin from purple-husked maize [4])[6]): **109** ('35) 203–11. — Constituents of the wax-like coating of the pear, Pyrus communis L. [2])[1]): **111** ('35) 133–46. — Some chemical constituents of flowering dogwood (Cornus florida) [2])[3]): **114** ('36) 39–45. — Coloring matters of Grimes Golden, Jonathan and Stayman Winesap apples: **117** ('37) 45–56. — The wax-like constituents of the cuticle of the cherry, Prunus avium L. [2]): **119** ('37) 641–45. — Petroleum ether-soluble and ether-soluble constituents of grape pomace [2])[1]): **123** ('38) 641–54. — The probable identity of α- and β-linoleic acids [5])[8]): **127** ('39) 391–402. — Preparation, properties and thiocyanogen absorption of triolein and trilinolein [8])[5]): **132** ('40) 687–99.

Oil and Soap Molecular distillation and low-temperature crystallization of cottonseed oil and

Bitte Anmerkung auf Seite 4201 beachten!

the stability of the molecularly distilled fractions [5][7]: **17** ('40) 145–48. — Thiocyanogen values of the methyl esters of oleic and linoleic acids [5]: **18** ('41) 203–06.

Plant Physiol. Possible changes in the wax-like coating of apples caused by certain spray and other treatments [2]: **8** ('33) 475–78.

Mit: [1]) S. B. Hendricks; [2]) K. S. Markley; [3]) M. B. Matlack; [4]) R. T. Milner; [5]) R. W. Riemenschneider; [6]) M. S. Sherman; [7]) C. E. Swift; [8]) D. H. Wheeler.

V,VI **SANDONNINI,** Carlo. Chem. — 1907–12 Preparatore, '12– Aiuto e Libero Doc., '22–27 Prof. incar., '30–54 Prof. ord., '30–32 Dir. incar. dell'Ist. di Chim. farm., '32– Pres. della Fac. di Farm., '32– Dir. dell'Ist. di Chim. gen., '54–59 Prof. fuori ruolo, '59 Prof. emer., Univ. di Padova; '27–29 Prof. di ruolo non stabile e Dir. dell'Ist. di Chim. gen., Univ. di Ferrara. — '35 Cavaliere ufficiale della Corona d'Italia.
*1884, Okt. 25, Modena;
†1961, Dez. 11.

Nekr. *U. Croatto, Annuario Univ. Studi Padova **1962/63**, 3–16 (m. Bildn. u. Schr.verz. 68 Nrn.).

W. Lezioni di chimica generale. Neuaufl. (V. Scatturin, A. Fava) (Padova '51) 10+325 S. [Erstauflage als Vorlesungsskripte 1940 erschienen].

Annuario Univ. Studi Padova A. Mameli Mannessier†: **1943/44**, 183–85.

Atti reale Accad. nazion. Lincei, Rend. Trasposizioni nel nucleo del benzolo, 1: (6) **15** ('32) 99–103. — L'ossidazione delle sostanze organiche come mezzo di indagine sulla loro costituzione [3]: **19** ('34) 43–49. — Dealogenazione elettrolitica di sostanze organiche semplici, 1 [1]: **20** ('34) 334–40; ~ 2 [1]: **21** ('35) 30–35. — Elettrolisi del monocloruro di iodio in solventi diversi [1]: **25** ('37) 46–52.

Atti, Reale Ist. veneto Sci., Lettere ed Arti, Parte II Sostituibilità in orto ed in para [5]: **91** ('31/32) 765–80. — L'ossicloruro di solfo $S_2O_3Cl_4$ [2]: **97** ('37/38) 203–08. — Ripartizione di un metallo fra altri due non miscibili allo stato fuso [4]: **101** ('41/42) 169–78.

Atti, Ist. veneto Sci., Lettere ed Arti, Parte gen. e Atti uffic. Arturo Miolati†: **115** ('56/57) 33–41.

Chimica e Industria Elettrolisi di soluzioni di iodo in ioduro potassico: **19** ('37) 353–. — Mario Amadori†: **24** ('42) 32. — Antonio Manuelli: **35** ('53) 838–.

Ricerca sci. Il reparto di radiochimica dell'Istituto di Chimica Generale ed Inorganica dell'Università di Padova: **21** ('51) 234–.

Bitte Anmerkung auf Seite 4201 beachten!

Mit: [1]) V. N. Borghello; [2]) F. Dal Brollo; [3]) G. Giacomello; [4]) M. Moro; [5]) E. Socci.

V,VI **SANDSTRÖM,** Johan Wilhelm. Meteorol., Ozeanogr. — 1919–39 Dir., Meteorol.-Hydrograph. Staatsanst., Stockholm. (⊠)
*1874, Juni 6, Norra Degerfors, Västerbottens län;
†1947, Jan. 12.

Nekr. *E. Gold, Nature [London] **159** ('47) 395f.

Arkiv Mat., Astron. och Fysik Warm winters and cold winters in Scandinavia: **28A** ('42) Nr. 1, 3 S. — On the relation of the surface temperature of the sea to the air temperature: Nr. 13, 24 S. — The Gulf Stream and the weather: **30A** ('44) Nr. 18, 12 S.

Beitr. Physik der freien Atmosph. Über den Einfluß des Golfstromes auf das Wetter: **19** ('32) 22–26.

Bull., Assoc. int. Hydrol. sci. The snow cover in Sweden: **23**, 2 ('38) 123–32.

Gerlands Beitr. Geophysik Ein neuer Windmesser: **35** ('32) 82–86. — Die praktische Verwendung der Periodogramm-Analyse: **38** ('33) 64f. — Geophysische Untersuchungen im Nordatlantischen Meer, 1: **44** ('35) 81–85; ~ 2: 139–44; ~ 3: 300–05; ~ 4: Das Eis: **45** ('35) 1–4; ~ 5: Das Schmelzen des Eises: **48** ('36) 73–80; ~ 6: Sommerfahrt 1936: **49** ('37) 114–20; ~ 7: Golfstrom und Wetter: **53** ('38) 354–59.

Jorden runt Kreuzfahrt mit dem Schiff "Golfströmmen" zu Inseln des Nordatlantik: **1934**, 68–87 [schwed.]. — Zum Vatnajökull [Island] und zur Insel Jan Mayen: **1936**, 281–97 [~].

Kungl. svenska Vetenskapsakad. Handl. World temperature anomalies: **23** ('46) Nr. 4, 19 S. + 24 S. Diagramme.

Meteorologische Z. Über den Einfluß des Golfstromes auf den Luftdruck und die Luftbewegung in Europa im Winter: **51** ('34) 361–69.

Svenska turistfören. Årsskrift Der schwedische Winter: **1936**, 47 S. [schwed.].

Trans. amer. geophysic. Union The Gulf Stream and the weather: **29** ('48) 283–.

Ymer Das Meer und die Änderung des Klimas: **1** ('39) 58–62 [schwed.].

VI **SANDVED,** Karl Herman. Chem. (physikal.). — 1917–22 Stud., '23–29 Assist., '29–62 Doz., Norweg. Techn. Hochsch., Trondheim.
*1899, Nov. 29, Sauda;
†1968, Okt. 4, Trondheim.

Nekr. *H. Flood, Kongel. norske Vid. Selsk. Forh. **42** ('69) 32–42 (m. Bildn., Faks. u. Schr. verz.).

S. Norges Tekniske Høiskole. Avhandlinger til 25-årsjubileet 1935 (Trondheim '35) 209–24: The influence of ions upon the thermodynamic properties of non-electrolytes in non-aqueous solutions.

J. chem. Educat. "Heat and entropy" by H. H. Steinour. Letter to the editor [3]): **26** ('49) 288.

Kongel. norske Vid. Selsk. Forh. Mathematical treatment of the salting-out effect: **6** ('33) 90–93. — The solubility of iodine in sodium sulfate solutions: 142–45. — The polyhalide formation in saturated iodine solutions: 165–68. — On the influence of ionic strength upon protolytic equilibrium and acidity [5]): **10** ('37) 109–12. — On the interpretation of potentiometric titration curves in acid solvents [5]): 117–20. — On the kinetics of the reaction between sodium thiosulfate and hydrogen peroxide [4]): **11** ('38) 189–92. — On the application of the palladium hydride electrode in the potentiometric titration of bases dissolved in ethyl alcohol and acetone [2]): **12** ('39) 41–44. — On the mechanism of the reaction between quinone and sodium thiosulfate in neutral solutions [4]): **13** ('40) 9–12. — An analytical method for the determination of thiosulfate ions in the presence of iron cyanides [4]): 13–16.

Kongel. norske Vid. Selsk. Skr. The influence of ions upon the thermodynamic properties of non-electrolytes in non-aqueous solutions: **1935**, Nr. 15, 18 S. — A potentiometric investigation of organic bases dissolved in propionic acid [5]): **1938**, Nr. 7, 19 S.

Naturen Der Säure-Base-Begriff und seine Stellung im chemischen Unterricht: **57** ('33) 97–107 [norweg.]. — Neue Gesichtspunkte in der Säure-Base-Chemie: **64** ('40) 266–79 [~].

Tidsskr. Kjemi og Bergvesen Über den Säure- und Basebegriff nach modernen Anschauungen: **12** ('32) 113–16, 215–21 [norweg.]. — On reversible aquotization reactions within the cobaltammino group: **15** ('35) 21 f. — Das elektrolytische Leitvermögen im Lichte moderner Theorien: **16** ('36) 43–46 [norweg.]. — On two new compounds: $LiCl \cdot C_6H_4(NH_2)COOH$ and $LiCl \cdot C_6H_4(OH)COOH$ [6]): 115f. — A kinetic study of the reaction between potassium ferricyanide and potassium iodide in salt-buffer solutions [1]): **20** ('40) 72–78. — On the kinetics of the reaction between potassium ferricyanide and sodium thiosulphate [4]): 106–11.

Tidsskr. Kjemi, Bergvesen og Metallurgi Prof. dr. J. N. Brønsted†: **8** ('48) 25f. — Jacobus Henricus van't Hoff (1852–1952): **13** ('53) 3f.

Mehrere Skripten für Studenten der Norwegischen Technischen Hochschule: "Opgaver ved fysikalsk- og elektro-kjemisk laboratorium" (Trondheim '33); "Elektrolyse og polarisasjon" (Trondheim '36) 17 S.; "Litt om fysikalske konstanter, deres enhet og tallverdi" (Trondheim '44) 96 S.; "Fysikalske konstanter" (Trondheim '47) 137 S.; ferner Aufgabensammlungen in physikalischer und theoretischer Chemie (mit Lösungen).

Mit: [1]) O. Bøckman; [2]) H. Harang; [3]) H. Holten jr.; [4]) J. B. Holte; [5]) S. G. Terjesen; [6]) R. Veimo.

VI **SANDVIK,** Otto. Physik (Photographie, Film- u. Fernsehtechn.). — 1920 B.Sc., State Univ. of North Dakota, Grand Forks, N.Dak.; '24 D.Sc., Northwestern Univ., Evanston, Ill.; '24–32 Research Physicist, '32–51 Assist. Superintendent of the Physics Departm., '46– Head of Research on photographic aspects of motion pictures for television reproduction, '51–53 Assist. Head and '53–57 Head of the Physics Divis., Eastman Kodak Company's Research Laboratories, Rochester, N.Y.

*1893, April 13, Vaage, Norwegen; †1957, Okt. 8, Rochester, N.Y.

Nekr. *G. E. Matthews, J. Soc. Motion Picture and Televis. Engr. **66** ('57) 793 (m. Bildn.). — J. opt. Soc. America **48** ('58) 74, 200.

Abridged sci. Publ., Kodak Res. Labor. A continuous optical reduction sound printer [5]): **17**.1935 ('37) 79–85. — Motion-picture films for television [6]): **33** ('51) 257–59.

Analytical Chem. Instrument for measuring rheological properties of elastic fluids [2]): **19** ('47) 123–31.

J. Soc. Motion Picture Engr. A sound Kodascope [1]): **29** ('37) 539–47. — An investigation of the influence of the negative and positive materials on ground noise [3]): **35** ('40) 126–37.

Kinotechnik Analyse der Wellenform bei der Intensitäts-Aufzeichnung [4]): **15** ('33) 23–28. — Analyse der Wellenform von Transversal-Aufzeichnungen [4])[5]): **16** ('34) 75–80. — Neuere Untersuchungen des Nebengeräusches bei photographischen Tonaufzeichnungen [4])[3]): 162–65, 177–79. — Eine kontinuierlich laufende optische Tonkopiermaschine zum Verkleinern von Normal- auf Schmalfilm [5]): **17** ('35) 339–42.

Science et Industries photogr. Analyse harmonique des enregistrements photographiques de sons à densité variable [4]): **3** ('32) 434–40. — Etudes complémentaires sur le bruit de fond dans la reproduction photographique des sons [4])[3]): **5** ('34) 169–75.

Mit: [1]) E. C. Fritts; [2]) H. Goldberg; [3]) W. K. Grimwood; [4]) V. C. Hall; [5]) J. G. Streiffert; [6]) T. G. Veal.

IV–VI **SANFORD,** Fernando. Physik. — 1891–1919 Prof., '19 Prof. Emer., Leland

Bitte Anmerkung auf Seite 4201 beachten!

Stanford Jr. Univ., Palo Alto, Cal.; '20 Establisher of a terrestrial electric observat., Palo Alto, Cal.

*1854, Febr. 12, Taylor, Ogle County, Ill.;

†1948, Mai 21.

Publ. astron. Soc. Pacific On the localization of sun spot and floccular activity on the sun's surface: **47** ('35) 180–86. — Indications of a nine-day period in solar activity: **48** ('36) 266–69. — Cosmic radiation and solar activity: **49** ('37) 144f. — Localization of sun-spot activity on the northern and southern hemispheres of the sun: 200f. — Equatorial rotation of the solar surface: 331–34.

Science [USA] The spectrum of deuterium?: **80** ('34) 478. — "Roger Bacon was mistaken": **91** ('40) 384. — The active region on the sun's surface: **92** ('40) 309f. — The solar radiation constant and the active region on the sun: **94** ('41) 18.

Scientific Monthly Francis and Roger Bacon and modern science: **44** ('37) 440–52.

Smithsonian miscell. Collect. Influence of planetary configurations upon the frequency of visible sun spots: **95** ('36) Nr. 11, 5 S.

VI **SANFORD,** Raymond Laraway. Physik. — 1910–11 Labor. Assist., '11–18 Assist. Physicist, '18–19 Assoc. Physicist, '18–54 Chief of Magnetic Measurement Sect., '19–28 Physicist, '28–54 Senior Physicist, '50–54 Assist. Chief of Electricity and Electronics Divis., Nation. Bur. of Standards, Washington, D.C.; '20–48 Secretary, '48–54 Chairman, Committee A-6 on Magnetic Properties of the Amer. Soc. for Testing Materials. — '51 Meritorious Service Award (U.S. Departm. of Commerce).

*1884, Aug. 29, Auburn, N.Y.;

†1967, Apr. 27, Chevy Chase, Md.

Erfindungen Inventions in the field of application of magnetic measurements to nondestructive testing of ferrous materials.

Bur. Standards J. Res. A magnetic balance for the inspection of austenitic steel: **10** ('33) 321–26. — An apparatus for magnetic testing at high magnetizing forces [1]): 567–73.

J. Res. nation. Bur. Standards Prolonged tempering at 100 °C and aging at room temperature of 0.8 percent carbon steel [3]): **13** ('34) 259–66. — Drift of magnetic permeability at low inductions after demagnetization: 371–76. — Determination of magnetic hysteresis with the Fahy simplex permeameter [1]): **15** ('35) 517–22. — An alternating-current magnetic comparator, and the testing of tool-resisting prison bars: **16** ('36) 563–74. — An apparatus for magnetic testing at magnetizing forces up to 5,000 oersteds [1]): **23** ('39) 415–25. — A determination of the magnetic saturation induction of iron at room temperature [1]): **26** ('41) 1–12. — A permeameter for magnetic testing at magnetizing forces up to 300 oersteds [7]): **45** ('50) 17–21.

Circular, Nation. Bur. Standards Magnetic testing: C **415** ('37) 34 S.; C **456** ('46) 40 S. — Permanent magnets: C **448** ('44) 39 S.

Industrial Standardizat. and commerc. Standards Monthly Standard test methods check magnetic properties of materials: **9** ('38) 159–61.

J. Instn. electr. Engr. Non-destructive testing in the U.S.A. [5])[6]): **84** ('39) 565–79.

National Bur. Standards Monogr. Basic magnetic quantities and the measurement of the magnetic properties of materials [2]): **47** ('62) 3+36 S.

Proc. amer. Soc. Testing Mater. A correlation of some mechanical and magnetic properties of 1.21 percent carbon tool steel [4]): **32**, II ('32) 380–97.

Trans. amer. Soc. Steel Treating Thermomagnetic phenomena in steel and their application in the study of tempering of quenched 0.75 percent carbon steel [3]): **20** ('32) 263–88.

Trans. amer. Soc. Metals Prolonged tempering at 100 °C and aging at room temperature of 0.8 percent carbon steel [3]): **23** ('35) 495–510.

Mit: [1]) E. G. Bennett; [2]) I. L. Cooter; [3]) G. A. Ellinger; [4]) J. V. Emmons; [5]) H. H. Lester; [6]) N. L. Mochel; [7]) P. H. Winter.

VI **SANFORD,** Roscoe Frank. Astron. (Spektroskopie). — 1917–18 Staff Member, Dudley Observat., Albany, N.Y., '18–49 Staff Member, Mt. Wilson Observat., Pasadena, Cal., Carnegie Instn. of Washington; '50–52 Staff Member, Naval Ordnance Test Station, Pasadena, Cal. — '44 Pres., Astron. Soc. of the Pacific.

*1883, Okt. 6, Faribault, Minn.;

†1958, Apr. 7, Pasadena, Cal.

Zur Biogr. Yearb., Carnegie Instn. Washington **49** ('50) 21f.

Nekr. *R. E. Wilson, Publ. astron. Soc. Pacific **70** ('58) 231, 360–63 (m. Bildn.). — Coelum **26** ('58) 178. — Observatory **78** ('58) 180. — Populär astron. Tidskr. **39** ('58) 172. — Sky and Telescope **17** ('58) 406.

Astronomical J. Curves of growth for A-type subdwarfs [4])[2]): **55** ('49/50) 167.

Bitte Anmerkung auf Seite 4201 beachten!

Astrophysical J. The variation in the radial velocity of α Orionis from 1923 to 1931: **77** ('33) 110–19. — On the spectrum and radial velocity of U Monocerotis: 120–29. — The radial-velocity variations of V Ursae minoris, R Sagittae, and V Vulpeculae: **79** ('34) 77–83. — The radial-velocity variation of UU Cassiopeiae: 84–88. — Approximate spectroscopic elements for AG Virginis, RW Coronae Borealis and AK Herculis: 89–94. — Spectroscopic orbital elements for the eclipsing variable CM Lacertae: 95–97. — On the radial-velocity variation of the Cepheid variable FF Aquilae: **81** ('35) 132–39. — On the radial-velocity curves for the Cepheid variable Y Ophiuchi: 140–48. — Radial velocities of RR Lyrae in 1928, 1929, and 1930: 149–51. — The radial velocities of the stars of spectral classes R and N: **82** ('35) 202–21. — New elements for the spectroscopic binary Boss 6142: **83** ('36) 121–28. — Comparison of the displacements of detached lines of calcium and sodium in stellar spectra [10]): **85** ('37) 73–78. — Regional study of the interstellar calcium lines: **86** ('37) 136–52. — Spectrographic orbits of five faint variable stars: 153–61. — Intensities and displacements of interstellar lines [10]) [11])[3]): 274–310. — Studies based on the intensities and displacements of interstellar lines [10]): **87** ('38) 118–32. — Radial velocities of some early-type stars [10]): 517–19. — Spectrographic elements for β Capricorni: **89** ('39) 333–46. — On the doublet ratio of interstellar H and K and the absolute magnitudes of Wolf-Rayet stars [11]): **90** ('39) 235–43. — The spectrographic orbit of the companion to Rigel: **95** ('42) 421–24. — The spectrographic orbit of 42 Capricorni: 425–27. — The spectroscopic binaries Σ 1669 A and Σ 1669 B [9]): **96** ('42) 214–17. — The spectrum of Nova Cygni 1942: **97** ('43) 130–34. — J. St. Plaskett, 1865–1941: **98** ('43) 137–41. — Radial velocities of 283 stars of spectral classes R and N: **99** ('44) 145–61. — Spectroscopic observations of 48 Librae [10]): **100** ('44) 14–30. — The spectrum of Nova Puppis 1942: **102** ('45) 357–65. — Orbital elements of the Algol variable SS Bootis: **103** ('46) 114–16. — Spectroscopic observations of Rigel with high dispersion: **105** ('47) 222–28. — High-dispersion spectrograms of T Coronae Borealis: **109** ('49) 81–94. — Radial velocities of RR Lyrae from Coudé spectrograms: 208–14. — Interstellar calcium lines in the spectra of stars in open clusters: **110** ('49) 117–25. — An atlas of spectra of six stars of classes R and N: **111** ('50) 262–69. — Variations in velocity and spectrum of eight N-type long-period variable stars: 270–78. — The spectra and orbits of AR Lacertae: **113** ('51) 299–303. — Coudé radial velocities of TU Cassiopeiae, DT Cygni, and U Vulpeculae: **114** ('51) 331–34. — Radial velocities of FF Aquilae: 335–37. — The spectrum and radial velocities of W Virginis: **116** ('52) 331–36. — The orbit of Boss 1074: **118** ('53) 35–38. — The velocity and spectrum of AC Herculis from Coudé spectrograms: **121** ('55) 318–25. — Radial-velocity curves of T Monocerotis and SV Vulpeculae: **123** ('56) 201–09.

Beob.-Zirk. der Astronomischen Nachr. Spectrum of UV Aurigae: **22** ('40) 100.

Ciencia e Investigac. Actividades astronómicas del Observatorio de Mount Wilson: **3** ('47) 97–102.

Harvard Announcement Card Spectrum of UV Aurigae: Nr. **545** ('40).

Leaflet, Astron. Soc. Pacific The invisible components of β Capricorni: Nr. **121** ('39) 8 S. — Interstellar gases: Nr. **130** ('39) 7 S. — Our nearest stellar neighbour: Nr. **222** ('47) 8 S.

Nordisk astron. Tidsskr. Our nearest stellar neighbour: **1948**, 97–100 [dän.].

Publ., Amer. astron. Soc. Spectral changes in U Cygni and UU Aurigae between minimum and maximum: **10**.1940/42 ('46) 114.

Publ. astron. Soc. Pacific Further details ascribable to the bands of carbon isotope ^{13}C in stars of spectral classes R and N: **44** ('32) 246–49. — Seven stars of spectral class N with emission lines of hydrogen: **45** ('33) 44f. — Additional stars of classes N and S [10])[3]): 306–08. — Solar motion and galactic rotation from the radial velocities of class N stars: **46** ('34) 227–29. — Class N stars with exceptional sodium lines: **47** ('35) 101f. — Radial velocities from absorption lines in the spectrum of Nova Herculis [1])[5])[8])[11]): 205–09. — The cyanogen bands in the visual region of the spectrum of Nova Herculis: 209f. — Spectral classification of the Edmondson-Rogers variable star: 273. — Radial velocity curves of Nova Lacertae 1936 [1])[11]): **48** ('36) 325–27. — The system of β Capricorni [1])[11]): **49** ('37) 25f., 343. — Forbidden iron lines in the spectrum of the companion of α Scorpii [11]): 221f. — Double interstellar sodium lines [10])[11]): **50** ('38) 58. — Ionized neon in the spectrum of τ Scorpii: 244f. — Interstellar sodium lines in stars of spectral classes R and N: **51** ('39) 237f.; **54** ('42) 257f. — Stars having double H and K lines with one or both components of interstellar origin: **51** ('39) 238–41. — Nova Monocerotis 1939: **52** ('40) 35–37. — Carbon isotope bands in stars of spectral class R: 203–05. — Peculiarities of line displacements in the spectrum of 48 Librae (H.D. 142983) [10]): 279. — Ca_2 bands in the spectrum of U Cygni: 325f. — Three new double stars with N-type primaries: 408f. — An unidentified band in the red region of certain stars of spectral classes R and N: **53** ('41) 255. — Spectral classification of five red variables: 290. — Radial velocities of the secondary components of β GC 8287 and β GC 10437: 291. — Additional stars of classes N and S (second list) [10])[3]): **54** ('42) 107–09. — The spectroscopic binaries Σ 1669 A and Σ 1669 B [9]):

Bitte Anmerkung auf Seite 4201 beachten!

154. — Evidence of chlorine in U Cygni: 158f. — Spectrum of Nova Cygni 1942: 255f. — Nova Puppis 1942 [7]): 256f. — Spectrum of Nova Puppis 1942: **55** ('43) 103f. — Notes on Nova Puppis 1942 and Nova Cygni 1942: 196f. — Spectrum of Nova Aquilae 1943: 284f. — Emission lines in the spectrum of UV Aurigae: **56** ('44) 122. — Bright H and K in the spectrum of SS Bootis: **57** ('45) 217. — Nova Aquilae 1945: 263f. — Spectrum of T Coronae Borealis, February 10–22, 1946: **58** ('46) 156–59. — Changes in the spectrum and velocity of Nova T Coronae Borealis: **59** ('47) 87–89. — High-dispersion spectrogram of T Tauri: 134f. — The spectrum of BD +9° 1633: 136. — The spectrum of α Orionis between λ 10,000 and λ 10,915: 136–38. — Spectrum of RS Ophiuchi with high dispersion: 331f. — Lanthanum in variable stars of class N: 333f. — Spectra of Nova Puppis 1942: 334–36. — The velocity variation of Boss 1074: **60** ('48) 251f. — Spectral types and radial velocities of 21 red stars: **61** ('49) 43f. — Phases for emission lines in the spectrum of UV Aurigae: 261f. — Velocity variation from λ 4481 of MgII in V 367 Cygni: **62** ('50) 21f. — Search for atmospheric D1 on high dispersion stellar spectrograms: 272–74. — The widening or doubling of lines in the spectra of variable stars: **64** ('52) 135f. — R. H. Tucker, 1859–1952: **65** ('53) 16–18. — The absolute magnitude of Nova Puppis 1942 [6]): **69** ('57) 75–77; ~ [6])[12]): 352f. — Mount Wilson spectrograms of AB Aurigae [10]): **70** ('58) 602–04.

Mit: [1]) W. S. Adams; [2]) L. H. Aller; [3]) C. G. Burwell; [4]) J. W. Chamberlain; [5]) W. H. Christie; [6]) J. L. Greenstein; [7]) M. L. Humason; [8]) A. H. Joy; [9]) E. Karr; [10]) P. W. Merrill; [11]) O. C. Wilson; [12]) F. Zwicky.

VI **SANIELEVICI,** Simion. Math., Mech. — 1908 Dr. ès-sci., Univ. de Paris; '09–20 Lehrer am Pädagogischen Seminar, București; '11–19 Lehrbeauftragter, ab '13 als Doz., Univ. București; '20–38 Prof., '24–30 Dir. d. Labor. f. Mech., Univ. Iași. — Offizier des Sterns von Rumänien.

*1870, Aug. 4, Botoșani;

†1963, Aug. 12, Klagenfurt, Österr.

Nekr. *M. Haimovici, Gazeta mat. [București], Ser. A **69** ('64) 145–48 (m. Bildn.). — Analele Acad. Republ. popul. romîne **13** ('63) 273.

Gesammelte Werke Opera matematică (București '68) 295 S. (m. Bildn.).

Analele româno-soviet. Première géométrie non-euclidienne: le système de Lobatchevsky: 1 ('47) 541–50 [rumän. m. französ. Zusammenfassg.].

Annales sci. Univ. Jassy Sur l'intégration des équations différentielles par les fractions continues: **18** ('32/33) 197–214. — Sur certaines équations intégrales: **20** ('35) 33–38.

Bitte Anmerkung auf Seite 4201 beachten!

Buletin şti., Acad. Republ. popul. române, A Remarque sur les podaires négatives d'une courbe gauche: **1** ('48/49) 369–74 [rumän. m. russ. u. französ. Zusammenfassg.]. — Au sujet du problème de Hurwitz: 543–50 [~]. — Rotations dans l'espace à n dimensions: 661–69 [~].

Buletin şti., Acad. Republ. popul. române, Ser. Mat., Fiz., Chim. Observation concernant la "règle mnémonique" de Neper: **2** ('50) 541–44 [rumän. m. russ. u. französ. Zusammenfassg.].

Buletin şti., Acad. Republ. popul. române, Secţ. Şti. mat. şi fizice La géométrie de Lobatchevsky déduite de l'expression de l'élément linéaire: **3** ('51) 1–39 [rumän. m. russ. u. französ. Zusammenfassg.]. — La décomposition d'un nombre entier en une somme de deux carrés: **5** ('53) 5–18 [~]. — Sur les formes $x^2 + Ay^2$: 337–47 [~].

Buletinul Soc. Şti. Cluj, România Sur certaines équations intégrales: **7** ('32/34) 1–12.

Bull. Sci. math. Remarques sur certains noyaux asymétriques: (2) **57** ('33) 141–44.

Comunicări şi Conferinţe, Inst. Studii romano-soviet., Secţ. Istorie Ein Revolutionär zur Zeit Katharinas II.: Radiščev: **2** ('48/49) [rumän.].

Comunicările Acad. Republ. popul. romîne Une généralisation du théorème de Wilson: **8** ('58) 737–44 [rumän. m. russ. u. französ. Zusammenfassg.].

C. R. hebd. Séances Acad. Sci., Paris Sur les équations intégrales singulières: **194** ('32) 683–85, 829f.

Mathematica [Cluj] Sur certaines équations intégrales: **6** ('32) 170–81. — Sur une application des polynômes de Legendre: **9** ('35) 155–58.

Studii şi Cercetări şti., Acad. Republ. popul. române, Filiala Iaşi Sur le "libre arbitre" dans les problèmes de dynamique: **2** ('51) 1–5 [rumän. m. russ. u. französ. Zusammenfassg.].

Ferner Übersetzung einzelner Werke von A. P. Čechov, M. Il'in [= I. Ja. Maršak], B. S. Mejlach, N. N. Michajlov, B. N. Polevoj, A. N. Radiščev, M. E. Saltykov-Ščedrin, L. N. Tolstoj und I. S. Turgenev aus dem Russischen ins Rumänische.

VI **SANNIÉ,** Charles Noël Eugène. Chem. (org., physikal., med.), Kriminol., Cancerol. — 1930– Chef du Serv. de Chim. et de Chim. physique, Inst. du Cancer, Villejuif; '30– Dir. des Serv. de l'Identité judiciaire de la Préfecture de Police de Paris; '38– Prof. sans Chaire, puis Prof. hon., Fac. Méd., Univ. de Paris; '41–57 Prof. de Chim. org., Muséum National d'Histoire Naturelle, Paris; '51 Prés., Soc. de Chim. biol. — '47

Officier de la Légion d'Honneur; Officier de l'Ordre de la Couronne de Belgique; '52 Prix Laura Mounier de Saridakis (Acad. Sci. Paris).

*1896, Dez. 28, Janville (Eure-et-Loir); †1957, März 29, Paris.

Zur Biogr. Kriminalistik **5** ('51) 38f. — Revue Criminol. et Police techn. **6** ('52) 141f.

Nekr. *M. Frèrejaque, J. Agric. tropic. et Bot. appl. **3** ('56/57) 909–11; Revue gén. Sci. pures et appl. **64** ('57) 273f. — *R. Truhaut, Bull. Soc. chim. France **1958**, 1041–47 (m. Bildn. u. Schr.verz.).

S. IVe Conférence de la Leeuwenhoek-vereeniging, Amsterdam 1936 (Amsterdam '36) (Uitgaven van de Leeuwenhoek-vereeniging, 3) 123–29: Action cancérigène et spectres d'absorption et de fluorescence du 1,2-benzopyrène [Zitat unsicher]. — Ve Conférence de la Leeuwenhoek-vereeniging, Paris 1937 (Amsterdam '37) (~ 4) 57–63: A propos de l'action cancérigène du benzopyrène [15])[9])[10]). — Eléments de biochimie médicale (Paris '41): [Mitarbeit]; [2]('42); ab 3. Aufl. u.d.T.: Biochimie médicale [3]('47); [4]('48); [5]('52) . . .; deutsch: Medizinische Biochemie (Berlin–Saulgau, Württ. '51). — Chimiothérapie (M. Loeper) (Paris '42) 41–57: Les œstrogènes de synthèse. — Enciclopedia medica italiana 7 (Firenze '55) 1607[?]–09: Pigmenti degli animali. — Hommage au doyen René Fabre, membre de l'Institut, professeur de toxicologie à la Faculté de pharmacie de Paris (Paris '56) 377[?]–: Le rôle des sapogénines stéroliques dans la synthèse des hormones cortico-surrénales et génitales.

W. Eléments de police scientifique, **1**: Instructions signalétiques; L'anthropométrie et les antécédents judiciaires (m. D. Guérin) (Paris '38) 96 S. (Criminalistique. Identification et police scientifique, 1 = Actualités scientifiques et industrielles, 586); **2**: Le signalement descriptif (portrait parlé); Les marques particulières et l'utilisation du signalement individuel (m. D. Guérin) ('38) 88 S. (~ 2 = ≈ 631); **3**: Empreintes épidermiques; Dessin digital et classification dactyloscopique (m. D. Guérin) ('39) 96 S. (~ 3 = ≈ 787); **4**: L'identification par les empreintes épidermiques; Relevé des empreintes; Classification monodactylaire (m. D. Guérin) ('40) 118 S. (~ 4 = ≈ 882). — Pouvoir cancérigène et constitution chimique [Titel unsicher] (Paris '39) 27 S. (Centre de documentation chimique, Cours-conférences, 446). — Cours de chimie à l'usage des étudiants de 2e année de médecine, **1–3** (Paris '40) 298 S. (Cours de la Faculté de médecine) [Vorlesungsskripten]. — Instructions pratiques pour le relevé correct des empreintes digitales (m. D. Guérin) (Paris '41) 22 S. — Les couleurs des fleurs et des fruits; anthocyanes et flavones (m. H. Sauvain) (Paris '52) 258 S. (Mémoires du Muséum National d'Histoire Naturelle, Sér. B, 2). — La recherche scientifique du criminel (Paris '54) 218 S. (Collection Armand Colin, 297).

Acta, Unio int. contra Cancrum [Louvain] Premiers essais de fractionnement de l'insaponifiable de foie de sujets cancéreux [23]): **6** ('48) 68–74 [engl. ?].

Almanach Sci. Criminologie et police scientifique: **1948**, 218–23. — L'emploi des drogues dans l'interrogatoire judiciaire: **1949**, 222–.

Annales Méd. légale, Criminol. et Police sci. La projection du mercure par les coups de feu [31])[33]): **13** ('33) 303–08. — La classification dactyloscopique du Service de l'Identité Judiciaire Parisien [8]): **15** ('35) 459–72. — Le classement monodactylaire du Service de l'Identité Judiciaire de Paris [8]): **17** ('37) 855–72. — Recherches sur l'analyse de l'encre des documents manuscrits, 1: Méthode générale d'analyse quantitative; application aux encres au campèche-chrome [2]): **18** ('38) 401–19.

Annales Méd. légale Criminol., Police sci., Méd. soc. et Toxicol. L'identification par analyse spectrographique des orifices de projectiles sur les vêtements: **19** ('39) 91–101. — Une cause d'erreur dans l'identification des douilles: **24** ('44) 71–73. — Les méthodes cyto-toxicologiques: **28** ('48) 91–95. — Coup de fusil tiré à bout portant et giclures de sang [29])[35]): **30** ('50) 249–51.

Annual Rep. Board Regents Smithsonian Instn. The scientific detection of crime: **1954**, 337–61.

Archiv Kriminol. Ein neues Verfahren zur Untersuchung der Tinte von Schriftstücken [2]): **111** ('42) 1–8, 66–70.

Archives Muséum nation. Histoire natur., Paris L'œuvre de Richard Fosse: (7) **1** ('52) VII–XV.

Archivos Med. legal e Identificação Le Service de l'Identité Judiciaire à Paris: **5** ('35) No. 12, XIV–XXVII. — Expertise d'un reçu dans une affaire de faux en écritures, de commerce: **13** ('36) 174–87. — Recherche sur l'analyse de l'encre des documents manuscrits [2]): **16** ('38) 7–30.

Biochemical J. Carcinogenic action and absorption and fluorescence spectra of 1,2-benzpyrene: **30** ('36) 704–06.

Bull. Acad. Méd. Action des ions Pb^{++} et Cu^{++} sur les fibroplastes sarcomateux en culture [25]): **117** ('37) 70–73. — Sur la formation de substances cancérigènes dans l'organisme humain. Action cancérigène de l'insaponifiable du foie de sujets cancéreux [23])[9]): **128** ('44) 362–.

Bull. Assoc. franç. Etude Cancer Le pouvoir mercuro-réducteur urinaire des cancéreux [23]): **22** ('33) 414–18. — Les agents chimiques cancérigènes [23]): **23** ('34) 6–37. — L'action des glandes

Bitte Anmerkung auf Seite 4201 beachten!

endocrines, des extraits d'organes et des hormones sur le cancer [1]): **25** ('36) 122–55. — Recherches sur l'action cancérigène du 1,2-benzopyrène [15])[9])[10]): 156–80. — Production de sarcomes chez la souris par injections d'un extrait obtenu à partir de foies de malades cancéreux [23])[9])[10]): **29** ('41) 106–21. — Nouvelles expériences sur l'action cancérigène chez la souris de l'insaponifiable du foie de sujets cancéreux [23])[9]): **32** ('44/45) 44–56.

Bull. mens. Assoc. franç. Avancement Sci. L'identification des individus: (N.S.) Nr. **107** ('32). — La science au service de la justice: ibid.

Bull. Photogrammétrie La photographie métrique des lieux de crime [2]): **4** ('34) 104–28.

Bull. Soc. Chim. biol. Recherches sur l'action des sels métalliques sur les cultures de tissu in vitro [25]): **15** ('33) 1022–43. — Sur la toxicité des nitriles des α-amino-acides: 1436–61. — Action de protection de divers antidotes sur l'intoxication par l'α-aminopropionitrile: **16** ('34) 562–80. — Recherches sur l'action des chlorures métalliques sur les cultures de tissus in vitro, 2: Tissus hépatique, rénal et nerveux [25]): **17** ('35) 678–89. — Sur la composition de Citrus trifoliata [21]): **26** ('44) 457–61. — Rôle physiologique des combinaisons du glucose et des corps à fonctions aminées: **30** ('48) 240. — Sur un hétéroside de Citrus trifoliata [21]): **31** ('49) 36–42. — Sur les constituants des algues des Iles Kerguelen: **33** ('51) 1341–46. — Le symposium sur les stéroïdes [30]): **35** ('53) 136–43. — Recherches sur les sapogénines à noyau stérolique, 4: Les génines d'agaves et de yuccas cultivés en France; analyse chromatographique et spectres infrarouges [11])[13])[3]): **36** ('54) 227–36; Recherches sur les sapogénines stéroliques, 8: Les saponosides du petit-houx [Ruscus aculeatus L.] [13])[6])[19]): **39** ('57) 301–11. — Sur le mécanisme de l'action des codéhydrases, 1: Réaction des composés carbonylés avec les o-dihydropyridines N-substituées [16]): **36** ('54) 237–46; ~ 2: Structure des o-dihydropyridines substituées en position 3 dans le noyau [16]): 247–52.

Bull. Soc. chim. France Spectres d'absorption et de fluorescence de quelques dérivés du pyrène et du 1,2-benzopyrène [17]): (5) **3** ('36) 1139–55. — Sur la technique de l'effet Raman [2])[17]): 2018–27. — Note de laboratoire: Chromatographie sous pression: **4** ('37) 580–82. — Recherches sur la constitution des peptides, 1: Sur la structure des acides organiques; bandes Raman de la fonction acide dans les acides et leurs dérivés [17]): 880–93; ~ 2: Spectres Raman et structure des amides [17]): **6** ('39) 1629–49; ~ 3: Spectres Raman des acides α-aminés [17]): **8** ('41) 702–13. — Sur l'obtention du méthylcholanthrène à partir de l'acide cholique: **5** ('38) 260f. — Dosage de très faibles quantités de Ni, Zn, Pb et Hg par microélectrolyse et spectrographie [17]): **6** ('39) 1401–10. — Sur une méthode simple de synthèse des 2,5-dicétopipérazines (anhydrides des acides α-aminés): **9** ('42) 487–94. — Les combinaisons labiles (N-glucosides) du glucose avec les acides aminobenzoïques et leurs esters [13]): **15** ('48) 892–95. — Sur une synthèse de l'acide p-aminosalicylique [13]): **17** ('50) 322–26. — Sur quelques dérivés de l'acide p-aminosalicylique et ses combinaisons avec le glucose [13]): 1234–39. — Sur quelques dérivés obtenus à partir des aminonitrophénols-1,2,3. Acide hydroxy-3 anthranilique et amide hydroxy-6 nitro-2 benzoïque [13]): **19** ('52) 369–72. — Recherches sur les sapogénines à noyau stérolique. Identification de ces génines sur de petites quantités de plantes [13]): 1080–85. — Les recherches sur les sapogénines à noyau stérolique [13]): **20** ('53) 247. — Sur quelques dérivés 1,3-disubstitués du naphtalène, 1: Naphtonitriles monosubstitués et nitronaphtylhydrazines [27]): **21** ('54) 234–38; ~ 2: Naphtorésorcine [27]): 238–40. — Nouvelle méthode de préparation de la méthyl-2 cyclopentanedione-1,3 [16]): **1955**, 1036–39. — Sur les hexahydro-isocoumarannones [16])[27]): 1039–43. — Recherches sur les sapogénines stéroliques, 5: Ruscogénine, 22a-spirostène-3β,?-diol, nouvelle sapogénine stérolique de Ruscus aculeatus L. [13]): 1552–55; ~ 6: Ruscogénine, Δ_5-22a-spirostène-3β,19-diol, nouvelle sapogénine stérolique de Ruscus aculeatus L. [13]): 1556–60; ~ 7: Néoruscogénine: 3β,1-diol-Δ_5-22b,25L-spirostène, nouvelle sapogénine de Ruscus aculeatus L. [13]): **1957**, 1237–41. — Recherches sur la synthèse totale du noyau stérolique, 3: Acide céto-3 cyclohexène-1 acétique-1 et dérivés [16]): **1956**, 1272–79; ~ 4: Aminocétones cycliques insaturées, 1: Sur les méthyl-2 (amino-2′ éthyl-1′)-1 cyclohexène-1 ones-3 N-disubstituées [16]): 1279–84; ~ 5: ≈ 2: Sur les amino-1 cyclène-1 ones-3 N-disubstituées [16]): 1374–78; ~ 6: ≈ 3: Produits d'addition des méthyl-2 amino-1 cyclopentène-1 ones-3, N-disubstituées et de l'hydroquinone [16]): 1379–81; ~ 7: Synthèses de cétones à noyau cyclopentanonaphtalénique hydrogéné, 1 [16]): 1429–35; ~ 8: ≈ 2 [16])[14]): 1435–38; ~ 9: ≈ 3 [14])[16]): **1958**, 635–41. — Sur les sapogénines d'Albizzia lebbek Benth. [13])[24]): **1957**, 1440–44.

C. R. hebd. Séances Acad. Sci., Paris Le pouvoir mercuro-réducteur de certains acides aminés [23]): **196** ('33) 65–67. — Etude de l'action toxique des cations sur les fibroblastes cultivés in vitro [25]): 1246f. — Microphotomètre photoélectrique enregistreur sans fente ni amplification: **198** ('34) 1149–51. — Etude de l'action toxique des cations sur les cellules de divers organes cultivés in vitro [25]): **199** ('34) 389–91. — Isolement du triplet 4358 Å de l'arc au mercure pour l'obtention des spectres Raman [2])[17]): **202** ('36) 1042–44. — Spectres Raman et structure des amides [17]): **208** ('39) 2073–75. — Spectres Raman du cholestérol et de l'acide cholique: **210** ('40) 400–02. — Action cancérigène de la fraction insaponifiable de foies humains [23])[10])[9]): **211** ('40) 365–68. — Spec-

Bitte Anmerkung auf Seite 4201 beachten!

tres Raman des 2,5-dicétopipérazines [17]): **212** ('41) 786–88. — Etude chimique de Solanum demissum Lindl. [5]): **222** ('46) 918f. — Le citrifolioside, flavanonoside nouveau de Citrus trifoliata L. [21]): **223** ('46) 45–47, 296. — Sur la présence de pinitol dans les feuilles d'Erythrophleum guineense [5]): **224** ('47) 1381–83. — Sur un rhamnoside nouveau extrait des feuilles d'Erythrophleum guineense [5]): **225** ('47) 693–95. — Sur les N-glucosides des acides aminobenzoïques et de leurs esters: **226** ('48) 182–84. — Sur la composition d'une algue des Iles Kerguelen, Macrocystis pyrifera (L.) Ag.: **231** ('50) 874–76. — Sur la composition des algues des Iles Kerguelen, Macrocystis pyrifera (L.) Ag. et Durvillæa antartica (Cham.) Hariot: **232** ('51) 2040f. — Sur la synthèse de quelques dérivés des acides hydroxy-3 et 6-anthraniliques: **233** ('51) 1494–96. — Chromatographie de partage sur papier des sapogénines stéroliques [11])[13]): 1670–72. — Structure des sapogénines stéroliques et chromatographie de partage sur papier [13]): **235** ('52) 581f. — Sur une méthode de préparation des amino-2 phénols N-dialcoylés [22]): **236** ('53) 824–26. — Spectres d'absorption infrarouge de sapogénines stéroliques dans la région de 1650 cm^{-1} et de 3300 cm^{-1} [3])[11])[13]): 1818f. — Chromatographie sur papier d'alcaloïdes par des solutions d'électrolytes. Comportement de la fraction acide des sels chromatographiés. Extension de la technique à d'autres amines [18]): **241** ('55) 65–67. — Sur une nouvelle sapogénine stérolique: la ruscogénine, extraite des rhizomes de Ruscus aculeatus L. [13]): 1498–500. — Sur le saponoside du Randia dumetorum Lamk. [24]): **242** ('56) 2393–95.

C. R. (hebd.) Séances (et Mém.) Soc. Biol. Sur l'intoxication par les nitriles des aminoacides. Protection par l'hyposulfite de sodium [4]): **115** ('34) 119–21. — Précipitation spontanée du cholestérol dans un plasma [23]): **117** ('34) 1188–90. — Azotémie et élévation de la réserve alcaline au cours de l'anurie [12])[23]): **120** ('35) 717–19. — Les modalités de l'action cancérigène du 1,2-benzopyrène [15])[9])[10]): 1196–98. — Influence de l'élévation provoquée de la réserve alcaline sur les troubles physio-pathologiques de l'élimination rénale [12])[23]): **121** ('36) 137–39. — Influence du solvant sur le pouvoir cancérigène du 3,4-benzopyrène [15])[9])[10]): **130** ('39) 17–19. — Sur la relation apparente des tumeurs hypophysaires et du benzopyrène injecté dans le cerveau chez le rat [15])[10])[9]): **131** ('39) 455–57. — L'ingestion d'huile de germe de blé peut-elle provoquer le cancer? [23]): 600f. — L'influence du glucose sur l'action physiologique de la novocaïne [28]): **142** ('48) 493–95.

Exposés annu. Biochim. méd. Le cancer chimique: **1** ('39) 163–86. — Le métabolisme de l'organisme cancéreux: 187–203. — Les virus-protéines: **2** ('39) 88–116. — Les vitamines K: **3** ('42) 30–50. — Les facteurs vitaminiques B autres que B_1, B_2, PP: **4** ('44) 149–68. — Les mélanines: **5** ('45) 128–51. — Pigments et substances antibiotiques des champignons et bactéries: **6** ('46) 225–80. — Les glucosides cardiotoniques [7]): **8** ('48) 279–336. — Les saponosides (saponines): **9** ('48) 175–223.

Finger Print and Identificat. Mag. La valeur de la preuve de l'identification par les empreintes digitales: **30** ('49) No. 6 [engl.].

Fruits outre mer, Paris Sur un hétéroside de Citrus trifoliata L. [21]): **4** ('49) 4–8. — Le rôle physiologique des pigments des fruits: **5** ('50) 79 [oder 74 ?]–81.

Guérir Les découvertes de la chimie moderne et l'étiologie du cancer: No. **79** ('36 [oder '37 ?]) 18f. [Angabe der No. unsicher].

Impact La détection scientifique du crime: **4** ('53) Nr. 3, 149–72.

J. Agric. tropic. et Bot. appl. La synthèse des hormones génitales et cortico-surrénales à partir des plantes exotiques: **2** ('55) 28–39.

J. Physiologie [Paris] Les combinaisons du glucose avec les amines. Leur rôle biologique: **40** ('48) 296–300. — L'action physiologique du N-glucoside de la procaïne [37]): **42** ('50) 73–79.

J. Tribunaux [Bruxelles] Le juge et l'expert: **65** ('50) 29–.

Médecine [Paris] Quelques méthodes physiques récentes et leur application à la biochimie: **18** ('37) 722–30.

Odontologie Discussion sur "L'identification des morts par l'examen de la denture" par P. Budin [u. a.]): **78** ('40) 54–75.

Pharmacie Pouvoir cancérigène et constitution chimique: **1** ('43) 134–40, 179–83.

Pharmacie franç. Les agents chimiques cancérigènes [23]): **39** ('35) Febr.-, März-, Apr.-Nr.

Pouvoir judiciaire La science au service de la justice: No. **56** ('51).

Presse méd. Influence de l'élévation provoquée de la réserve alcaline sur les troubles humoraux et cliniques des insuffisances rénales [12])[23]): **45** ('37) 169–72.

Revista Identificac. y Ci. penales Informe sobre la identificación civil, presentado al ministro del interior de Francis el 11 de abril de 1935: **13** ('35/36) 41–102. — Le classement monodactylaire du Service de l'Identité Judiciaire de Paris [8]): **15** ('37/38) 151–66.

Revue Bot. appl. et Agric. tropic. Sur la composition d'une algue des Iles Kerguelen "Macrocystis pyrifera (L.) Ag.": **31** ('51) 118f.

Revue Criminol. et Police techn. La recherche des lavages sur les documents [34]): **4** ('50) 283–94. — Le rôle du Service de l'Identité Judiciaire de la Préfec-

Bitte Anmerkung auf Seite 4201 beachten!

ture de Police de Paris dans la lutte contre le crime: **5** ('51) 291–98. — Recherche sur l'analyse de l'encre des documents manuscrits, 2: Chromatographie de partage sur papier [32]): **6** ('52) 154–67.

Revue int. Criminol. et Police techn. L'expertise des œuvres d'art: **7** ('53) 200–10.

Revue int. Droit pénal Etudes statistiques sur le récidivisme [d'après 13.000 dossiers] [26]): **26** ('55) 101–52.

Revue int. Police criminelle Le passeport international: No. **6** ('47). — La valeur de la preuve dans l'expertise des documents manuscrits: No. [?] ('47). — L'expertise des documents manuscrits. Sa valeur probatoire: No. **16** ('48) 3–6. — Alphonse Bertillon et la dactyloscopie. L'affaire Scheffer: No. **41** ('50) 255–62.

Revue Opt. théor. et instrument. Microphotomètre photoélectrique enregistreur sans fente ni amplification: **14** ('35) 107–19. — Sur la couleur des corps par réflexion, 2: Vérifications expérimentales [2])[20]): **16** ('37) 86–92.

Sang Précipitation spontanée du cholestérol dans un plasma [12])[23]): **9** ('35) 355–62.

Science et Vie La police scientifique recule les limites et l'impondérable: **64** ('43) No. 311, 24–30.

Scientia Les aspects scientifiques de la recherche criminelle: (6) **87** ('52) 351–56.

Vie judiciaire La preuve matérielle dans les procès criminels: No. **366** ('53).

Zahlreiche Vorträge (zum Teil total oder in Form von Zusammenfassungen publiziert). — Einige Broschüren (z. B. "Notice sur le Service de l'identité judiciaire" ['50]) und Beiträge zu Broschüren. — Weitere Publikationen auf dem Gebiet der Kriminalwissenschaften.

Mit: [1]) M.-F. Alphandéry; [2]) L. Amy; [3]) P. Barchewitz; [4]) A. Desgrez; [5]) J. Dussy; [6]) F. Eloy; [7]) M. Frèrejacque; [8]) D. Guérin; [9]) M. Guérin; [10]) P. Guérin; [11]) S. Heitz; [12]) R. Huguenin; [13]) H. Lapin; [14]) C. Neuville; [15]) C. Oberling; [16]) J.-J. Panouse; [17]) V. Poremski; [18]) A. Resplandy; [19]) L. C. Sanchez; [20]) J.-M. Sarraf; [21]) A. Sosa; [22]) R. Torossian; [23]) R. Truhaut; [24]) I. P. Varshney; [25]) J. Verne; [26]) R. P. J. Vernet; [27]) S. Vertalier; [28]) M. Vincent; [29]) J. Bourrellier; [30]) F. Jayle; [31]) F. A. Journée; [32]) Z. Moloster; [33]) R. Piédelièvre; [34]) J. Pinel; [35]) Porte; [36]) —; [37]) G. Guillot-Urbain.

V,VI **SANO,** Shizuo [Shizuwo]. Physik. — 1893– Stud., 1906 D.Sc., '07–22 Assist. Prof., '22–25 Prof., Imperial Univ. of Tokyo; '02–06 Lecturer, Naval Engineering College, Yokosuka; '07– Instructor, Artillery and Engineering College of the Army; '23–24 Chairman, Physico-math. Soc. of Japan. (☒)

*1872, Mai 17, Komagome, Tokyo; †1925, April 4, Tokyo.

Gesammelte Werke Scientific papers (K. Terazawa) (Tokyo '26) 12+340 S. (m. Bildn.); darin S. VII–IX: *Y. Uraguchi, Prof. Shizuwo Sano [Nekr.].

V,VI **SANSONE,** Giovanni. Math. (Analysis). — 1916 Diploma di Perfezionamento, Scuola Norm. Super. di Pisa; '24–27 Libero Doc., '27–63 Prof. di ruolo, '27 Fondatore e '27–63 Dir. dell'Ist. mat., '63 Prof. emer., Univ. di Firenze; '59–63 Pres., Groupement de Mathématiciens d'Expression Latine; '60–63 Pres. del Comitato per la Mat., Consiglio Nazion. delle Ricerche; '60–68 Pres., Unione mat. ital.; Pres., Soc. ital. di Sci. fisiche e mat. "Mathesis". — '62 Dr. h.c. (Univ. de Dijon); Dr. h.c. (Univ. Brno). — '42 Premio per le Matematiche (Soc. ital. delle Sci.); '57 Medaglia d'oro dei Benemeriti della Scuola, della Cultura e dell'Arte (Pres. della Repubbl. Italiana); '63 Grande Ufficiale dell'Ordine della Repubbl. Italiana; '64 Officier de l'Ordre des Palmes Académ. (France).

*1888, Mai 24, Porto Empedocle, Agrigento;

†1979, Okt. 13, Firenze.

Zur Biogr. Annuario gen., Accad. nazion. XL, **1961**, 357–67 (m. Bildn., Faks., Schr.verz.); **1976**, 251–64.

Nekr. *R. Conti, Annali Mat. pura ed appl. (4) **125** ('80) I f. — Differencial'nye Uravnenija **16** ('80) 1906–13 (m. Schr.verz.).

MH. *L. Bianchi, Opere **1–11** (Roma '52–59); darin eig. Beiträge: **1**,1 ('52) 1–4: Prefazione alle opere matematiche di Luigi Bianchi [8]); 185–92: Ricerche [di L. Bianchi] sui gruppi discontinui infiniti e sulle forme aritmetiche. — *U. Dini, Opere **1–5** (Roma '53–59); darin eig. Beiträge [Vorworte und Einführungen].

MHZ. (Bis 1961 stellvertr. Dir., ab 1962 Dir.) Annali Mat. pura ed appl. **18** ('39)–**123** ('79).

S. Scritti matematici offerti a Luigi Berzolari (Pavia '36) 385–403: Sopra il comportamento asintotico delle soluzioni di un'equazione differenziale della dinamica. — Enciclopedia italiana di scienze, lettere ed arti **31** (Roma '36) 435–40: Serie; **33** ('37) 735: Tetraedro; **35** ('37) 703: Weingarten, Julius. — Atti del I Congresso dell'Unione Matematica Italia-

Bitte Anmerkung auf Seite 4201 beachten!

na, Firenze 1937 (Bologna '38) 145f.: Sulla sommabilità di Cesàro delle serie di Laplace; 147–50: Condizioni sufficienti per il problema dei momenti rispetto al sistema ortogonale di Legendre. — Atti del II ~, Bologna 1940 (Roma '42) 39–55: Studi asintotici sulle equazioni differenziali lineari nel campo reale; 126f.: I polinomi di Hermite e di Laguerre come autosoluzioni; 128: Sulle soluzioni di Emden dell'equazione di Fowler. — Atti del III ~, Pisa 1948 (Roma '51) 100: Sopra l'equazione di Liénard delle oscillazioni di rilassamento. — Atti del **IV** ~, Taormina 1951, **1** (Roma '53) 186–217: Le equazioni delle oscillazioni non lineari; risultati analitici. — Atti del V ~, Pavia–Torino 1955 (Roma '56) 5–13: Discorso inaugurale; 29–31: Discorso di chiusura del congresso. — Atti del Convegno matematico, Roma 1942 (Roma '45) 179–200: Problemi attuali sulla teoria delle equazioni differenziali ordinarie, e su alcuni tipi di equazioni alle derivate parziali. — Proc. International congress of mathematicians, Cambridge, Mass., 1950, **1** (Providence, R.I. '52) 444–: Su una classe di equazioni di Liénard aventi una sola soluzione periodica. — Convegno internazionale di geometria differenziale, Italia 1953 (Roma '54) 332–38: Sul problema del Bianchi dell'applicabilità sopra una superficie isoterma. — Convegno internazionale sulle equazioni lineari alle derivate parziali, Trieste 1954 (Roma '55): Introduzione. — Onoranze a Mauro Picone. La cerimonia del 15 gennaio 1956 (Roma '56): [Ansprache]. — Scritti matematici in onore di Filippo Sibirani (Bologna '57) 243–60: Curve caratteristiche di sistemi omogenei [4]). — Trudy 3-go Vsesojuznogo matematičeskogo s-ezda [Arbeiten der 3. Mathematischen Unionskonferenz], Moskva 1956, **4** (Moskva '59) 156–61: Über die Gleichung $xy' = Ay^k + B(x)$ [russ.] [4]). — Atti del Convegno internazionale di teoria dei gruppi finiti e applicazioni, Firenze 1960 (Roma '60) 5–19: Problemi insoluti nella teoria delle sostituzioni lineari. — Trudy Meždunarodnogo simpoziuma po nelinejnym kolebanijam [Arbeiten des Internationalen Symposiums über nichtlineare Schwingungen], Kiev 1961, **2** (Kiev '63) 172–89: The Italian contribution to the theory of nonlinear ordinary differential equations and to nonlinear mechanics during the years 1951–1961 [4])[5]) [m. russ. Zusammenfassg.]. — Atti della II Riunione del Groupement de Mathématiciens d'Expression Latine, Firenze–Bologna 1961 (Roma '63) 3–16: La matematica nella scienza e nella vita moderna. — Differential equations and their applications. Proc. of the conference, Prague 1962 (Praha '63, NewYork '64) 143–65: Non-linear differential systems of the third and fourth order. — Seminari 1962–1963 di analisi, algebra, geometria e topologia, Istituto Nazionale di Alta Matematica, Roma, **1** (Roma '65) 313–17: Sopra un'equazione che si presenta nella determinazione delle orbite in un sincrotrone; 318–23: L'equazione differenziale del secondo ordine, del Dini, $xy'' + y' = \sin y$; 324–31: L'equazione generalizzata del pendolo $\ddot{\Theta} + f(\Theta,\alpha)h(\dot{\Theta}) = g(\Theta) + p(t)$

W. Lezioni di analisi matematica redatte per uso degli studenti **1** [2]('Padova '34) 9+545 S., [3]('38), [4]('40), [5]('41), ... , [7]('43), ... , [9]('46) 11+518 S., [10]('52), (ab 11. Aufl. m. R. Conti) [11]('58) 16+614 S., [12]('63) 16+568 S.; **2** [2]('36) 9+545 S., [3]('39), [4]('41), [5]('43), ... , [7]('48), [8]('54), (ab 9. Aufl. m. R. Conti) [9]('59) 16+614 S., [10]('63) 16+616 S. — Moderna teoria delle funzioni di variabile reale, 2: Sviluppi in serie di funzioni ortogonali (Bologna '35) 6+310 S., [2]('46) 8+511 S., [3]('52) 8+614 S.; engl. (Kap. 1–4): Orthogonal functions (NewYork–London–Groningen '59) 12+411 S. (Pure and applied mathematics, 9), Neuaufl.: ('77) 12+411 S. — Equazioni differenziali nel campo reale, **1** (Bologna '41) 6+375 S., [2]('48) 17+400 S., russ.: (Moskva '53) 346 S., japan.: (Tokyo '60) 7+360 S.; **2** (Bologna '41) 400 S., [2]('49) 16+475 S., [3]('63) 16+495 S., russ.: (Moskva '54) 416 S. — Funzioni di variabili reali (Firenze '45) 191 S. [Vorlesungsskripten]; Neubearbeitungen u. d. T.: Lezioni sulla teoria delle funzioni di variabili reali ('51) 176 S., ('54) 176 S.; (m. L. Merli) (Padova '64) 12+232 S. — Aritmetica e algebra (m. O. Nicoletti). Neuaufl. **1** (Roma '47) 8+428 S., **2** ('47) 387 S., **3** ('47) 172 S.; gekürzte Ausgabe (A.Perce) **1**: Per il ginnasio superiore ('55) 155 S., **2**: Per il liceo classico ('55) 175 S. — Lezioni sulla teoria delle funzioni di una variabile complessa, **1** (Padova '47) 8+359 S., [2]('48), [3]('50) 11+322 S., [4]('63) 11+326 S.; **2** ('47) 9+564 S., [2]('49) 14+609 S., [3]('55) 12+507 S.; engl.: Lectures on the theory of functions of a complex variable, **1**: Holomorphic functions (m. J. Gerretsen) (Groningen '60) 12+488 S.; **2**: Geometric theory (m. J. Gerretsen) (Groningen '69) 10+700 S. — Equazioni differenziali non lineari (m. R. Conti) (Roma '56) 19+647 S. (Consiglio Nazionale delle Ricerche, Monografie matematiche, 3); engl.: Non-linear differential equations (Oxford–London–NewYork–Paris–Frankfurt/M. '64) 13+533 S. (International series of monographs in pure and applied mathematics, 67). — Investigation of nonlinear control systems, 3: Special problems of control theory (m. N. Minorsky, R. Conti) (Washington, D.C. '62) 390 S. — The Italian contribution to the theory of non-linear ordinary differential equations and to non-linear mechanics during the years 1951–1961 (m. R. Conti, D. Graffi) (Roma '62) 3+23 S. (Quaderni de "La ricerca scientifica", 1). — Il Comitato Nazionale per la Matematica del Consiglio Nazionale delle Ricerche ed i suoi gruppi di ricerca matematica nell'anno 1960–1961 (m. B. Segre) (Roma '62) 59 S. (~ 2); ~ nell'anno 1961–1962 (Roma '63) 63 S. (~ 6); ~ nell'anno 1962–1963 (Roma '64) 4+63 S. (~ 14). — Qualitative Theorie nichtlinearer Differentialgleichungen (m. R. Reissig, R. Conti) (Roma '63) 32+

Bitte Anmerkung auf Seite 4201 beachten!

382 S. — Nichtlineare Differentialgleichungen höherer Ordnung (m. R. Reissig, R. Conti) (Roma '69) 15 + 738 S. (Consiglio Nazionale delle Ricerche, Monografie matematiche, 16); engl.: Non-linear differential equations of higher order (m. R. Reissig, R. Conti) (Leyden '74) 13+669 S. — Le attività dell'Unione Matematica Italiana nel primo cinquantennio della sua fondazione (Discorso pronunciato in Bologna il 15-4-1972) (Bologna '73) 39 S. — Giovanni Ricci. Discorso commemorativo letto ai Lincei il 14 nov. 1974 (Roma '75) (Accademia Nazionale dei Lincei, Celebrazioni lincee, 85). — Studi sulle equazioni differenziali ordinarie nell'ultimo cinquantennio (Roma '76) 15 S. (Accademia Nazionale dei Lincei, Contributi del Centro linceo interdisciplinare di scienze matematiche e loro applicazioni, 26).

Abh. math. Semin. Univ. Hamburg Soluzioni periodiche dell'equazione $\ddot{x} + f(x)\dot{x} + g(x) = 0$ avente due soluzioni singolari [4]): **20** ('56) 186–95.

Acta arithmet. [Warszawa] Sur le problème de M. Werner Mnich [3]): **7** ('62) 187–90.

Acta, Pontificia Acad. Sci. Sulle superficie ugualmente illuminate da una sorgente luminosa: **9** ('45) 127–34.

Analele şti. Univ. "Al. I. Cuza" Iaşi, Secţ. Ia Sull'equazione differenziale non lineare di A. J. Lerner $y\frac{dy}{dx} + y + \sqrt{|x|}\operatorname{sgn} x = 0$: **11B** ('65) 185–208 [m. engl., rumän. u. russ. Zusammenfassg.].

Annales Univ. Sci. budapestinensis, Sect. math. Les intégrales de l'équation de M. Dini $xy'' + y' = \sin y$, pour $x \to 0$: **3/4** ('60/61) 281–90.

Annali Mat. pura ed appl. Sviluppo in serie e valutazione asintotica del rapporto tra due polinomi consecutivi di Jacobi: (4) **16** ('37) 39–48. — Su un problema di analisi indeterminata e sui punti razionali di una famiglia di curve ellittiche dipendenti da un parametro: **20** ('41) 105–35. — Studio degli integrali del sistema $y''+py = qz$, $z''+pz = ry+\omega y'$: **22** ('43) 145–80. — Su un problema ai limiti per l'equazione differenziale $y^{(n)}(x) + \lambda(n-1)!\,\omega(x)\,y(x) = 0$: **24** ('45) 209–36. — Sopra l'equazione di A. Liénard delle oscillazioni di rilassamento: **28** ('49) 153–81. — Sull'equazione di T. Uno ed R. Yokomi [4]): **37** ('54) 37–59; **38** ('55) 205–12. — Teorema di esistenza di soluzioni per un sistema di equazioni funzionali differenziali: **39** ('55) 65–67. — Sopra l'equazione differenziale del secondo ordine del Dini $xy'' + y' = \sin y$. Comportamento degli integrali per $x \to \infty$: **50** ('60) 439–65. — Sugli autovalori relativi ad un'equazione della conduzione del calore in un fluido soggetto a turbolenza: **53** ('61) 5–8. — L'equazione $y'' + 2\alpha[(x-a)y]' + 4\beta y(1-x^2)^{-1} = 0$ [6]): **67** ('65) 95–112 [m. engl. Zusammenfassg.]. — L'equazione $y\frac{dy}{dx} + y + (x)^{\nu}\operatorname{sgn} x = 0\ (1 \geqq \nu \geqq 0)$: **77** ('67) 337–75. — Le equazioni diofantee $ax^4 - bx^2 + 1 = \square$, $4x^4 + x^2y^2 + 4y^4 = \square$: **98** ('74) 167–81. — L'equazione di J. Nagumo, S. Arimoto e S. Yoshizawa: **103** ('75) 259–304. — Il sistema diofanteo $N + 1 = x^2$, $3N + 1 = y^2$, $8N + 1 = z^2$: **111** ('76) 125–51. — I punti di coordinate razionali e, in particolare, di coordinate intere della cubica ellittica $y^2 = x^3 - x + 1$: **125** ('80) 1–12.

Annali R. Scuola norm. sup., Pisa Sulle serie lacunari di polinomi di Legendre di funzioni sommabili: (2) **2** ('33) 289–96. — Sul teorema di Parseval in intervalli infiniti: **4** ('35) 35–41. — Sulla convergenza delle serie di Legendre: 307–26. — Le equazioni differenziali lineari, omogenee, del quarto ordine, nel campo reale: **11** ('42) 151–95.

Atti Accad. nazion. Lincei, Mem., Sez. I Soluzioni periodiche di seconda specie dell'equazione del pendolo generalizzata: (8) **5** ('59) 59–79.

Atti (reale) Accad. nazion. Lincei, Rend. Sugli zeri delle soluzioni polinomiali dell'equazione $(a_1x + a_0)\,y'' + (b_1x + b_0)\,y' - nb_1y = 0$, 1: (6) **15** ('32) 125–30; ~ 2: 194–97. — Limitazione dell'integrale $\int_{-1}^{1} |P_n(x)|^m\,dx$: **23** ('36) 296–302. — Sulla sommabilità di Cesàro delle serie di Laplace: **25** ('37) 75–81. — Sulla sommabilità delle serie trigonometriche di Fourier: (8) **1** ('46) 45–48. — Condizioni sufficienti di esistenza, e limitazioni delle derivate normali al contorno, nel problema di Dirichlet per un cerchio: 1042–45. — L'opera scientifica di Leonida Tonelli: **4** ('48) 594–624. — Valutazione asintotica degli integrali dell'equazione di Liénard che per $t \to -\infty$ tendono allo zero: **6** ('49) 13–18. — Sopra una classe di equazioni di Liénard prive di integrali periodici: 156–60. — Commemorazione del Corrispondente Michele Cipolla: **21** ('56) 507–23. — Ugo Amaldi †: **32** ('62) Appendice: Necrologi di Soci II, 67–73.

Atti reale Accad. Italia, Rend. La formula di bisezione della ℘(u) di Weierstrass, e un teorema sui punti razionali delle cubiche ellittiche a coefficienti razionali: (7) **2** ('40) 124–28.

Atti, Reale Ist. veneto Sci., Lettere ed Arti, Parte II Sulla durata delle oscillazioni di un punto soggetto a resistenza idraulica e forza di richiamo. Valutazione asintotica: **102** ('42/43) 53–72.

Atti e Mem. Accad. Petrarca Sci., Lettere ed Arti Vittorio Fossombroni nelle matematiche pure ed applicate [2]): (2) **33** ('45/46) 46–68.

Atti Soc. ital. Progr. Sci. I più recenti risultati sulla teoria degli sviluppi in serie di polinomi ortogonali: **23**.1934, 2 ('35) 150–64.

Boll. Unione mat. ital. Sulla chiusura dei polinomi di Legendre: **11** ('32) 129 f. — Sulla convergenza delle serie di polinomi di Legendre: **14** ('35) 21 f. — La matematica nelle scuole medie. Programmi e testi. Preparazione degli insegnanti [1]): (2) **1** ('39) 173–86.

Bitte Anmerkung auf Seite 4201 beachten!

— Commemorazione di Ulisse Dini. Discorso commemorativo nel ventennale della morte: 373–83. — Valutazione dell'errore nel calcolo effettivo del periodo del moto perturbato in un caso tipico di prima approssimazione: 422–26. — Sul comportamento asintotico degli integrali dell'equazione $v' + 1 + u^n/v = 0$, $n > 1$: **2** ('40) 105f. — I polinomi di Hermite e di Laguerre come autosoluzioni: 193–200. — L'ordinamento degli studi di matematica per gli allievi ingegneri [1]: 354f. — Il teorema di Abel per le serie di polinomi di Jacobi: **3** ('40/41) 1–5. — Su una proprietà di massimo dell'ottaedro regolare e del cubo: 140–46. — Su una immediata limitazione delle derivate dei polinomi di Legendre: **4** ('42) 145–47. — Su un criterio sufficiente di esistenza e di unicità per una classe di problemi ai limiti relativi alle equazioni differenziali lineari omogenee di quarto ordine: **5** ('43) 72–78. — Sull'approssimazione di funzioni continue con polinomi trigonometrici: (3) **1** ('46) 39–42. — La Scuola matematica della Sapienza Pisana nell'ultimo secolo: **2** ('47) 135–39. — Su una disuguaglianza di P. Turán relativa ai polinomi di Legendre: **4** ('49) 221–23, 339–41. — Gruppi di seminari e degli istituti matematici italiani: **15** ('60) 311–15. — Pietro Tortorici †: **21** ('66) 334f.

Colloques int. Centre nation. Rech. sci. Existence et stabilité asymptotique uniforme d'une solution périodique de l'équation $\ddot{\Theta} + f(\Theta, \alpha)\, h(\dot{\Theta}) = g(\Theta) + p(t)$: Nr. **168** ('65) 97–106.

Conferenze Semin. mat. Univ. Bari Sistemi di equazioni differenziali non lineari nello spazio a tre e a quattro dimensioni. Risultati topologici. Risultati analitici. Applicazioni: Nr. **68/69** ('61) 28 S.

Giorn. Ist. ital. Attuari La chiusura dei sistemi ortogonali di Legendre, di Laguerre e di Hermite rispetto alle funzioni di quadrato sommabile: **4** ('33) 71–82. — Su di una equazione integrale di F. P. Cantelli, suggerita da un problema di statistica matematica: **15** ('53) 201–18.

J. different. Equat. The equation $y\frac{dy}{dx} + y + (x)^{\nu} \operatorname{sgn} x = 0$ ($\nu > 1$): **4** ('68) 114–20.

J. Math. pures et appl. Solutions périodiques de deuxième espèce de l'équation $\ddot{\Theta} + f(\Theta, \alpha)\, h(\dot{\Theta}) = g(\Theta)$; $f(\Theta, \alpha)$, $g(\Theta)$ périodiques par rapport à Θ: (9) **40** ('61) 363–84. — L'équation $\ddot{\vartheta} + f(\vartheta, \alpha)\, h(\dot{\vartheta}) = g(\vartheta) + p(t)$: **43** ('64) 149–75.

Matematiche Soluzioni intere delle equazioni $3y^4 - 2x^4 = z^2$, $\lambda^4 - 6g^4 = v^2$. Formule di Pepin e loro inversione: **8** ('53) Nr. 2, 3–10. — Linee caratteristiche delle equazioni differenziali ordinarie omogenee: **10** ('55) 18f.

Mathematische Z. Due semplici limitazioni nel campo complesso delle funzioni associate ai polinomi di Tchebychef-Hermite, e del termine complementare della loro rappresentazione asintotica: **52** ('50) 593–98. — La formula di approssimazione asintotica dei polinomi di Tchebychef-Laguerre col procedimento di J. V. Uspensky: **53** ('50) 97–105.

Periodico Mat. Un problema aritmetico su una classe di tetraedri che ammettono una sfera tangente agli spigoli: (4) **45** ('67) 241–44. — Sui tetraedri con quattro sfere tangenti inscritte: **46** ('68) 289–304.

Rend. Accad. nazion. XL Sopra un'equazione che si presenta nella determinazione delle orbite di un sincrotrone: (4) **8/9** ('57/58) 99–172.

Rend., Ist. lombardo Sci. e Lettere, A Separazione degli zeri del polinomio di Jacobi $P_n^{(0,-1)}(x) = \frac{1}{2}[P_n(x) + P_{n-1}(x)]$: (3) **10 (79)** ('46) 46–54.

Rend. Semin. mat. e fisico Milano Studi asintotici sulle equazioni differenziali di secondo ordine: **15** ('41) 115–28. — L'equazione di T. Uno e R. Yokomi: **26**.1954/55 ('56) 9.

Rend. Semin. mat. R. Univ. Padova Sugli autovalori per le equazioni differenziali lineari del terzo ordine e sopra due classi di equazioni del terzo ordine le quali ammettono infiniti autovalori tutti reali: **3** ('32) 128–40.

Rend. Semin. mat., R. Univ. Roma Condizioni sufficienti per il problemi dei momenti rispetto al sistema ortogonale di Legendre: (4) **2** ('38) 1–13.

Rend. Mat. e Appl., (R.) Univ. Roma Sulle soluzioni di Emden dell'equazione di Fowler: (5) **1** ('40) 163–76. — Equazioni differenziali nel campo reale: comportamento asintotico delle soluzioni; punti singolari; soluzioni periodiche e valutazione del periodo: **10** ('51) 265–89. — In memoria F. Enriques: **16** ('57) 9–11.

Rend. Semin. mat., Univ. e Politecn. Torino Soluzioni periodiche dell'equazione di Liénard. Calcolo del periodo: **10**.1950/51 ('51) 155–71. — L'equazione $\ddot{\vartheta} + f(\vartheta, \alpha)\, h(\dot{\vartheta}) = g(\vartheta) + p(t)$: **22**.1962/63 ('64) 81–89.

Revista Acad. Ci. exactas fisico-quím. y natur. Zaragoza L'equazione differenziale del Dini $xy'' + y' = \sin y$: (2) **16** ('61) Nr. 1, 53f. — Sopra un'equazione che si presenta nella determinazione delle orbite di un sincrotone: 55f.

Revista Unión mat. argentina Determinazione dell'integrale positivo minimo nell'equazione di M. Hukuhara [4]: **17** ('55) 213–16.

Revista, Univ. nacion. Tucumán, Ser. A Studi sulle equazioni differenziali lineari omogenee di terzo ordine nel campo reale: **6** ('48) 195–253.

Ricerca sci. Unione Matematica Italiana. Attività svolta dal 1° gennaio 1953 al 30 giugno 1954: **24** ('54) 2602–08 [m. französ., engl. u. deutscher Zusammenfassg.]. — Discorso all'adunanza generale dei membri dei comitati nazionali di consulenza e dei direttori degli istituti e dei centri di studio del C.N.R.: **30** ('60) 1093–106.

Ricerca sci., Suppl. L'attività del Comitato Nazionale per la Matematica durante l'anno 1960/61: (2) **1** ('62) 6–8 [m. französ., engl. u. deutscher Zusammenfassg.]. — Relazioni sull'attività del Comitato Nazionale per la Matematica: **3** ('64) 5–63 [~].

Rivista Mat. Univ. Parma Un teorema sui sistemi differenziali lineari con condizioni ai limiti lineari: (3) **3** ('74) 253–71.

Scuola e Cultura La matematica nelle scuole medie. Programmi e testi. Preparazione degli insegnanti [1]): **15** ('39) 148–60.

Symposia math., Ist. nazion. alta Mat. Su un'equazione differenziale non lineare della fisica nucleare: **6**.1970 ('71) 3–139.

Vesn. Druš. Matematičara i Fizičara Narodne Republ. Srbije L'équation de M. Dini xy'' + y' = sin y: **14** ('62) 17–24.

Ferner einige Vorträge an der Scuola Normale Superiore di Pisa, veröffentlicht von Editrice Tecnico Scientifica, Pisa: "Commemorazione di Ulisse Dini nel cinquantenario della morte" ('70) 19 S., "Gli antichi allievi e la tradizione scientifica della Scuola Normale Superiore ('75) 10 S., "Algebristi, analisti, geometri differenzialisti, meccanisti e fisico-matematici ex-normalisti del periodo 1860–1929" ('77) 70 S., "Geometri algebristi ex-normalisti del periodo 1860–1929" ('77) 32 S. — Ein weiteres Vorlesungsskript: "Lezioni di teoria dei numeri" (Firenze '76) 13+381 S.

Mit: [1]) E. Bortolotti; [2]) B. Caldonazzo; [3]) J. W. S. Cassels; [4]) R. Conti; [5]) D. Graffi; [6]) L. Merli; [7]) —; [8]) E. Bompiani.

VI **SANTARELLA,** Luigi. Baustofftechnol., Brückenbau. — 1926–35 Prof. incar., R. Scuola d'Ingegneria (Politecnico) di Milano.

*1886, Sept. 12, Corato;
†1935, Sept. 8, Milano.

Nekr. *M. Baroni, Atti Sindacati provinc. fasc. Ingegneri Lombardia **13** ('35) Nov.-Nr. — *A. Masotti, Rend. Semin. mat. e fisico Milano **9** ('35).

S. Enciclopedia italiana di scienze, lettere ed arti, **10** (Milano–Roma '31) 735–38: Collaudo; **12** ('31) 147–50: Calcolo della Cupola; **15** ('32) 611–20: Fondazioni; 708: Fornace; **17** ('33) 752–56: Grattacielo [2]); **19** (Roma '33) 313: Iniezione (Ingegneria); 411: Intonaco; **20** ('33) 572–75: Laterizi; **22** ('34) 46f.: Malta; 559–62: Materiali da costruzione [1]); **24** ('34) 64–68: Muro di sostegno; **25** ('35) 691–95: Ossatura dei fabbricati; **26** ('35) 104–06: Palificazione. — Association internationale pour l'essai des matériaux, Congrès de Zurich, 1931, **1** (Zürich '32) 981–99: Résistance et élasticité des bétons de ciments italiens. — Association Internationale des Ponts et Charpentes, 1e Congrès, Paris 1932 (Zürich '32/33) Publication préliminaire S. 587–94, Rapport final S. 516, 678f.: La collaboration de l'acier et du béton dans les colonnes sollicitées par une charge axiale; Rapport final S. 367–76: Discussion libre [à: Ponts à travées rectilignes] [m. deutscher u. engl. Zusammenfassg.]; weitere Beiträge [Teilband und Seitenzahlen unbekannt]: Poutrelles en acier enrobées de béton; Fondations en terrains vaseaux.

W. Il comportamento elastico di ponti ferroviari in cemento armato (Milano '31) 61 S. (R. Scuola d'Ingegneria (R. Politecnico), Milano, Scuola di Specializzazione per le Costruzioni in Cemento Armato, Fondazione Fratelli Pesenti, Atti, ricerche, studi, 1); [2]('35). — Resistenza ed elasticità di calcestruzzi di cemento in funzione del rapporto acqua: cemento e della resistenza della malta normale (Milano '31) 47 S. (~ 2); [2]('35). — La vibrazione del calcestruzzo di cemento. Tecnica e risultati sperimentali (Milano '32) 37 S. (~ 3); [2]('35). — La collaborazione ferro–calcestruzzo nei pilastri caricati assialmente (Milano '32) 69 S. (~ 4). — La collaborazione del laterizio nei solai di cemento armato. Raffronti sperimentali (Milano '32) 63 S. (~ 7); [2]('36) 76 S. — Arte e tecnica nella evoluzione dei ponti. I ponti in legna, in pietra, in ferro, in cemento armato (Milano '33) 191 S. (~ 13). — Gli sforzi secondari nelle travi a traliccio in cemento armato. Metodi di calcolo e raffronti sperimentali (Milano '34) 93 S. (~ 15). — Temperatura di presa dei cementi (Milano '36) 77 S. (~ 21). — Ponti italiani in cemento armato (m. E. Miozzi) [2](Milano '32) 20+339 S.; 3. Aufl. in 2 Bänden: **1**: Testo [3]('48) 15+251 S.; **2**: Atlante [3]('48) 12 S. + 52 Tafeln. — Il cemento armato, **1**: La tecnica e la statica [4](Milano '33) 12+390 S., [5]('35), [6]('37), [7]('40), [8]('41), ..., [10]('45), [11]('46), [12]('47), [13]('49), ..., [15]('55) 20+641 S.; **2**: Le applicazioni alle costruzioni civili ed industriali [4]('34) 15+527 S., [5]('35), [6]('38), [7]('40), [8]('42), [9]('45), [10]('46), ..., [13]('53), [14]('57) 19+786 S.; **3**: Monografie di costruzioni italiane civili ed industriali [3](Milano '32) 7+521 S., ..., [5]('39), [6]('43) 12+395 S. — Prontuario del cemento armato. Dati e formule per rendere piu spedito lo studio ed il controllo dei progetti di massima nelle strutture più comuni [3](Milano '32) 15+254 S.; [4](Milano '33) 15+302 S., [6]('35), [7]('36), [8]('37), [9]('38), [10]('41), [11]('42), ..., [13]('45), [14]('46), ..., [16]('48), [17]('49), [18]('50), [19]('52), [20]('53), [21]('55), [22]('56), [23]('58), [24]('60), ..., [27]('69) 31+895 S. — Ponti e grandi strutture speciali, **1**: Lezioni (Milano '34) 324 S.; **2**: Esercitazioni ('34) 175 S.; **3**: Ponti in ferro e legno; Ponti sospesi teleferiche; Organizzazione del cantiere (C. Chiodi) ('34) 306 S.; **4**: Ponti in muratura; Opere marittime

Bitte Anmerkung auf Seite 4201 beachten!

('34) 113 S. — Materiali da costruzione (G. Filippelli) 1934 (Milano '35) 190 S. [Vorlesungsskripten]. — Analisi di costo e preventivi di spesa per le costruzioni in cemento armato. Esempii scelti fra lavori eseguiti [2](Milano '35) 8+174 S. — La tecnica delle fondazioni, con particolare riguardo alla costruzione dei ponti e delle grandi strutture [2](Milano '36) 12+349 S.; [3]('39) 12+358 S.

Atti Sindacati provinc. fasc. Ingegneri Lombardia Prof. Giulio Revers †: **11** ('33) Nr. 8. — Prove di resistenza e di usura su piastrelle per pavimentazione: **13** ('35) Nr. 2. — Le prove sulle pietre: Nr. 4. — Le prove sui laterizi: Nr. 6. — Le prove sopra i materiali per le costruzioni in cemento armato: Nr. 8–9.

Industria ital. Cemento Sulle cause dei crolli nelle strutture in cemento armato: **4** ('32) Nr. 1. — Il Congresso di ponti e costruzioni a Parigi: Nr. 5. — Il primo Congresso nazionale della stampa tecnica: **5** ('33) Nr. 6. — Il cemento armato nei muri di sostegno: Nr. 7. — Arte e tecnica nella evoluzione dei ponti: Nr. 10. — Prove di resistenza e di usura su piastrelle per pavimentazione: **7** ('35) Nr. 8.

Ingegnere Elasticità dei laterizi: **9** ('35) Nr. 14.

Mémoires, Assoc. int. Ponts et Charpentes La collaboration de l'acier et du béton dans les colonnes sollicitées par une charge axiale: **1** ('32) 423–31. — Efforts secondaires dans les travées à treillis en béton armé: **2** ('34) 302–10.

Politecnico [Milano] Sforzi secondari nelle travature a traliccio in cemento armato: **82** ('34) Nr. 2.

Rassegna Architettura La tecnica del cemento armato: **4** ('32) Nr. 2.

Ferner Mitarbeit an Neuaufl. von *G. Colombo, Manuale dell'ingegnere civile e industriale.

Mit: [1]) L. Maddalena; [2]) A. Prandi.

VI **SANTOS,** Alfredo Canlas. Biochem. (Phytochem.), Pharm. — 1927–38 Assist. Prof., '38–45 Assoc. Prof., '38–61 Secretary, '45–65 Prof., '52–61 Head of Departm. of Industrial Pharm., '61–65 Dean, '66 Prof. Emer., College of Pharm., Univ. of the Philippines, Quezon City, Manila; '66–70 Prof. and Head of Departm. of Chem., Araneta Univ. Foundat., Malabon, Riza, Philippines; '67– Consultant in Chem., Univ. of Santo Tomas Research Center, Manila; '72 Executive Secretary, Nation. Research Council of the Philippines. — '31 Anacleto del Rosario Gold Medal (Colegio Médico Farmacéutica de Filipinas); '53 Outstanding Pharmacist-Researcher Award (Philippine Pharm. Assoc.); '54 Distinguished Service Medal and Diploma of Merit (Pres. of the Republ. of the Philippines); '57 Distinguished Alumnus Award (Univ. of the Philippines Alumni Assoc.); '73 Most Outstanding Scientist Award (Philippine Assoc. for the Advancem. of Sci.); '78 "National Scientist" (Pres. of the Republ. of the Philippines).

*1900, Aug. 15, Santo Tomas, Pampanga, Philippines.

S. Proc. 8th Pacific science congress of the Pacific Science Association, Quezon City 1953, **4A** (Berkeley, Calif. '54) 113–29: Pharmacodynamic studies on phaeantharine chloride, a new quaternary ammonium alkaloid from Phaeanthus ebracteolatus (Presl) Merrill, 1: Actions on the cardiovascular system and smooth muscles [49)54)52)55)50)53)5)]; 130–37: ~ 2: Ganglionic blocking action [54)52)55)50)49)53)5)]; 138–44: ~ 3: Curariform action [52)54)49)55)50)53)5)]; 161–69: Contribution to the chemistry of alkaloids from Philippine medicinal plants [5)11)46)]; 170–81: The chemistry and pharmacy of drugs of pharmacopoeial value from Philippine medicinal plants [46)11)]. — Chemistry in the Philippines (A. Clemente) (Manila '54) 486–501: Medicinal and pharmaceutical products [11)46)]; 531–44: A brief review of chemistry in schools and universities in the Philippines [46)11)]. — Proc. Symposium on phytochemistry, Kuala Lumpur, Malaya, 1957 (– '58) 90–118: Bis-coclaurine alkaloids from Phaeanthus ebracteolatus (Presl) Merrill [Titel laut anderem Zitat: A survey of phytochemistry in the Philippines]. — Proc. Symposium on phytochemistry, Hong Kong 1961; a meeting held as part of the Golden Jubilee congress of the University of Hong Kong (H. R. Arthur) (Hong Kong '64) 227–31: Progress of phytochemistry in the Philippines, 1958–1961 [5)]. — Phytochemical, microbiological and pharmacological screening of medicinal plants (Manila '78) (Acta Manilana, Suppl.): On phytochemistry [16)28)51)].

Acta manilana, Ser. A A preliminary report on the constituents of Uvaria scandens C. B. Rob. (Anonaceae) [16)]: Nr. **10** ('73) 12–28. — Developments in the investigations on the chemistry of natural products: Nr. **12** ('74) 48–67. — Cyclotetracontane from Cyanotis vaga (Lour.) Schultes [2)]: 80–88. — A phytochemical survey of the UST [University of Santo Tomas] pharmacy garden [16)45)]: Nr. **13** ('75) 16–54; Nr. **14** ('75) 25–75; Nr. **15** ('76) 54–90; Nr. **18** ('79) 36–66. — Phytochemical and biological screening of plants found in the UST botanical garden, 1: Thin-layer chromatographic alkaloidal screening of some Philippine plants [16)45)]: Nr. **15** ('76) 34–45; ~ 2: Antimicrobial evaluation of alkaloid containing extracts from Philippine plants [45][16]: 46–53. — Phytochemical research and the university: Nr. **18** ('79) 124–37.

Anales real Acad. Farm. Alcaloides de la Tabernaemontana pandacaqui Poir. Aislamiento de la coronaridina [5][19]: **29** ('63) 391–94. — Alkaloide einiger Apocynaceen der Philippinen [5]: **30** ('64) 173–77 [span.]. — Alcaloides de la Tabernaemontana mucronata Merr. Aislamiento de la tabernaemontanina [5][42]: **31** ('65) 3–7.

Archiv Pharm. u. Ber. dtsch. pharm. Ges. Isolierung eines neuen Alkaloidsalzes, Phaeantharinchlorid, aus Phaeanthus ebracteolatus: **284** ('51) 360f. — Die Konstitution des Phaeantharins [8][20][5]: **290** ('57) 232–50.

Ber. dtsch. chem. Ges. Über die Alkaloide von Phaeanthus ebracteolatus (Presl) Merrill, 2: Zur Kenntnis des Phaeanthins: **65** ('32) 472–74.

Bull., Nation. Res. Council Philippines Philippine phytochemistry [5]: **51** ('74).

Experientia Isolation of commisterone, a new phytoecdysone from Cyanotis vaga [10][13][2]: **26** ('70) 1053f. [m. deutscher Zusammenfassg.].

J. amer. chem. Soc. The alkaloids of Argemone mexicana [4]: **54** ('32) 2923f.

J. amer. pharm. Assoc. A chemical study of a mercurated carvacrol [1]: **29** ('40) 362–64.

J. Philippine pharm. Assoc. On the alkaloids of Phaeanthus ebracteolatus (Presl) Merrill, 2: On phaeanthine: **4** ('32) 118–21. — The alkaloids of Argemone mexicana [4]: 258–60. — A contribution to the study of Luffa with special reference to Luffa cylindrica (L.) Roemer from the Philippines [36][46]: 419. — Alkaloids of Mahonia philippinensis Takeda [9][46]: 475–79. — Alkaloids of Pycnarrhena manillensis Vidal (family Menispermaceae). Constitution of pycnamine [17]: **33** ('46) 67–74. — List of some Philippine medicinal plants which includes data on constituents, uses, pharmacopoeias wherein official and references [46][11]: **34** ('47) 23–26. — A crystalline saponin from Luffa cylindrica (L.) Roemer [29]: 43–52. — The crystalline principle of Tinomiscium philippinensis Miers. Its identification as picrotoxin [14]: 81–87. — On the crystalline principle of Luffa cylindrica (L.) Roemer [44]: 415–24. — Symposium on recent advances in pharmacy [32][1]: **35** ('48) 30. — Philippine medicinal plants yielding drugs of pharmacopoeial value [46][11]: 382–84. — Alkaloids of Phaeanthus ebracteolatus (Presl) Merrill: On phaeantharine chloride [5]: **39** ('52) 148–50. — An improved Kipp generator for the micro Dumas determination [5]: **40** ('53) 187. — Morphological studies on Philippine drugs, 1: Lagerstroemia speciosa leaf, Areca catechu seed and Curcuma longa rhizome [11][7][46]: **43** ('56) 3–13; ∼3: Cerips tagal (Perr.) C. B. Rob. bark [11][7][46]: **44** ('57) 263–75. — A study on the constituents of Tinomiscium philippinensis Diels (fam. Menispermaceae) [21][19][38]: **43** ('56) 103. — The constitution of phaeantharine [8][20][5]: **44** ('57) 187–204.

Natural and appl. Sci. Bull. [Manila] The structure of phaeanthine: **2** ('32) 221–23. — Alkaloids of Mahonia philippinensis Takeda [9][46]: 401–05. — Über Artabotrysalkaloide, 1: Zur Kenntnis des Artabotrins und des Suaveolins, ein neues Alkaloid [38]: 407–15. — Ambaline, a new alkaloid from Pycnarrhena manillensis Vidal [35]: **3** ('33) 353–64. — The alkaloid of Eurycles amboinensis [32]: **4** ('34/35) 41f. — The mercuriation of nipasol, a propyl ester of p-hydroxybenzoic acid [40]: 149–54. — Ambaline, a new non-phenolic alkaloid from Pycnarrhena manillensis Vidal (fam. Menispermaceae) [47]: 338–41. — Macrophylline, a new alkaloid from Alstonia macrophylla Wall. [27]: **5** ('36) 153f. — The alkaloids of Datura alba Nees [34]: **7** ('39) 1–4. — An improved Kipp generator for the micro Dumas determination [5]: **11** ('51) 296–99.

Philippine J. Forestry Constituents, uses and pharmacopoeias of some Philippine medicinal plants [46][11]: **6** ('49) Nr. 1, 39–111.

Philippine J. Sci. Remark about anonaine: **47** ('32) 357. — Voacamine and vobtusine from Voacanga megacarpa Merrill [26][5]: **93** ('64) 597–601. — The alkaloids of Anona muricata L. [5][23]: **96** ('67) 399–407. — Uvaria rufa Blume [10][13][23]: **97** ('68) 153–57. — A diterpene from Tinospora rumphii [3][33]: 269–75. — Tumor inhibitors, 1: Alkaloidal constituents of Uvaria rufa Blume [24][15][39]: **98** ('69) 151–53. — Chemical investigations on Philippine natural products, 1: Zanthoxylum integrifoliolum (Merr.) Merr. [10][25]: **99**.1970 ('72) 205–23; ∼2: Constituents of Uvaria sorsogonensia Presl [10][37]: 225–39.

Planta med. Identity of commisterone with ecdysterone [10][13][2][18][43]: **21** ('72) 279–81.

Revista filipina Med. y Farm. The crystalline principle of Luffa cylindrica (L.) Roemer [44]: **30** ('39) 168–70 []. — Isolation and separation of the main constituents of Datura alba Nees [34]: 170; **31** ('40) 1–24 []. — Saponin of Luffa cylindrica (L.) Roemer [29][12]: **32** ('41) 49f. []. — Crystalline principle of Tinomiscium philippinense Miers [14][22]: 56f. []; ∼ [30]: 213f. []. — A chemical study of Luffa cylindrica, with special emphasis on its saponin [29]: 214f. []. — A phytochemical study of Anamirta cocculus L. [48]: 323–35 [].

Weitere Beiträge in Kongreßberichten und in Publikationen des National Research Council of the Philippines ('73, '76). — Ferner als Betreuer Mitautor von M.S.-Thesen: *L. B. Oliveros, Three phenolic alkaloids of Pycnarrhena manillensis Vidal (Manila '33) 24 S.; *J. S. Sulit, Alkaloids of Phaeanthus ebracteolatus (Presl) Merrill and iso-

Bitte Anmerkung auf Seite 4201 beachten!

lation of a new alkaloid: kalimantine (Manila '33); *E. Hernández, Constitution of pycnamine (Manila '35) 28 S.

Mit: [1]) J. B. Abcede; [2]) C. Abela; [3]) R. A. Acebedo; [4]) P. Adkilen; [5]) G. Aguilar-Santos; [6]) —; [7]) A. C. Belisario; [8]) F. v. Bruchhausen; [9]) E. R. Castro; [10]) M. T. Chua; [11]) J. A. Concha; [12]) P. Cruz; [13]) N. Eufemio; [14]) N. M. Feliciano; [15]) E. M. Garcia; [16]) B. Q. Guevar(r)a; [17]) E. Hernández; [18]) M. Hikino; [19]) L. M. Joson; [20]) J. Knabe; [21]) S. Kuyaganont; [22]) A. I. de Leon; [23]) J. R. Librea; [24]) G. C. Lleander; [25]) A. Maglaya; [26]) F. S. Magno; [27]) F. Manas-Santos; [28]) A. M. Mascardo; [29]) A. S. Mendoza(-Castro); [30]) N. F. Mercado; [31]) —; [32]) L. B. Oliveros(-Belardo); [33]) P. Pabatao; [34]) C. S. Pradisth; [35]) G. Q. Quibilan; [36]) J. Ramos; [37]) H. Ras; [38]) F. R. Reyes; [39]) E. C. Rigor; [40]) A. M. Samson; [41]) —; [42]) L. L. Tabayan; [43]) T. Takemoto; [44]) M. A. de la Torre; [45]) T. N. Tumangan; [46]) P. Valenzuela; [47]) M. I. Villanos; [48]) A. A. Ylagan; [49]) C. Dayrit; [50]) N. E. Diaz; [51]) C. Q. Estrada; [52]) H. R. Estrada; [53]) R. Guevara; [54]) G. V. de Leon; [55]) E. V. Valdez.

VI **SAPOŽNIKOV**, Aleksej Vasil'evič. Chem. — 1890–93 Stud., 1896–99 Lehrbeauftragter, 1899– Prof., Michajlovskij-Artillerieakad., Petersburg; 1893–96 Stud., 1907–14 Privatdoz., Univ. Petersburg; '05–14 Lektor, Luftfahrtschule Petersburg; '08–30 Prof. m. Lehrstuhl; '12 Begründer u. anschl. Leiter d. Labor. z. Erforschung v. Holzschädlingen, Ingenieurinst. f. Verkehrswesen, Petersburg → Leningrad; '34–35 Prof. u. Leiter d. Lehrstuhls f. Sprengtechnik, Berg-Inst. „I. V. Stalin", Moskva. (⊠)
*1868, März 15, Perm';
†1935, Juli 23, Moskva.

Zur Biogr. Nature [London] **129** ('32) 20.

Nekr. *H. Brunswig, Z. ges. Schieß- u. Sprengstoffwesen **30** ('35) 329–32. — *A. Okatov, Ž. obščej Chim. **6** ('36) 785–90. — Bezopasnost' Truda gorn. Promyšl. **4** ('35) Nr. 8, 16f.

W. Bezopasnost' truda v chimičeskoj laboratorii. S otd. glavoj o bezopasnosti truda v laboratorijach porochov i vzryvčatych veščestv [Arbeitsschutz im chemischen Laboratorium. Mit besonderem Kapitel über den Arbeitsschutz in Pulver- und Sprengstofflaboratorien] (Moskva–Leningrad '34) 3+81 S.

Ferner eine Monographie über Pulver- und Sprengstoff-Fabriken [russ.] ('34).

VI **SARANTOPOULOS**, Spyridion. Math. — 1925– Doz., Techn. Hochsch. Athēnai; später bis ca. '65 [?] Prof., zuletzt auch Dekan d. math.-physikal. Fak., Nationale u. Kapodistrias-Univ. Athēnai; auch Prof. u. Dir. d. math.-mech. Seminars, Landwirtsch. Hochsch. Athēnai. — — Weitere Daten nicht bekannt, alle Angaben dieser Biobibliographie unsicher. (⊠)
*1894, Sparta.

S. Actes du 1er Congrès interbalkanique des mathématiciens, Athènes 1934 (Athēnai '35) 59–61: Quelques théorèmes sur les nombres entiers; 261–63: Un théorème se rattachant à la méthode par récurrence (induction complète). — Proc. International congress of mathematicians, Amsterdam 1954, **1** (Groningen–Amsterdam '57) 436–38: Sur le premier cas du (dernier) théorème de Fermat.

W. Differentialgeometrie (Kurventheorie) ²(Athēnai '62) 640 S. [griech.].

Atti reale Accad. nazion. Lincei, Rend. Un théorème se rattachant à la méthode par récurrence (induction complète): (6) **20** ('34) 242–51. — Quelques théorèmes relatifs à la méthode par récurrence: 293–301.

Bull. Soc. math. Grèce Fermat und sein letztes Problem: **16** ('35) 201–40 []. — Quelques théorèmes sur les nombres entiers: **20** ('40) 85–100; **21** ('41) 1–33. — A generalization of Legendre's equation and of Laplace's integral: **23** ('48) 30–50 [m. griech. Zusammenfassg.]. — Sur les courbes ayant la même longueur et la même (ou inférieure) courbure avec une autre courbe plane et convexe: **24** ('49) 51–67 [griech. m. französ. Zusammenfassg.]. — Some nuclei of contour integrals which satisfy linear differential equations: **26** ('52) 109–30. — Sur l'existence des intégrales holomorphes des équations différentielles du premier ordre dans le cas singulier: **28** ('54) 128–66; **29** ('54) 1–24. — Généralisation des formules de Frenet: (N.S.) **7** ('66) 1–15 [m. griech. Zusammenfassg.]. — La forme générale des équations des courbes de Bertrand: 28–44 [~]. — Equation vectorielle d'une courbe dont la courbure et la torsion satisfont à une relation algébrique: 45–60 [~].

C. R. hebd. Séances Acad. Sci. Paris Sur l'existence des intégrales holomorphes des équations différentielles du premier ordre dans les cas singuliers: **198** ('34) 1733–35.

Praktika Akad. Athēnōn Generalization of some linear differential equations of mathematical physics: **20** ('49) 390–94 [m. griech. Zusammenfassg.].

VI **SARKAR**, Pulin Bihari. Chem. — 1917– Lecturer, later until ca. '72 Prof., Univ. (→ Univ. College of Sci.) Calcutta. — '37 Elliot Gold Medal and Cash (Roy. Asiatic Soc. of Bengal). — — Weitere Daten nicht bekannt. (⊠)
*1895, Apr., Calcutta.

S. Jute in India (M. G. Kamath) (Calcutta '59) Section III: Science and technology.

W. Intermediate practical chemistry (Calcutta '37). — Organic chemistry (m. P. C. Rakshit) (Calcutta '42) 562 S., . . . , [3]('44) 578 S., . . . , [7]('53) 598 S., . . . , [10]('60) 500 S., [11]('62) 500 S. — Semimicro qualitative inorganic analysis (m. H. Saha) 1 (Calcutta '65) 176 S.; 2 ('65) 76 S.

Analytica chim. Acta Nessler reagent, 1 [8]): **13** ('55) 195–99; Nessler reagent and Nessler precipitate, 2 [8]): **14** ('56) 209–12.

Annales sci. textiles belges The chemistry of jute fiber: **4** ('56) 45–54 [].

Bombay Technologist Jute fiber: **1** ('50) 75f.

Current Sci. Molecular weight of lignin: **3** ('34/35) 64f. — Free phenolic group in lignin. Evidence from action of chlorine dioxide on aromatic and aliphatic compounds: 422f. — The yellowing of bleached jute [3])[12])[15]): **16** ('47) 74–76, 287. — Use of sodium chloride in the determination of acid values of cellulosic materials [12]): **17** ('48) 88f. — The chlorine-sulfite test for lignin: **19** ('50) 381. — The determination of iron in tubewell (underground) water [13]): **26** ('57) 111f.

Indian Textile J. Synthetic fibres: **51** ('41) 185f. — Synthetic plastics and the textile industry: **52** ('42) 249f. — Scientific research and the textile industry: **53** ('43) 163–66. — Some wartime textile developments in Germany: **56** ('46) 882–85, 902. — Jute fibre: **58** ('47) 145–50, 158.

J. indian chem. Soc. On a new method of preparation of hexammine-tri-ol-dicobaltichloride and the preparation of some nuclear polymers [6]): **9** ('32) 79–82. — The chemistry of jute-lignin, 2: Potash fusion of lignin: **10** ('33) 263–70; ~ 3: Action of nitric acid on lignin: **11** ('34) 407–10; ~ 4: Dioxymethylene group in lignin: 691–700; ~ 5: Chlorination of lignin: 777–85; ~ 6: Isolated lignin and lignin native in jute: **12** ('35) 168–72; ~ 7: Behaviour of organic compounds towards ClO_2 and its significance on the constitution of lignin: 470–75; ~ 8: Methylation of lignin: 542–46; ~ 9: Acetylation of lignin: 547–51. — On the ethyl and methyl esters of fluocarbonic acid [9]): **10** ('33) 537–39. — A convenient micro method of estimating sulphur in organic compounds. A modification of ter Meulen's method [9]): 611–15. — On the thiosulphato-tetramminecobaltic series, 2: Constitution of Duff's salt [18]): 625–30. — On the tensile strength of jute-fibre: **12** ('35) 23–30. — On the triple nitrites of the rare earths and a new micro-test for caesium [9]): 608–10. — Electronic theory of valency and the constitution of aromatic diazo compounds: **13** ('36) 19–22. — Attempt to correlate the constitution of glass with the potential at glass–electrolyte interfaces [20])[7]): **19** ('42) 61–66. — Complexes of lower-valent rhenium [24])[8]): **40** ('63) 707f.; ~: Cyano-complexes of bivalent rhenium [24])[1]): 813f.; ~ [24])[8]): 815f.; ~ [24])[1]): **42** ('65) 496; ~: $H_2[ReCl_5NO]$ and its salts [24])[1]): **44** ('67) 227f.

J. physic. and Colloid Chem. Penetration of cellulose fibres [27]): **54** ('50) 745–53.

J. sci. and industr. Res., Sect. B Jute fibre as a source of cellulose: **7** ('48) Nr. 2, 21–24.

J. Soc. Dyers and Colourists Acid number of vegetable fibres in relation to basic dye absorption [3])[12])[16]): **63** ('47) 229–31. — Studies on the absorption of methylene blue by jute fibre [3]): **64** ('48) 218–21.

J. Textile Inst. Acid nature of jute fibre [3])[12]): **38** ('47) T318–T332. — Combination between lignin and polyuronic acid in jute fibres [3])[12])[16]): **39** ('48) T1–T7. — Hemicelluloses of jute fibre [12])[16]): T44–T58. — Bleaching of jute with chlorite [3]): T274–T281. — Acetyl groups in jute fibres: **43** ('52) T290. — Composition of tamarind seed kernel powder [12]): T453f.

Nature [London] Fluorination of organic compounds: Monofluoroacetone [19])[17]): **132** ('33) 749f. — Constitution of formic acid and formates [18]): **137** ('36) 495f. — Absorption of basic dyes by jute [3])[12]): **157** ('46) 486. — Association of xylan with α-cellulose in jute [12])[16]): **165** ('50) 897f.; ~ [12]): **172** ('53) 1047f. — The cellulosan of jute fibre: **167** ('51) 357f. — Decomposition of formic acid by periodate: **168** ('51) 122f. — Molecular weight of jute α-cellulose [16])[3]): **169** ('52) 845f. — Pentoses associated with jute α-cellulose: **174** ('54) 228.

Proc. nation. Inst. Sci. India Constitution of fluoroform, chloroform, bromoform and iodoform. Prototropic change: **2** ('36) 63–65. — A new method for the estimation of cellulose, with special reference to jute [4]): **12** ('46) 23–46.

Res. and Industry [New Delhi] Rayon-grade pulp from jute stick [26])[5]): **9** ('64) 126f.

Science and Culture Hydroxyl groups in lignin: **1** ('35/36) 60. — Are carbohydrates constituents of lignin?: 209f. — On the triple nitrites of the rare earths and a new micro-test for caesium [9]): 210. — Heavy oxygen: 619f. — Formic acid as a solvent of lignin: **2** ('36/37) 411. — Lignin: 485–89, 551–56. — On the so-called coulsonite: **3** ('37/38) 122. — On the origin of lignin: 174. — The origin of coal: 240f. — On the cellulose–lignin compound: 398f. — Age of some radioactive minerals of India: **7** ('41/42) 118f. — Colour of shamla jute: its cause and removal [15])[3]): **8** ('42/43) 45f. — Retting jute with chemicals [3])[15]): **9** ('43/44) 451–53. — $NaClO_2$ as a reagent for the estimation of cellulose [3]): **10** ('44/45) 340–42. — A note on the investigation of radioactive mineral, viz. zircon, to determine its geological age [10]): **11**

Bitte Anmerkung auf Seite 4201 beachten!

('45/46) 271. — Application of x-ray diffraction method in the analysis of an ore from Rajputana [25]): 388. — A radioactive mineral of India and its geological age: samarskite from Nellore [23]): 569f. — Relation between the acid values of jute fibre and its adsorption of methylene blue [3])[12])[16]): **12** ('46/47) 108–10. — Spectrographic determination of gallium in Indian bauxite by the cathode layer arc [14]): 598. — Gallium content in Indian bauxites [11]): **13** ('47/48) 75. — Cathode-luminescence spectra of Indian fluorites containing rare earths [14]): 209. — Cannizzaro reaction between the fibre cellulose of jute and caustic soda [12])[16]): 298f. — Cathode-luminescence spectra of Indian calcite, dolomite, and aragonite [14]): **14** ('48/49) 82f. — Chemical homology and isomorphism [8]): **19** ('53/54) 209f. — The deposition obtained from certain tube well waters [13]): **22** ('56/57) 389. — So-called pseudo-alums, 3 [21]): **25** ('59/60) 543f. — Lithium alum and silver alum [21]): **27** ('61/62) 303f. — Substituted cyano-complexes of lower valent rhenium [,1]: Pentacyanonitrosyl rhenate(II), a nitroprusside analogue of rhenium [24]): 404; ~ 2: Sodium sulphitopentacyanorhenate [24]): 588f.; ~ 4: Sodium 2,2'-dipyridyl tetracyanorhenate(II) [24])[8]): **28** ('62) 290f.; ~ 5: Sodium 1,10-phenanthroline tetracyanorhenate(II) [24])[8]): 387f.; ~ 6 [24])[8]): **29** ('63) 201f.

Technological Res. Mem., Indian central Jute Committee The relations between the chemical fibre characters and the spinning quality of jute [2])[15]): Nr. **6** ('44) 15 S. — Improvement of jute bags for the storage of sugar [3]): Nr. **11** ('46) 21 S. — Physical and chemical characters of jute fibre in relation to plant dimensions [2]): Nr. **13** ('52) 34 S.

Textile Manufacturer The chemistry of jute fibre: **81** ('55) 549.

Textile Res. J. The nature of the hemicelluloses of jute fibre, 1 [12])[16]): **22** ('52) 529–34; ~ 2 [5]): **24** ('54) 705–11. — Autohydrolysis of jute hemicellulose [12]): **23** ('53) 749. — Molecular weight of α-cellulose from jute and allied long fibres [3])[16]): **24** ('54) 43–52. — The structure of jute hemicellulose [5]): 1071f. — Note on the lignin and hemicellulose of jute [12]): **25** ('55) 1016–20. — Acetone from simple sugars [22]) [12]): **27** ('57) 85. — The effect of acetyl on the strength of jute fibre [12])[2]): **30** ('60) 71.

Z. anorg. u. allg. Chem. Chloronitrosyl complexes of rhenium [28])[24])[1]): **387** ('72) 265–70 [m. deutscher Zusammenfassg.].

Mit: [1]) P. Bandyopadhyay; [2]) S. B. Bandyopadhyay; [3]) H. Chatterjee; [4]) H. Chattopadhyay; [5]) P. C. Das Gupta; [6]) T. Das-Gupta; [7]) P. B. Ganguly; [8]) N. N. Ghosh; [9]) H. C. Goswami; [10]) B. C. Haldar; [11]) A. Majumdar; [12]) A. K. Mazumdar; [13]) S. N. Mitra; [14]) B. Mukherjee; [15]) C. R. Nodder; [16]) K. B. Pal; [17]) A. Rây; [18]) B. C. Rây; [19]) P. C. Rây; [20]) R. C. Rây; [21]) H. K. Saha; [22]) P. K. Saha; [23]) R. N. S. Sarma; [24]) B. K. Sen; [25]) R. K. Sen; [26]) S. K. Sen; [27]) H. Tarkow; [28]) D. K. Hait.

Bitte Anmerkung auf Seite 4201 beachten!

VI **SÁRKÖZY,** Paul Andreas. Math. — 1910–31 Prof. u. '31–38 Dir. d. Sankt Gerard-Hochschule, Prior, '51–57 Haupt-Abt, Erzabtei Pannonhalma.
*1884, Dez. 3, Jánosháza;
†1957, Mai 10, Pannonhalma.

W. A differenciálegyenletek elméletének elemei [Die Elemente der Theorie der Differentialgleichungen] (Pannonhalma '32). — Bevezetés a differenciálgeometriába [Einführung in die Differentialgeometrie] (Pannonhalma '36).

VI **ŠARONOV,** Vsevolod Vasil'evič. Astron., Luftbildaufnahme. — 1918–26 Stud., zugleich Mitarbeiter am Recheninst., '26–29 Aspirant am Astron. Inst. (dabei Praktika an den Observatorien Pulkovo, Simeiz, Taškent u. am Opt. Inst. Leningrad), '32–41 Begründer u. Leiter d. Photometr. Labor. am Astron. Observat., '38–41 Lehrbeauftragter, '40 Dr. d. math.-physikal. Wiss., '41–44 wiss. Mitarbeiter, Außenstelle Elabuga, '44–64 Prof., '51–61 Dir. d. Astron. Observat., Univ. Petrograd → Leningrad; '29–32 wiss. Mitarbeiter am Observat. Taškent, dann am Inst. f. Luftbildaufnahmen, Leningrad; '36–41 wiss. Mitarbeiter, Hauptobservat. Pulkovo d. Akad. Wiss. UdSSR. — Rotbannerorden (UdSSR).
*1901, März 10 (Febr. 25), Petersburg;
†1964, Nov. 27, Leningrad.

Zum 60. Geb.tag *I. A. Paršin, Astronomičeskij Cirk. Nr. **223** ('61) 30.

Nekr. *L. N. Radlova, Astronomičeskij Kalendar' **69**.1966 ('65) Peremennaja čast', 242–45 (m. Bildn.). — Izvest. Komiss. po Fizike Planet Nr. **5** ('65) 105–11 (m. Bildn.). — Uč. Zap. leningr. gos. Univ. Nr. **328** (Ser. mat. nauk Nr. 39) ('65) 175–77 (m. Bildn.).

Zum 75. Geb.tag *L. N. Radlova, Zemlja i Vselennaja **1976**, Nr. 4, 55–57 (m. 3 Bildnissen).

H. *N. N. Kirikova, *N. N. Sytinskaja, *V. M. Šichobalova, Tablicy dlja rasčeta prirodnoj osveščennosti i vidimosti. Sostavleny Astrofizičeskoj laboratoriej Leningradskogo universiteta [Tafeln zur Berechnung der natürlichen Beleuchtungsstärke und der Sichtweite, zusammengestellt im Astrophysikalischen Laboratorium der Universität Leningrad] (Moskva–Leningrad '45). — (Redakt.) *Ž. Vokuler, Fizika planety Mars; vvedenie v areofiziku [*G. H. de Vaucouleurs, Physique de la Planète Mars; introduction à l'aérophysique] (Moskva '56). — (Redakt.) Issledovanija serebristych oblakov. Sbornik statej [Untersuchungen leuchtender Nachtwolken. Sammlung von Aufsätzen] (Leningrad '60) (Astronomičeskaja observatorija Leningradskogo universiteta). — *I. A. Paršin, Luna [Der Mond] (Moskva '61) (Populjarnye lekcii po astronomii, 10).

Teilsammlung Issledovanija po fotometrija. Sbornik statej V. V. Šaronova [Untersuchungen zur Photometrie. Sammlung von Aufsätzen V. V. Šaronovs] (K. V. Čibisov) (Moskva–Leningrad '37) 58 S.

S. Issledovanie otražatel'noj sposobnosti [Untersuchung des Reflexionsvermögens] (G. A. Tichov) (Moskva–Groznyj–Leningrad–Novosibirsk '34) (Sbornik statej po aėrofotometrii, 2) 3–28: Streuung des Lichts an Erdformationen und aerophotometrische Methoden ihrer Untersuchung [russ.]; 53–59: Das Reflexionsvermögen einiger natürlicher Gebilde [~]. — Aėros-emka. Sbornik statej [Die Luftbildaufnahme. Sammlung von Aufsätzen] (A. V. Gaveman, Ja. A. Derevjanko, Ju. P. Žukov u. a.) 1 (Leningrad–Moskva–Groznyj–Novosibirsk '34) 33–43: Probleme der Belichtungsmessung bei der Luftbildaufnahme [russ.]; 2 (Leningrad–Moskva '34) 128–33: Die Empfindlichkeit des Photomaterials "Sensitoskon" und seine Belichtungskennziffern [~]; 3 ('35) 135–45: Über die Wahl des Photomaterials für Luftbildaufnahmen von Wäldern [~]. — Trudy Vsesojuznoj konferencii po izučeniju stratosfery [Arbeiten der Unionskonferenz über die Erforschung der Stratosphäre], Leningrad 1934 (Moskva–Leningrad '35) 211–15: Photometrische Beobachtungen mit dem Stratosphärenballon und ihre Probleme [russ.]; 523–30: Die Photometrie von Mondfinsternissen als Methode der Erforschung der Stratosphäre [~]. — Trudy ėkspedicij po nabljudeniju polnogo solnečnogo zatmenija 19 ijunja 1936 g., 1 (Moskva–Leningrad '38) 71–82: Absolute visual photometry of the solar corona and the sky during the solar eclipse June 19, 1936 [russ.]; engl. Ausgabe: Total solar eclipse of June 19, 1936, Reports of Soviet expeditions (Academy of Sciences of USSR) (Moskva–Leningrad '39) 65–75. — Issledovanija po fotometrii i sensitometrii [Untersuchungen auf dem Gebiet der Photometrie und der Sensitometrie] 1 (Moskva '39) 18–34: Photometrische Beobachtungen der natürlichen Beleuchtungsstärke auf einer Waldlichtung [russ.]; 99–103: Messung und Berechnung des Streulichts im Photoapparat [~]. — Geodezia. Spravočnoe rukovodstvo [Geodäsie. Nachschlagewerk] (M. D. Bonč-Bruevič) 5: Aėrofotografija [Aerophotographie] (Moskva–Leningrad '39): Aeroexponometrie; Atmosphärischer Dunst; Allgemeine Bedingungen für die Aerophotographie. [Alle Beiträge russ.]. — 120 let Leningradskogo gosudarstvennogo universiteta. Naučnaja sessija posvjaščennaja 120 let godovščine so dnja osnovanija universiteta (1819–1939). Tezisy dokladov [Thesen der Vorträge der Wissenschaftlichen Konferenz anläßlich der 120-Jahrfeier der Universität Leningrad, 1819–1939] (Leningrad '39) 31 f.: Messung und Berechnung der Sichtbarkeit entfernter Objekte [russ.]; 32 f.: Photometrische Untersuchung der Natur der Planeten [~]. — Naučnaja sessija 1945 g. Leningradskogo gosudarstvennogo universiteta. Tezisy dokladov po sekcii matematičeskich nauk [Wissenschaftliche Konferenz 1945 der Leningrader Staatsuniversität. Thesen der Vorträge vor der Sektion der mathematischen Wissenschaften] (Leningrad '45) 23 f.: Die integrale Leuchtdichte der Sonnenkorona nach Ergebnissen der Sonnenfinsternisse 1936, 1941 und 1945 [russ.]; 25 f.: Optische Klassifizierung von Landschaften [~]. — Naučnaja sessija 1946 g. ~. Tezisy ~ (Leningrad '46) 44–47: Vergleichende Methoden der Bestimmung der horizontalen Transparenz der Atmosphäre [russ.]. — Naučnaja sessija 1948 g. ~ . Tezisy ~ (Leningrad '48) 51 f.: Visuelle Kolorimetrie als Methode der astronomischen Beobachtung [russ.]. — Naučnaja sessija 1950 g. ~. Tezisy ~ (Leningrad '50) 24–26: Dämmerungserscheinungen auf den Planeten [russ.]. — Naučnaja sessija 1951/1952 g. ~. Tezisy ~ (Leningrad '52) 11–13: Wahrscheinliche Natur der Mondoberfläche nach Ergebnissen der Photometrie und der Kolorimetrie [russ.] [8]). — Naučnaja sessija 1953/1954 g. ~. Tezisy ~ (Leningrad '54) 17–19: Allgemeine Theorie der visuellen und der photographischen Sichtbarkeit von Einzelheiten der Planetenscheibe [russ.]. — Naučnaja sessija 1954/1955 g. ~. Tezisy ~ (Leningrad '55) 18 f.: Visuelle Kolorimetrie der Sonnenkorona [russ.]. — Naučnaja sessija 1955/1956 g. ~. Tezisy ~ (Leningrad '56) 24–26: Die Rolle endogener und exogener Faktoren bei der Formierung der äußeren Schicht der Mondoberfläche [russ.]. — Sovremennaja nauka o Vselennoj i proischoždenii čeloveka [Die moderne Wissenschaft vom Weltall und von der Entstehung des Menschen] (Leningrad '48) 19–24: Die Entstehung der Erde und der Himmelskörper [russ.]. — Trudy Jubilejnoj naučnoj sessii [Leningradskogo universiteta], Sekcija matematičeskich nauk, Podsekcija astronomii [Arbeiten der Jubiläumssitzung der Universität Leningrad, Sektion Mathematische Wissenschaften, Unterabteilung Astronomie] (K. F. Ogorodnikov) (Leningrad '48) 47–60: Die Dämmerung als photometrisches und psycho-physiologisches Phänomen [russ.]. — Trudy ėkspedicij po nabljudeniju polnogo solnečnogo zatmenija 21 sentjabrja 1941 g. [Arbeiten der Expedition zur Beobachtung der totalen Sonnenfinsternis am 21. September 1941] (V. G. Fesenkov) (Moskva–Leningrad '49) 99–104: Helligkeit und Farbe der Sonnenkorona während der totalen Finsternis am 21. 9. 1941 [russ.]. — Kurs astrofiziki i zvezdnoj astronomii [Lehrbuch der Astrophysik und Stellarastronomie] (A. A. Michajlov) 1 (Moskva–Leningrad '51): [Mitarbeit]. — Bol'šaja sovetskaja ėnciklopedija [Große Sowjetenzyklopädie] 25 [2](Moskva '54) 469–72: Der Mond; 26 [2]('54) 376–79: Mars; 33 [2]('55) 168–71: Die Planeten; 38 [2]('56)

137f.: Saturn; 45 2('57) 375f.: Astronomische Photometer; 49 2('58) 407–09: Jupiter. [Alle Beiträge russ., zum Teil mit Mitarbeitern]. — Polnye solnečnye zatmenija 1952 i 1954 g. Trudy ėkspedicii po nabljudeniju zatmenij [Die totalen Sonnenfinsternisse 1952 und 1954. Arbeiten der Beobachtungsexpedition der Akademie der Wissenschaften der UdSSR] (Moskva '58) 62–80: Integrale visuelle Photometrie der Sonnenkorona 1952 und 1954 [russ.]; 199–206: Visuelle Kolorimetrie der Sonnenkorona [~]. — Spravočnaja kniga po svetotechnike [Nachschlagewerk über Lichttechnik] (V. S. Kulebakin) 2 (Moskva '58) 121–60: Grundlagen der Lichttechnik und Beleuchtungsanlagen [russ.; Titel unsicher]. — Rezul'taty nabljudenij Marsa vo vremja velikogo protivostojanija 1956 g. v SSSR [Ergebnisse von Marsbeobachtungen in der UdSSR zur Zeit der großen Opposition 1956] (Moskva '59) 123–54: Oberfläche und Atmosphäre des Mars nach photographischen, photometrischen und kolorimetrischen Beobachtungen, ausgeführt 1956 in Taškent [russ.]; 155–64: Versuch der Bestimmung von Kontrasten auf der Marsscheibe mittels visibilimetrischer Methoden [~]. — Trudy soveščanija po serebristym oblakam [Arbeiten der Konferenz über leuchtende Nachtwolken], Tartu 1958 (Tartu '59) 7–22: Ergebnisse des Internationalen Symposiums über leuchtende Nachtwolken [russ.]; 112–21: Plan für die Beobachtungen leuchtender Nachtwolken im Jahre 1959 [~]. — Meždunarodnyj geofizičeskij god. Informacionnyj bjulleten' [Internationales Geophysikalisches Jahr. Informationsbulletin] 7 (Moskva '59) 42–45: Abhängigkeit der Häufigkeit des Auftretens leuchtender Nachtwolken vom Datum und von der geographischen Breite [russ.]. — Meždunarodnyj geofizičeskij god. Sbornik statej i materialov [Internationales Geophysikalisches Jahr. Sammlung von Aufsätzen und Materialien] (Leningradskij gosudarstvennyj universitet) (Leningrad '60) 12–23: Photometrische Voraussetzungen für die Sichtbarkeit leuchtender Nachtwolken [russ.]. — Lomonosov. Sbornik statej i materialov [Lomonosov. Sammlung von Aufsätzen und Materialien] 4 (Moskva–Leningrad '60) 7–40: Lomonosov als Organisator der Beobachtung der Passage der Venus an der Sonnenscheibe 1761 in Rußland und die Entdeckung der Venusatmosphäre durch ihn [russ.]. — Nekotorye problemy meteorologii. Sbornik statej [Einige Probleme der Meteorologie. Sammlung von Aufsätzen] (Moskva '60) (Akademija nauk SSSR, Mežduvedomstvennyj geofizičeskij komitet, II razdel programmy Meždunarodnogo geofizičeskogo goda (Meteorologija), 1) 115f.: Beobachtungen der Häufigkeit des Auftretens leuchtender Nachtwolken auf den Beobachtungsstationen der UdSSR [russ.]; 124–40: Probleme und Methoden der Absolutphotometrie leuchtender Nachtwolken [~]. — Issledovanija po klimatologii serebristych oblakov [Untersuchungen über die Klimatologie leuchtender Nachtwolken] (Moskva '63) (~ 6) 5–22: Probleme der Klimatologie leuchtender Nachtwolken [russ.]. — Issledovanija serebristych oblakov [Untersuchungen leuchtender Nachtwolken] (Leningradskij gosudarstvennyj universitet) 1 (Leningrad '60) 66–76: Photometrische und kolorimetrische Beobachtungen leuchtender Nachtwolken im Sommer 1959 [russ.]. — Trudy 6-go Soveščanija po serebristym oblakam [Arbeiten der 6. Tagung über leuchtende Nachtwolken], Riga 1959 (Riga '61) 13–18: Visual photometry of noctilucent clouds in 1959 []; 163–68: Aims and subject-matter of the works on noctilucent clouds after the end of IGY [russ. m. engl. Zusammenfassg.]. — Trudy 7-go Soveščanija po serebristym oblakam [Arbeiten der 7. Tagung über leuchtende Nachtwolken], Tallin 1961 (Tallin '62) 74–80: Visuelles Photometer für leuchtende Nachtwolken [russ.]; 178–83: Einige Überlegungen zur Organisation der Beobachtungen leuchtender Nachtwolken in den nächsten Jahren [~]. — Aktinometrija i atmosfernaja optika [Aktinometrie und atmosphärische Optik] (K. S. Šifrin) (Leningrad '61) 112f.: Gegenwärtiger Stand des Problems der Bestimmung der Lichtkonstanten der Sonne und des Mondes [russ.]. — Trudy 3-go S-ezda Vsesojuznogo astronomo-geodezičeskogo obščestva [Arbeiten der 3. Konferenz der Astronomisch-Geodätischen Unionsgesellschaft], 1960 (Moskva '62) 121–35: Ergebnisse neuer Untersuchungen des Mars, begründet auf Beobachtungen der Oppositionen 1956 und 1958 [russ.]. — The moon. Symposium Nr. 14 of the International Astronomical Union, Pulkovo 1960 (Z. Kopal, Z. K. Michajlov) (London–New York '62) 385–90: Microrelief of the lunar surface and the probable ways of its formation. — The solar corona. Proc. of Symposium Nr. 16 ~, Cloudcroft, New Mexico, USA, 1961 (J. W. Evans) (London–New York '63) 301–05: Measures of the brightness and color of the solar corona studied at six eclipses [8]). — Novoe o Lune. Doklady i soobščenija na Meždunarodnom simpoziume po issledovaniju Luny [Neues über den Mond. Vorträge und Mitteilungen beim Internationalen Symposium über die Erforschung des Mondes], Pulkovo 1960 (Moskva–Leningrad '63) 283–88: Das Mikrorelief der Mondoberfläche und mögliche Wege seiner Entstehung [russ.]. — Trudy 16-j Astrometričeskoj konferencii SSSR [Arbeiten der 16. Astrometrischen Konferenz der UdSSR], Kazan' 1963 (A. A. Nemiro) (Moskva–Leningrad '65) 87–95: Photographic irradiation as a source of errors of astrometrical observations of the moon and planets [russ. m. engl. Zusammenfassg.]. — Voprosy astrofiziki. Issledovanie atmosfer Venery i Marsa [Fragen der Astrophysik. Die Erforschung der Atmosphären von Venus und Mars] (I. K. Koval') (Kiev '65) 61–71: Einige Bemerkungen zu den Hypothesen über die absorbierende Atmosphäre auf dem Mars [russ. m. engl. Zusammenfassg.]; 72–78: Modell der Marsatmosphäre und -oberfläche vom Gesichtspunkt der Hypothese einer rein streuenden Atmosphäre [~]. — Kosmos, 2 (Moskva '65) (Aka-

Bitte Anmerkung auf Seite 4201 beachten!

demija nauk SSSR, Naučno-populjarnaja serija) 3–18: Das Problem des Mondbodens [russ.].

W. Tablicy popravok k momentam načala i konca sumerek v zavisimosti ot uslovij pogody [Korrekturtabellen für die Zeitpunkte des Beginns und des Endes der Dämmerung in Abhängigkeit von den Witterungsbedingungen] (Moskva '42) 12 S. (Glavnoe upravlenie gidrometeorologičeskoj služby Krasnoj Armii). — Nabljudenie i vidimost' [Beobachtung und Sicht] (Moskva–Leningrad '43) 80 S. (Akademija nauk SSSR, Naučno-populjarnaja serija); (Moskva '53) 95 S. — Vidimost' dalekich predmetov i ognej [Die Sichtbarkeit ferner Objekte und Lichter] (A. Geršun) (Moskva–Leningrad '44) 457 S. — Solnečnoe zatmenie 9 ijulja 1945 goda [Die Sonnenfinsternis am 9. Juli 1945] (Leningrad '45) 8 S. — Kak ustroen mir [Wie das Weltall gebaut ist] (Leningrad '45) 63 S. (Bibliotečka estestvoznanija); beloruss.: (Minsk '47) 96 S. (~). — Otčego i kak byvaet zatmenie Solnca [Weshalb und wie ereignet sich eine Sonnenfinsternis?] (Leningrad '45) 58 S. (~); beloruss.: (Minsk '47) 74 S. (~). — Luna [Der Mond] (Leningrad '47) 78 S. (~). — Mars (Moskva–Leningrad '47) 180 S. [russ.]. — Izmerenie i rasčet vidimosti dalekich predmetov [Messung und Berechnung der Sichtbarkeit ferner Objekte] (Moskva–Leningrad '47) 284 S. — Solnce i ego nabljudenie [Die Sonne und ihre Beobachtung] (Moskva–Leningrad '48) 203 S.; [2](Moskva '53) 220 S.; rumän.: Soarele şi observarea lui (Bucureşti '55) 194 S. — Est' li žizn' na planetach [Gibt es Leben auf den Planeten?] (Moskva '49) 24 S. (Vsesojuznoe obščestvo po rasprostraneniju političeskich i naučnych znanij, Kolchoz. ser.); ('50) 24 S., ('52) 47 S.; außerdem in weiteren regionalsprachlichen Ausgaben innerhalb der UdSSR erschienen. — Vozdušnyj okean zemli i planet [Der Luftraum der Erde und der Planeten] (Leningrad '52) 27 S. (Vsesojuznoe obščestvo po rasprostraneniju političeskich i naučnych znanij, Leningradskoe otdelenie). — Solnečnoe zatmenie 30 ijunja 1954 goda [Die Sonnenfinsternis am 30. Juni 1954] (Moskva '54) 32 S. (Vsesojuznoe obščestvo po rasprostraneniju političeskich i naučnych znanij, Ser. 3, Nr. 7). — Novye issledovanija planety Mars [Neue Untersuchungen des Planeten Mars] (Moskva '57) 32 S. (~ Ser. VIII, Nr. 24). — Priroda planet (Moskva '58) 552 S.; engl.: The nature of planets (Jerusalem–Washington, D.C. '64) 418 S. — Čto my znaem o Lune [Was wir über den Mond wissen] (Leningrad '60) 78 S. (Bibliotečka estestvenno-naučnych znanij); turkmen.: (Ašchabad '63) 78 S. — Svet i cvet [Licht und Farbe] (Moskva '61) 311 S. — Luna - pervaja stancija na puti v kosmos [Der Mond - die erste Station auf dem Weg in den Kosmos] (Moskva '64) 99 S. (Naučno-populjarnaja biblioteka Voennogo izdatel'stva); lettisch: (Riga '65) 97 S. — Planeta Venera [Der Planet Venus] (Moskva '65) 252 S.

Bitte Anmerkung auf Seite 4201 beachten!

Aèros-emka [Techn. Bjul.] Die erste Astronomisch-Geodätische Unionskonferenz: **1934**, Nr. 1, 50f. — Gerät für die spektrophotographische Bestimmung der Streukoeffizienten von Objekten von der Erde aus und aus der Luft: Nr. 2, 26–29. — Das Sensitoskop: Nr. 3, 51–53. — Ein Keilkolorimeter für Tageslicht: Nr. 4, 51–53. — Ein Gerät zur Bestimmung der spektralen Zusammensetzung des Tageslichts: Nr. 5, 40–43. — Der visuelle Leuchtdichtefaktor einiger natürlicher Bodenbedeckungen: Nr. 6/7, 63–65. — Bestimmung von Filterfaktoren und photographischen Leuchtdichtefaktoren mit Hilfe eines Röhrenphotometers: Nr. 8/9, 16–19. — Zum Problem des gestreuten Lichts im Photoapparat: 20–22. — Die Theorie der Auswahl des optimalen Lichtfilters: **1935**, Nr. 3/4, 51–53. — Spektrophotometrische Untersuchung der Lufttrübung: Nr. 5/6, 83–86. — — Alle Arbeiten russ.

Annals New York Acad. Sci. Some results of photometric and colorimetric comparison of terrestrial volcanic crusts with the lunar surface: **123** ('65) 740–50.

Astronomičeskij Cirk. Die visuelle Farbtemperatur der Sonne: Nr. **2** ('40) 3f. — Mondfinsternis am 15. August 1943: Integralhelligkeitsschätzungen. Photometrie zweier Flächenstücke, Kraterantritte [8]) [7]): Nr. **22** ('43) 3–5. — Über die Extinktion bei photometrischen Beobachtungen von Sonnenfinsternissen: Nr. **38** ('45) 9. — Physikalische Interpretation von Farberscheinungen auf der Jupiterscheibe: Nr. **42** ('45) 2–4 [m. engl. Zusammenfassg.]. — Beobachtung der totalen Sonnenfinsternis am 9. Juli 1945 durch die Expedition der Staatsuniversität Leningrad [5])[2])[3]): Nr. **44** ('45) 7. — The integral brightness of the solar corona at the eclipse of July 9, 1945: Nr. **48** ('46) 12f. [auch engl.]. — Lunar eclipse 1946 Dec. 8: Nr. **59** ('47) 1f. [~]. — Kolorimetrische Beobachtungen der Venus und einiger anderer Objekte: Nr. **81** ('48) 9. — Beobachtung der Mondfinsternis am 7. Oktober 1949: Nr. **92** ('49) 10f. — Die Mondfinsternis am 6./7. Oktober 1949. Beobachtungen am Astronomischen Observatorium der Universität Leningrad: Photometrische Messungen, ausgeführt am Polarisationsastrophotometer: Nr. **101/102** ('50) 15–17; Die Mondfinsternis am 26. September 1950. ~: ≈: Nr. **111** ('51) 11f. — Beobachtungen des Grünen Strahls: Nr. **108** ('50) 9–11. — Die Sonnenfinsternis am 25. Februar 1952: Nr. **124** ('52) 2. — Visuelle Bestimmung der Farbe der Sonnenkorona am 25. Februar 1952: Nr. **125** ('52) 2f. — Der wahrscheinliche Aufbau der Venusatmosphäre: 8f. — Der normale Ablauf einer Mondfinsternis in Abhängigkeit von der Phase: Nr. **130** ('52) 12f. — Beratung über die Beobachtungsmethodik bei Mondfinsternissen: Nr. **132** ('52) 19f. — Kolorimetrische Beobachtungen von Venus und Jupiter: Nr. **138** ('53) 7. — Zusammenstellung von Farbvergleichen des Mondes und der Sonne: 8. —

Über den Einfluß der Atmosphäre auf die beobachteten Durchmesser der Planeten und Monde: Nr. **142** ('53) 3–5. — Einige Hinweise zur Organisation der photographischen, photometrischen und kolorimetrischen Beobachtungen des Planeten Mars während der Opposition 1954 [1]): Nr. **143** ('53) 20f. — Ein neues Verfahren zur Verbesserung der visuellen Beobachtungen der Planetenscheiben: Nr. **152** ('54) 13f. — Integralkolorimetrie des Jupiter im Jahre 1954: 14f. — Visuelle Kolorimetrie der Sonnenkorona am 30. Juni 1954: Nr. **153** ('54) 7. — Beobachtung der Mondfinsternis am 15./16. Juli 1954: 8f. — Neue visuelle Mondfarbenbestimmung: Nr. **157** ('55) 19f. — Integralkolorimetrie des Saturn im Jahre 1954: Nr. **159** ('55) 20. — Visuell-kolorimetrische Beobachtungen der Venus im Jahre 1954: Nr. **161** ('55) 12f. — Versuch eines direkten visuellen kolorimetrischen Vergleichs des Mars mit der Sonne: 13f. — Über die Farbunterschiede auf der Mondoberfläche: Nr. **166** ('56) 9–11. — Visuelle Bestimmung der Integralhelligkeit der Sonnenkorona am 30. Juni 1954: Nr. **170** ('56) 4f. — Beobachtungen der Mondfinsternis am 29. November 1955 am Astronomischen Observatorium der Universität Leningrad: Nr. **171** ('56) 7–9. — Anomalien der Marsatmosphäre während der Opposition im Jahre 1956: Nr. **174** ('56) 9f. — Visuelle Kolorimetrie der Venus in westlicher Elongation im Jahre 1956: 10f. — Das Programm der physischen Beobachtungen des Merkurdurchgangs vor der Sonnenscheibe am 6. Mai 1957: Nr. **177** ('57) 3; Nr. **178** ('57) 9. — Das allgemeine Bild der Mondfinsternis am 13./14. Mai 1957 nach Beobachtungen in Odessa: Nr. **183** ('57) 4–6. — Bestimmung der Farbe der Marsmare auf visuell-kolorimetrischem Weg: 6f. — Photometrische Beobachtungen der Mondfinsternis am 13./14. Mai 1957 [6]): Nr. **184** ('57) 11f. — Vorläufige Ergebnisse der visuellen Photometrie und Kolorimetrie von Mars während der Opposition 1956: Nr. **187** ('57) 12–14. — Konferenz über das Problem der leuchtenden Nachtwolken während des IGJ: Nr. **192** ('58) 33f. — Die Natur der Oberfläche und Atmosphäre des Mars aus Beobachtungsdaten des Jahres 1956: Nr. **195** ('58) 7f. — On the existence of colour-phase relation for Mars: Nr. **208** ('60) 11 [nur Titel engl.]. — Determination of the visual and true colours of noctilucent clouds: Nr. **212** ('60) 21f. [~]. — Visual colorimetry of the solar corona: Nr. **223** ('61) 4–7 [~]. — Some results of observations of Venus in 1961: Nr. **225** ('61) 6f. [~]. — Some conclusions from the photometric comparison between terrestrial volcanic landscapes and lunar surface features: Nr. **231** ('62) 10–12 [~]. — Visuell-kolorimetrische Marsbeobachtungen bei der Opposition 1963: Nr. **269** ('63) 3. — — Alle Arbeiten russ.

Astronomičeskij Kalendar' Anleitung für wissenschaftliche Amateurbeobachtungen der Sonnenfinsternis am 19. Juni 1936: **1936** ('35) 162–68 [russ.]. — Natürliches Licht und die Sichtbarkeit ferner Objekte: **1944** ('44) 132–40 [~]. — Ergebnisse der Beobachtung der totalen Sonnenfinsternis am 9. Juli 1945: **1946** ('46) 140–43 [~].

Astronomičeskij Vestn. Einige Ergebnisse des photometrischen und des kolorimetrischen Vergleichs vulkanischer Formationen auf der Erde mit der Mondoberfläche: **1** ('67) Nr. 3, 143–50 [russ. m. engl. Zusammenfassg.].

Astronomičeskij Ž. Sur le système et la nomenclature des quantités photométriques dans l'astronomie: **9** ('32) 82–101 [m. französ. Zusammenfassg.]. — Absolute measurements of the illumination by the Moon at different phases: **11** ('34) 225–31 [m. engl. Zusammenfassg.]. — The brightness and radiation of black body: 462–72 [~]. — Sur les caractéristiques du pouvoir réflectif des corps célestes: 473–83 [m. französ. Zusammenfassg.]. — Photographic observations of Mars at the opposition of 1939: **17** ('40) Nr. 4, 37–39 [m. engl. Zusammenfassg.]. — Methods of determination of the absolute brightness factor of a standard screen: **18** ('41) Nr. 2, 121–24 [~]. — Helligkeit und Farbe der Sonnenkorona während der totalen Finsternis am 21. September 1941: **19** ('42) Nr. 1, 1–8. — Berechnung des Anfangs, des Endes und der Dauer der Dämmerung unter Berücksichtigung der Bewölkung: Nr. 6, 38–42. — Die Beleuchtungsstärke in der Mondnacht: **20** ('43) Nr. 1, 21–33. — Die photographische Irradiation und ihr Einfluß auf die Aufnahme von Planetenscheiben: **27** ('50) 116–22. — Photometrischer Vergleich der Dämmerungserscheinungen der Erde und der Venus: **28** ('51) 382–87. — Die "Lomonosov-Erscheinung" und ihre Bedeutung für die Astronomie: **29** ('52) 728–37. — Der visuelle kolorimetrische Vergleich der Planeten mit der Sonne: **30** ('53) 532–39. — Versuch einer petrographischen Untersuchung der Mondoberfläche bei gemeinsamer Verwendung photometrischer und kolorimetrischer Beobachtungen: **31** ('54) 442–52. — The role of true absorption in the atmosphere of Mars: **34** ('57) 557–67 [m. engl. Zusammenfassg.]. — The threshold of colour distinction during visual observations of the lunar surface and the maximal colour difference of lunar objects [6]): **35** ('58) 788–91 [~]. — A lithological interpretation of the photometric and colorimetric studies of Mars: **38** ('61) 267–72 [~]. — A visual-colorimetric study of the lunar surface: **39** ('62) 87–92 [~]. — A photometric investigation of the presence of outer layers of volcanic origin on the Moon: **42** ('65) 136–44 [~]. — — Alle Arbeiten russ.

Aviacija i Kosmonavtika Was wir über den Mond wissen: **1963**, Nr. 4, 27–33 [russ.].

Bjul. astron. Inst. Zur Theorie des photometrischen Keiles: **31** ('32) 131–38 [m. russ. Zusammenfassg.].

Bitte Anmerkung auf Seite 4201 beachten!

Bjul. Inst. Astrofiz., Akad. Nauk Tadžiksk. SSR Ergebnisse der Marsbeobachtungen während der großen Opposition 1956: Nr. **27** ('59) 5–15 [russ.].

Bjul. Komiss. Issled. Solnca Anleitung zur Klassifizierung der Gruppen der Sonnenflecken: Nr. **3/4 (17/18)** ('49) 21–24 [russ.].

Bjul. Observat. [Erevan] Atmospheric conditions of the Astronomical Observatory at Erivan [8]): **1935** ('38) 3–27 []. — On the absolute determination of the brightness factor of the surface of Saturn: 58–73 [russ. m. engl. Zusammenfassg.].

Bjul. taškentsk. astron. Observat. Untersuchung des Cerasky-Effekts: Nr. **1** ('33) 4–9 [russ. m. engl. Zusammenfassg.].

Bjul. vses. astron.-geod. Obšč. Ein neues Verfahren zur Abschätzung der Helligkeit von Mondfinsternissen aus der Sichtbarkeit von Einzelheiten der Mondscheibe: Nr. **24** ('59) 18–23 [russ.].

Cirkuljar vses. astron.-geod. Obšč. Die Beobachtung der Planeten: **1961**, Nr. 2, 11–17 [russ.]. — Maßnahmen zum 200. Jahrestag der Entdeckung der Venusatmosphäre durch M. V. Lomonosov: 27–30 [~]. — Amateurastronomie in Ungarn: **1963**, Nr. 7, 55–57 [~].

Cirkuljary glavn. astron. Observat. v Pulkove The brightness temperature of the Sun: Nr. **25** ('39) 20–25 [m. russ. Zusammenfassg.]. — Absolute photographic photometry of Saturn's disk: Nr. **26/27** ('39) 37–51 [~]. — The law of spectral additivity and the luminous equivalent of power in photographic photometry: **29** ('40) 31–42 [~]. — Absolute photographic photometry and colorimetry of Jupiter's disk at the opposition of 1938: **30** ('40) 48–64 [~]. — Untersuchung und Interpretation von Kontrasten auf der Marsoberfläche: **32** ('41) 62–73 [].

Dokl. Akad. Nauk SSSR An experimental study of the spectral energy distribution of daylight illumination [4]): **1934** III, 105–08 [russ. u. engl.]. — Eine neue Methode zur Messung der Lufttrübung und der Sicht: 500–05 [russ. u. deutsch]. — Daylight illumination under different conditions: **1935** I, 642–45 [russ. m. engl. Zusammenfassg.]. — Bestimmung des Luftextinktionsfaktors und der Sichtweite aus den mittels Lufttrübungsmesser erhaltenen Daten: **1936** IV, 131–34. — Die allgemeine Theorie eines Sichtweitenmessers: **22** ('39) 411–14 [russ.]. — Bestimmung des Extinktionskoeffizienten der Luft in verschiedenen Höhen auf der Grundlage der Helligkeit eines über der Erde schwebenden schwarzen Schirms: **37** ('42) 310–12 [~]. — Physikalische Interpretation von Farberscheinungen auf der Jupiterscheibe: **39** ('43) 183–85 [~]. — Die Beleuchtungsstärke einer horizontalen Fläche während der Dämmerung und während der Nacht: **42** ('44) 310–14 [~]. — Bestimmung der Horizontalrefraktion in der Venusatmosphäre aus Beobachtungen der Lomonosov-Erscheinung: **82** ('52) 351–53 [~].

Ežegodnik bol'šoj sovetsk. Ènciklopedii Beobachtungen der großen Opposition des Mars: **1957**, 504f. [russ.].

Informacionnyj Bjul. naučno-issled. Inst. Aèros-emki "Dymkomer" - ein neues Gerät zur Messung des atmosphärischen Dunstes und der Sichtweite: **1933**, Nr. 1, 78–83 [russ.]. — Ein visueller Belichtungsmesser für Luftaufnahmen: Nr. 4, 23–25 [~]. — Ein Keilphotometer für Tageslicht: 26–28 [~].

Izvest. Akad. Nauk Kazachsk. SSR Gavriil Adrianovič Tichov: Nr. **90** (Ser. astrobot. Nr. 1/2) ('50) 14–18 [russ.]. — Der Einfluß der Atmosphäre auf die Farbe eines Planeten: 62–81 [~].

Izvest. Akad. Nauk SSSR, Otdel. techn. Nauk Die Solarkonstante und ihre wahrscheinlichste Bedeutung: **1949**, Nr. 9, 1284–96 [russ.].

Izvest. Akad. Nauk SSSR, Ser. geogr. i geofizič. Methoden und Geräte zur Messung der Transparenz der Atmosphäre und der Sichtweite: **1942**, Nr. 3, 65–81 [russ.]. — Die praktische Anwendung von Sichtmessern: 104–09 [~]. — Farbverteilung bei bewölktem Himmel: **11** ('47) Nr. 2, 97–102 [~].

Izvest. Komiss. po Fizike Planet Einige Ergebnisse der Marsbeobachtungen während der Opposition des Jahres 1958: Nr. **2** ('60) 24–29. — Photometrische und kolorimetrische Vergleiche der Marsoberfläche mit Limonit- und Felsengesteinsproben rötlicher Massen: 30–35. — Vergleich von durch Limonit verfärbten Grundsubstanzen mit der Marsoberfläche: Nr. **3** ('61) 74f. — Versuch eines Vergleichs der Streuungsdiagramme der Mondoberfläche und der irdischen pyroklastischen Schicht: Nr. **4** ('63) 24–27. — Direkter kolorimetrischer Vergleich der Marsscheibe mit irdischen Gesteinen: Nr. **5** ('65) 44–48. — Über die Änderung der Farbe von Mars in Abhängigkeit von seinem Bahnort: 95. — Einige Überlegungen zur Natur der Materie der lunaren Strahlensysteme: 96. — — Alle Arbeiten russ.

Kino-Foto-Chimpromyšlennost' Der Filterfaktor und seine Berechnung: **1938**, Nr. 3, 15–23 [russ.].

Kul'tura i Žizn' Beobachtung der großen Opposition des Mars: **1957**, Nr. 3, 14–19 [russ.].

Mémoires Soc. roy. Sci. Liège Role of meteoric matter in the process of surface formation of satellites and minor planets [8]): (4) **15** ('55) 673f. — La nature de la surface et de l'atmosphère de la planète Mars d'après les données photométriques et colorimétriques: (5) **7** ('63) 386–92.

Meteorologičeskie Issled. Climatology of noctilucent clouds according to observations performed

Bitte Anmerkung auf Seite 4201 beachten!

during IGY: Nr. **9** ('65) 143–49 [russ.]; engl. unter obigem Titel: (Washington, D.C. '65) 10 S. (NASA technical translation F-400).

Meteorologičeskij Vestn. Neues Verfahren zur Messung der Sichtweite und der atmosphärischen Trübung: **1934**, Nr. 10/11, 301–11 [russ.].

Meteorologija i Gidrol. Natur und Entstehung des Dunstes in Waldregionen nach Beobachtungen mit dem "Dymkomer"-Gerät: **1935**, Nr. 3/4, 93–99 [russ.]. — Bestimmung des Durchlässigkeitsfaktors der Luft aus visuellen Abschätzungen der Helligkeit ferner Objekte: **1939**, Nr. 6, 103–06 [~]. — Das "Diaphanoskop" - ein neues Gerät für die Abschätzung der horizontalen Transparenz der Luft sowie der Sichtweite: **1941**, Nr. 3, 80f. [~]. — Neue Theorie des Saussure-Diaphanometers: Nr. 4, 79–81 [~]. — Die Farbe von Wolken und ihre Entstehung: **1948**, Nr. 4, 5–16 [~].

Mirovedenie Die Erde als leuchtender Himmelskörper: **21** ('32) Nr. 3, 72–81 [russ.]. — Untersuchung der Struktur von Sonnenfleckengruppen: **22** ('33) Nr. 2, 179–92 [~]. — Die Rolle der Photometrie bei Beobachtungen von Sonnenfinsternissen: **25** ('36) Nr. 3, 72–75 [~]. — Die Sonnenfinsternis im Krasnojarsker Gebiet: Nr. 6, 28–34 [~].

Naučnyj Bjul. leningr. gos. Univ. Photometrische Expedition zur Beobachtung der Sonnenfinsternis am 9. Juli 1945: Nr. **5** ('45) 3–6. — Die integrale Leuchtdichte der Sonnenkorona bei der Sonnenfinsternis am 9. Juli 1945: Nr. **10** ('46) 3–5. — Faktoren, die die Farbe von Wolken hervorrufen: Nr. **13** ('46) 3f. — Beobachtungen der Mondfinsternis am 8. Dezember 1946: Nr. **18** ('47) 3f. — Richtlinien für Beobachtungen mit dem Diaphanometer bei der Bestimmung der Lufttransparenz und der Sichtweite: 7f. — Ergebnis der Prüfung des Diaphanoskops bei Messungen im Freien: Nr. **20** ('48) 3–5. — Kolorimetrische Beobachtung der Venus und einiger anderer Objekte: Nr. **22** ('49) 3–5. — Versuch der absoluten Photometrie leuchtender Nachtwolken: 6f. — Über die wahrscheinlichste Bedeutung des photometrischen Strahlungsäquivalents: 9f. — Über die Natur der Mondkrater: Nr. **30** ('52) 3f. — Die Schattenwanderung als Faktor für die Zerstörung der Mondoberfläche: 4f. — Der wahrscheinliche Zustand der Mondoberfläche auf Grund von photometrischen und kolorimetrischen Daten: 5–7. — Die illustrative Albedo als Ausdruck des Reflexionsvermögens der Körper des Sonnensystems: Nr. **31** ('53) 6f. — Beurteilung der vermuteten Existenz von Salzflächen auf dem Mars vom photometrischen Standpunkt aus: Nr. **32** ('54) 4–6. — Über die Frage der Priorität Lomonosovs bei der Entdeckung der Venusatmosphäre: Nr. **33** ('55) 12–15. — — Alle Arbeiten russ.

Bitte Anmerkung auf Seite 4201 beachten!

Nauka i Čelovečestvo Mars: Heutige Vorstellungen: **1963**, 393–406 [russ.].

Nauka i Žizn' Gibt es Marskanäle?: **1940**, Nr. 11/12, 18–20 [russ.]. — Das Mondlicht: **1942**, Nr. 4/5, 40–43 [~]. — Die Atmosphäre der Venus: **1955**, Nr. 2, 30–32 [~].

Peremennye Zvezdy A simple method of checking the Purkinje effect in variable star observations: **5** ('36) Nr. 3, 68–70.

Priroda [SSSR] Die Sichtweite und ihre Messung: **1936**, Nr. 8, 7–12. — Die photometrische Expedition des Astronomischen Observatoriums der Universität Leningrad zur Beobachtung der Sonnenfinsternis am 19. Juni 1936: 101f. — Die spektrale Zusammensetzung des Tageslichts: **1938**, Nr. 4, 94–98. — Die Natur des Planeten Mars auf der Grundlage photographischer Beobachtungen: **1944**, Nr. 3, 3–11. — Fortschritte der sowjetischen Visibilimetrie: **1946**, Nr. 6, 15–21. — Die Farbe des bewölkten Himmels: Nr. 9, 14–24. — Fortschritte der Planetenforschung in der Sowjetunion: **1948**, Nr. 8, 3–8. — Die Unionskonferenz über die Physik der Planeten, Char'kov 1949: **1949**, Nr. 12, 61–64. — G. A. Tichov zum 75. Geburtstag: **1950**, Nr. 8, 85–88. — Neue Daten über den „Grünen Strahl": **1951**, Nr. 7, 50–53. — Die Mondfinsternis am 26. September 1950: Nr. 10, 46f. — Über die Ursache der Färbung des Blauen Sees [Goluboe ozero]: **1952**, Nr. 1, S. 114. — Neue Daten über die Verteilung der leuchtenden Nachtwolken: **1959**, Nr. 2, 81–83. — Der Mond und seine Natur: **1960**, Nr. 1, 9–19. — — Alle Arbeiten russ.

Sterne A simple method of checking the Purkinje effect in variable star observations: **17** ('36) 19f. [].

Svetotechnika Ein vervollkommnetes Modell des Universal-Keilphotometers: **1955**, Nr. 5, 12–16 [russ.].

Trudy glavn. geofizič. Observat. Diagramm der Streuung des Lichts durch stabförmige und durch scheibenförmige Teilchen in der Atmosphäre: **1947**, Nr. 6, 3–16 [russ.]. — Das Diaphanoskop, seine Theorie, Untersuchung und Anwendung: **1948**, Nr. 11, 73–110 [~].

Trudy Sekt. Astrobot., Akad. Nauk Kazachsk. SSR Laufende Probleme astronomischer Untersuchungen von Mars und anderen Planeten: **4** ('55) 55–61, 147f. [russ.].

Uč. Zap. leningr. gos. Univ. On the determination of the absolute reflectivity of moon and planetary surfaces: Nr. **6** ('36) 26–39 [m. russ. Zusammenfassg.]. — Calibration of the Rosenberg astrophotometer: 71–81 [russ. m. engl. Zusammenfassg.]. — New determinations of the luminous solar constant: Nr. **12** ('37) 33–43 [m. russ. Zusammenfassg.]. —

The Purkinje effect in star images: 44–57 [russ. m. engl. Zusammenfassg.]. — Photometric observations of the partial sun eclipse of June 29th 1927: 59–65 [~]. — Report of the photometric expedition of the Astronomical Observatory of the Leningrad University for the observation of the solar eclipse of June 19th 1936 [8]): Nr. **22** ('38) 91–97 [~]. — On the application of visual photometry to the measurement of the absolute brightness of the solar corona and the sky: 98–107 [~]. — Colorimetry of solar light and diffuse skylight during partial phases of eclipse June 19th 1936: 108–12 [~]. — Measurements of absolute values of the brightness factors for different objects at the moon surface: Nr. **31** ('39) 28–60 [~]. — Universal wedge photometer: 72–81 [~]. — Determination of air extinction factor from the observation of remote contrasts: 123–51 [~]. — Probleme der absoluten Photometrie der Körper des Sonnensystems: Nr. **53** ('40) 5–36 [russ.]. — Messung und Berechnung der horizontalen täglichen Sicht: 73–92 [~]. — Absolutkolorimetrie des Sonnenlichts, des Himmels und der Gesamtbeleuchtungsstärke: Nr. **82** ('41) 130–62 [~]. — Bericht über die photometrische Expedition des Astronomischen Observatoriums der Universität Leningrad zur Beobachtung der totalen Sonnenfinsternis am 21. September 1941: Nr. **132** ('49) 3–6 [~]. — Messung der integralen Leuchtdichte der Sonnenkorona am 21. September 1941: 37–77 [~]. — Bericht über die photometrische Expedition der Universität Leningrad zur Beobachtung der Sonnenfinsternis am 9. Juli 1945: 78–86 [~]. — Kolorimetrische Beobachtung des Sonnenlichts und der Sonnenkorona während der Finsternisse 1941 und 1945: 139–52 [~]. — Untersuchung des Reflexionsvermögens der Mondoberfläche [8]): Nr. **153** ('52) 114–54 [~]. — Visueller Vergleich von Helligkeit und Farbe der Marsscheibe mit Gebilden terrestrischer Wüstendecken: Nr. **273** ('58) 120–43 [~]. — Untersuchung der Marsoberfläche auf der Grundlage eines Vergleichs ihrer Albedo mit den Reflexionsindikatrizen einiger terrestrischer Bedeckungen und Materialien: Nr. **330** ('66) 36–49 [russ. m. engl. Zusammenfassg.].

Usp. astron. Nauk Die photometrische Erforschung der Natur der Planeten und Satelliten: **6** ('54) 181–249 [russ.].

Vestn. Akad. Nauk SSSR Die Fortschritte der sowjetischen Planetenforschung: **1953**, Nr. 5, 34–37 [russ.].

Vestn. leningr. Univ. Berechnung der Sichtweite bei vorgegebenen Beobachtungsbedingungen: **2** ('47) Nr. 9, 3–31. — Stalinpreisträger 1947 Professor der Universität Leningrad N. N. Pavlov: 163f. — Probleme der Landschaftsoptik: **4** ('49) Nr. 5, 3–28. — Die Erforschung der Planetenbewegungen als wissenschaftliche Disziplin: Nr. 8, 3–13. — Das Problem der Untersuchung der Mondoberfläche auf photometrischem und kolorimetrischem Wege [8]): **7** ('52) Nr. 9, 97–109. — Das Problem der photometrischen Beobachtungen der Mondfinsternisse: **8** ('53) Nr. 2, 47–61. — Refraktion und Dämmerungserscheinungen in der Venusatmosphäre: Nr. 8, 51–80. — Spektrophotometrie der Wasserstoff-Linie H_α im Spektrum der Sonnenchromosphäre: Nr. 11, 89–94. — Allgemeine Theorie der visuellen und photographischen Sichtbarkeit von Einzelheiten einer Planetenscheibe: **9** ('54) Nr. 11, 33–46. — Konferenz zur Frage der Natur der Mondoberfläche, Leningrad 1955: **10** ('55) Nr. 8, 168f. — Kolorimetrische Untersuchungen des Mondes, 1: Visuelle Kolorimetrie des integralen Mondlichtes: Nr. 11, 113–20; ~ 2: Neubearbeitung der Potsdamer Spektralphotometrie: **11** ('56) Nr. 1, 155–67. — Konferenz über Fragen der Mond- und Planetenphysik, Leningrad 1956: Nr. 13, 151f. — Die Beobachtungen leuchtender Nachtwolken im Internationalen Geophysikalischen Jahr: **12** ('57) Nr. 19, 184–86. — Einige Ergebnisse der Marsbeobachtungen während der Opposition 1956: **13** ('58) Nr. 19, 187–202 [m. engl. Zusammenfassg.]. — Die Untersuchung leuchtender Nachtwolken im Jahre 1958: **14** ('59) Nr. 13, 145–47. — Michail Vasil'evič Lomonosov als Astronom – Zum 250. Geburtstag: **16** ('61) Nr. 19, I–VII [m. engl. Zusammenfassg.]. — Beobachtung der totalen Sonnenfinsternis am 15. Februar 1961 vom Flugzeug aus: **16** ('61) Nr. 19, 176–79. — Expedition von Astronomen in das Gebiet tätiger Vulkane auf Kamtschatka: **18** ('63) Nr. 1, 156–58. — — Alle Arbeiten russ.

Vestn. Znanija Ergebnisse der Beobachtungen der Sonnenfinsternis 1936: **1939**, Nr. 4/5, 28–33 [russ.]. — Das Rätsel der Mondlandschaft: **1940**, Nr. 1, 35–39 [~]. — Beobachtungen der Venus: Nr. 3, 75–77 [~].

Ž. Geofiz. Versuch der aerometrischen Bestimmung der Streukoeffizienten der Erdoberfläche nach der Methode der gleichzeitigen Messungen von Leuchtdichte und Beleuchtungsstärke: **4** ('34) Nr. 1, 40–45 [russ.]. — Ein Keilphotometer für Tageslicht: Nr. 2, 181–90 [~]. — Spektrophotometrische Untersuchungen der Beleuchtungsstärken des gesamten und des gestreuten Tageslichts: **6** ('36) Nr. 2/3, 162–82 [~].

Ž. naučn. i prikl. Fotogr. i Kinematogr. Vladimir Aleksandrovič Faasa, 1904–1942: **2** ('57) 471–73 [russ.].

Ž. techn. Fiziki Vergleich verschiedener Methoden der Messung der horizontalen Transparenz der Atmosphäre am Laboratoriumsmodell: **12** ('42) 379–92. — Berechnung des Kontrasts von Schatten für die Photographie: 489–95. — Ein visuelles Photometer für schwaches Licht: 692f. — Anwendung des Visibilimeters zum Auffinden der Parameter, die die Sichtbarkeit entfernter oder nahegelegener Objekte

Bitte Anmerkung auf Seite 4201 beachten!

bestimmen: **13** ('43) 684–91. — Das Prinzip der Additivität optischer Trübungen bei der Messung der Transparenz der Luft mit Hilfe des Visibilimeters: 692–97. — Versuch der Verwendung eines Nephelometers zur Bestimmung der atmosphärischen Sichtweite: **17** ('47) 907–16. — — Alle Arbeiten russ.

Zap. Gidrografii Der Wigandsche Sichtmesser: **1933**, Nr. 6, 50–70 [russ.].

Zvezda [Moskva–Leningrad] Die Sonnenfinsternis am 9. Juli 1945 und ihre Bedeutung für die Wissenschaft: **1945**, Nr. 3, 116–23 [russ.]. — Vor dem Flug zum Mond: **1963**, Nr. 5, 183–86 [~].

Mit: [1]) N. P. Barabašev; [2]) S. Belonosov; [3]) N. Ivanova; [4]) E. L. Krinov; [5]) N. S. Orlova; [6]) L. N. Radlova; [7]) B. Ščichobalova; [8]) N. N. Sytinskaja.

VI **SARTON** (van Halmé), George Alfred Léon. Wissenschaftsgeschichte, Philos. — 1916–18, '20–40 Lecturer, '40–50 Prof., '51 Prof. Emer., Harvard Univ., Cambridge, Mass.; '18–48 Research Assoc., Carnegie Instn., Washington, D.C.; '27– Lecturer, Radcliffe College, Cambridge, Mass.; '35 Vice-Pres., Sect. L, Amer. Assoc. for the Advancem. of Sci.; '38–56 Hon. Pres., History of Sci. Soc., USA; '50–56 Pres., Int. Union of History of Sci. — '34 Hon. L.H.D. (Brown Univ., Providence, R.I.); '35 Hon. LL.D. (Harvard Univ., Cambridge, Mass.); '48 Dr. phil. h.c. (Goethe-Univ., Frankfurt a. M.); '51 Hon. Sc.D. (Kenyon College, Gambier, Ohio); '52 Hon. HH.D. (Univ. of Chicago, Ill.); '53 Hon. Dr. tech. Sci. (Technion, Israel Inst. of Technol., Haifa). — '15, '35 Prix Binoux (Acad. Sci. Paris); '40 Ridder Leopoldsorde (België); '49 Haskins Medal (Mediaeval Acad. of America); '55 George Sarton Medal (History of Sci. Soc., USA).

*1884, Aug. 31, Gent, Belgien;
†1956, März 22, Cambridge, Mass.

Ehrung 1955ff. George Sarton Medal (History of Science Society, USA).

Bildn. Osiris **12** ('56) Vorsatzblatt.

Zum 60. Geb.tag Festgabe: Studies and essays in the history of science and learning (M. F. Ashley Montagu) (New York '46) 14+597 S.; Neudruck: ('69).

Zur Biogr. *A. Castiglioni, L'opera di George Sarton: Rivista Storia Sci. med. e natur. **43** ('52) 366–72. — *I. B. Cohen, The history of science as a record of the march of human thought: a review of George Sarton's monumental work and some other recent histories: Scientific American **179** ('48) Okt.-Nr., 54–59. — *H. Grégoire, George Sarton, the scientist and scholar: Belgium [New York] **3** ('42) 352–55. — *W. H. Hay, American Scientist **41** ('53) 282–86 (m. Bildn.). — *S. R. Kagan, Medical Way **12** ('53) 1, 6 (m. Bildn.). — *S. I. Kunitz, Twentieth century authors (New York '55) 868f. — *H. E. Sigerist, The history of medicine and the history of science; an open letter to George Sarton, editor of Isis: Bull. History Med. **4** ('36) 1–13. — *M. Stephanidou, Die griechische Sprache und das Werk von George Sarton: Hellēnikē Dēmiourgia Nr. **76** ('51) 537f. [griech.]. — *D. Stimson, The editing of Isis: Isis **44** ('53) 3f. — *A. Tcherniavsky, Address at conferment of honorary degree to George Sarton: Actes Congr. int. Hist. Sci. **7** ('53) 69–71. — Current Biogr. **3** ('42) 70f. — Harvard Alumni Bull. **49** ('46) 16f. — George Sarton's European lectures in the spring of 1948: Isis **39** ('48) 237f. — The George Sarton Medal: ibid. **47** ('56) 31f. — The national cyclopaedia of American biography **45** (New York '62) 430f.

Nekr. Gedenkheft: Isis **48** ('57) Nr. 3 (S. 283–350); darin Biogr. S. 286–300 u. Schr.verz. S. 336–46. — Gedenkband: Ensayos sobre historia de la ciencia, en homenaje a la memoria de George A. Sarton, 1884–1956 (México '58) 81 S. — *W. Hartner, Nachrichtenbl. dtsch. Vereinig. Gesch. Med., Naturwiss. u. Techn. Nr. **8** ('57) 20–24. — *C. D. Hellman, Science [USA] **128** ('58) 641–44 (m. Bildn. [Plakette] u. Schr.verz.-Auszug). — *A. Ronse, Osiris **13** ('58) 5–10. — *C. Singer, Nature [London] **178** ('56) 67. — *Q. Vetter, Sborn. Dějiny přírod. Věd a Techn. **5** ('60) 5–8 (m. Bildn.). — *W. P. D. Wightman, Yearb. roy. Soc. Edinburgh **1955/56** ('57) 43–45. — Americana Annu. **1957** ('57) 685f. — American histor. Rev. **61** ('56) 1087. — Antiquariat **12** ('56) 191. — Britannica Book of the Year **1957** ('57) 580. — British med. J. **1956**, 865. — Bull. Med. Library Assoc. **44** ('56) 396. — Current Biogr. **17** ('56) 47. — Current Biogr. Yearb. **16**.1956 ('57) 548. — Isis **47** ('56) 99f. — Publishers' Weekly **169** ('56) 1882. — Speculum [Cambridge, Mass.] **32** ('57) 647. — Wilson Library Bull. **30** ('56) 670.

Zur Biobibliogr. *P. van Oye, George Sarton, de mens en zijn werk uit brieven aan vrienden en kennissen (Brussel '65) 166 S. (m. Bildn.) (Verhandelingen koninkl. vlaamse Acad. Wet., Letteren en schone Kunsten België, 82).

Zur Bibliogr. The Sarton collection in the history of science: Harvard Library Bull. **4** ('50) 276f.

Teilsammlung Sarton on the history of science; essays. (D. Stimson) (Cambridge, Mass. '62) 16+383 S.

Bitte Anmerkung auf Seite 4201 beachten!

MH. The Albert Schweitzer jubilee book (Cambridge, Mass. '46); darin eig. Beitr. S. 459–65: The scholar's dilemma.

HZ. Isis **1** ('13)–**43** ('52). — Osiris **1** ('36)–**11** ('54).

S. The Macdonald presentation volume; a tribute to Duncan Black Macdonald, consisting of articles by former students, presented to him on his seventieth birthday, April 9, 1933 (Princeton, N.J.–London '33) 331–47: Remarks on the study and teaching of Arabic. — Cooperation in research; a testimonial volume commemorating the retirement of John Campbell Merriam from the presidency (Washington, D.C. '38) (Carnegie Institution of Washington publication 501) 465–81: The scientific basis of the history of science. — Studies in the history of culture; the disciplines of the humanities. A testimonial of appreciation to Waldo Gifford Leland (Menasha, Wis. '42) 63–83: Eskualherria. — Essays in the history of medicine, presented to Professor Arturo Castiglioni on the occasion of his 70th birthday (Baltimore, Md. '44) (Bull. Inst. History Med., Suppl. 3) 283–308: Beccaria (1738–1794). — Art and thought, issued in honour of Dr. Ananda K. Coomaraswamy on the occasion of his 70th birthday (K. B. Iyer) (London '47) 158f.: Mendeleyev's mother. — Ignace Goldziher memorial volume (S. Löwinger, J. Somogyi) **1** (Budapest '48) 55–72: Arabic scientific literature. — Mediaeval studies in honor of Jeremiah Denis Matthias Ford (U. T. Holmes, Jr., A. J. Denomy) (Cambridge, Mass. '48) 239–56: Lilium medicinae. — Encyclopaedia Britannica; a new survey of universal knowledge **11** (Chicago, Ill.–London–... '48) 583–583**B**: Hipparchus. — Near Eastern culture and society; a symposium on the meeting of East and West (T. C. Young) (Princeton, N.J. '51) (Princeton Oriental studies, 15) 83–98: Islamic science. — Structure, method and meaning; essays in honor of Henry M. Sheffer (P. Henle, H. M. Kallen, S. K. Langer) (New York '51) 145–51: The history of science versus the history of learning. — Moral principles of action; man's ethical imperative (R. N. Anshen) (New York '52) (Science of culture series, 6) 436–52: Science and morality. — The Renaissance; a symposium, New York 1952 (Metropolitan Museum of Art) (New York '53) 35–49: The quest for truth; a brief account of scientific progress during the renaissance. — Léonard de Vinci et l'expérience scientifique au XVIe siècle [Colloque international du Centre National de la Recherche Scientifique], Paris 1952 (Paris '53) 11–22: Léonard de Vinci, ingénieur et savant. — Science, medicine, and history; essays on the evolution of scientific thought and medical practice written in honor of Charles Singer (E. A. Underwood) **2** (London–New York–Oxford '53) 3–20: Johannes Antonides Vander Linden (1609–1664), medical writer and bibliographer. — Actes du VIIe Congrès international d'histoire des sciences, Jerusalem 1952 (Paris '52) (Collection des travaux de l'Académie Internationale d'Histoire des Sciences, 8) 85f.: Vœu soumis par M. George Sarton; 97–114: Les sciences et les humanités; l'histoire des sciences. — Man's right to knowledge; an international symposium presented in honor of the two-hundredth anniversary of Columbia University (New York '54) 63–68: The old world and the new humanism. — Vistas in astronomy (A. Beer) **1** (London '55) (J. atmospher. and terrestr. Physics, Spec. Suppl. 3) 51–60: The astral religion of antiquity and the "thinking machines" of today. — Science, religion and reality (J. Needham). Neudruck (London–New York '55) 3–22: Preface. — Encyclopedia Americana **24** (New York–Chicago, Ill.–Washington, D.C. '56) 413–17: The history of science. — Homenaje a Millás-Vallicrosa **2** (Barcelona '56) 303–24: Arabic science and learning in the fifteenth century, their decadence and fall.

W. The study of the history of science (Cambridge, Mass.–London '36) 75 S.; Neudrucke zusammen mit dem nächsten Titel: (New York '54), ('57). — The study of the history of mathematics (Cambridge, Mass.–London '36) 3+112 S.; Neudrucke zusammen mit dem vorigen Titel: (New York '54), ('57). — The history of science and the problems of to-day (Elihu Root Lecture) (Washington, D.C. '36) 3+30 S. (Carnegie Institution of Washington, Suppl. publications, 20) [auch im nächsten Titel enthalten]. — The history of science and the new humanism [**1**: The history of science and the history of civilization; **2**: East and West; **3**: The new humanism; **4**: The history of science and the problems of to-day] ²(Cambridge, Mass. '37) 20+196 S. ([3] Colver Lectures in Brown University. Elihu Root Lecture at the Carnegie Institution of Washington); ³(New York '56) 19+196 S., Neudruck: (Bloomington, Ind. '62) 19+196 S. (Midland book MB 35); span.: Historia de la ciencia y nuevo humanismo (Rosario, Argent. '48) 179 S.; japan.: (Tokyo '50) 262 S. — Introduction to the history of science **1**: From Homer to Omar Khayyam; Neudruck (Baltimore, Md.–London '45) 850 S. (Carnegie Institution of Washington publication 376 [1]); **2**: From Rabbi Ben Ezra to Roger Bacon; Neudruck [In 2 Teilen] ('46[?]) 1731 S. (~ 376[2]); **3**: Science and learning in the fourteenth century [In 2 Teilen] ('47/48) 33+1010 S., 14 S.+S. 1011–2155 (~ 376[3]); weitere Neudrucke des Gesamtwerks ('62 ... '75); japan.: **1** (Tokyo '51), **2** ('54), [**3** nicht nachgewiesen]. — The life of science; essays in the history of civilization (New York '48) 7+197 S.; Neudrucke: (Bloomington, Ind. '60) 11+197 S. (Midland book MB 27), (Freeport, N.Y. '71) 7+197 S. (Essay index reprint series); japan.: (Tokyo '51); span.: La vida de la ciencia; ensayos de historia de la civilización (Buenos Aires '52) 198 S.; persisch: (Teheran '55). — The incubation of the Western culture in the Middle East (George C. Keiser Foundation Lecture) (Washington, D.C. '51) 45 S.:

Bitte Anmerkung auf Seite 4201 beachten!

arab.: (Beirut '52) 79 S. — Leonardo da Vinci (Metropolitan Museum of Art) (New York '52) 30 S. — Horus: A guide to the history of science; a first guide for the study of the history of science with introductory essays on science and tradition (Waltham,Mass.–NewYork–London '52) 18+316 S. — A history of science, **1**: Ancient science through the Golden Age of Greece (Cambridge,Mass. '52), (London '53) 26+646 S., Neudrucke: (New York '64), ('70); **2**: Hellenistic science and culture in the last three centuries B.C. (Cambridge,Mass.–London '59) 26+554 S., Neudruck: (New York '70); span. Ausg. beider Teile: Historia de la ciencia (Buenos Aires '65). — Science versus the humanities: the history of science (Jerusalem '53) 36 S. (Reubeni Library, Ser. A, Nr. 3); hebräisch: (Jerusalem '54). — Ancient science and modern civilization (Lincoln, Neb.–London '54) 111 S. (Montgomery Lectures 1954); Neuauflagen: (New York '59) 111 S. (Harper torchbooks, Science library, TB 501), (Lincoln, Neb. '64) 111 S.; arab.: (Teheran '55) 202 S. — Galen of Pergamon (Lawrence, Kan. '54) 112 S. (Logan Clendening Lectures on the history and philosophy of medicine, 3rd ser.); Neudruck: ('65). — The appreciation of ancient and medieval science during the Renaissance (1450–1600) (Philadelphia, Pa. '55) 17+233 S.; Neuaufl.: (New York '61) 17+233 S. (A perpetua book, 4039). — Six wings: men of science in the Renaissance (The Patten Lectures 1955) (Bloomington, Ind. '57), (London '58) 318 S.; Neudrucke: (Cleveland, Ohio '66) (Meridian Books, M 211), (New York '67); span.: Seis alas: hombre de ciencia renacentistas (Buenos Aires '65) 303 S.

Alumni [Bruxelles] The history of medicine versus the history of art: **19** ('50) 332–41.

American math. Monthly The study of the history of mathematics: **41** ('34) 127–29.

Al-Andalus [Madrid] Oriente y occidente en la historia de la ciencia: **2** ('34) 261–97.

Archeion [Roma, Santa Fé] Discours d'ouverture du IIIe Congrès International d'Histoire des Sciences: **16** ('34) 340–43.

Archives int. Hist. Sci. Febris Candolliana: **27** ('47) 18–25. — Science et tradition: **28** ('48/49) 10–31. — Agrippa, Fontana and Pigafetta. The erection of the Vatican obelisk in 1586: 827–54. — Est-il possible d'enseigner l'histoire de la science?: **29** ('50) 3–38. — Acta atque agenda: **30** ('51) 323–56. — La bibliographie de l'histoire des sciences: **32** ('53) 395–419. — Solomon Gandz, 1884–1954: **34** ('55) 65f. — Letter to the editor: 430f.

Bull. Cleveland med. Library Maimonides, philosopher and physician: **2** ('55) 3–22.

Bull. History Med. Hoefer and Chevreul: **8** ('40) 419–45. — The history of medicine versus the history of art (Fielding H. Garrison Lecture): **10** ('41) 123–35. — Henry E. Sigerist, the scholar: **22** ('48) 29–32. — The history of medicine in Vietnam: Pierre Huard: **28** ('54) 566–71.

Bull. New York Acad. Med. Avicenna – physician, scientist and philosopher: **31** ('55) 307–17.

Cahiers Hist. mond. Deux centenaires: Servet et Chateillon: **2** ('54) 139–69.

Centaurus [København] Henri Berr (1863–1954). La synthèse de l'histoire et l'histoire de la science: **4** ('55/56) 185–97.

Chymia [Philadelphia] Boyle and Bayle: the sceptical chemist and the sceptical historian: **3** ('50) 155–89.

Harvard Library Bull. The Sarton collection in the history of science: **4** ('50) 276f. — The missing factor in Gibbon's concept of history: **11** ('57) 277–96.

Isis Discovery of conical refraction by William Rowan Hamilton and Humphrey Lloyd (1833): **17** ('32) 154–70. — Discovery of the main nutation of the earth's axis: 333–83. — Preface to the 19th volume, 1: **19** ('33) 6–10; ~ 2: 322–29. — Isis' accounts for 1931 and 1932: 13f. — The teaching and study of the history of science at the University of California: **20** ('33/34) 6–14. — Arabic "commercial" arithmetic (Query No. 23): 260–62. — Hippocratic oath in Arabic (~ 24): 262. — Orientation of the miḥrāb in mosques (~ 25): 262–64. — Le Prospectus de l'Encyclopédie (1750) (~ 26): 264f. — Introduction of cacti and other Cactaceae into Europe (~ 33): 442. — John Stephenson (1871–1933): 449. — [Date culture in ancient Babylonia, 1:] The artificial fertilization of date palms in the time of Ashur-Nasir-Pal, B.C. 885–860: **21** ('34) 8–13; ~ 2: **23** ('35) 251f.; ~ 3: **26** ('36/37) 95–98. — Jean Trenchant, French mathematician of the second half of the sixteenth century (Query No. 38): **21** ('34) 207–09. — Adriaan van Roomen's commentary on al-Khwārizmī (c. 1598) (~ 39): 209. — Primitive tonsillotomy (~ 40): 209f. — Simon Stevin of Bruges (1548–1620): 241–303. — Casting bread upon the face of the waters: 488–501. — George Catlin, "Indian-loving Catlin" (1796–1872): **22** ('34/35) 77–94; **29** ('38) 101f. — Apropos of Ibn Sīnā's "Meccan" Qānūn (Query No. 41): **22** ('34/35) 223f. — Who is Al-Sāhir, author of a medical compilation? (~ 42): 224. — Earliest monumental use of Arabic numerals (~ 43): 224f. — Mysterious alchemical (?) or astrological (?) symbols in paintings of the school of Gentile da Fabriano (first half of the fifteenth century) (~ 45): 226–28. — David Eugene Smith in Persia: 232. — Lusitanian memories: 440–55. — Sleeping along the meridian (Query No. 46): 525–29. — Prehistoric representation and a conception of pregnancy (~ 47): 529; Answer: **24** ('35/36) 113f. — The study of the history of astronomy in Bamberg: **22** ('34/35) 530f. — Unity history school, Rome 1935: 531. — Quetelet: **23** ('35) 6–24. — The first explanation of decimal fractions and measures (1585). Together with a history of the decimal idea, and a facsimile of Stevin's Disme: 153–244. — Emile Maupas (1842–1916): 256f. — The history of science versus the history of medicine: 313–20. — Isis: Duties and responsibilities of its associate editors: 444. — The study and teaching of the history of science and of medicine in Rumania: 445. — Nuno Gonçalves: **24** ('35/36) 7–14. — The chemist André Etienne (fl. 1794) (Query No. 48): 102. — Letters from and to Antony van Leeuwenhoek (1632–1723) (~ 49): 103. — A propos de la soie d'araignée et des traductions chinoises (~ 50): 103–06. — Les azulejos géométriques de Coimbra (~ 51): 106f. — The Sator arepo formula (~ 52): 107; Answer: **25** ('36) 134. — "Standing on the shoulders of giants" (~ 53): **24** ('35/36) 107–09. — The 800th anniversary of Maimonides' birth: 119f. — Third centenary of the death of Hsü Kuang-ch'i (1562–1633): 122. — Two fundamental problems: 308f. — Minoan mathematics: 375–81. — A plague treatise by Abner of Burgos? (Query No. 55): 430. — Early decimal instruments (~ 57): 432. — Science in the twentieth century: 433. — Humanism versus grammar: **25** ('36) 6–8. — The invention of the decimal fractions and the application of the exponential calculus by Immanuel Bonfils of Tarascon (c. 1350): 16–18. — Chinese glass of the beginning of the Confucian age: 73–79. — The views of Immanuel Bonfils of Tarascon (fl. c. 1340–77) on decimal fractions? (Query No. 58): 132f. — A Hindu decimal ruler of the third millennium [,1]: 323–26; ~ 2: **26** ('36/37) 304f. — On a curious subdivision of the Egyptian cubit: **25** ('36) 399–402. — Early editions of the Deutsche Sphaera of Conrad of Megenberg (Query No. 63): 455. — Ibn Shabbath, a thirteenth century engineer? (~ 64): 455f. — Medical history and deontology in Istanbul: 456. — Remarks concerning the history of twentieth century science: **26** ('36/37) 53–62. — Notes on the history of anagrammatism: 132–38. — Appel pour l'achèvement du Système du monde de Duhem [1]): 302f. — Darwin's conception of the theory of natural selection: 336–40. — The discovery of x-rays: 349–69. — The earliest representations of the remains of prehistoric pile-dwellings, apropos of Conrad Witz's painting of 1444 (Query No. 65): 449–51. — A seventeenth century Malay dictionary (~ 68): 451f. — Materials for the history of the history of science: **27** ('37) 6–8. — Unification of good will: 211–15. — Rumphius, Plinius Indicus (1628–1702): 242–57. — Extreme slowness of the introduction of elementary algebraic symbols: 328. — Communion with Erasmus: 416–29. — Charles Fremont, historien de la technologie (1855–1930): 475–84. — An institute for the history of science and civilization, 3: **28** ('38) 7–17. — A story from the Arabian Nights: 321–29. — Bibliography of the main (Arabic) writings of George Edward Post: 409–12. — Arthur Berry, historian of astronomy (1862–1929): 418–20. — The tradition of Zenodoros (Query No. 73): 461f. — Prehistoric arithmetic in Vestonice: 462f. — ... primum herbam deinde spicam deinde plenum frumentum in spica: **29** ('38) 9–14 [engl.]. — The tomb of Omar Khayyâm: 15–19. — The mysterious arctic traveller of 1360, Nicholas of Lynn? (Query No. 74): 98f. — Rafaele Canacci, Florentine algebraist of the fourteenth century (~ 75): 99f. — L'histoire de la science et l'organisation internationale: 311–25. — The tradition of the optics of Ibn Al-Haitham (Query No. 76): 403–06. — The beginning of European syphilis (~ 77): 406f. — Ugly ducklings: **30** ('39) 6–16. — When was logarithmic paper first used? Who introduced it? (Answer to Query No. 80): 95f. — Iconographic honesty: 222–35. — Comenius redivivus: 425–51. — Lunar influences on living things: 495–507. — Sociétés dont le nom commémore des savants illustres (Réponse à la Question No. 78): 508. — John de Casati (fl. 1346–1375) (Query No. 82): 509f. — Ernst Darmstädter (1877–1938), historian of chemistry: 511. — Quousque tandem?: **31** ('39/40) 6f. — L'auteur et l'histoire de Roti-Cochon? (Question No. 83): 79–82. — Faraday to Tyndall: 303f. — Remarks on the study of Babylonian mathematics: 398–404. — Time is money: **32** ('47/49) 116. — Reconstruction: 245–47. — Monumental representation of insects, apropos of a pre-Columbian Aztec grasshopper (Query No. 93): 340f. — To the republic of letters: **33** ('41/42) 1–3. — Extensive use of gilsonite by early Mexican Indians: 58f. — Laplace's religion: 309–12. — Mlle. Goichon's studies on Avicennian metaphysics: 326–29. — Brave Busbecq (1522–1592): 557–75. — O columns!: **34** ('42/43) 3f. — Lesquereux (1806–1889): 97–108. — The years "forty-three": 193–95. — Remarks on the theory of temperaments: 205–08. — The father of American egyptology: James H. Breasted, 1865–1935: 289–91. — Aimé Bonpland (1773–1858): 385–99. — Defense of the history of science: 456f. — "The feminine monarchie" of Charles Butler, 1609: 469–72. — Faraday drinks a glass of water: **35** ('44) 3. — Vindication of Father Hell: 97–105. — Scripta manent: 201–05. — Grassmann - 1844: 326–30. — Confiteor: **36** ('46) 89–91. — Floating docks in the 16th century: 153f. — Qualifications of teachers of the history of science [,1]: **37** ('47) 5–7; ~ 2: **40** ('49) 311–13. — A tribute to Gilbert Murray and a plea for Greek studies: **38** ('47/48) 3–11. — Paul, Jules, and Marie Tannery: 33–51. — The study of early scientific textbooks: 137–50. — The English translation of the Qur'ān: 243. — Science and freedom in India: 243. — The tower of Babel: **39** ('48) 3–15. — John Ferguson (1837–1916): 60f. — Girolamo Tartarotti 1749: 207–12. — Is Buzurg's description of the phosphorescent sea c. 953 the first of its kind?

Bitte Anmerkung auf Seite 4201 beachten!

(Query No. 117): 235. — Arms and armor used in Agincourt in 1415 (~ 118): 235–37. — Who was A. M. H. J. Stokvis?: 237. — Robert de Bruce did not die of leprosy: 239. — An appeal for the republication in book form of Father Bosman's studies on Belgian mathematics in the sixteenth and seventeenth centuries: **40** ('49) 3–6. — In defense of Petrarca's book on the remedies for good and evil fortune: 95–99. — Incunabula wrongly dated. 15 examples: 227–40. — D'Arcy Wentworth Thompson, 1860–1948: **41** ('50) 3–8. — Chinese mediaeval mathematics: 51. — Arabic falconry: 51. — Who was the Irishman, Walton, who is said to have invented a system of musselculture? (Query No. 123): 53f. — Who was the author (L. G.?) of the Précis de l'histoire de la botanique, Paris 1869? (~ 124): 54f. — Notes on the reviewing of learned books: 149–58. — The critical bibliographies of Isis: 291–98. — Science and peace [,1]: The development of international law: **42** ('51) 3–9; ~ 2: The botanical exploration of Malaysia: 173–76. — Bibliography of Dr. E. W. Gudger's contributions to the history of ichthyology [1905–1951]: 237–42. — Why "Isis"?: **44** ('53) 232–42. — The Jerusalem congress: **45** ('54) 63–77. — The death and burial of Vesalius and, incidentally, of Cicero: 131–37. — "Historians and philosophers" of science: **46** ('55) 360–65. — — Ferner von 1932–1953 32th–79th Critical bibliography of the history and philosophy of science and of the history of civilization (32th–36th m. A. Togo). — Einige weitere kleine Artikel in **32**ff.

J. amer. orient. Soc. Chaldaean astronomy of the last three centuries B. C.: **75** ('55) 166–73.

J. History Med. and allied Sci. The strange fame of Demetrios Canevari, philosopher and physician, Genoese patrician (1559–1625): **1** ('46) 398–418. — Ancient alchemy and abstract art: **9** ('54) 157–73. — Pierre Sergescu, 1893–1954: **10** ('55) 421–25.

J. unified Sci. The historical basis of philosophical unification: **9** ('39) 90–93.

Al-Kulliyah Science and civilization in the Middle Ages with special reference to the Arabic writings: **18** ('32) 270–74, 366–73 [arab.].

Lychnos Portraits of ancient men of science: **1944/45**, 249–56.

Osiris David Eugene Smith [zum 76. Geb.tag]: **1** ('36) 5–8. — Montucla (1725–1799). His life and works: 519–67. — The unity and diversity of the Mediterranean world: **2** ('36) 406–63. — Anquetil-Duperron (1731–1805): **3** ('37) 193–223. — Evariste Galois (1811–1832): 241–59. — L'œuvre de Paul Tannery: **4** ('38) 690f.; Bibliographie des travaux de Paul Tannery: 703–05. — The scientific literature transmitted through the incunabula: **5** ('38) 41–245. — Alexander Porfiryevich Borodin (1833–1887): **7** ('39) 225–60. — Decimal systems early and late: **9** ('50) 581–601. — Scientific literature in Romansh: 602–23. — The history of science in the Carnegie Institution: 624–38. — Auguste Comte, historian of science. With a short digression on Clotilde de Vaux and Harriet Taylor: **10** ('52) 328–57. — Experiments with truth by Faraday, Darwin, and Gandhi: **11** ('54) 87–107. — Reminiscences of a pioneer: 108–18. — Raymond Clare Archibald (1875–1955): **12** ('56) 5–34.

Proc. amer. philos. Soc. Lagrange's personality (1736–1813): **88** ('44) 457–96.

Renaissance [New York] L'avenir de la science: **1** ('43) 218–37.

Revue Hist. Sci. et Appl. La transmission au monde moderne de la science ancienne et médiévale: **2** ('49) 101–38. — Documents nouveaux concernant Lagrange, 1: La première publication mathématique de Lagrange, 1754: **3** ('50) 111–13; ~ 2: Deux lettres inédites de Lagrange; deux lettres de Talleyrand le concernant: 114–23. — La correspondance de Paul Tannery et l'histoire de nos études: **7** ('54) 321–25.

Science [USA] The publication of Isis: **92** ('40) 59f.

Ferner jährliche Berichte "History of science" über seine Arbeit für die Carnegie Institution in "Yearb., Carnegie Instn. Washington" bis **48**.1948/49 ('50), einige auch in "Isis".

Mit: [1]) P. Tannery.

VI **SARTORI,** Giuseppe. Elektrotechn. — In fine Prof. ord. e Dir., R. Scuola d'Ingegneria, Bologna; Prof. incar., R. Ist. Superiore di Chim. Industriale, Bologna; Pres., Associazione Elettrotecnica Italiana. (☒)
*1868, Nov. 1, Longio;
†1937, Jan. 21, Bologna.

Nekr. *L. Lombardi, Elettrotecnica **24** ('37) 414–20.

Elettrotecnica Oscillografo wattometrico trifase: **20** ('33) 480–91.

Memorie R. Accad. Sci. Ist. Bologna, Cl. Sci. fisiche I conduttori a impedenza variabile col cambiamento della frequenza: (8) **10** ('32/33) 49–57.

Rend. Sess. R. Accad. Sci. Ist. Bologna, Cl. Sci. fisiche La media armonica e la resistenza elettrica equivalente di un gruppo di resistenze in parallelo: **36** ('31/32) 48–53. — Un problema per i matematici: **38** ('33/34) 67–72. — Sulle variazioni di resistenza elettrica del solfuro di ferro: **39** ('34/35) 66f.

VI **SARTORY,** Auguste Théodore. Pharm., Mikrobiol. — 1900–04 Stud., '05–12

Préparateur, '08 Dr. ès-sci. nat., '46–50 Prof. tit. Mikrobiol. à la Fac. de Pharm., Univ. de Paris; '12–14 Chargé de cours, '14–18 Agrégé, '18–19 Prof. tit., Ecole Supérieure de Pharm. de Nancy; '14–15 Pharmacien Inspecteur et Expert des tribunaux de Meurthe-et-Moselle; '19 Réorganisateur de l'Ecole Supér. de Pharm. de Strasbourg → Fac. de Pharm., '19–46 Prof., '26–36 Assesseur du Doyen, '36–46 Doyen ('43–45 révoqué), '46–50 Doyen hon., Fac. de Pharm., Univ. de Strasbourg; Prés., Section strasbourgeoise du Comité républicain du Commerce, de l'Industrie et de l'Agriculture; Vice-Prés., Conseil National de l'Ordre des pharmaciens. — Commandeur de la Légion d'Honneur, Commandeur de l'Ordre de la Santé Publique, Commandeur du Mérite Agricole (Gouvernem. franç.); Commandeur de l'Ordre du Nichan Iftikhar de Tunis; Commandeur de l'Ordre du Ouissam Alaouite (Maroc); Grand-Officier de l'Ordre du Dragon de l'Annam.

*1881, Mai 22, Limoges;
†1950, Dez. 2, Strasbourg.

Nekr. *S. Lambin, Annales pharm. franç. **11** ('53) 310–13 (m. Bildn.); Annales Univ. Paris **21** ('51) 97–99. — *J. Meyer, Bull. Assoc. Diplômes Microbiol. Fac. Pharm. Nancy **42** ('51) 33–36. — *R. Weitz, Annales pharm. franç. **20** ('50) Dez.-Nr.

Zur Biogr. *G. Dillemann, Produits et Problèmes pharm. **26** ('71) No. 5, 352f. (m.Bildn.).

S. *P.-L. Rehm, Nouvelle encyclopédie pratique de médecine et d'hygiène (Strasbourg–Paris '31/32): Partie mycologique.

W. La guerre bactériologique (m. R. Sartory) (Paris '35) 6+68 S.; russ.: (Moskva '36) 72 S. — Visions rouges; souvenirs de voyages en U.R.S.S., Allemagne, provinces baltiques et Pologne (m. E. Bailly) (Paris '36) 350 S. — Les mycoses nouvelles (m. R. Sartory, J. Meyer, C. Dulaurans-Bailly) (Paris '49) 253 S. (Champignons parasites de l'homme et des animaux, 5e suppl.). — Microbiologie pratique (m. R. Sartory, J. Meyer) (Paris '50) 11+827 S.

Annales Biol. clin. Nouvelle méthode de concentration des bacilles tuberculeux pour leur recherche dans les crachats [23])[41])[43]): **7** ('49) 229–32.

Annales Inst. Pasteur Contribution à l'étude des sporotrichoses osseuses [44])[35])[36]): **49** ('32) 480–91. — Deux cas d'ostéites dues, d'une part, au Sporotrichum gougeroti et, d'autre part, à une levure [44])[35])[36]): **52** ('34) 424–43. — Contribution à l'étude des mycoses; le diagnostic des mycoses par les méthodes de laboratoire [44])[35])[36]): **55** ('35) 182–207. — Une dermatomycose tropicale causée par un champignon levuriforme: Geotrichoides lambarenensis [44])[35])[52]): **57** ('36) 526–44. — Recherches sur les propriétés biochimiques et sur la pathologie expérimentale d'un actinomycès pulmonaire: Actinomyces nitrogenes [44])[35])[52]): **58** ('37) 684–708. — Deux cas d'onychomycose humaine dus, l'un au Trichophyton acuminatum, var. pilosum, l'autre à l'Hemispora stellata Vuillemin [44])[35]): **63** ('39) 257–68. — Contribution à l'étude des propriétés biologiques des acides gras ramifiés, 1: Sur les propriétés toxiques de quelques acides ramifiés non saturés [35])[14]): **78** ('50) 93–96; ~ 2: Sur les propriétés physiologiques de l'acide α,α-diméthyl-ω-tridécylénique et de quelques autres acides α,α-disubstitués [14])[35]): 382–91.

Annales pharm. franç. Contributions à l'étude des paratuberculines [18])[48])[1]): **8** ('50) 439–44.

Annales Univ. Paris Leçon inaugurale: **17** ('47) 313–34.

Archiv Dermatol. u. Syphilis Ein Fall von Blastomykose durch Spontaninfektion mit einem echten Saccharomyces [44])[56])[53])[35]): **167** ('33) 211–21.

Archives Physique biol. A propos du pH optimum de croissance et du pH optimum de thermorésistance chez Clostridium bifermentans, Tissier et Martelly, 1902. La stérilisation en fonction du pH et du nombre de spores chez Chlostridium bifermentans, Tissier et Martelly, 1902 [35])[8]): **16** ('43) No. 5, Suppl., 82*f.

Bull. Acad. Méd. Une dermatomycose causée par une levure nouvelle du genre Saccharomyces: "Saccharomyces Sternoni" n. sp. [44])[49])[35]): (3) **107** ('32) 120f. — Deux cas d'actinomycose invétérée sans grains macroscopiques ou microscopiques, dus au même parasite [44])[35]): 597–99. — La mortalité cancéreuse et la teneur en magnésium du sol, des eaux et des aliments usuels dans les trois départements d'Alsace et de Lorraine [44])[35])[27]): **108** ('32) 1097f. — Sur les causes d'erreur dues au mode opératoire et aux règles d'interprétation dans l'analyse interférométrique d'après Hirsch [44])[53])[35]): **109** ('33) 764–67. — Sur les propriétés ultrafiltrantes de l'"Actinomyces bovis" Harz à travers les sacs de collodion implantés dans le péritoine du cobaye [44])[35]): **110** ('33) 797f. — Influence inhibitrice du radium sur la croissance des radicelles de "Lens esculenta" Moench: Effet antagoniste du magnésium sur les radiolésions de la cellule végétale en vie active ou latente [44])[12])[19]): **111** ('34) 140–42. — Contribution à l'étude de l'équilibre lipido-protéidique dans le sérum humain normal [44])[35])[17]): 440f. — Diagnostic différentiel par l'analyse chimique détaillée entre différentes maladies à métabolisme lipido-protéidique déséquilibré et pathogénie du psoriasis [25])[17]):

Bitte Anmerkung auf Seite 4201 beachten!

786–88. — L'image leucocytaire en clinique 44)35)24): **112** ('34) 196–200. — Etude d'un Schizosaccharomyces nouveau isolé d'une scaphoïdite tarsienne de l'enfant 44)35): **113** ('35) 166–69. — Etude d'un champignon levuriforme nouveau isolé d'une dermatomycose tropicale 44)35)54): 486–88. — Etude d'un Cladosporium nouveau, "Cladosporium tropicalis" n. sp., isolé d'une dermatomycose tropicale 44) 35)54): 890–92. — L'influence des facteurs activants spécifiques, contenus dans les filtrats de champignons inférieurs, sur la croissance du "Micrococcus gonorrheae" 44)35)45): **114** ('35) 134–38. — Un cas d'actinomycose vertébrale primaire due à un Actinomyces nouveau, "Actinomyces penicilloides" n. sp. 44)35): **115** ('36) 112–15. — Blennorragie et métabolisme protido-lipidique 44)35): 951–53. — Recherches sur l'agglutination de souches staphylococciques isolées de pyélites 44)35): **116** ('36) 122–24. — Recherches sur les propriétés culturales et tinctoriales d'un Actinomyces pulmonaire acido-résistant 44)35)52): 186–89. — Sur les conditions expérimentales à respecter dans l'étude de la composition protidolipidique des bactéries acido-alcoolo-résistantes 44) 35): **118** ('37) 175–79. — Méthode de dosage du complément humain stable et importance de ce facteur dans l'évolution des maladies infectieuses (tuberculose et blennorragie) 44)35)30): **119** ('38) 163–66. — Recherches sur le déséquilibre protéido-lipidique du sérum d'eczémateux à différents stades de la maladie 25)35): 232–37. — Recherches sur l'étiologie et le pronostic du psoriasis par l'étude du déséquilibre protido-lipidique du sérum 25)35): 333–42. — Sur un cas de septicémie généralisée due à un Actinomyces du type "A. bovis" Harz, chez un jeune veau 7)35): **120** ('38) 765–73. — Sur l'influence des différents produits étudiés comme facteurs énergétiques de croissance microbienne, introduits séparément dans les milieux de culture 35)38): **121** ('39) 815–19. — Contribution à l'étude d'une espèce thermophile d'actinomycetales isolée de conserves de viandes 35): **123** ('40) 98–101. — Nouvelles recherches sur la flore microbiologique des conserves de viande et d'abats. "Bacillus bifermentans", var. "pyogenes", agent avariant des pâtés de foie 35): **124** ('41) 636–39. — Recherches sur le métabolisme du soufre des bactéries du groupe coli-typhique 35): **125** ('41) 146–48. — Etude du pouvoir pathogène de l'"Actinomyces ondulans": **126** ('42) 291–93. — Un cas d'onychomycose à "Sterigmatocystis nidulans", Eidam 44)10): **127** ('43) 164–66. — Contribution à l'étude de la flore intestinale du Doryphore. Isolement des bactéries pathogènes pour l'insecte 44): 251–53. — Contribution à l'étude d'une dermatomycose trichophytique des "Bovidés" nommée vulgairement "Anders" 44)28): 331 f. — Sur la transmission à l'homme d'une dermatomycose fréquente des veaux 44)15)28): 354 f. — Etude d'un "microsporum" parasite de l'enfant 44)3): 459–62. — Contribution à l'étude de la transmission à l'homme d'une dermatomycose fréquente du veau 44)28): 664–66. — Etude d'un champignon pathogène nouveau "Glenospora verrucosa" n. sp. 44): 741–43. — Essais de mise en évidence et de dosage de facteurs phyto- et bactériostatiques élaborés par des levures 35): **130** ('46) 119–22.

Bull. Acad. nation. Méd. Préparation de différentes lipases pancréatiques et leur influence sur les propriétés morphologiques et culturales des bacilles acido-résistants 35)29): (3) **131** ('47) 19–24. — Technique d'isolement et de caractérisation d'une lipase des bacilles acido-alcoolo-résistants 35): 243–45. — Etude de l'activité antibiotique "in vitro" de la pénicilline sur les bactéries acido-résistantes, cultivées en milieux glycérinés lipidolytiques 35)29): 447–49. — Contribution à l'étude des systèmes enzymatiques de deux bactéries ferrugineuses. Facteurs inhibiteurs de la catalase et leurs rôles comme agent bactéricide 35): 580 f. — Sur l'importance du séro-diagnostic dysentérique dans les cas d'ictères tardifs et bénins 35) 3): **132** ('48) 335 f. — Dermatomycose trichophytiforme due à une espèce nouvelle du genre Aleurisma 44)35)u.a.): **133** ('49) 519–23. — Emploi de composés insolubles de la pénicilline pour le contrôle des médicaments ("méthode de clarification") 44)35) 21): **134** ('50) 484–86.

Bull. Biologistes Pharmaciens Le dosage de l'albumine urinaire au moyen de la cellule photoélectrique 44)35): **1937**, 503–06.

Bull. Sci. pharmacol. L'étude du pH du plasma sanguin et la thérapeutique dans certaines dermatoses 44)25)35): **39** ('32) 299–307. — Contribution à l'étude de la thérapeutique des mycoses 44)35)36): **41** ('34) 338–44. — Etude d'une bactérie chromogène nouvelle et de sa violacéine isolée à l'état cristallisé 35) 51): **45** ('38) 302–06. — L'eau distillée officinale 35)20): **46** ('39) 49–60.

Bull. Soc. Chim. biol. Contribution à l'étude du métabolisme protido-lipidique dans les maladies infectieuses 44)25)35): **18** ('36) 1842–49. — Recherches sur la constitution protido-lipidique des bactéries acido-alcoolo-résistantes au moyen de différentes méthodes d'épuisement 44)35): **20** ('38) 173–78. — Contribution à l'étude du métabolisme azoté des colibacilles [, 1]: Définition du genre Escherichia et des méthodes analytiques employées 35)13): **28** ('46) 805–13; ~ [2]: L'azote de la récolte bactérienne 35) 13): **29** ('47) 168–70; ~ [3]: Mesure de la multiplication des colibacilles par néphélométrie et numération microscopique 35)13): 171–77; ~ [4]: Comparaison des résultats obtenus par le dosage de l'azote, par néphélométrie et par numération microscopique et leur rapports avec la multiplication des colibacilles 35)13): 178–83. — Au sujet de déterminisme de l'allergie dans la tuberculose et du rôle d'apport des substances tuberculeuses sur l'état allergique 35): 863–71. — Contribution à l'etud de la croissance

Bitte Anmerkung auf Seite 4201 beachten!

du bacille tuberculeux "in vitro" ainsi qu'à l'isolement et au dépistage rapide de ce germe à partir de divers produits pathologiques [26)]: **32** ('50) 66–79. — A doses hormonales les hétéro-auxines n'agissent pas sur certains microbes et champignons inférieurs [44)41)22)]: **33** ('51) 1600–03.

C. R. hebd. Séances Acad. Sci., Paris Un cas de blastomycose invétérée transmissible au cobaye, due à un Saccharomyces pathogène (Saccharomyces Jadini n. sp.) [44)53)35)]: **194** ('32) 1688–90. — Recherches cytologiques sur le développement d'une Microsiphonée [44)35)4)]: 2156f. — De la présence d'un pigment voisin de la prodigiosine chez un Actinomyces pathogène [44)35)4)]: 2339f. — La détermination de la quantité de magnésium contenue dans les aliments essentiels et l'eau de différentes communes d'Alsace et de Lorraine et son influence sur la mortalité cancéreuse [44)35)27)]: **195** ('32) 400–03. — Le cycle évolutif des Actinomyces dans les cultures après passage à travers l'ultrafiltre de collodion [44)35)]: **197** ('33) 1465–67. — Influence inhibitrice du radium sur la croissance des radicelles de Lens esculenta (Moench): Dose empêchante minima et temps d'irradiation [44)35)19)]: 1760–62; ~: Modifications de la dose empêchante minima sous l'influence d'ions antagonistes [44)35)19)]: **198** ('34) 197–99; ~: Modifications de la dose empêchante minima sous l'influence d'ions favorisants [44)35)19)]: 386–88. — L'équilibre lipido-protéidique dans le sérum de malades atteints d'affections cutanées ou de troubles lipémiques [44)35)17)]: 1724–26. — Reproduction expérimentale de maladies cryptogamiques du papier [44)35)9)]: **199** ('34) 222–24. — Essai de différenciation entre les champignons cellulolytiques parasites du papier [44)35)9)]: 439–42. — Etude préliminaire en milieux synthétiques définis des facteurs culturaux nécessaires pour déterminer la fertilité du sol au moyen du Sterigmatocystis nigra Cramer [44)35)5)]: **200** ('35) 1692–94. — Essais comparatifs de dosage du phosphore et du potassium contenus dans un sol arable au moyen de la méthode chimique de Hilgard, de la méthode biologique de Neubauer et de celle de Niklas à l'aide du Sterigmatocystis nigra [44)35)5)]: 1797–99. — Etude de l'organisme isolé d'une arthrite sporotrichosique primaire avec métastase vertébrale [44)35)]: **201** ('35) 1501–03. — Facteurs activants thermostabiles d'origine cryptogamique favorisant la croissance des bactéries [44)35)34)]: **203** ('36) 280–82. — L'influence du vide partiel ou poussé sur la croissance et la morphologie de quelques champignons inférieurs [44)35)]: 952–54. — Influence du vide partiel ou poussé sur les propriétés biochimiques de quelques champignons inférieurs [44)35)]: 1289–91. — L'infection des cultures en mycothèque par le Rhizoglyphus echinopus Fum. et Rob., parasite de la pomme de terre [44)35)]: **205** ('37) 820–22. — Contribution à l'étude d'une violacéine obtenue à l'état cristallisé et provmant d'un bacille violet isolé du pus d'un abcès dentaire [35)51)]: **206** ('38) 950–53. — De l'influence de certaines vitamines hydrosolubles sur la vitesse de croissance de diverses bactéries cocciformes [44)35)]: 1414–16. — Etude du rapport entre la dose de vitamine hydrosoluble hétérogène et la quantité des bactéries initialement ensemencées par le contrôle de l'activation de la croissance [35)46)]: **207** ('38) 1069–71. — De l'influence favorisant la croissance bactérienne par l'introduction préalable de vitamines B_1 et B_2 combinées et à doses variées, dans le milieu de culture [35)46)]: 1262f. — Contribution à l'étude d'une mucoracée, Absidia aegyptiacum n. sp., ferment alcoolique de la Bouza d'Egypte [35)50)]: **208** ('39) 1842–45. — Etude de l'effet activant de différents mélanges de facteurs énergétiques, combinés à la dose optima, sur la croissance d'un staphylocoque et d'une levure abiotiques [35)38)]: 1931–33. — De l'influence de la vitamine C sur les phénomènes pathologiques humains dus aux grands froids [35)]: **210** ('40) 349–51. — Le parasitisme du noyer par Gnomonia leptostyla (Ces. et de Not.) Klebahn et son cycle évolutif [35)]: **212** ('41) 567–69. — Une bactérie cellulosolytique, Clostridium leptinotarsae n. sp., isolée du tube digestif du Doryphore et son influence sur l'évolution de l'insecte [35)]: 817–19. — Essai de diagnostic différentiel des bactéries du groupe colityphique au moyen de la réaction au plomb sur milieux synthétiques à l'hyposulfite de soude ou à la cystine [35)]: **213** ('41) 279f. — Etude d'un Actinomyces nouveau acido-résistant, Actinomyces ondulans n. sp.: **214** ('42) 502–04. — Un Aspergillus pathogène nouveau: Aspergillus fumigatoides variété roseus n. sp.: 564f. — Etude d'un Actinomyces chromogène: 723f. — Remarques sur l'influence de l'oxygène dans la fermentation du jus de choucroute [55)37)]: 966–68. — Etude d'un Acremonium nouveau, agent d'une affection gommeuse Acremonium cinnabarinum n. sp. [44)]: **216** ('43) 389–91. — Un Aspergillus pathogène nouveau: Aspergillus septatus n. sp. [44)]: 426–28. — Une dermatomycose fréquente des veaux causée par une espèce du genre Trichophyton [44)28)]: 578. — Contribution à l'étude de l'action du radium sur les champignons inférieurs. Les effets des radiations γ sur Sterigmatocystis nigra [44)55)]: **218** ('44) 247–49. — L'influence des émanations du radium sur le Sterigmatocystis nigra [44)55)]: 328f. — Un cas d'onychomycose dû à une espèce du genre Acremoniella (Allescheriella) A. unguis n. sp. [44)]: 807f. — Production de périthèces chez Aspergillus castaneus sous l'influence d'une bactérie [44)]: **219** ('44) 137–39. — Etude d'une mucédinée nouvelle isolée du tube digestif du bousier, Caemansia violacea n. sp. [44)]: 216f. — Influence du radium sur quelques champignons inférieurs cultivés sur divers milieux [44)55)]: 427f. — Sur quelques variations morphologiques provoquées chez Sterigmatocystis nigra Cramer 185 g [44)55)]: **220** ('45) 56f. — Sur un facteur bactériostatique des tomates fraîches et desséchées [35)]: **222** ('46) 151–53.

Bitte Anmerkung auf Seite 4201 beachten!

— Une actinomycose pulmonaire causée par un organisme acido-résistant nouveau, Actinomyces funduliformis n. sp. [44][11]: 914f. — Relations entre les rendements azoté et matériel de croissance des cultures de staphylocoques [55][31]: **223** ('46) 110–12. — Etude de l'action des différentes concentrations de glycérine en solution aqueuse, sur le développement du Bacille tuberculeux [35]: **224** ('47) 607f. — Un Actinomyces nouveau acido-alcoolo-résistant: Actinomyces serophilus [6]: 1533f. — Contribution à l'étude des tanins du Maté et du Drosera [44][16]: 1738–40. — Essais de production d'antilipase par la lipase des bacilles acido-alcoolo-résistants [35]: **225** ('47) 79–81. — Contribution à l'étude du métabolisme hydrocarboné des bactéries ferrugineuses [35]: 541f. — Contribution à l'étude des systèmes enzymatiques de deux bactéries ferrugineuses. Rôle du fer et du manganèse comme facteurs d'énergie et de synthèse pour le métabolisme des ces germes [35]: 600–02. — Contribution à l'étude de l'évolution physiologique de deux bactéries ferrugineuses. Leurs facteurs d'énergie et de synthèse [35]: **226** ('48) 443–45. — Le rôle des Actinomyces cellulolytiques dans les altérations des toiles de lin et de chanvre utilisées au cours de la fabrication des caséines [44][35]: 1212f. — De quelques phanérogames douées de propriétés antibiotiques in vitro [41][42]: **228** ('49) 782–84. — Etude d'une levure nouvelle, Saccharomyces laryngitidis n. sp. [40]: 1969f. — Un nouveau Microsporum parasite de la peau (Microsporum pseudo-umbonatum) [44][35][32]: **229** ('49) 138–40. — Un nouveau milieu de choix pour la culture des Dermatophytes [44][35][47]: **230** ('50) 1608f.

C. R. (hebd.) Séances (et Mém.) Soc. Biol. Un nouveau cas de sporotrichose osseuse [44][36][35]: **114** ('33) 1285–87. — Recherches sur le rapport entre la teneur du sol en phosphore et la récolte mycélienne du Sterigmatocystis nigra [44][35][5]: **119** ('35) 304–06. — Examen direct et cultural de calculs urinaires provenant de pyélites staphylococciques [44][35]: **123** ('36) 404–07.

J. Pharm. Alsace et Lorraine Les produits chimiques employés dans la lutte contre les parasites des plantes [44]: **63** ('36) 49–61, 237–46, 282–96, 389–401, 453–63, 484–90.

J. State Med. Mutations in tubercle bacillus under influence of tuberculin-sulphoguaiacolic medium [44][35]: **43** ('35) 303–09.

•Mycopathologia ['s Gravenhage] Les actinomycoses rénales [44]: **1** ('38/39) 7–9.

Papier [Paris] Quelques champignons inférieurs destructeur du papier [44][35][9]: **38** ('35) 43–53, 529–42.

Pharmaceutical J. Proteolytic ferments contained in gastric juice [44][35]: **135** ('35) 251.

Presse méd. Blastomycose osseuse simulant l'aspect "d'une scaphoïdite tarsienne des jeunes enfants" [36][44][35]: **43** ('35) 558–60.

Progrès méd. Les effets de la tuberculinothérapie per os [44][35][39]: **1932**, 773f. — L'évolution de la mycologie parasitaire [44]: 1441–50.

Revue Orthop. et Chirurgie Appareil moteur Mycoses vertébrales [2][56][35]: (3) **23** ('36) 586–99.

Schweizerische Apotheker-Ztg. Les produits chimiques employés dans la lutte contre les parasites des plantes [44]: **74** ('36) 149–51, 161–64, 177–79, 597f., 617–19, 694–96.

Strasbourg méd. Les champignons vénéneux [44][35]: **92** ('32) 626–29. — Psoriasis et métabolisme des corps gras[u.a.]: **94** ('34) 509f. — Contributions à l'étude de l'équilibre lipido-protéidique dans le sérum humain normal [44][35][17]: 511f. — Contribution à l'étude de l'étalonnage des interféromètres [33][44][35]: 513f. — Influence du pH et de l'hyperlipémie artificielle sur l'équilibre lipido-protéidique du sérum déterminé par la méthode de Lemeland-Machebœuf [25][17]: 515f. — Le centenaire de Magnan: **95** ('35) Suppl., 129f. — Le Dr. Louis Ménétrel: **96** ('36) Apr.-Nr.

Mit: [1]) E. Albert; [2]) E. Allenbach; [3]) P. Anselm; [4]) M. Antonioli; [5]) F. Arnold; [6]) C. Bailly; [7]) C. Bareis; [8]) A. Baud; [9]) H. Bäumli; [10]) E. Bouteille; [11]) J. Bouteille; [12]) J. Boyer; [13]) K. Buri; [14]) P. Cagnant; [15]) R. Chavialle; [16]) M. Couderc; [17]) J. Cuéni; [18]) J. Desbordes; [19]) J. Ernst; [20]) F. Fischer; [21]) P. Fontanellaz; [22]) J. Geissmann; [23]) M. Guerbet; [24]) S. Hirschmann; [25]) G. Hufschmitt; [26]) Y. Jund; [27]) E. Keller; [28]) F. Kocher; [29]) J. M. A. Lange; [30]) A. Lutt; [31]) T. Malenge; [32]) J. Malgras; [33]) B. Mazur; [34]) M. J. Merglen; [35]) J. Meyer; [36]) M. Meyer; [37]) F. H. Moussa; [38]) A. Netter; [39]) H. Neukirch; [40]) E. Potier; [41]) A. Quevauviller; [42]) P. Richard; [43]) R. L. Ricou; [44]) R. Sartory; [45]) B. Sauter; [46]) D. Schmutz; [47]) W. Schurmann; [48]) G. Schuster; [49]) F. Sternon; [50]) Z. Tawfik; [51]) J. Waeldelé; [52]) A. Walter; [53]) J. Weill; [54]) R. Weiss; [55]) B. Wurtz; [56]) M. Zimmer.

VI **ŠARVIN,** Vasilij Vasil'evič. Chem. Technol. (Farbstoffchem.). — 1890–96 Stud., 1898–1903 wiss. Mitarbeiter. '03–07 Lektor u. Labor.-Leiter, '07–27 Leiter d. Lehrstuhls f. Chem. an d. Mechan. Abteilg., bis '30 Prof., Moskauer Höhere Techn. Lehranstalt; 1898 Dr. phil., Univ. Heidelberg; Lektor am Chem.-Technol. Inst. "D. I. Mendeleev" u. an anderen Lehranstalten, Moskva; Leiter d. Abt. "Techn. Wiss.", Lenin-Bibliothek, Moskva. (⊠)

*1870, Mai 30 (18), Moskva;

†1930, Nov. 30.

Zur Biogr. *V. V. Kozlov, Trudy Inst. Ist. Estestvoznanija i Techn. **12** ('56) 285–311 (m. Bildn., Faks. u. Schr.verz.).

Bitte Anmerkung auf Seite 4201 beachten!

Nekr. Ž. chim. Promyšl. 7 ('30) 2048 f. (m. Schr.-verz. 51 Nrn.).

VI **SASAKI,** Nobuji. Chem., Physik. — 1917–20 Stud., '21–27 Lecturer → Assist. Prof., '25 D.Sc., '27–59 Prof., '51–53 Dean of Fac. of Sci., Kyoto (Imp.) Univ., Kyoto; '25–27 postgraduate Stud., Kaiser-Wilhelm-Inst. f. Physikal. Chem., Berlin; '61–79 Prof., Notre Dame Women's College, Kyoto; '69– Adviser to the Kyoto Sci. Center for Youth, Kyoto; '53–65 Pres., Mass Spectroscopy Soc. of Japan. — '37 Sakurai Prize (Chem. Soc., Tokyo); '43 Acad. Prize (Imp. Acad., Tokyo); '61 Seto Prize (Soc. of Electron Microscopy, Japan); '66 Mainichi Industry Incentive Prize (Mainichi News Papers, Tokyo); '67 Order of the Double Beam Rising Sun, 2nd Class (Emperor of Japan).

*1896, Dez. 27, Shimonoseki-shi.

Zur Biogr. *T. Makita, Mass Spectroscopy **26** ('78) vor S. 1 (m. Bildn.).

H. Chemical kinetics [japan. (?)] (Tokyo '53); darin eig. Beitr.: 1–141: Chemical kinetics of gaseous and solid systems [japan. (?)].

Ue. *M. Chikashige, Alchemy and other chemical achievements of the ancient Orient. The civilization of Japan and China in early times as seen from the chemical point of view (Tokyo '36) 7+102 S.

S. Chemistry [japan. (?)] ([Publisher:] Iwanami) IC (Tokyo '32) 1–98: Chemical kinetics [japan. (?)]. — Experimental chemistry [~] ([Publisher:] Kyoritsu) **III** 3 (Tokyo '34) 1–218: Experimental inorganic chemistry [~]. — Physics [~] ([Publisher:] Iwanami) **X** C4 (Tokyo '40) 1–91: Photochemistry [~]. — Experimental chemistry [~] ([Publisher:] Kawade) **III** (Tokyo '50) 227–366: Chemical experiments at very low pressures [~] [19]). — Experimental chemistry [~] (Chemical Society of Japan) **VI** 2 (Tokyo '56) 47–119: Low pressure chemical reactions [~] [14])[19])[33])[25])[6]); **I** 1B ('57) 1–197: Vacuum technique [~] [25]); 199–218: How to make Gulbransen-type microbalance [~] [40]). — Proc. 3rd International conference on electron microscopy, London 1954 (London '56) 463–66: The electron microscopic and micro-diffraction observation in situ of changes in solids (reduction of molybdenum trioxide) [33]). — Electron-microscopy. Proc. 1st Regional conference in Asia and Oceania, Tokyo 1956 (Tokyo '57) 284–87: Electron-microscopic and microdiffraction studies on the progress of the reduction of metal oxides and metal oxide catalysts [33])[2]). — Verh. 4. Internationaler Kongreß für Elektronenmikroskopie, Berlin 1958, 1 (Berlin '60) 479–84: Electron microscopic and diffraction study of the progress of reduction of tungsten trioxide [33]); A protection shutter for the specimen in the electron microscope [33])[2]). — Electron microscopy 1966 [6th International congress, Kyoto 1966] (R. Uyeda) (Tokyo '66) 219 f.: Observation of element distribution in biological tissues using ion microscope [34])[5])[28]).

Bull. chem. Soc. Japan Chemical studies on ion emission from solids, 2: A method of microdetermination of an alkali salt in aqueous solution by measuring positive-ion emission [36]): **27** ('54) 46–48. — The kinetic study of surface-chemical reactions at extremely low pressures, 1: The thermal reaction between water vapour and a tungsten filament, 1 [6]): **29** ('56) 365–68.

Bull. Inst. chem. Res., Kyoto Univ. Reduction of tungsten oxide with hydrogen, 3: Reduction velocity of tungsten oxide and oxidation velocity of reduced powder measured by a spring balance [33]): **20** ('50) 49 f. — Physicochemical properties of tungsten metal powder [33])[27]): **25** ('51) 66 f. — The precipitates of tungstic acid [33]): 67. — Electron-microscopic studies on vacuum-evaporated metallic thin films [33]): **30** ('52) 38. — The electron-microscopic and micro-diffraction studies of the changes in specimens [33]): **32** ('54) 87–90.

Denshi-Kembikyō A specimen treating adapter for the electron microscope and its application, 1: Studies on the reduction process of metallic oxides [33]): **2** ('52) 87–90 [japan. m. engl. Zusammenfassg.].

J. appl. Physics [USA] An ion microscope with a transverse magnetic field: **19** ('48) 1050–53. — Direct observation by a surface electron microscope of the intergranular fracture of nickel at high temperatures [4]): **33** ('62) 1617 f.

J. Biochem. [Tokyo] L-Lysine oxidase, a new oxygenase [11])[9])[18])[7])[29]): **50** ('61) 118–21.

J. chem. Soc. Japan Chemical studies by means of molecular beams. Direct determination of the radii of spheres of action between particles which can combine with each other, 1: Chlorine molecule and sodium atom [21])[32]): **57** ('36) 1277–83; ~ 2: Sodium atom and oxygen molecule [21])[15])[14]): 1284–90. — Chemical studies on the electrodeless ring discharge, 1: Discharge in water vapor [22]): **60** ('39) 1161–69. — The behavior of oxygen in extreme low pressure against a heated platinum wire [8]): **61** ('40) 419–31. — Chemical reactions at extremely low pressures, 1: Thermal decomposition of nitrogen pentoxide by a platinum surface [8]): 812–26. — Decomposition of ammonia by electron impact [23]): **63** ('42) 1491–99. — Orientation effect in molecular chemical processes. Theory of orientation effect in the excitation by the electron collision of the hydrogen molecule to the $1^3\Sigma$ state followed by decomposition, 1 [20]): **64** ('43) 271–77; ~ 2 [20]): 278–81; ~ 3 [20]): 388–93. — — Alle Arbeiten japan.

J. chem. Soc. Japan, Pure Chem. Sect. Chemical studies on ion emission, 1: The effect of beryllia on the electrical emission from alumina-coated tungsten filament [36]): **73** ('52) 273–75 [japan.]. — Microscopic investigation of fused catalysts for ammonia synthesis, 1: Optical and surface-electron microscopic observations [26]): 808–11 [~]. — Chemical studies on a solid surface by means of a mass spectrometer, 1: The ions emitted from heated solid body [10]): **76** ('55) 473–75 [~]; ~ 2: On the positive ions emitted from alumina-coated tungsten filament [10]): 475–78 [~].

J. Electronmicroscopy [Tokyo] Mass spectrographic microscope [34])[5])[28]): **17** ('68) 16–22.

Mass Spectroscopy [Japan] Chemical analysis by means of Mattauch-type double focusing mass spectrograph, 1: Qualitative analysis [25])[42])[37]): **7** ('59) Nr. 12, 61–63 [japan. m. engl. Zusammenfassg.]; ~ 2: Quantitative analysis [42]): 64–68 [~]; ~ 3 [25])[44]): 69–71 [~]. — Mass spectrometer for small gas samples, 1: A panoramic mass spectrometer for small gas samples [18])[41])[39])[38]): Nr. 13, 48–57 [~]. — Monochromatization and spectral observation in scientific research: **17** ('69) 426–33.

Memoirs College Sci., Kyoto imp. Univ., Ser. A Exchange efficiencies of the translational and the internal energy of gas molecules on solid surfaces, 1: Measurement by molecular beams [30])[19]): **25** ('49) Nr. 2, 75–78; ~ 2: Measurement by a vibrating hot filament [19]): 79–81. — Direct measurement of the effective collision radii of potassium with chlorine and other gases [14]): 83–86.

Nature [London] Molecular orientation and the probability of dissociation of molecules by electron impact [20]): **136** ('35) 260. — Effect of vapours of halogen compounds on the emission of positive ions from platinum [25]): **174** ('54) 84f. — A micro gas chromatograph [31])[1]): **186** ('60) 309f.

Nippon Kinzoku Gakkai-Shi The microstructure of steel at high temperatures by means of the emission-type electron microscope, 1 [13])[33])[16])[24]): **16** ('52) 165–69 [japan. mit engl. Zusammenfassg.].

Proc. imp. Acad., Tokyo Über die Abhängigkeit der Ionisierungswahrscheinlichkeit, $H_2 \to H + H^+ + e +$ kin.Energie, von der Molekülorientierung gegen die stoßenden Elektronen [20]): **11** ('35) 138–40. — Molekulare Orientierung und die Anregungs- und Dissoziationswahrscheinlichkeit des Wasserstoffmoleküls durch Elektronenstoß [20]): 413–15. — Eine unmittelbare Bestimmung des Wirkungsradius der stark schwingenden Moleküle mit Hilfe der Molekularstrahlmethode [21]): **12** ('36) 10–12. — Die Ionisation der Molekularstrahlen durch Elektronenstoß und die massenspektrographische Untersuchung der entstehenden Ionen [21]): 13–15. — Die Para-Ortho-Zusammensetzung des aus Wasserstoffatomen primär entstehenden Wasserstoffgases [,1] [17]): 39–41; ~ 2 [17]): **16** ('40) 223f. — Die Geschwindigkeitsverteilung in einem Atomstrahl und die freie Weglänge als Funktion der Geschwindigkeit [3]): **14** ('38) 166–69. — Catalytic action of thin films of mercury on the reaction between nitric oxide and oxygen at low temperatures and low pressures [8]): **16** ('40) 303–05. — Die Para-Ortho-Zusammensetzung des aus Äthylalkohol photochemisch primär gebildeten molekularen Wasserstoffs [17]): 401f. — Über ein Ionenmikroskop [19]): **17** ('41) 36f. — On the measurement of the effective collision radii of the potassium atom in various gases [14]): 70–74. — Molekulare Orientierung und die Dissoziationswahrscheinlichkeit des Wasserstoffmoleküls durch Elektronenstoß, 3 [20]): 75–77. — Über ein Ionenmikroskop mit magnetischem Querfeld. (Eine Kombination von Mikroskop und Massenspektrograph) [19]): **19** ('43) 156–60. — Über das Lichtspektralmikroskop: **20** ('44) 368–70.

Bitte Anmerkung auf Seite 4201 beachten!

Review physic. Chem. Japan Experimental studies on elementary processes in the chemical reaction: **18** ('44) 53–64 [japan.]. — The fine mechanism of the chemical reaction: 71–75 [~].

Review sci. Instruments A new method for surface-temperature measurements: **21** ('50) 1–3. — A specimen-treating adapter for electron microscope [33]): **23** ('52) 136–38. — A recording device for surface-temperature measurements [12]): 261–63.

Einige weitere Beiträge in Konferenzberichten.

Mit: [1]) M. Aoyagi; [2]) N. Arai; [3]) M. Fukuda; [4]) T. Fukutomi; [5]) T. Goto; [6]) T. Hamamura; [7]) O. Hayashi; [8]) Y. Hiraki; [9]) A. Ichihara; [10]) H. Inoue; [11]) N. Itada; [12]) A. Kamada; [13]) N. Kishimoto; [14]) K. Kodera; [15]) G. Kondo; [16]) T. Kuroda; [17]) O. Mabuchi; [18]) T. Makita; [19]) K. Mitani; [20]) T. Nakao; [21]) E. Nishibori; [22]) E. Ohara; [23]) Y. Ohta; [24]) H. Okamoto; [25]) M. Onchi; [26]) Y. Osumi; [27]) M. Ozasa; [28]) T. Someya; [29]) M. Suda; [30]) K. Taku; [31]) K. Tominaga; [32]) H. Uchida; [33]) R. Ueda; [34]) M. Watanabe; [35]) —; [36]) T. Yuasa; [37]) Y. Abe; [38]) T. Iijima; [39]) R. Ishihara; [40]) H. Ishimura; [41]) H. Iwasa; [42]) J. Kai.

VI **SASLAWSKY,** J. J. → VI **ZASLAVSKIJ,** Ivan Ivanovic

V,VI **SATTERLY,** John. Physik, Astron. — 1903–12 Research Student and Demonstrator at the Cavendish Labor., Cambridge Univ.; '12–16 Lecturer, '16–21 Assist. Prof., '21–25 Assoc. Prof., '25–50 Prof., Univ. of Toronto, Ont.; '35 Pres., Devonshire Assoc. (☒)

*1879, Nov. 29, Ashburton, Devon; †1963, Okt. 1.

Nekr. *W. H. Watson, Nature [London] **200** ('63) 521. — *H. L. Welsh, J. roy. astron. Soc. Canada **58** ('64) 51–54 (m. Bildn.); Proc. and Trans. roy. Soc. Canada **2** ('64) 139–43.

W. Practical physics (m. W. R. Bower) [3](London '32) 8+492 S. — Textbook of heat (m. R. W. Stewart) (C. T. Archer) [2](London '39) 7+410 S.; (H. N. V. Temperley) [3]('50) 4+420 S. — Textbook of light (m. R. W. Stewart) (C. T. Archer) [7](London '41) 7+365 S.; (H. N. V. Temperley) [8]('47) 6+366 S. — Textbook of sound (m. E. Catchpool) (C. T. Archer) [6](London '44) 360 S.; (H. N. V. Temperley) [7]('49) 379 S. — The theory of measurements (m. L. Tuttle). Neuauflagen (Toronto '46) 333 S., ('60) 333 S.

American Physics Teacher Observations on the objectives and the teaching of physics in England and Canada: **7** ('39) 1–. — Postprandial proceedings of the Cavendish Society, 1: 179–; ~ 2: 244, **8** ('40) 66–.

American J.Physics Dalton's law of vapors: **13** ('45) 50–. — Bale pendulum impact experiments: 170–. — Pendulums with clamped or loose hangers: **14** ('46) 316–. — English composition and American prose: **17** ('49) 167–. — Again Maxwell's equations: **18** ('50) 235. — Some experiments in dynamics, chiefly on vibrations: 405–16. — Remarks on the use of Fitch's apparatus for the measurement of the thermal conductivity of thin slabs of poorly conducting materials: **19** ('51) 132. — Replies to inquiring letters: 191. — Simple dynamics and the value of g: 322. — Falling chains: 383f. — C. V. Boys' rainbow cup and experiments with thin films: 448–51. — The moment of inertia and the period of the rocking of an elliptic band: 511–13. — The swaying of a catenary: **20** ('52) 311. — Bodies rocking on planes, and cylinders, spheroids and spindles rocking on planes, balls and other symmetrical bodies rocking in elliptical and other holes: 338–52. — Replies to inquiring letters: 379f. — Rocking experiment with two degrees of freedom: **21** ('53) 267–73. — Experiments with a bottle of oval cross section: 470f. — Expansion of an oval bottle: 471. — Hydrodynamical models of radioactive transformations: **22** ('54) 491–93. — The tangential drag of a soap film: **23** ('55) 12f. — Three interesting instances of rocking: 14–26. — On looking through a glass plate obliquely: 176. — Rate of rise of small air bubbles in water: 387. — Ring in the porridge boiler: 547. — Vibrational dynamics with lenses, mirrors, and prisms: 562–81. — A query: **24** ('56) 415. — Running water: 463. — Vibration experiment with ice and water: 527f. — Casual observations on milk, pickled beet-root, and dried-up puddles: 529f. — Moments of inertia of solid rectangular parallelepipeds, cubes, and twin cubes, and two other regular polyhedra: **25** ('57) 70–78. — Reminiscences in physics from 1894 onward: 288–300. — Moments of inertia about selected axes of regular polygons, right pyramids on regular polygonal bases, and of the Platonic and some Archimedian polyhedra: 489f. — The breakfast egg: **26** ('58) 341. — Moments of inertia of plane triangles: 452f. — Induced rocking: 625–27. — Rotational vibration of elliptical vessels containing liquids: **27** ('59) 119f. — Moments of inertia of skeleton figures and shells: 172f. — Steady-state theory: 367. — Rotating liquid motions: 526. — Ice prism: 526.

J. roy. astron. Soc. Canada Application of the barometer in physics and chemistry: **38** ('44) 21–30.

Mathematical Gaz. The moments of inertia of some polyhedra: **42** ('58) 11–13. — Formulae for volumes, surface areas and radii of gyration of spheres, ellipsoids and spheroids: **44** ('60) 15–19. — The sequence of touching circles: 263–68.

Nature [London] Physical constants and some curious coincidences: **139** ('37) 290. — Latent heat of evaporation of liquid helium: 472. — Stefan's radiation law: **157** ('46) 737. — E. F. Burton†: **162** ('48) 880f.

Proc. physic Soc. Sir John Cunningham McLennan, K. B. E., F. R. S.: **48** ('36) 924–28.

Reviews modern Physics The physical properties of solid and liquid helium: **8** ('36) 347–57.

School Sci. and Math. Eggs and physics – a class experiment, 1: **59** ('59) 219–27; ~ 2: 273–80.

School Sci. Rev. A delayed chemical reaction: the iodate–sulfite–starch experiment: **33** ('52) 146–53. — Some effects of swirling water: **39** ('57) 83–86. — Eggs and physics – class experiments, 1: **40** ('59) 302–11; ~ 2: 437–42.

Trans. roy. Soc. Canada, Sect. III The shape of the profile of a liquid film draining on a vertical wetted plate studied by interference fringes and by direct photography; also an investigation of the so-called "plate" ridge by the use of interference fringes [6]): **26** ('32) 131–61. — The shape of the profile of a liquid film draining on a vertical, clean, wetted glass plate and the combined effects of gravity, viscosity, surface tension and evaporation on the same [2]): **27** ('33) 145–59. — Stationary waves in liquid jets [4]): **28** ('34) 177–83. — A measurement of surface tension by means of stationary waves on a vertical jet [5]): **29** ('35) 105–12. — A study of the phenomena associated with a vertical jet of mercury [3]): **30** ('36) 129–35. — Parabolic water jets: 137–43. — Study of an inclined liquid jet [7]): **31** ('37) 119–30. — Further study of an inclined liquid jet [1]): **32** ('38) 17–27. — The 1937 meeting of the British Association for the Advancement of Science: 105f. — Transverse waves in plane soap films: **41** ('47) 55–61.

Bitte Anmerkung auf Seite 4201 beachten!

Mit: [1]) O. A. Gilmore; [2]) H. Givens; [3]) J. R. Levitt; [4]) J. A. McPherson; [5]) J. C. Strachan; [6]) E. L. Stuckey; [7]) G. W. C. Tait.

V,VI **SAUNDERS,** Frederick Albert. Physik (Spektroskopie, Akustik). — 1919–20 Assist. Prof., '20–23 Assoc. Prof., '23–41 Prof., '26–40 Chairman of the Departm. of Physics, '41 Prof. Emer., Harvard Univ., Cambridge, Mass.; '42–48 Visiting Lecturer, then until '63 Research Worker, Mt. Holyoke College, South Hadley, Mass.; '37–39 Pres., Acoustical Soc. of America; '39–41 Pres., Northeastern Bird-banding Assoc.; '43–52 Dir., '52– Hon. Vice-Pres., Massachusetts Audubon Soc.

*1875, Aug. 18, London, Ont., Can.;
†1963, Juni 9, South Hadley, Mass.

Nekr. *R. W. Hickman, *F. V. Hunt, *O. Oldenberg, *E. C. Kemble, Harvard Univ. Gaz. **59** ('64) 188f. — *H. F. Olson, Biographical Mem., Nation. Acad. Sci. USA **39** ('67) 403–16 (m. Bildn., Faks., Schr.verz.). — Physics today **16** ('63) 74.

MH. (Mitbearb.) Physical laboratory manual (Harvard University, Department of Physics) (Cambridge, Mass. '40).

W. A survey of physics for college students. Neudrucke (New York '32), ('34) 10+635 S.; [2]('36) 8+679 S.; [3]('43) 12+724 S., Neudruck: ('47); 4. Aufl. u. d. T.: College physics (m. P. Kirkpatrick) ('53) 603 S., Neudruck: ('55); [5]('60) 8+674 S.

Biographical Mem., Nation. Acad. Sci. USA George Washington Pierce, 1872–1956 [5]): **33** ('59) 351–80.

J. acoust. Soc. America Preliminary study of the vibrations of a violin [3]): **7** ('35) 74. — The mechanical action of violins: **9** ('37) 81–98. — Conclusions from further measurements on old and new violins: **11** ('39) 165f. — Improved technique in the study of violins [8])[2]): **12** ('41) 399–402. — The mechanical action of instruments of the violin family: **17** ('45/46) 169–86. — Analyses of a few wind instruments: **18** ('46) 395–401. — Recent work on violins: **25** ('53) 491–98. — Subharmonics and plate tap tones in violin acoustics [6])[4]): **32** ('60) 1443–49.

J. Franklin Inst. A scientific search for the secret of Stradivarius: **229** ('40) 1–20.

Proc. nation. Acad. Sci. USA The strontium II and barium II spectra [7])[1]): **20** ('34) 291–96.

Science [USA] Theodore Lyman, a pioneer in far ultraviolet spectroscopy: **121** ('55) 187f.

Sound Violins old and new; an experimental study: **1** ('62) 7–15.

Bitte Anmerkung auf Seite 4201 beachten!

Strad A letter to the editor commenting on the recent article by R. B. Chatwin: **67** ('56) 48–52. — A study of two famous violins: **68** ('57) 54–58, 102–08. — A study of tap tones [6])[4]): **69** ('58) 120–28, 158–60. — The air tone of the violin [6])[4]): **70** ('59) 161–63.

Mit: [1]) E. Buckingham; [2]) W. J. Cunningham; [3]) H. H. Hall; [4]) A. S. Hopping; [5]) F. V. Hunt; [6]) C. Hutchins; [7]) E. G. Schneider; [8]) R. B. Watson.

VI **de SAUSSURE,** Léopold. Militärwesen (Marine), Astron., Sinol. — 1882–85 Etudiant, Ecole Navale du navire-école Borda; 1886–99 Officier de Marine Française; 1899–1925 Auteur sans position officiel. — 1891 Chevalier de l'Ordre Royal du Cambodge; 1897 Chevalier de l'Ordre de l'Etoile noire du Benin; 1898 Chevalier de la Légion d'Honneur (France). (⊠)

*1866, Mai 30, Le Creux de Genthod, Genève;
†1925, Juli 30, Genève.

Biobibliogr. *P. Pelliot, T'oung Pao **24** ('26) 296–300. — *R. de Saussure, Isis **27** ('37) 286–305 (m. Bildn., Schr.verz.).

T'oung Pao La chronologie chinoise et l'avènement des Tcheou: **29** ('32) 276–386.

VI **SAUVEUR,** Albert. Metallurgie, Metallographie. — 1899–1901 Instructor, '01–05 Assist. Prof., '05–24 Prof., '24–35 Gordon McKay Prof., '35 Prof. Emer., Harvard Univ., Cambridge, Mass.; '10–12 Vice-Pres., Amer. Inst. of Mining and Metallurg. Engrs. — '09 Officier d'Académie des Sci. Paris; Officier de la Légion d'Honneur (France); Officier de l'Ordre de Léopold (Belgique); '13 Elliot Cresson Gold Medal (Franklin Inst., Philadelphia, Pa.); '24 Bessemer Medal (Brit. Iron and Steel Inst., London); Albert Sauveur Achievement Medal (Amer. Soc. for Metals); '39 (posthumously) Franklin Medal (Franklin Inst., Philadelphia, Pa.); (posthumously) Trasenster Médaille (Assoc. des Ing., Univ. de Liège).

*1863, Juni 21, Louvain;
†1939, Jan. 26, Cambridge, Mass.

Ehrung Albert Sauveur Achievement Medal (American Society for Metals).

Zur Biogr. *L. S. Marks, J. appl. Physics [USA] **8** ('37) 160–62. — *E. N. Simons, British Steelmaker **22** ('56) 70–72.

Nekr. *R. A. Daly, Biographical Mem., Nation. Acad. Sci. USA **22** ('41) 121–33 (m. Bildn., Faks. u. Schr.verz.). — *D. C. Jackson, Yearb., Amer. philos. Soc. **1940**, 438–42. — *C. H. D., Nature [London] **143** ('39) 366f. — *A. S., Scientific Monthly **49** ('39) 184–86 (m. Bildn.). — Industrial and Engng. Chem., News Edit. **17** ('39) 134.

Autobiogr. Metallurgical reminiscences (New York '37) 9+67 S.

S. VIIe Congrès international des mines, de la métallurgie et de la géologie appliquée, Paris 1935, Section de métallurgie, **1** (Paris '36) 359–62: Le vieillissement des aciers.

W. The metallography and heat treatment of iron and steel [4](London–Cambridge, Mass. '35) 22+531 S.; [5](NewYork–London '38) 22+531 S.; französ.: Métallographie et traitements thermiques du fer et de l'acier (Paris '37) 17+593 S. — Metallurgical dialogue (Cleveland, Ohio '35) 166 S.

Mechanical Engng. Why torsion tests?: **61** ('39) 164.

Metal Progr. Letter to the editor: Dr. Sauveur's views on the microstructure of steel: **28** ('35) 65f. — Some things we do not know about steel: **35** ('39) 555–59.

Metals and Alloys Early experiments with x-rays: 3 ('32) 82. — Steel in the light of the precipitation theory: 177. — A method for studying strain-hardening susceptibility and aging after cold-work deformation [2]): **4** ('33) 6. — New terminology: "Liquidoid" and "solidoid": **7** ('36) 165. — Wanted: International Committee on Nomenclature: **9** ('38) 137. — The microscopical constituents of steel: 297f. — Comment on the article by Vilella and Cooper on "Significance of the terms troostite and sorbite": 298.

Proc. amer. Soc. Testing Mater., Pt. II The torsion test (Edgar Marburg lecture): **38** ('38) 3–20.

Revue Métallurgie [Paris] Le vieillissement des aciers: **33** ('36) 85–88.

Science Rep., Tôhoku imp. Univ., Ser. I A simplified view of the hardening of steel and of the transition constituents: Honda-Anniversary Vol. ('36) 815–28.

Steel Rückblick auf Fortschritte in der Eisenmetallurgie: **99** ('36) 38–42 [engl.].

Trans. amer. Soc. Metals Notes on the aging of metals and alloys: **22** ('34) 97–119. — Malleable castings [1]): **23** ('35) 409–30.

Yearb. amer. Iron and Steel Inst. Ein Rückblick über die Fortschritte im Hüttenwesen: **1936**, 228–43 [engl.].

Mit: [1]) H. L. Anthony; [2]) J. L. Burns.

Bitte Anmerkung auf Seite 4201 beachten!

VI **SAVARD,** Jean Hjalmar Augustin. Chem. (physikal.). — 1930–34 Boursier de Recherches → Chargé des Recherches, '38–44 Maître de Recherches, Centre National de la Recherche Sci.; '35–39 Prof. tit., Univ. d'Istanbul; '44–71 Prof. tit., '71– Prof. hon., Univ. de Lille; '53–71 Chef, Divis. de Chim., Centre Techn. Forestier Tropical. — '65 Chevalier de la Légion d'Honneur (France); '74 Prof. hon. des Universités.
*1901, Juli 8, Stockholm.

W. Hydrolyse par percolation sulfurique de quelques bois tropicaux (m. L. Espil) (Nogent-sur-Marne '51) 119 S. (Centre Technique Forestier Tropical, Publ. 2). — Fermentation alcoolique des jus d'hydrolyse de quelques bois tropicaux (m. L. Espil) (Nogent-sur-Marne '51) 69 S. (~ 3). — Analyse chimique des bois tropicaux, **1** (m. A. Besson, S. Morize) (Nogent-sur-Marne '54) 192 S. (~ 5); **2** (m. J. Nicolle, A. M. André) ('60) 253 S. (~ 16). — Etude chimique de l'attaque d'un Triplochiton scléroxylon par Poria sp. et Lentinus nigripes sp. (m. A. M. André) (Nogent-sur-Marne '56) 48 S. (~ 10).

Agronomie tropic. Teneur en cellulose de quelques bois tropicaux: **2** ('47) 63–66. — Normalisation du dosage des pentosanes dans les bois tropicaux [10])[13]): 170–79.

Arkiv Mat., Astron. och Fysik Potentiels d'ionisation et énergies de dissociations des molécules non-polaires: **24B** ('33/34) Nr. 3, 5 S.

Bois et Forêts Tropiques Les tanins végétaux d'Afrique [7]): No. **38** ('54) 43–53. — Résistance des bois tropicaux aux acides minéraux [1])[7]): No. **74** ('60) 25–34. — Action des bois sur le fer, 2 [14])[15]): No. **99** ('65) 33–40; ~ 3 [14])[15]): No. **106** ('66) 41–55. — Action des bois sur le cuivre et l'aluminium [u. a.]): No. **120** ('68) 37–48. — Action sur les bois d'une solution de nitrate d'aluminium ou de sulfate de cuivre [u. a.]): No. **135** ('71) 39–64. — Action des bois sur le zinc [u. a.]): No. **140** ('71) 58–65. — Etude chimique du Fraké blanc et du Fraké noir [u. a.]): No. **142** ('72) 59–66.

Buletinul Soc. române Fizică Mesure des potentiels critiques de l'oxyde de carbone par la méthode du bombardement électronique: **38** ('37) 17–27. — Sur les potentiels critiques simples de l'oxyde de carbone: **39** ('38) 5–11. — — Beide Arbeiten m. deutscher u. engl. Zusammenfassg.

Bull. Assoc. techn. Industrie papet. Das Problem der Klassifizierung tropischer Hölzer im Hinblick auf ihre Verwendung: **5** ('51) 271–81 [französ.]. — La décarboxylation des bois et des pâtes [,1] [12])[11]):

[11] ('57) 79–89; ~ 2 [12])[1]): [13] ('59) 88–100 [m. deutscher, engl., span. u. italien. Zusammenfassg. zu ~ 1 u. ~ 2]; ~ 3 [1]): [15] ('61) 305–26.

Bull. Soc. chim. France Recherches sur le mécanisme de la réaction de condensation de l'anhydride phtalique et de la glycérine, 1 [5]): (4) **51** ('32) 597–615. — Spectre d'absorption ultra-violette de la vapeur d'aniline: **53** ('33) 1404–08. — Potentiels d'ionisation et énergies de formation des molécules non-polaires: (5) **1** ('34) 39. — Energies de formation de SO_2 et de S_2: 160f. — Spectres Raman du diéthylméthylcarbinol, du diméthylbenzylcarbinol et des carbures éthyléniques correspondants: **2** ('35) 633–40, 671. — [A] Interprétation physique de la formule $D = 2n(I_m - I_a)$ donnant l'énergie de liaison D de 2n électrons en fonction des potentiels d'ionisation de la molécule et de l'atome; [B] Sur le principe de compensation de l'énergie électronique et de l'énergie de répulsion: 669–71 (m. Diskussion).

C. R. hebd. Séances Acad. Sci., Paris Potentiel d'ionisation et formation de la molécule d'hydrogène: **197** ('33) 397–99. — Potentiels d'ionisation et énergies de formation des molécules non polaires: 1122–24; **198** ('34) 751–53. — Compensation de l'énergie électronique et de l'énergie de répulsion dans la molécule d'hydrogène: 1480–82. — Potentiels d'ionisation et énergies de formation de quelques molécules d'halogènes: **199** ('34) 939–41. — Potentiel d'ionisation de la molécule d'azote [8]): **200** ('35) 2147f. — Spectres Raman du méthyldiéthylcarbinol, du diméthylbenzylcarbinol et des carbures éthyléniques correspondants: **201** ('35) 833–35. — Potentiel d'ionisation de l'oxyde de carbone [8])[3]): **204** ('37) 354–56. — Energie de dissociation de la molécule d'oxyde de carbone [8])[3]): 1039–41. — Sur l'halogénure de pentaméthylmagnésium [4]): 1742f. — Sur la méthylation du xylène [4]): **206** ('38) 610–12. — Sur les potentiels critiques simples de l'oxyde de carbone [8]): 998–1000.

Drevársky Výskum Hydrolyse des bois par percolation sulfurique: **1962**, 205–22.

Helvetica chim. Acta Le rôle de l'électron dans la liaison chimique: **17** ('34) 1466–80.

Industrie électr. Potentiel d'ionisation de la molécule d'azote [8]): **44** ('36) 475–.

Industries agric. et aliment. Hydrolyse des bois exotiques [13])[10]): **64** ('47) 195–207.
Industries aliment. et agric. Les derniers progrès de la saccharification du bois: **74** ('57) 469–79.

J. Physique et Radium Potentiels d'ionisation et énergies de formation des molécules non polaires [,1]: (7) **4** ('33) 650–64; ~ 2: **5** ('34) 27–36; ~ 3: 283–86. — Potentiel d'ionisation et énergie de dissociation de la molécule d'azote [8]): **6** ('35) 499–506. — Potentiels critiques de l'oxyde de carbone [8]): **10** ('39) 30f. — Electrolyse à niveau constant d'un mélange d'eau légère et d'eau lourde: (8) **5** ('44) 85–89.

Bitte Anmerkung auf Seite 4201 beachten!

Kimya Annali Ist das Elektron eine Realität?: **2** ('38) 23–40 [türk. m. französ. Zusammenfassg.].

Physica Potentiels d'ionisation et énergies de dissociation des molécules non-polaires: **1** ('34) 321–23.

Revue Fac. Sci. Univ. Istanbul Potentiel d'ionisation de la molécule d'azote: (N.S.) **1** ('36) No. 2, 1–7. — Détermination des potentiels critiques des molécules: **2** ('37) 235–59. — Etude de la méthylation du xylène par la réaction Friedel-Crafts [9]): **3** ('37/38) 27–43. — Sur le magnésium du bromopentaméthylbenzène [9]): 164–73. — Hydrolyse des écales des cacahuètes: **8** ('43) 62–79. — — Alle Arbeiten m. türk. Zusammenfassg.

Ferner einige Arbeiten in Publikationen der FAO (Food and Agricultural Organization of the United Nations): "Pâtes à papier à partir des bois tropicaux" ('52) 7 S.; "Hydrolyse des bois tropicaux" ('53) 12 S.; "La carbonisation du bois" ('55) 80 S.; "Some economic aspects of wood hydrolysis" ('60) 12 S.; "Raw material aspects of wood hydrolysis operations" ('60) 8 S. — Eine weitere Arbeit, publiziert vom Centre Technique Forestier Tropical: "Teck d'Afrique et teck d'Asie" ('72) 61 S.

Mit: [1]) A. M. André; [2]) —; [3]) P. Capron; [4]) H. Clément; [5]) S. Diner; [6]) —; [7]) P. Guinet; [8]) M. de Hemptinne; [9]) R. Hösöğüt; [10]) A. Leclercq; [11]) S. Morize; [12]) J. Nicolle; [13]) J. Reygrobellet; [14]) L. Caumartin; [15]) C. Lambert.

VI **SAVICKIJ,** Pavel Aleksandrovič. Astron. — Astronom, Astron. Observat. Taškent. — — Weitere Daten nicht bekannt. (☒)
*1895, Jan. 27 (15), Małkin, Gouv. Łomiża.

Astronomičeskij Cirk. Sterne mit großen Eigenbewegungen: Nr. **78** ('48) 8. — Der offene Sternhaufen M 11: Nr. **87** ('49) 2f. — Sterne mit großen Eigenbewegungen in der Umgebung des galaktischen Sternhaufens NGC 6885: Nr. **103/104** ('50) 18. — Der offene Sternhaufen NGC 6885: Nr. **108** ('50) 1f. — Sterne mit großer Eigenbewegung im Gebiet des galaktischen Sternhaufens NGC 7654: Nr. **134** ('53) 8f. — Der offene Sternhaufen NGC 7654 (M 52): Nr. **136** ('53) 16–18. — Sterne mit großer Eigenbewegung im Gebiet des galaktischen Haufens NGC 6705: Nr. **159** ('55) 13f. — Der galaktische Sternhaufen NGC 6705: Nr. **165** ('55) 10–12. — Über die Gruppenbewegung von Sternen: Nr. **174** ('56) 13f. — Über einige Gesetzmäßigkeiten in den galaktischen offenen Sternhaufen: Nr. **193** ('58) 19–21. — — Alle Arbeiten russ.

Trudy taškentsk. astron. Observat. Vorläufige Resultate am Taschkenter Astronomischen Observatorium photographierter Aufnahmen außergalaktischer Sternhaufen für den Katalog schwacher Sterne: (2) **1** ('50) 78–83 [russ.]. — Untersuchung der Eigenbewegungen von Sternen im Gebiet des offenen Sternhaufens NGC 6885: **3** ('53) 3–51 [~]. — Untersuchung der Eigenbewegung von Sternen im Gebiet des offenen galaktischen Sternhaufens NGC 7654 (M 52): **4** ('54) 3–52 [~].

Uč. Zap., Mosk. pedagog. Inst. im. Lenina Untersuchung der Eigenbewegungen von Sternen im galaktischen Sternhaufen NGC 6705 und seiner Umgebung: Nr. **189** ('62) 3–77 [russ.].

VI **SAWYER,** Ralph Alanson. Physik. — 1919–22 Instructor, '22–27 Assist. Prof., '27–30 Assoc. Prof., '30–65 Prof., '46–65 Dean of Horace H. Rackham School of Graduate Studies, '51–59 Dir. of the Phoenix Project, '59–65 Vice-Pres. for Research, '65 Prof. Emer., Dean Emer. and Vice-Pres. Emer., Univ. of Michigan, Ann Arbor, Mich.; '53–55 Vice-Pres., '55–57 Pres., Optical Soc. of America; '59–71 Chairman, '64–66 Dir., '65–71 Consultant, Governor Board of Amer. Inst. of Physics; '64 Vice-Pres., Section B, Amer. Assoc. for the Advancem. of Sci. — '47 Hon. Sc.D. (Dartmouth College, Hanover, N.H.); '54 Hon. LL.D. (Wayne Univ., Detroit, Mich.); '59 Hon. Sc.D. (Michigan College of Mining and Technol., Houghton, Mich.). — '63 Frederic Ives Medal (Optical Soc. of Amer.); '71 Karl T. Compton Medal (Amer. Inst. of Physics).

*1895, Jan. 5, Atkinson, N.H.;
†1978, Dez. 6, Ann Arbor, Mich.

Zur Biogr. *R. A. Woodson, *H. Gamo, *L. G. Mundie, *K. N. Ogle, *F. W. Paul, *R. E. Stephens, Ralph Alanson Sawyer – Frederic Ives Medalist for 1963: J. opt. Soc. America **54** ('64) 437–41 (m. Bildn. u. Schr.verz.).

Nekr. *W. W. McCormick, Nature [London] **278** ('79) 765. — *H. R. Crane, Physics today **1979**, März-Nr., S. 90, 92 (m. Bildn.).

S. Anniversary meeting, American Institute of Physics, 1936 (Lancaster, Pa. '36) 36: A new high speed high precision microphotometer [24]). — Spectroscopy in science and industry. Proc. 5th Summer conference on spectroscopy and its applications, Massachusetts Institute of Technology, Cambridge, Mass., 1937 (NewYork–London '38) 1–7: Developments in the rapid spectrographic analysis of iron and steel [24]); 79–81: The analysis of skin and urine for traces of lead [23])[4]). — Proc. 6th Summer conference ~ 1938 (NewYork–London '39) 54–59: Characteristics of spectroscopic light sources [24]). — Proc. 7th Summer conference ~ 1939 (NewYork–London '40) 16–18: The spectrographic installation at the Ford Motor Company [24]); 47–50: Statistical study of lead in human blood and urine [25])[8]). — Das Atom, Aussichten und Gefahren (H. Schiemann) (Hamburg '56) 41–46: Die industriellen Anwendungen der Kernphysik. — Encyclopaedic dictionary of physics (J. Thewlis) **6** (Oxford–London '62) 357f.: Rowland circle; 358f.: Rowland grating; 359f.: Rowland mounting; 667f.: Lyman and Rowland spectral ghosts; 703–06: Concave grating spectrograph; 710–12: Plane grating spectrograph.

W. Experimental spectroscopy (New York '44, EnglewoodCliffs,N.J.–London '45) 8+323 S.; [2]('51) 10+358 S.; [3](New York '63) 10+358 S.; russ.: (Moskva '53) 365 S. — Report on visit to Formosa (m. W. Kerr) (Ann Arbor, Mich. '59) 49 S. (University of Michigan, ICA [U.S. International Cooperation Administration] Nuclear Energy Project). — Report on visit to Taiwan (m. W. Kerr) (Ann Arbor, Mich. '59) 11 S. (~).

American Physics Teacher Teaching Kirchhoff's laws: **3** ('35) 86–88. — A rapid method of approximating the area of a hysteresis loop: **4** ('36) 98–.

Astrophysical J. The fundamental arc series in sodium and its presence in the sun [20]): **87** ('38) 68–71.

Graduate J., Univ. Texas The Ph. D. factory: **4** ('61) Nr. 2, 240–45.

Graduate School Rec., Ohio State Univ. Current trends in graduate education and research in the physical sciences (Alpheus W. Smith lecture, 3): **15** ('62) 11–24.

Industrial Res. [USA] University of Michigan: **5** ('63) Nr. 4, 51–54.

J. amer. Assoc. Univ. Women Golden age of atomic energy: **52** ('59) 207–10.

J. appl. Physics [USA] The spectrograph in the iron foundry for rapid and accurate control analysis [24]): **8** ('37) 163–73. — Qualitative and quantitative chemical analysis by line emission spectra: **10** ('39) 741–50. — Spectrochemical analysis of sheet steel at the Great Lakes Steel Company [24]): **11** ('40) 452–58.

J. opt. Soc. America The ultraviolet transmission coefficient of the earth's atmosphere [19]): **22** ('32) 513–24. — A high speed high precision microphotometer [24]): **27** ('37) 193–97. — Specifications and testing of spectrochemical apparatus [24]): **31** ('41) 47–53. — A new microphotometer [24]): 639–43. —

Bitte Anmerkung auf Seite 4201 beachten!

On precision in spectrochemical analysis [24]): **32** ('42) 686–92. — Spectrochemical light source errors and their compensation [10])[24]): **33** ('43) 185–93. — Plate calibration problems [24]): 247–51. — A study of the short duration, high intensity, electric arc as a source of visible light [11])[15]): **40** ('50) 658–63. — Emission characteristics of vacuum spark discharges [,1] [26])[15]): **43** ('53) 151–56; ~ 2: Aluminium spectra in the extreme ultraviolet [13])[15]): **44** ('54) 270–75; ~ 3: Aluminium and carbon spectra in the visible region [26])[15]): **45** ('55) 665–69. — Relative time dependence of the emission of line and background from the vacuum spark [26])[15]): **43** ('53) 804f. — Time-resolved intensity patterns of the radiation from various regions of a vacuum spark discharge [12])[15]): **51** ('61) 833–37. — Optics and the scientific manpower problem: **54** ('64) 442–48. — Detectors in the extreme ultraviolet [27])[17])[15]): **57** ('67) 1362–66. — Characteristics of paraterphenyl as a detector in the extreme ultraviolet [5])[15]): **61** ('71) 1011–14.

Metal Progr. Routine spectroscopic analysis in the Ford Motor Company foundry [24]): **36** ('39) Nr. 1, 35–39.

Metals and Alloys The spectrograph in the iron foundry [24])[21]): **9** ('38) 27–32.

Metropolitan Detroit Sci. Rev. The growth of university research: Nr. **159/60** ('61) 170.

Michigan Alumnus, Quarterly Rev. The social responsibilities of modern science: **54** ('47/48) 277–87.

Michigan Techn. The control of atomic energy: **65** ('47) 40.

Physical Rev. The first spark spectrum of caesium (CsII) [14])[16]): **39** ('32) 458–66. — Extension of the first spark spectrum of caesium (CsII) [29]): **42** ('32) 766–76. — Lack of observed hyperfine structure in strontium [2]): **43** ('33) 766f. — The fifty-three electron spectra of caesium (CsIII) and barium (BaIV) [9]): **46** ('34) 576–80. — The classification of the first spark spectrum of lead (PbII) [6]): **47** ('35) 115–22. — Isotope shift in Mg I [1]): 587–91. — An extension of the thallium(II) spectrum [7]): **49** ('36) 145–50. — The nuclear moment of barium [2]): **52** ('37) 1127–31. — The classification of the spectrum of singly ionized tin (SnII) [15]): **54** ('38) 71–75. — New lines and terms in the arc and first spark spectra of molybdenum (MoI and MoII) [22]): **58** ('40) 781–83. — New classifications in the spectra of Au I and Au II [18]): **60** ('41) 866–76. — The first spark spectrum of caesium (CsII) [28]): **61** ('42) 591–600. — The hyperfine structure of CsII [3]): 601–05.

Physics today Spectroscopy – tool for science and technology: **2** ('49) Nr. 4, 8–15. — Physics today – yesterday and tomorrow: **21** ('68) Nr. 5, 138.

Bitte Anmerkung auf Seite 4201 beachten!

Presbyterian [Philadelphia] The atomic bomb – what it means to you: **116** ('46) 3. Okt., 5f.

Spectrochimica Acta Rapid processing of photographic plates for routine spectrographic analysis [24]): **1** ('39) 131–36.

Mit: [1]) R. F. Bacher; [2]) A. N. Benson; [3]) R. A. Boyd; [4]) O. S. Duffendack; [5]) C. P. Dyjak; [6]) L. T. Earls; [7]) C. B. Ellis; [8]) A. A. Erickson; [9]) Sister M. Ambrosia Fitzgerald; [10]) H. H. Grossman; [11]) G. D. Hoyt; [12]) H. W. Jones; [13]) R. W. Kebler; [14]) O. Laporte; [15]) W. W. McCormick; [16]) G. R. Miller; [17]) G. T. Oser; [18]) J. R. Platt; [19]) R. S. Rockwood; [20]) P. Rood; [21]) A. M. Sampson; [22]) Sister M. Roswitha Schauls; [23]) K. B. Thomson; [24]) H. B. Vincent; [25]) R. W. Waggoner; [26]) J. C. Wahr; [27]) D. A. Warner; [28]) M. A. Wheatley; [29]) J. Olthoff.

V,VI **SBORGI,** Umberto. Chem. (anorg.). — 1928–31 Prof. straord., '31–36 Prof. ord. e Dir. dell'Ist. di Chim. gen., Fac. di Farm., '34–35 Rettore, Univ. di Parma; '36–54 Prof. ord. e Dir. dell'Ist. di Chim. gen., Univ. di Milano. — Cavaliere della Corona d'Italia. (⊠)
*1883, März 15, Cecina, Livorno;
†1955, Jan. 10.

Nekr. *L. Malatesta, Annuario, Univ. Studi Milano **1954/55** ('56) 193f. — *C. Porlezza, Chimica e Industria **37** ('55) 311f. (m. Bildn. u. Faks.).

S. Atti del V Congresso nazionale di chimica pura ed applicata, Sardegna 1935, **1** (Roma '36) 531–43: Untersuchungen über chemische Kinetik mittels der photoelektrischen Kolorimetrie [italien.]. — Atti del X Congresso internazionale di chimica, Roma 1938, **2** (Roma '39) 796–802: Il significato geochimico dei gas nobili nei gas naturali, in particolare nei gas vulcanici. — Natura facit saltus. La certezza del caso (Roma '52) (Quaderni della radio, nr. 23): L'atomo dagli antichi a Rutherford.

W. Corso di chimica, **1**: Chimica generale (Milano '39) 312 S., [2]('41) 16+330 S., [3]('43), . . . , [6]('48) 15+340 S., [7]('50), Neudruck: ('53) 16+340 S., Auszug daraus als Monographie u. d. T.: Chimica nucleare ('50) 48 S. (Quaderni de l'Editrice scientifica, 1); **2**: Chimica inorganica ('42) 20+348 S., [2]('43), . . . , [5]('49) 19+354 S.; **3**: Fondamenti di chimica organica ('42) 16+305 S., [2]('43) 275 S.; **4**: Esercitazioni e calcoli chimici ('42) 11+155 S., . . . , [4]('51) 11+200 S. — Piero Ginori Conti, principe di Trevignano. Commemorazione (Firenze '40) 32 S. (Associazione Italiana di Chimica, Sezione toscana). — I Kemi; favola scientifica (Milano '46), [2]('49) 273 S. — Fondamenti di chimica generale (Milano '53) 8+100 S. (Quaderni de l'Editrice scientifica, 2). — Fondamenti di chimica inorganica (Milano '53) 8+112 S. (~ 3). — L'architettura delle molecole (Milano '54) 31 S. (~ 4).

Annales Guébhard-Séverine Einige durch die Entwicklung der Chemie von Mendeleev bis zur Entdeckung des Atombaus begründete Aspekte des Unterrichts in anorganischer Chemie: **27/28** ('51/52) 93–97 [].

Annali Chim. appl. Analisi chimica e chimicofisica dell'acqua minerale di Fontevivo (Parma) [6][4]: **26** ('36) 502–15. — Analisi chimica e chimico-fisica delle acque minerali di La Perla (Pisa): **27** ('37) 213–32. — Studi e ricerche sui gas naturali, in particolare sui gas vulcanici: **32** ('42) 395–441. — Analisi di gas naturali di Ischia, dei Campi Flegrei, della Mofeta dei Palici, di Pietramala [8]: **34** ('44) 86–91. — Piroscissione del metano in presenza di catalizzatore al platino [7][5]: **37** ('47) 106–14. — Sul significato dell'elio nei gas naturali e sulla importanza della sua determinazione nelle acque minerali: **38** ('48) 557–70.

Annali Chim. Sulla forma nella quale si trova l'arsenico nell'aqua minerale di Sant'Orsola [3]: **41** ('51) 92–94. — Analisi dell'acqua delle sorgenti di Sant'Orsola presso Pergine in provincia di Trento [3][11]: **42** ('52) 115–28. — Analisi chimica e chimicofisica dell'acqua di Bracca (Bergamo) [10][11]: **43** ('53) 709–22.

Archivio Studio Fisiopatol. e Clinica Ricambio Isotope und Tracer-Chemie bei Stoffwechsel-Untersuchungen: **15** ('51) 121–40 [italien.].

Ateneo parmense Studio del comportamento degli alogenuri di boro con vari gruppi di sostanze organiche, 1 [12]: **6** ('34) 289–303; ~ 2 [12]: 304–17.

Atti Soc. ital. Progr. Sci. Spettrografia quantitativa col metodo delle coppie omologhe e sua applicazione all'analisi delle acque minerali, in particolare a quelle del Parmense [6]: **23**.1934 II ('35) 547–53. — I più importanti risultati conseguiti in Italia nel campo della chimica generale e inorganica e della chimica industriale ed applicata durante l'anno 1935: **24**.1935 II ('36) 179–215. — I risultati conseguiti in Italia nel campo della chimica generale e inorganica durante l'anno 1936 [9]: **25**.1936 II ('37) 182–98. — I risultati conseguiti in Italia nel campo della chimica industriale, applicata ed analitica durante l'anno 1936 [6]: 199–214. — Di alcune conclusioni geochimicofisiche: **45**.1954 I ('56) 74–82.

Bull. volcanol. Considerazioni chimiche e chimicofisiche sui gas vulcanici e magmatici. Ipotesi di una fase idrotermale intermedia: **5** ('39) 109–31. — Pierre Ginori Conti †: **7** ('47) [oder **6** ('40) ?] 211–28.

Chimica e Industria Influenza di elementi estranei nella determinazione spettroanalitica di un determinato elemento in una lega [2]: **24** ('43) 279 f. — Ottenimento di solfuro di carbonio da metano e zolfo [8]: **31** ('49) 391. — Proposta di una "unità Cannizzaro": **33** ('51) 1–5. — Sulla radioattività post-emanazione: 218–20.

Bitte Anmerkung auf Seite 4201 beachten!

Chimica Industria, Agric., Biol., Realizzaz. autarch. e corporat. Proposta di una unità chimico-fisica g/N da denominare "unità Cannizzaro": **18** ('42) 281–83.

Gazz. chim. ital. Sui borati. Sistema Na_2O, B_2O_3, H_2O. Isoterme a 35°, 20°, 0° e diagramma politermico: **62** ('32) 3–14. — Solubilità, conducibilità e röntgenanalisi del solfato di calcio anidro e semiidrato [1]: **70** ('40) 823–35. — Proposta di una unità chimico-fisica g/N da denominare "unità Cannizzaro": **72** ('42) 293–97.

Gerarchia L'elio dei soffioni boraciferi di Larderello: **14** ('34) 79–82.

Memorie Cl. Sci. fisiche, mat. e natur., Reale Accad. Italia Studi e ricerche sui gas dei soffioni boraciferi con particolare riguardo al loro contenuto in elio ed altri gas nobili: **5** ('34) 667–713. — Presenza del cripto e dello xeno, oltre che degli altri gas nobili, nei soffioni boraciferi toscani. Aspetti geochimici della composizione dei soffioni: **8** ('37) 533–58.

Mit: [1] C. Bianchi; [2] M. Bonora; [3] E. Cerrai; [4] Z. Contini; [5] L. Federico; [6] A. Galanti; [7] E. Giovanni; [8] F. Giovannini; [9] G. Mezzetti; [10] L. Naldini; [11] G. Santarella; [12] A. Zangirolami.

VI **SBRANA,** Francesco. Math., Mech. — 1931–34 Prof. straord. Mecc. razion., '34–58 Prof. ord., Univ. di Genova.
*1891, Juni 10, Portoferraio;
†1958, Okt. 24, Genova.

Nekr. *D. Graffi, Boll. Unione mat. ital. (3) **13** ('58) 618–20. — *E. Togliatti, Atti Accad. ligure Sci. e Lettere **15** ('59) 466–71 (m. Schr.verz.).

S. Atti del I Congresso dell'Unione Matematica Italiana, Firenze 1937 (Bologna '38): Influenza della gravità sulla propagazione del suono. — Atti del II Congresso dell'Unione Matematica Italiana, Bologna 1940 (Roma '42) 313–21: Sopra alcune proprietà delle superficie. — Quaderno scientifico del Convegno meccanico e fisico-matematico di Modena 1952 (Modena '53): Il teorema della media per le equazioni dell'elasticità. — Convegno internazionale di geometria differenziale, Italia 1953 (Roma '54) 263–65: Su alcune proprietà delle curve sghembe.

W. Lezioni di meccanica razionale, con elementi di statica grafica (Genova '40) 500+34 S.

Annali Mat. pura ed appl. Sopra alcuni problemi di propagazione in più dimensioni: (4) **30** ('49) 191–200.

Atti Accad. ligure Sci. e Lettere Su una proprietà elementare dei raggi di curvatura delle curve e delle superficie [3]: **4** ('48) 16–20. — Integrazione della

FSC
www.fsc.org
MIX
Papier | Fördert gute Waldnutzung
FSC® C083411

Zeitfracht Medien GmbH
Ferdinand-Jühlke-Straße 7
99095 Erfurt, Deutschland
produktsicherheit@kolibri360.de